KATHARINA BECK
PHILIPP BUDDEMEIER

GREEN FERRY

DAS TICKET INS KONSEQUENT NACHHALTIGE WIRTSCHAFTEN

MURMANN

Bibliografische Information der Deutschen Nationalbibliothek
Die Deutsche Nationalbibliothek verzeichnet diese Publikation in der Deutschen Nationalbibliografie; detaillierte bibliografische Daten sind im Internet über http://dnb.de abrufbar.

Druck und Bindung: Gugler GmbH, Melk/Donau
Printed in Austria

ISBN 978-3-86774-737-0

Besuchen Sie unseren Webshop: www.murmann-verlag.de
Ihre Meinung zu diesem Buch interessiert uns!
Zuschriften bitte an info@murmann-publishers.de
Den Newsletter des Murmann Verlages können Sie anfordern unter newsletter@murmann-publishers.de

Willkommen im Terminal

Ach, Reisen. Wir wissen nicht, wie es Ihnen geht, aber wir finden: Allein die Vorfreude und die Vorbereitungen lassen das Gemüt heiter und leicht werden. Es kribbelt. Neue Begegnungen mit Land und Leuten pusten den Kopf von der Last des Alltags frei, die Sonne streichelt die Seele, das andere Essen, der Wein, den lieben Gott oder wen auch immer einen guten Menschen sein lassen. Reisen ist für die meisten von uns eine Form des Eskapismus von den Sorgen und Nöten in unseren Köpfen, um uns herum, sogar in der Welt. Wer von uns wünschte sich in den vergangenen Jahren angesichts von Pandemie und Krieg nicht auf eine ferne Reise, fernab von diesem geplagten Planeten?

Doch Reisen ist nicht nur Flucht. Reisen ist mehr. Sehr viel mehr. Der französische Autor und Literaturnobelpreisträger Anatole France (1844–1924), dessen berühmteste Werke *Die Insel der Pinguine* und *Die Götter dürsten* sind, hat diesen anderen Blickwinkel einmal in einem Bonmot zusammengefasst: »Was ist Reisen? Ein Ortswechsel? Keineswegs! Beim Reisen wechselt man seine Meinungen und Vorurteile.«[1] Der Mann wusste, wovon er sprach, schließlich war er nicht nur viel in der Welt herumgekommen, sondern auch gedanklich – oder gerade deswegen – immer auf Reisen.

Wir wollen Sie heute auf eine sehr besondere Reise mitnehmen, die dazu führen wird, dass Sie einige Ihrer Überzeugungen womöglich über Bord werfen. Wir reisen auf einem Schiff, besser: auf einer Fähre, der Green Ferry. Diese Reise ist eine Einladung, neue Menschen und ihre Art des nachhaltigen Wirtschaftens kennenzulernen. Und zu erfahren, wie das eigentlich geht. Hinein in die Zukunftswirtschaft. Die Reise mit der Green Ferry soll konkret bei der Umsetzung der nachhaltigen Transformation helfen, in Theorie und Praxis, und uns zu den Macher:innen und Vordenker:innen bringen.

Mit unserer Reise auf der Green Ferry wollen wir Ihnen ein Angebot unterbreiten, das einen klaren Weg ins konsequent nachhaltige Wirtschaften aufzeigt. Wirtschaften innerhalb der planetaren Grenzen, auf sozial gerechte Art und Weise zum Wohle aller Menschen – und gleichzeitig ökonomisch erfolgreich. Wer noch Zweifel hat, ist auf unserer Fähre genau richtig.

Wir treten den Gegenbeweis an. Wir versprechen zwar nicht, dass Sie am Ende unserer Reise einen festen Plan in der Tasche haben. Was wir aber sicher wissen: Sie werden eine Menge darüber erfahren haben, auf was es bei dieser für das Überleben des Planeten und seiner Menschen – und damit Ihrer Unternehmung – absolut notwendigen Reise ankommt. Daraus ergeben sich hilfreiche Impulse, wie Sie die Zukunft Ihres Unternehmens oder Ihrer Organisation nachhaltig gestalten können.

Den Kern bilden essenzielle Entscheidungen.

Das wird Ihnen nicht neu sein, schließlich ist das Leben – privat wie beruflich – eine Aneinanderreihung von Weichenstellungen. Sowie kleinen nächsten und auch großen konsequenten Schritten. Gerade als Führungskraft oder Pionier:in eines zukunftsfähigen Wirtschaftens ist der Geschäftsalltag durch eine Vielzahl von großen und kleinen Entscheidungen geprägt.

Auch wir als Kapitän:innen der Green Ferry, die Sie begleiten dürfen, haben in der Vergangenheit eine grundlegende Entscheidung getroffen, die uns über diverse Ecken, aber im Endeffekt doch schnurstracks zu diesem Buch geführt hat. Wir waren lange Jahre Unternehmensberater:innen von großen Konzernen, saßen in langen Meetings und haben Strategien für die Nachhaltigkeit großer Unternehmen entwickelt. Manchmal durften wir uns über die Umsetzung freuen. Aber es gab auch Momente, in denen wir uns über Greenwashing geärgert haben oder darüber, dass unsere Vorschläge in der Schublade verschwanden.

Wir haben viel gelernt. Sicher nicht alles, auch wir sind nach wie vor Lernende. Aber genug, dass wir uns entschlossen haben, ein eigenes Konzept anzubieten, wie der Weg ins konsequent nachhaltige Wirtschaften tatsächlich funktionieren kann.

Wir sind nicht naiv, keine klassischen Ökos, keine Traumtänzer. Wir sind Realutopist:innen.

Was uns eint, ist die Überzeugung, dass wir ganz real in eine für viele noch als Utopie geltende Zukunft reisen können. Wir wollen die nachhaltige Moderne aus dem Ungefähren ins Konkrete bringen. Für den Erfolg brauchen wir Sie.

Bevor Sie die Green Ferry betreten, sollte Ihnen klar sein: Es wird eine Reise, die Ihnen einiges abverlangen wird. Transformation ist keine lustige Butterfahrt. Sie erfordert klares Navigieren, eine feste Hand am Steuer, eine gut ausgearbeitete Route. Wer sich auf den Weg macht, braucht Beharrlichkeit, muss mit Stürmen rechnen. Und mit Gegenwind. Mit Veränderung kennen sich unsere Co-Kapitän:innen aus.

Green Ferry-Co-Kapitänin Katharina Beck ist seit 2009 Parteimitglied bei *Bündnis 90/Die Grünen*, hat lange Zeit ehrenamtlich neben ihrer Beraterinnentätigkeit in Fachgremien Parteiprogramme mitgeprägt und das inhaltliche Ehrenamt gegenüber dem Bundesvorstand vertreten. Sie ist nun in der aktuellen Wahlperiode seit 2021 erstmals Mitglied des *Deutschen Bundestags* und dort finanzpolitische Sprecherin ihrer Fraktion. Schon früh, noch bevor Deutschland sich eine Kohlekommission für die Planung eines Ausstiegs gegeben hatte, hat sie sich für einen vorgezogenen Kohleausstieg 2030 ausgesprochen und mit bewirkt, dass dies Teil des grünen Parteiprogramms wurde. Das war zukunftsweisend. Heute ist der Kohleausstieg 2030 Teil des Koalitionsvertrages der Bundesregierung und selbst im Kohleland Nordrhein-Westfalen explizites Politikziel.

Green Ferry-Co-Kapitän Philipp Buddemeier hat sich nach seinem MBA 2006 bewusst für einen Einstieg in der Nichtregierungsorganisation *Save the Children* und der *Clinton Foundation* entschieden – entgegen allen Mahnungen seines Umfelds. Damals war der Fokus auf Nachhaltigkeit alles andere als ein Karriereturbo. Heute, nach vielen weiteren Stationen auf seiner Reise, ist er fest überzeugt, dass unternehmerischer Pioniergeist zu einem guten Leben für alle Menschen innerhalb der Grenzen unseres Planeten beitragen kann. 2020 gründete er *Better Earth*, um Unternehmen bei ihrer Transformation in Richtung Zukunftswirtschaft kompromisslos zu unterstützen. Seine Erfahrungen bei *Save the Children* und der *Clinton Foundation* helfen ihm, die Perspektiven unterschiedlicher Stakeholder:innen besser zu verstehen und dadurch besser zu beraten. Die Erfahrungen beider lehren: Beharrlichkeit zahlt sich aus.

Neue Autobahnen im Gehirn!

Doch wenn es einzig der Gegenwind von außen wäre ... Viel kräftiger fegt mitunter der Gegenwind im Selbst. Man muss auf dieser Reise darauf vorbereitet sein, mitunter einen Kampf gegen sich selbst auszufechten, gegen die eigenen Vorurteile, Glaubenssätze und Muster, gegen die Autobahnen im Gehirn, wie der Neurobiologe Gerald Hüther eingefahrene Denkmuster einmal genannt hat. Anfänglich dünne Verbindungswege im Gehirn würden durch immer gleiche Verhaltensweisen immer dicker und seien irgendwann so etwas wie Autobahnen im Kopf. Hüther: »Die sind dann so beschaffen, dass man, wenn man einmal draufkommt, nicht wieder runterkommt.« Die Beharrungskräfte von Eingefahrenem sind leider enorm.[2]

Wir helfen Ihnen, die Ausfahrten von diesen Autobahnen zu finden. Weg von den allzu manifesten Überzeugungen, dass nachhaltiges Wirtschaften nie gewinnträchtig sein könne. Dass ökologisches und soziales Agieren in unserem Wirtschaftssystem nicht funktionieren würde, es immer eine Abwägung nur für das eine oder andere gäbe und dass monetärer Profit stets an erster Stelle eines Unternehmens stehen müsse. Wahr ist: Ohne Gewinne kein Überleben. Wahr ist aber auch: Kein Überleben ohne Planeten.

Wie die eigene Reise durch die nachhaltige Transformation in allen drei Dimensionen – ökologisch, sozial, wirtschaftlich – gestaltet wird, kann einem niemand abnehmen. Wir sind allerdings überzeugt, dass sie besser und schneller gelingt, wenn man sich an drei bedeutenden Anlegeorten umschaut: Wir reisen mit Ihnen zu den Inselgruppen der normativen, strategischen und operativen Entscheidungsdimensionen.

**Die Green Ferry funktioniert im Hop-on und Hop-off.
In einem Gesamtfährnetz. Von Insel zu Insel.
Einsteigen, mitfahren, aussteigen. Repeat.**

Die wichtigste Entscheidung haben Sie bereits getroffen. Sie haben dieses Buch erworben oder geschenkt bekommen. Und Sie haben es aufgeschlagen. Das ist ein hervorragender Start.

**Also dann: Leinen los!
Kommen Sie an Bord.**

Alle einsteigen!

Kommen Sie erst einmal in Ruhe an und suchen Sie sich ein nettes Plätzchen. So ein Auftakt in neue Gefilde darf gerne so angenehm wie möglich sein. Und da wir Sie auf unserer Reise mit vielen neuen, vielleicht erstaunlichen, in jedem Fall aber spannenden Ideen für Ihre ökosoziale Transformation vertraut machen wollen, empfehlen wir Ihnen, erst mal entspannt anzukommen. Wir trinken ein Tässchen First Flush Darjeeling von der *Teekampagne*, einem grünen Unternehmen, das der Ökonomieprofessor und Unternehmer Günter Faltin entgegen allen Markterwartungen zum Erfolg geführt hat. Und damit schon früh den Beweis angetreten hat: Grün und Wirtschaftlichkeit gehen zusammen.

Wir warten noch einen kurzen Augenblick und werfen einen Blick auf das Gesamtfährnetz (siehe Folgeseiten). Lassen Sie alle Inselgruppen, Überfahrten zwischen den Inselgruppen, und die einzelnen Themeninseln auf sich wirken. Sie wissen ja: Sie können einfach auf der von uns mit Liebe und Sorgfalt kuratierten Route fahren. Vielleicht bleiben Sie dabei auf einer Insel etwas länger – im Hop-on-Hop-Off-System holt Sie die Green Ferry einfach wieder ab. Oder Sie entscheiden sich für eine eigene Reihenfolge. Jetzt werden die Anker gelichtet, und es geht los! Die erste Fahrtstrecke hinüber zu den normativen Inseln wird einen Augenblick dauern. Um sich ein wenig mit der Green Ferry und ihrem Antrieb, unserem Gedankengut, vertraut zu machen, haben wir für Sie eine Art Gallery Walk vorbereitet.

Walk the Mindset.

Wenn Sie über unser Schiff streifen, entdecken Sie Bildschirme, die Sie einfach berühren, um ein Video in Gang zu setzen. Es kommen Menschen zu Wort, die wir schätzen, einige von ihnen haben wir für dieses Buch interviewt. Ihre Aussagen geben einen inhaltlichen Einblick und sollen Sie natürlich motivieren, bis zum Ende unserer Reise durchzuhalten.

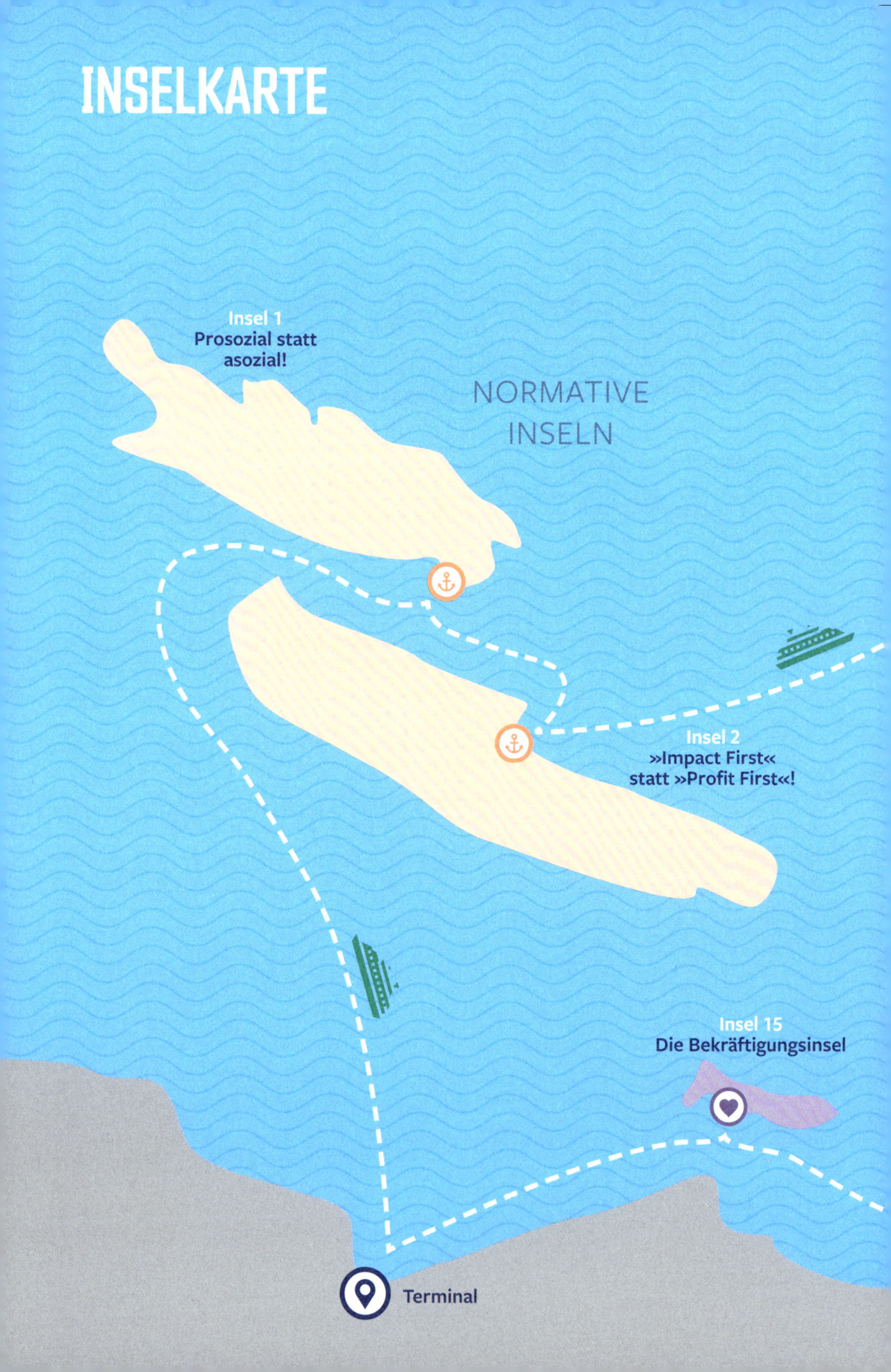
INSELKARTE
Insel 1
Prosozial statt asozial!
NORMATIVE INSELN
Insel 2
»Impact First« statt »Profit First«!
Insel 15
Die Bekräftigungsinsel
Terminal

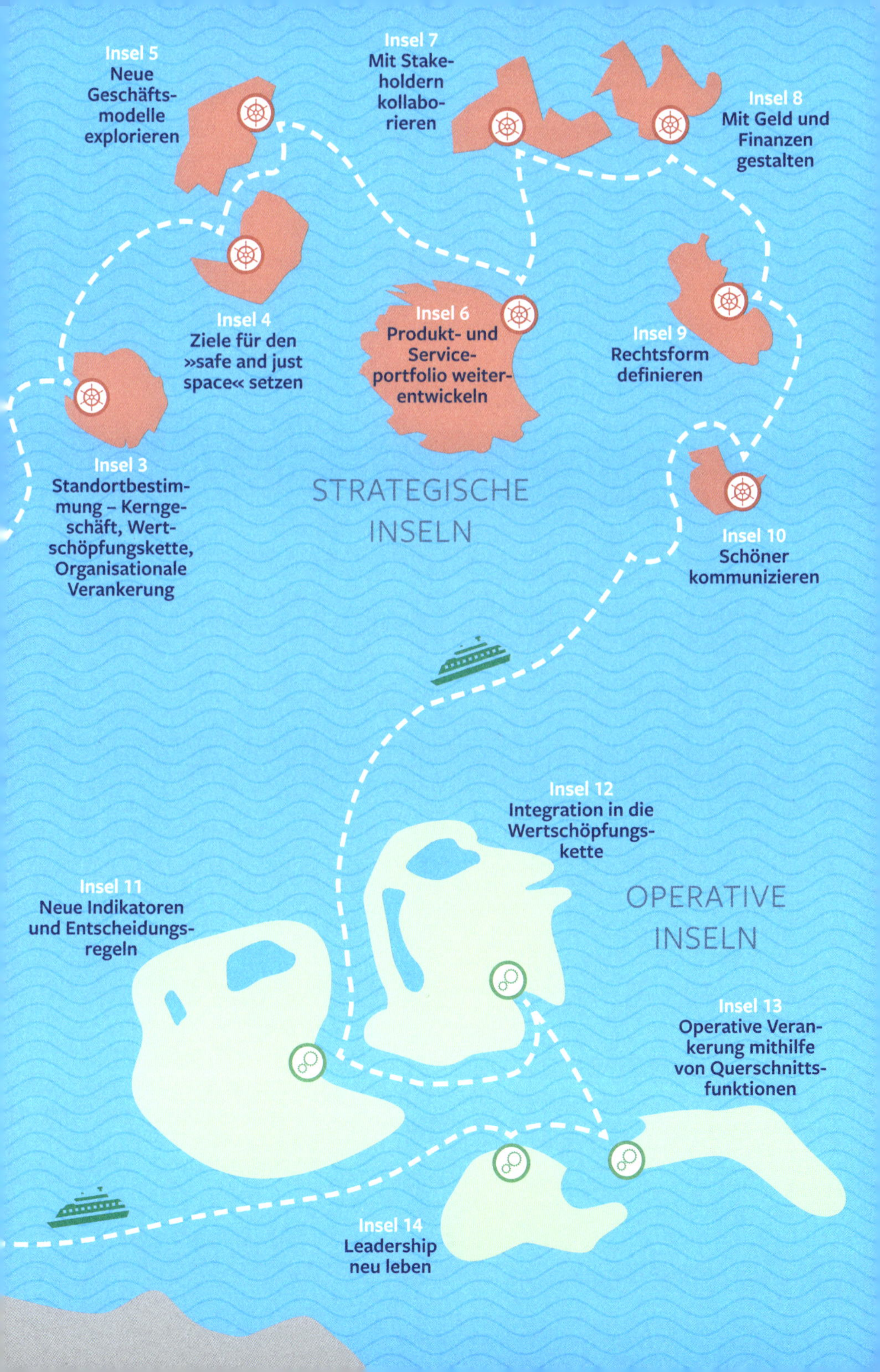
Insel 5
Neue Geschäfts-modelle explorieren
Insel 7
Mit Stake-holdern kollabo-rieren
Insel 8
Mit Geld und Finanzen gestalten
Insel 4
Ziele für den »safe and just space« setzen
Insel 6
Produkt- und Service-portfolio weiter-entwickeln
Insel 9
Rechtsform definieren
Insel 3
Standortbestim-mung – Kernge-schäft, Wert-schöpfungskette, Organisationale Verankerung
STRATEGISCHE INSELN
Insel 10
Schöner kommunizieren
Insel 12
Integration in die Wertschöpfungs-kette
Insel 11
Neue Indikatoren und Entscheidungs-regeln
OPERATIVE INSELN
Insel 13
Operative Veran-kerung mithilfe von Querschnitts-funktionen
Insel 14
Leadership neu leben

GREEN CIRCLE

HOP-O

ERRY
INE
OP-OFF

Na ja, Sie sitzen ja ohnehin bereits mit uns in einem Boot. Also, viel Spaß beim Erkundungs-Inspirations-Bummel über die Green Ferry.

Wir legen mit ein paar Zitaten los, die in das Buchthema einführen. Bildschirm 1: Wir fangen mit der Nachhaltigkeitslegende Paul Polman an. Der ehemalige CEO von *Unilever* sagt:

»Wir können nicht zwischen Wirtschaftswachstum und Nachhaltigkeit wählen – wir brauchen beides.«[1]

»Ich glaube nicht, dass es unsere treuhänderische Pflicht ist, die Aktionäre an die erste Stelle zu stellen. Ich sage das Gegenteil. Wir sind der festen Überzeugung, dass wir, wenn wir unser Unternehmen darauf ausrichten, das Leben der Menschen auf der Welt zu verbessern und wirklich nachhaltige Lösungen zu finden, mehr mit den Verbraucher:innen und der Gesellschaft in Einklang stehen, was letztendlich zu guten Aktionärsrenditen führen wird.«[2]

Paul Polman, langjähriger CEO, *Unilever*

Und gleich hinüber zu Bildschirm 2. Unser nächster Zitatgeber fasst die Kernaussage des weltberühmten Bestsellers *Die Grenzen des Wachstums* in einem wirkmächtigen Bild zusammen:

»Stellen Sie sich vor, Sie fahren mit Ihrem Auto durch eine Fabrikhalle, und Sie können nicht wenden. Sie können entweder bremsen oder gegen die Wand fahren. Anhalten werden Sie in jedem Fall. Denn das Gebäude ist so endlich wie die Ressourcen der Erde.«[3]

Dennis Meadows, Co-Autor, *Die Grenzen des Wachstums*

Das ist das Stichwort für Kate Raworth auf Bildschirm 3. Sie baut auf den Erkenntnissen der Ressourcenbegrenzung auf und formuliert ein neues Paradigma für die Wirtschaft, dem wir uns in unserem Denken verpflichtet fühlen:

»Worauf soll die Ökonomie abzielen? Seit über einem halben Jahrhundert war das Ziel Wirtschaftswachstum – aber während sich die Größe der Weltwirtschaft seit den 1970er-Jahren vervierfacht hat, hält die menschliche Not an, die Umweltzerstörung nimmt zu, und Ungleichheit ist das Herzstück von allem. Es ist klar, dass wir umfassendere Konzepte und Maßstäbe dafür brauchen, worauf unsere Volkswirtschaften abzielen sollten.«[4]

Kate Raworth, Autorin, *Donut-Ökonomie*

Kein Wunder, dass es heute um ein neues wirtschaftliches Paradigma geht. Denn ohne Wirtschaft gibt es keinen Wohlstand. Auf Bildschirm 4 treffen wir deshalb den Erfinder des Konzepts der planetaren Grenzen:

»Wenn die Menschen anfangen zu glauben, dass der einzige Weg, den Planeten zu schützen, darin besteht, die Wirtschaft zu opfern, wäre das ein fataler Fehlschluss. Eine erfolgreiche und nachhaltige Zukunft für alle Gesellschaften und Wirtschaftszweige wird es nur geben, wenn Nachhaltigkeit selbst der Weg zu wirtschaftlichem Erfolg ist.«[5]

Johan Rockström, Autor, *Breaking Boundaries*

Oder in den Worten der deutschen Politökonomin und Transformationsexpertin Maja Göpel. Sie sagt auf Bildschirm 5:

»Die Irreversibilität der Veränderungen ökologischer Systeme in ihrer Regeneration ist, glaube ich, einfach noch nicht begriffen worden.[6] (…) Und deshalb ist die Risikohierarchie umzudrehen.«[7]

Maja Göpel, Autorin, *Unsere Welt neu denken*, Politökonomin und Mitgründerin, *Scientists for Future*

Ökologie vor Ökonomie. Da darf natürlich ein echter Pionier der Zukunftswirtschaft nicht fehlen. Sie lernen ihn auf Bildschirm 6, aber noch ausführlicher später im Buch kennen:

»Es dreht sich bei unserem Unternehmen ›Premium Cola‹ alles um den Referenzpunkt Gleichwürdigkeit. Von da aus versuchen wir, ganz viele Wirkungsebenen aufzumachen, um im Wandel schneller zu sein. Wir haben uns gesagt, dass das Wachstum des Unternehmens null sein oder sogar leicht schrumpfen darf. Aber die Reichweite der Ideen, die muss radikal skalieren, weil wir keine Zeit mehr haben. Wir machen den Planeten sonst kaputt.«[8]

Uwe Lübbermann, Gründer und Geschäftsführer, *Premium Cola*

Die Grundhaltung des vertrauensvollen, gleichwürdigen Miteinanders hinter dieser Form der Zusammenarbeit hat der niederländische Historiker Rutger Bregman wiederum in Bildschirm 7 auf den Punkt gebracht:

»Was ist also die radikale Idee? Dass die meisten Menschen, tief im Inneren, von Grund auf gut sind.«[9]

Rutger Bregman, Historiker und Autor, *Im Grunde gut*

Kopf schlägt Kapital, umschrieb Günter Faltin die ganz andere Art, Unternehmen zu gründen. Was wir als »Impact First« bezeichnen, wird auf Bildschirm 8 von einigen Leuchttürmen des konsequenten Wirtschaftens wie folgt formuliert:

»Die kurzfristige Gewinnmaximierung ist der falsche Weg, man muss es machen, weil man glaubt, dass es richtig ist, dass es gut für die Menschheit ist. Nicht anders haben es Werner von Siemens, Robert Bosch und Gottlieb Daimler gemacht. Hätten die sich damals als Erstes die Frage gestellt, wie sie ihren Gewinn maximieren können, hätten sie ihre Erfindungen niemals gemacht. Sie waren überzeugt von ihrer Sache und dass sie mit ihren Ideen den Menschen helfen können.«[10]

Thomas E. Banning, langjähriger CEO, *naturstrom AG*

… oder in weiteren Übersetzungen auf Bildschirm 9:

»Wir haben die letzten Jahrzehnte Naturkapital in Finanzkapital verwandelt. Anders gesagt haben wir monetären Reichtum durch Ausbeutung der Natur erzeugt. Nun haben wir unendliche Reichtümer zur Verfügung – aber eine zerstörte Natur. Die zentrale Aufgabe ist nun, Finanzkapital wieder in Naturkapital zu verwandeln. Hierzu einen Beitrag zu leisten ist unsere zentrale Motivation bei der *GLS-Bank*.«

»In unserem unternehmerischen Handeln steht der Sinn stets vor dem Gewinn. Wir nutzen Geld als soziales Gestaltungsmittel.«[11]

Thomas Jorberg, Vorstandssprecher, *GLS Bank*

»Unsere Suchmaschine Ecosia wurde aus der Idee heraus geboren, einen Beitrag gegen die Klimakrise und für eine regenerative Wirtschaft zu leisten. Wir müssen uns fragen: Wie können wir dafür sorgen, dass man einen massiven positiven Impact auf das Klima und den gesamten Planeten hat? Kein negativer Impact, wie zum Beispiel CO_2-Neutralität, reicht nicht mehr aus. Wir brauchen einen massiven positiven Impact im Sinne einer regenerativen Wirtschaft.«[12]

Christian Kroll, Gründer und CEO, *Ecosia*

»Alle Co-Gründer von unserem Unternehmen Wildplastic hatten ihr eigenes Aha-Erlebnis. Ich wollte surfen und stand im Plastikmüll. Wildplastic war unsere gemeinsame Antwort, um das Problem von Plastikmüll in der Umwelt anzugehen.«[13]

Christian Sigmund, Gründer, *Wildplastic*

All diese faszinierenden Unternehmer- und Denker:innen werden wir später noch näher kennenlernen. Übrigens: Außer bei den Pionieren aus dem Start-up und KMU[14]-Bereich ist Nachhaltigkeit aber längst auch bei etablierten Großunternehmen ein viel beachtetes Thema – und ein Trend, wie ein Statement auf Bildschirm 10 zeigt:

»Bei meiner Jahreshauptversammlung bekomme ich mittlerweile mehr Fragen zum Thema Nachhaltigkeit als zu meiner Strategie gestellt. Wenn ich über ESG-Themen spreche, bekomme ich Applaus; wenn ich sage, wir haben unseren Gewinn um zehn Prozent gesteigert, sagen die Leute nur: Ah, okay.«[15]

Theodor Weimer, CEO, *Deutsche Börse*

Und ernst gemeint erfordert die Zukunftswirtschaft eine vollumfängliche Transformation, was einige CEOs und Vordenker:innen bereits verstanden haben, wie unser Zitatgeber auf Bildschirm 11 eindrücklich erläutert:

»Ähnlich wie bei der Digitalisierung ist Nachhaltigkeit nicht etwas, das man einfach in die Organisation delegieren kann. Das muss vom Führungsteam und den Ebenen darunter ernsthaft gelebt werden. Das Thema Nachhaltigkeit ist keine Abteilung irgendwo, sondern muss, ob der Bedeutung, beim Vorstandssprecher angesiedelt sein. Und damit es nicht nur ein nettes Bei- und Schmuckwerk ist, muss die Führungsmannschaft wie bei anderen Unternehmenszielen auch auf ambitionierte Ziele verpflichtet werden – mit einem wirklich harten KPI, der für die variable Vergütung entscheidend ist. Die Mannschaft oben muss alles vorleben, damit eine Organisation sich nicht nur dem Gedanken verschreibt, sondern auch so handelt.«[16]

Michael Diederich, CEO, *HypoVereinsbank*

Dabei muss diese vollumfängliche Transformation im absoluten Kontext der planetaren Grenzen und sozialethischer Normen verankert werden. Donella Meadows beispielhafte Begründung im Jahr 1998 zeigt Bildschirm 12:

» (…) Nachhaltigkeitsindikatoren sollten sich auf die Aufnahmekapazität oder auf Gefahrenschwellen oder auf Ziele beziehen. Tonnen von Nährstoffen, die pro Jahr in Gewässer eingeleitet werden, bedeuten den Menschen nichts. Die eingeleitete Menge im Verhältnis zu der Menge, die Gewässer aufnehmen können, ohne giftig oder verstopft zu werden, transportiert jedoch eine Botschaft.«[17]

Donella Meadows, Co-Autorin, *Grenzen des Wachstums*

Allen White schlägt auf Bildschirm 13 in die gleiche Kerbe:
»Nachhaltigkeit erfordert eine Kontextualisierung innerhalb von Schwellenwerten. Das ist es, worum es bei Nachhaltigkeit wirklich geht. Doch bis heute kommt Kontextualisierung in Nachhaltigkeitsberichten selten vor.«[18]

Allen White, Co-Gründer, *Global Reporting Initiative* (*GRI*)

Dabei verlangt die Transformation Durchhaltevermögen, wie Anna Reisch auf Bildschirm 14 erläutert:
»Als Game Changer wirst du in der Regel von zwei Seiten angegriffen, von den Game Deniern und den Game Acceptern. Die Game Changer werden immer gefragt: Auf welcher Seite stehst du? Wer Game Change umsetzen will, ist mit zwei riesigen Drachen konfrontiert, die sagen: Wenn du nicht zu mir gehörst, schlage ich dir den Kopf ab, und der andere Drache sagt genau das Gleiche. Den Weg für einen Game Change zu entwickeln, ist wirklich nicht einfach und erfordert viel Durchhaltevermögen.«[19]

Anna Reisch, ehemalige Vorständin, *Netzwerk Plurale Ökonomik*

... und ein bisschen Demut, sagt Uwe Schneidewind auf Bildschirm 15:
»Wenn man die großen Linien der Welt betrachtet, muss man Demut aufbringen. Individuell können wir viel wollen, doch wir befinden uns in einem solch gewaltigen gesamtgesellschaftlichen Weltgefüge mit komplexen Prozessen, in dem sich niemand Allmacht anmaßen kann.«[20]

Uwe Schneidewind, Oberbürgermeister von Wuppertal und ehemaliger Präsident des *Wuppertal Instituts für Klima, Energie und Umwelt*

Und einen kleinen Mutmacher fürs Loslegen gibt uns abschließend der berühmte chinesische Philosoph Lao-Tse mit auf den Weg. Zu guter Letzt also Bildschirm 16: Jeder Schritt zählt – und kann Freude machen.

> **»Die schwierigsten Dinge der Welt beginnen stets im Leichten. Die großen Dinge der Welt beginnen stets im Kleinen.«**[21]
>
> Lao-Tse

Tja, über die einen oder anderen Worte unserer Nachhaltigkeits-Hall-of-Fame darf man gerne einen Augenblick nachdenken. Und wir könnten Ihnen noch viele weitere präsentieren, wollen es aber zur Einstimmung zunächst dabei belassen. Obwohl: Auch jemand wie Richard Buckminster Fuller hatte es ja nun wirklich drauf und konnte seine Gedanken sehr pointiert zu Papier bringen. Also kommen Sie mit uns an Deck, wir legen gleich an der ersten Insel des normativen Atolls an. Doch bevor wir von Bord gehen, noch ein Zitat von besagtem Fuller.

Auf geht's!

Überfahrt zur normativen Inselgruppe: Welche Glaubenssätze leiten uns?

»Man verändert die Dinge nie, indem man gegen die bestehende Realität ankämpft. Um etwas zu verändern, muss man ein neues Modell entwickeln, das das vorhandene Modell obsolet macht.«[1]

Richard Buckminster Fuller (1895–1983),
US-amerikanisches Universalgenie

Sehen Sie dort die wunderbaren zwei Inseln Steuerbord voraus? Bevor wir auf der ersten der normativen Inseln anlegen, empfehlen wir, einmal über das wunderbare Zitat von Fuller nachzudenken, diesem echten Visionär, der zugleich Architekt, Designer, Philosoph und Schriftsteller war. Denn um genau diese Essenz aus seiner Feder soll es hier auf dieser inspirierenden Inselgruppe gehen:

Neue Gedanken kommen erst in die Welt, wenn sie die alten schlagen, weil sie schlichtweg besser sind.

Klingt einfach. Dauert mitunter nur. Aber dazu gleich mehr. Bevor wir die beiden Inseln in dieser Inselgruppe erreichen, sollten wir uns ein wenig auch mit geistiger Nahrung stärken.

NORMATIVE INSELN

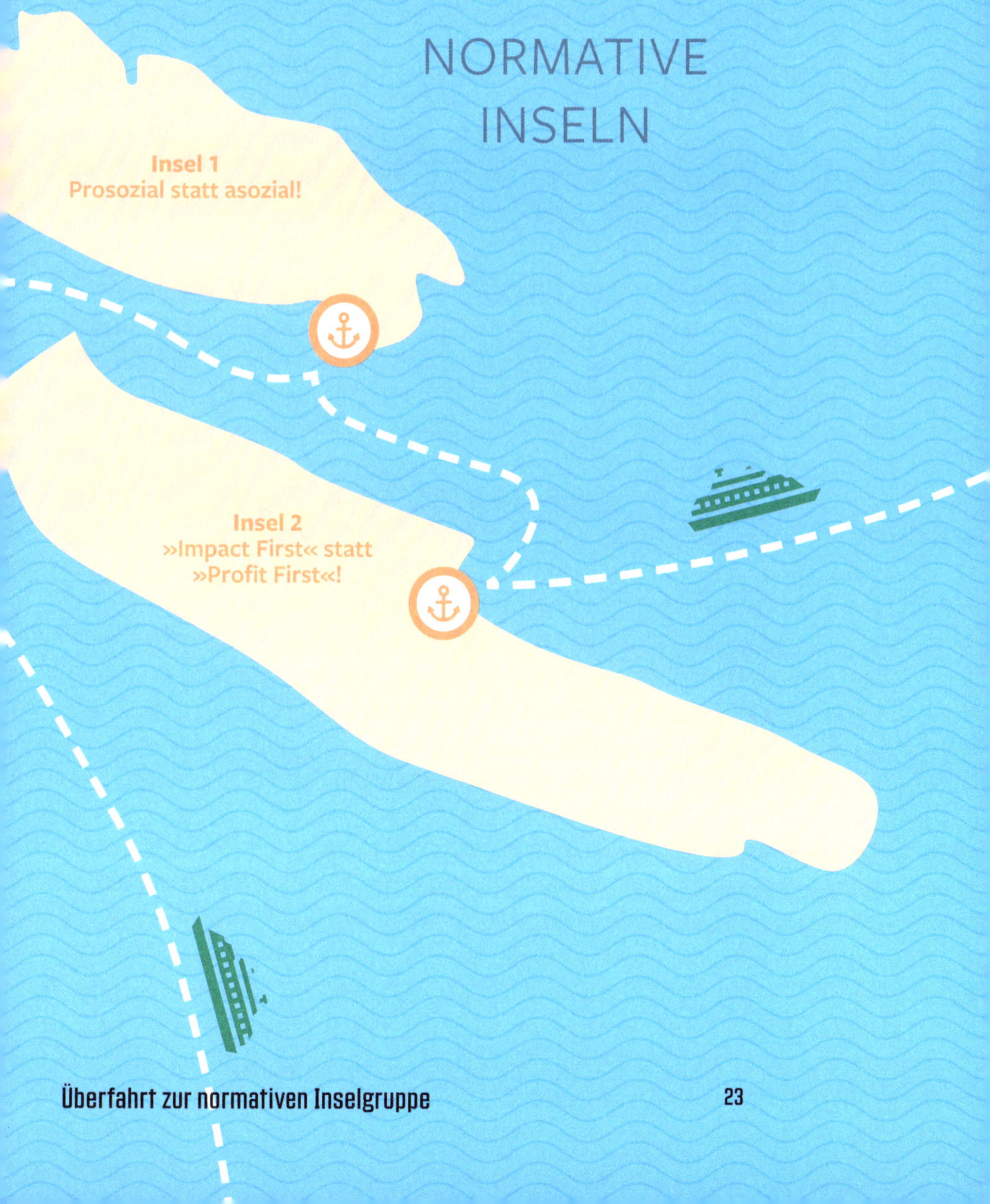

ZENTRALE INHALTE UND BEGRIFFE

- Macht von Glaubenssätzen
- Funktionale versus dysfunktionale Märkte
- Kritik finanzieller Nutzenmaximierung
- Gemeinwohl

Alle bereit? Dann los.

Reden wir über Glaubenssätze, schließlich steuern wir gerade auf die normative Inselgruppe zu. Und fangen wir einmal mit nichts Geringerem als der Erde an. Oder genauer: mit ihrer Form. Im 4. Jahrhundert vor unserer Zeitrechnung hatte der griechische Philosoph Aristoteles vielleicht während einer lauen Sommernacht gut aufgepasst. Er beobachtete eine Mondfinsternis und sah, wie sich ein sichelartiger Schatten von rechts nach links vor den galaktischen Begleiter schob, ihn verdeckte und dann wieder, nur anders gekrümmt, auf der anderen Seite wieder verschwand. Und weil Aristoteles ein heller Kopf war, schloss er daraus die Möglichkeit, dass es sich bei dem Schatten vielleicht um den der Erde handeln könnte und dass diese demzufolge rund sein müsste. Eine Kugel eben. Und keine Scheibe, wie es damals ein tief verankerter Glaube war. Aber bei seinen Zeitgenossen biss Aristoteles mit seiner erstmals empirisch einigermaßen fundierten Vermutung auf Granit. Und das sollte sich auch über sehr viele Jahre nicht ändern.[2]

Noch zu Anfang des 16. Jahrhunderts hatte es etwa Ferdinand Magellan nicht leicht, Geld für seine aufwendige Seereise aufzutreiben, um eine Westroute zu den Gewürzinseln, den Molukken im heutigen Indonesien, zu finden. Da man glaubte, die Erde sei eine Scheibe, trieb Spaniens König Karl I. und andere Investoren die Sorge um, dass der portugiesische Abenteurer mit seinen fünf Schiffen am Rand der Erdscheibe schließlich auf Nimmerwiedersehen verschwinden könnte – und damit ihr ganzes eingesetztes Kapital. Die Sorge erwies sich als unbegründet, wie wir heute wissen. Magellan bewies mit seiner dreijährigen Erdumrundung, dass unser Heimatplanet eine Kugel ist. Auch wenn er das selbst nicht erleben durfte, leider starb er während eines Scharmützels mit Einheimischen am Strand einer Insel der heutigen Philippinen. Ein Jahr später, 1522, erreichte nur eines seiner Schiffe, die *Victoria*, wieder den Heimathafen im südspanischen Sanlúcar. Man sollte meinen, dass nun auch dem Letzten klar gewesen sein sollte, dass der Planet keine universale Frisbeescheibe ist.[3]

Und doch: Auch die Universalgelehrten Nikolaus Kopernikus, Johannes Keppler und Galileo Galilei wurden noch verlacht, wenn sie von der Erde als Kugel sprachen. Galileo musste sogar noch 1633 vor den Mächtigen der katholischen Kirche widerrufen, dass unser Globus ein Ball ist und er sich wie seine Nachbarplaneten um die Sonne dreht. Was für eine irre Idee war das aber auch?!

Das hatte Gott sicher so nicht geplant, denn der Mensch stand schließlich im Zentrum der Schöpfung und mit ihm sein Zuhause. Erst viele Dutzende Erdumrundungen um unser Zentralgestirn später dämmerte es auch dem Letzten, dass die Menschen über Jahrhunderte einem Irrglauben aufgesessen waren. Nur bei den Männern der Kirche dauerte es noch einen Tick länger. Zumindest, bis sie sich bei Galileo posthum für ihr starres Weltbild entschuldigten: Erst 1992 rehabilitierte die katholische Kirche Galilei.[4]

Rund 2000 Jahre brauchte es von Aristoteles' erster Vermutung bis zur allgemeingültigen Erkenntnis: Die Erde ist rund.

Offenbar können Glaubenssätze und Überzeugungen derart tief im Kopf der Menschen verankert sein, dass noch so viele kluge Gelehrte sich das Hirn zermartern und wirklich erstaunliche und wissenschaftlich fundierte Erkenntnisse gewinnen, ehe die alten Glaubenssätze zunächst ins Trudeln geraten, dann revidiert werden, ehe neue Sichtweisen ins kollektive Verständnis gelangen und als »Wahrheit« allgemeingültig anerkannt werden. Und die Liste mittlerweile überholter Glaubenssätze ließe sich uferlos fortsetzen.

Menschen- und Marktbild im Kapitalismus – zwei große Annahmen, die überarbeitet werden müssen

Einer dieser Glaubenssätze ist nicht ganz so bedeutend wie jener bezüglich der Erdform oder jener über den Aufbau unseres Sonnensystems. Aber fast. Und es darf definitiv nicht wieder 2000 Jahre dauern, bis wir ihn überwunden haben. Es ist der feste Glaube an den geldnutzenmaximierenden Homo oeconomicus, der unser Denken beherrscht und noch immer den Ausgangspunkt für das Agieren in der Wirtschaft prägt. Wir wollen Ihnen auf der Green Ferry beweisen, dass nicht nur dieser Glaubenssatz falsch ist, wir uns von ihm und einem anderen lösen müssen, um zwei zentrale Entscheidungen auf den normativen Inseln als Basis für nachhaltiges Handeln erkennen und vor allem fällen zu können.

Der andere ist nämlich die idealtypische Vorstellung des Marktes, der alles wie von selbst reguliert. Hören wir hinein in ein bekanntes Dogma: »Ein Markt ist ein Mechanismus, mit dessen Hilfe Käufer und Verkäufer miteinander in Beziehung treten, um Preis und Menge einer Ware oder Dienstleistung zu ermitteln.«[5] In dieser berühmten Definition von Paul Samuelson wird der Markt als volkswirtschaftlicher Mechanismus beschrieben, der einen Preis ermittelt, der die Wünsche von Käufer:innen und Verkäufer:innen gleichermaßen regelt. Dabei spielt es keine Rolle, ob ein Markt mit einem bestimmten Ort verknüpft ist.

Der Gleichgewichtspreis sorge dafür, dass nicht zu viel produziert und nicht zu wenig konsumiert werde, Angebot und Nachfrage würden in Balance gehalten. Konsument:innen und Produzent:innen, also Haushalte und Unternehmen, interagierten ausschließlich zur eigenen Bedürfnisbefriedigung, während keiner von beiden den Markt regieren könne.

Märkte können toll sein.

Wir dürfen aus einer Rede von Co-Kapitänin Katharina Beck im *Deutschen Bundestag* im Mai 2022 zitieren: »Es ist klar, wir müssen die soziale jetzt in eine sozialökologische Marktwirtschaft weiterentwickeln; denn die planetaren Grenzen sind einfach Fakt. Wenn wir sie nicht respektieren, entziehen wir uns jeder Grundlage für unser Wirtschaften. Der Kern dieses Begriffs ist aber das Wort Marktwirtschaft. Gut funktionierende Märkte haben viele Marktteilnehmer:innen. Sie ermöglichen freien Warenaustausch, Innovationen, Ideengenerierung, im Endeffekt Freude am Experimentieren und an der Zukunftsgestaltung. Damit sie funktionieren, brauchen sie ein paar Rahmenbedingungen, die verhindern, dass es allzu anarchisch zugeht, dass eben Wettbewerb in fairem Maße möglich ist. Umsätze und Gewinne gehören ganz natürlich zu dieser Marktwirtschaft; das können wir ganz entspannt festhalten. Als Unternehmerin und Gründerin ist mir dieser Punkt wirklich wichtig. Umsätze und Gewinne dürfen und sollen natürlich positiv ausfallen. Wer würde es der Bäckerei, der Buchhandlung oder der Metzgerei um die Ecke nicht gönnen. Auch skalierende kleinere und große Unternehmen sollen und dürfen das in unserer Marktwirtschaft. Das sind ja gerade die innovativen Kräfte, die Ressourcen gut allokieren und die wir auch für die Zukunftsfähigkeit unseres Kontinents brauchen. Gute Märkte regeln und sorgen auch für einen guten Preis, einen Marktpreis, der durch Angebot und Nachfrage ein ökonomisches Optimum schafft.«[6]

Märkte können aber auch dysfunktional sein.

Zum Zeitpunkt der Rede lässt sich an den Tankstellen und auf den Stromrechnungen alles andere als ein Preisoptimum beobachten. Im Mineralölbereich finden sich oligopolistische Marktstrukturen. In solchen Strukturen kommen positive Kräfte von Märkten eben nicht zur Entfaltung: »Diese dysfunktionalen Märkte sind dann nicht mehr frei oder fair im Sinne der Marktwirtschaft; denn einige wenige Unternehmen können ihre Marktmacht ausnutzen.«[7] So findet dann auch keine faire Preisbildung mehr statt.

Märkte brauchen also gewisse Rahmenbedingungen, um auch tatsächlich gut zu funktionieren. Es dürfen nicht zu wenige Anbieter sein, das heißt, es braucht den Wettbewerb. Auch spielen der Ort des Marktes und Informationsasymmetrien durchaus eine relevante Rolle.

Ist an alle gedacht, wenn jeder an sich denkt?

Was unsere Co-Kapitänin in ihrer Rede außerdem würdigt, ist die Tatsache, dass das Streben nach eigenem Erfolg und Wettbewerb durchaus ihr Gutes haben. Doch führt das Maximieren von finanziellem Erfolg immer zum höchsten Gemeinwohl? Wir blättern zurück zu einem der Urväter der liberalen Ökonomie: Adam Smith. Dieser war der Ansicht, dass jeder Akteur in einer Gesellschaft durch seine Leistung zur Mehrung seines eigenen Nutzens unbewusst und ungewollt dazu beiträgt, dass auch der Wohlstand in der Summe größer wird, also alle profitieren. Jeder denkt an sich, dann ist an alle gedacht – so in etwa trichtern uns Ökonom:innen in aller Welt das bis heute ein. Schließlich sei das Streben nach maximalem Eigennutz, gemessen dann meist einfach nur als Streben nach mehr Geld, dem Gemeinwohl maximal zuträglich.

Die berühmte »unsichtbare Hand« von Adam Smith (1723–1790) lässt grüßen – der Markt also, der alles wie durch Zauberei einfach aus sich heraus regelt und in Balance bringt. Smith, der Begründer der modernen Ökonomie, war der Ansicht, dass jeder Akteur in einer Gesellschaft durch seine Leistung zur Mehrung seines eigenen Nutzens unbewusst und ungewollt beiträgt, dass auch der Wohlstand in der Summe größer wird, also alle profitieren. Und natürlich hatte der Schotte dafür ein einfaches Beispiel parat – es wird heute in Einführungsvorlesungen noch vorgetragen: Stellen wir uns einen Bäcker vor, gerne in Smith' Heimatstadt Edinburgh. Nennen wir ihn Mr. Dough. Der gute alte Mr. Dough produziert Eins-a-Brote, leckere Teilchen und andere hochwertige Backwaren zu attraktiven Preisen, nach denen sich die Hauptstädter:innen die Finger lecken. Warum macht er das? Nun, Adam Smith meinte: wohl, um ein erfolgreiches Geschäft aufzubauen, vielleicht eine zweite oder gar dritte Filiale zu eröffnen, zu expandieren, damit er sich mit dem hübschen Gewinn aus den Backwaren sein Leben versüßen kann. Soweit man das im 18. Jahrhundert eben konnte. Mr. Dough produziert also nicht, weil er ein Menschenfreund wäre und weil er es kaum aushalten könne, seine Kund:innen mit wunderbarem Gebäck zu beglücken, damit sich alle pappsatt am Esstisch über den Bauch streicheln. Er macht es, damit er Gewinn macht und sich ein gutes Leben aufbauen kann. Aus keinem anderen Grund. Oder anders gesagt, so Smith' Theorie: Erlauben wir nur jedem Marktteilnehmer und jeder Marktteilnehmerin, seinen Eigennutz zu maximieren – weitgehend ohne irgendwelche staatlichen Regularien beachten zu müssen –, ist der Nutzen fürs Gemeinwohl insgesamt am größten. Simsalabim. Aus Egoismus wird Altruismus.[8]

Diese zwei Glaubenssätze – der Mensch sei ein (finanziell) nutzenmaximierendes Wesen und sein entsprechendes Agieren mehre in Summe das Gemeinwohl – halten sich seit langer Zeit, spätestens seitdem die ersten zarten Pflanzen des Kapitalismus sprossen und sich ihre Wurzeln tief und tiefer in unsere Köpfe gruben.

Was aber wäre, wenn diese zwei fundamentalen Glaubenssätze unseres Wirtschaftssystems gar nicht stimmen würden? Wenn sich das Fundament unserer heutigen Ordnung als fehlerhaft, brüchig und nicht belastbar erweisen würde?

Wobei diese alten Glaubenssätze zumindest historisch gesehen eher für die sogenannte westliche Welt zu gelten scheinen. Denn natürlich gab und gibt es Gesellschaften, die mit anderen Überzeugungen lebten und leben. Man denke zum Beispiel an die in einigen afrikanischen Ländern weit verbreitete Ubuntu-Philosophie, in der die Idee der Gemeinschaft eines der integralen Wesensmerkmale der Gesellschaft ist. Es ist eine Theorie und Grundauffassung der Zusammengehörigkeit der gesamten Menschheit. Die Bedeutung von Ubuntu wird auch so beschrieben: »Ich bin, weil wir sind.«[9]

Drehen wir den Spieß um!

Was wäre also, wenn der Mensch gar nicht ausschließlich auf (finanziellen) Eigennutz ausgerichtet wäre? Gar nicht die egomane Maschine, in deren Gewand sie uns tagtäglich auf allen medialen Kanälen entgegenbrüllt? Sondern ganz anders? Gut eben. Ein Wesen, das empathisch ist, nicht nur am eigenen Wohlbefinden interessiert, sondern auch an dem aller anderen? Ein Wesen, das ein gutes Leben nicht nur für sich, sondern auch für alle anderen will? Klingt nett.

Doch damit nicht genug: Der »Mensch, das gute Wesen« ist revolutionär im wahrsten Wortsinn, umwälzend, Systeme auf links drehend, Neues gebärend, ein anderes Zeitalter einläutend. Denn – und das klingt für den einen oder die andere vielleicht etwas vermessen – nichts anderes wollen wir hier auf der normativen Insel anbieten: eine neue Sicht auf den Menschen und damit auch auf die Welt insgesamt. Wir sind davon überzeugt: Der Mensch ist »im Grunde gut« – so hat es der niederländische Autor und Aktivist Rutger Bregman als Buchtitel für eine umfassende Analyse diverser Forschungsdisziplinen über das Wesen des Menschen formuliert, wir kommen gleich noch darauf zurück.

Nehmen wir diese wissenschaftlich fundierte Haltung – der Mensch ist im Grunde pro- und nicht unsozial – als Basis und Ausgangspunkt für unser Denken, verändert sich alles. Und muss sich alles verändern. Denn die Heilung unseres geplagten Planeten und der Aufbau eines gerechten Miteinanders hängen maßgeblich davon ab, dass diese andere Menschen- und Weltsicht selbstverständlich wird, zu einem festen Glaubenssatz. Wir verstärken die Erdkrümmung nicht dadurch, indem wir an die Welt als Erdball nur fest genug glauben. Aber wir nähren die Positivkräfte des Menschen, indem wir auf Vertrauen setzen und unser gemeinsames Tun auf ein gelingendes Miteinander und die Heilung der Erde ausrichten.

Schnäpschen zwischendurch?

Im Ernst: Wir wollen, wir müssen aufräumen mit falschen Glaubenssätzen, die uns lange beherrschen und mit immer höherem Tempo in den planetaren Ruin treiben. Auf der individuellen Ebene sind viele von uns kollektiv überzeugt, dass der Eigennutz die stärkste Motivation des Menschen sei und dass man diese Logik in Geldeinheiten transferieren könne, nach dem Motto: Maximaler Gelderwerb ist gleich maximaler Eigennutz ist gleich maximale Motivation.

Dabei lassen traditionelle Modelle und Anreizsysteme oft außer Acht, dass Menschen nicht nur Gelderwerb als nützlich empfinden und er allein die Quelle von Motivation wäre. Zufriedenheit und Glück werden auch durch gute Beziehungen gespeist, durch sinnvolles Handeln, durch Selbstwirksamkeit, also die Möglichkeit, selbstbestimmt einen positiven Beitrag zu leisten. All das motiviert Menschen mehr als nur die schnöde Geldmehrung – und manchmal hat Geld sogar einen negativen Effekt auf die Motivation, wie wir später noch darlegen werden.

Knappheit macht Güter begehrenswert.

Eine Grundlage von Markttheorien ist Knappheit. Was knapp ist, ist begehrt. Viele westliche Märkte sind allerdings gesättigt. Daher sind in den letzten Jahrzehnten sogenannte Marktpenetrationsstrategien auf die Lehrpläne von Marketingvorlesungen in BWL-Studiengängen gekommen. Künstliche Verknappung gehört zum gut eingeübten Repertoire nicht nur bei Mode- und Luxusgüterherstellern, sondern findet sich in diversen Branchen wieder. Formulierungen wie »Nur noch wenige Tage im Angebot«, »nur noch zweimal verfügbar«, »29 andere Kunden schauen sich dieses Produkt gerade an« suggerieren Knappheit und sollen die Nachfrage steigern. Gefühlt oder real knapp kann auch Geld sein. Was nicht in großen Mengen verfügbar ist, löst den Reflex der Begierde aus. Und das gilt nicht nur für Güter und Geld, sondern auch für Karriereschritte, Fortschrittsindikatoren oder auch für die Messung von Erfolg auf der politischen Ebene.

Alle wollen immer mehr haben!

Wenn das BIP (Bruttoinlandsprodukt) steigt, die Menschen – und sei es nur durchschnittlich – mehr Geld im Geldbeutel haben, sehen Politiker:innen das als erfolgreich an. Wenn es um einkommensschwächere Teile der Bevölkerung geht auch zu Recht, doch es greift für die Zukunftsfähigkeit von Gesellschaften, wo es auch um Teilhabe, Gerechtigkeit und Zugangsmöglichkeiten geht, zu kurz. Auf Ebene der Unternehmen wird das Haben durch den Glaubenssatz geprägt, dass Gewinnmaximierung der hauptsächliche Daseinszweck von Unternehmen sei. Auf nationaler Ebene gilt der korrespondierende Glaubenssatz, dass das BIP-Wachstum als zentrale Zielkoordinate für jegliches politische Handeln ein hinreichend guter Näherungswert für wünschenswerte gesellschaftliche Entwicklung sei.

Und wenn jeder Mensch beziehungsweise jedes Unternehmen nur seinen Eigennutz maximiere, erzeugten wir den maximalen Nutzen für alle. Diese Haltung hat sich nicht nur in unserem Denken festgesetzt, sondern auch in unseren Redewendungen: »Jeder ist sich selbst der Nächste« oder »Jeder ist seines Glückes Schmied« bis hin zu »Wenn jeder an sich denkt, ist an alle gedacht«. So manifestieren sich Glaubenssätze.

Die umso stärker im kollektiven Gedächtnis verankert sind, wenn die Wissenschaft sie als erwiesen ansieht und als feste Lehrsätze propagiert, angebliche wissenschaftliche Erkenntnisse also wie ein Zertifikat für Glaubenssätze wirken.

Ein Beispiel. Nehmen wir folgenden Glaubenssatz: Der einzige Sinn von Unternehmen besteht in der Gewinnmaximierung und der Einhaltung von Gesetzen, die im Sinne der kollektiven Interessen der Allgemeinheit durch demokratisch legitimierte Institutionen verfügt werden. Oder in Kürze: Unternehmen sollen im Rahmen der gesetzlichen Vorgaben möglichst viel Profit machen. Dem dürften die meisten Unternehmer:innen, Manager:innen und auch viele andere zustimmen, auch wenn wir manche kommentierend hören: Na ja, etwas anders ist es schon, aber im Endeffekt stimmt's. Geheiligt wurde dieses Paradigma von vielen Ökonom:innen, wie zum Beispiel von Milton Friedman, der es 1970 in einem Essay beschrieb[10], häufig auf die einfache Formel gebracht: »The business of business is business.«

Und wer das nicht verstand oder verstehen wollte und so etwas wie die unternehmerische Verantwortung eines Unternehmens für die Gesellschaft ins Feld führte, den belehrte Friedman, dass die alleinige soziale Verantwortung eines Unternehmens darin bestünde, seinen Gewinn zu maximieren.

Konzeptionell sind Friedmans Ideen bestechend einfach: Unternehmen orientieren sich ausschließlich am Prinzip der Profitmaximierung, der Staat gibt den Rahmen vor und stellt das Gemeinwohl sicher.[11] Ein klares Bekenntnis zum Maximieren des finanziellen Eigennutzes, ergänzt um wenige Regeln und durch die »unsichtbare Hand« des Marktes zum Wohl aller. So werden Grauzonen, Mehrdeutigkeiten, Externalitäten und Dilemmata vermieden.

Einfach, aber falsch.

In Wirklichkeit hat sich allerdings gezeigt, dass Friedmans Ideen so nicht funktionieren. Die rein profitorientierte Wirtschaft ist auf dem besten Wege, unseren Planeten und das Vertrauen der Menschen in eine lebenswerte Zukunft zu zerstören. Und letztlich die Grundlage des eigenen Erfolgs. Auch, weil Mitarbeiter:innen immer weniger Lust auf schnöde Profitmaximierung haben. Das Modell der reinen Shareholder-Value-Maximierung hat keine Zukunft. Trotzdem steht es ein halbes Jahrhundert später noch als Kern des Unternehmenszwecks in den Lehrplänen vieler Universitäten.

Unser zentraler Punkt: »Impact First«!

Die Politik war bisher nicht in der Lage, diesem Treiben entschieden Einhalt zu gebieten und den Rahmen so zu setzen, dass die Wirtschaft

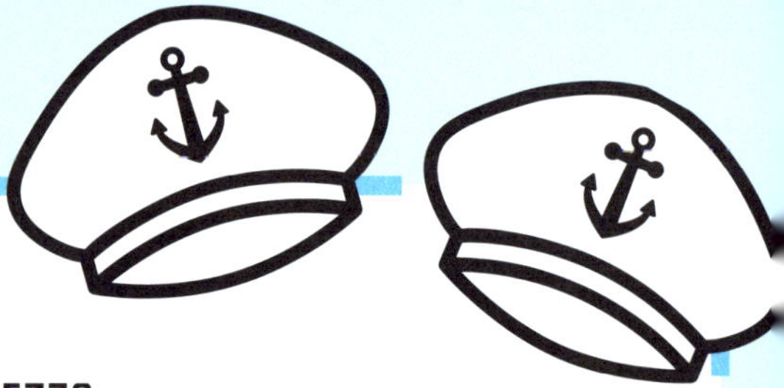

KAPITÄN:INNEN-INTERMEZZO

»Sehr geehrte Green Ferry-Reisende, wir hören den einen oder die andere raunen, dass Shareholder Value ganz schön 80er wäre. Ja, stimmt. Heute bekennen sich die meisten größeren Unternehmen selbstverständlich zu Corporate Social Responsibility oder anderen Nachhaltigkeitskonzepten wie ESG – und sprechen vom neuen Paradigma des Stakeholder Value. Nachhaltigkeit wird allerdings meist als weitere Wachstumschance und verbessertes Renditeversprechen positioniert. All das folgt nach wie vor der traditionellen ›Profit First‹-Maxime - und Stakeholder Value ist im Endeffekt nur der schlauere Shareholder Value.

Wir stellen die Mainstreamlogik des Stakeholder Value auf den Kopf und sagen: ›Impact First‹. Das heißt: Wir laden Unternehmer:innen ein, sich normativ neu auszurichten, konsequent an dem, was die Welt und die Menschen in Zukunft brauchen. Im Ergebnis ermöglicht die ›Impact First‹-Orientierung eine echte Gestaltung mit einer klaren Ausrichtung auf positive Zukunftserwartungen, anstatt sich wandelnden Gesetzesvorgaben und Käufer:innenpräferenzen hinterherzulaufen.«

im Sinne der Menschen agiert. Doch diesen Rahmen brauchen wir. Und er ist denkbar einfach: Die Wirtschaftsaktivitäten eines Unternehmens müssen innerhalb der endlichen Ressourcen unseres Planeten erfolgen und ein gutes Leben für alle Menschen ermöglichen. Punkt.

Wenn wir Friedmans »Business« neu definieren, nicht als Profitmaximierung, sondern als gutes Wirtschaften innerhalb der planetaren Grenzen und im Einklang mit sozialen Normen, darf sein Satz »The business of business is business« die Jahre weiter überdauern. Wichtig ist uns nur, und das können wir gar nicht häufig genug betonen, die Entschiedenheit unserer neuen Definition. Hier geht es nicht um ein Vergleichen mit anderen Unternehmen, um die relative Performance, um »best-in-class«, sondern einfach um: Zukunftsfähigkeit.

Zukunftsfähigkeit im Sinne absoluter Nachhaltigkeitsleitplanken und konsequenter Umsetzung. Umsätze steigern und Kosten senken, in der alten Welt immer das Maß aller Dinge, gelten in der neuen Welt nur und ausschließlich dann als erstrebenswert, wenn dies im Rahmen der planetaren Grenzen und sozial verantwortlich möglich ist. Geld verdienen ist auch zukünftig herzlich willkommen. Aber nicht um jeden Preis.

Denn Unternehmen im Sinne Friedmans von der Verantwortung zu entbinden, die über die Profitmaximierung und Gesetzestreue hinausreicht, hat katastrophale Folgen: Dass wir heute umgerechnet Jahr für Jahr global gesehen 1,74 Erden[12] verbrauchen, also über die Belastbarkeit des Planeten hinausgehen, ist das Ergebnis eines falschen Wirtschaftens, das Konsumbedürfnisse immer weiter befeuert und damit das verantwortungslose Ausbeuten der Natur.

Wir müssen anerkennen, dass wir seit sehr langer Zeit das falsche Ziel verfolgen, ein falsches Menschenbild haben und falsche Anreize setzen. Mit anderen Worten: Wir müssen uns vollständig neu orientieren. Die Grundlage sind neue, normativ getragene Überzeugungen, die begeistern.

Die normativen Inseln: Wollen statt müssen

Wir wollen dem alten ein neues Denken entgegensetzen, das geprägt ist von zwei neuen Glaubenssätzen, zwei neuen Erkenntnissen: einem realistischen Menschenbild (»Prosozial statt asozial«) und einem primär an den sozialökologischen Anforderungen ausgerichteten Wirtschaften (»Impact First«). Grundlegend dafür ist die normativ-bewusste Entscheidung, denn nur so kommt das Neue in die Welt.

Jetzt wird's ernst auf der Green Ferry. Es kommt zum neuen Schwur. Die sozialökologische Wirtschaft übernimmt das Ruder.

Entscheidungen ermöglichen Veränderung und Transformation, sie sind fundamental. Erst aus normativen Entscheidungen leiten sich die strategischen ab. Ohne diese Weichen schlagen wir auch operativ den falschen Weg ein.

Also erstens: Der Mensch ist prosozial. Und zweitens: »Impact First«

Unternehmen müssen sich fernab von Feiertagsreden einem Systemverständnis verschreiben, nach dem wir es als Menschheit nur gemeinsam schaffen können, die vor uns liegenden riesigen Aufgaben – Erhalt unserer Lebensgrundlagen und ein wertschätzendes Miteinander – zu bewältigen. »Müssen«? Unserer Erfahrung nach wird das eher zum »Wollen«, mit Freude und Spaß am Handeln.

Und um das ganz klar zu sagen: Wir wollen niemandem verbieten, Geld zu verdienen. Die zentrale normative Entscheidung ist, die erwünschte ökologische und gesellschaftliche Wirkung als unverhandelbaren Rahmen für zukunftsfähiges Wirtschaften anzuerkennen. Wir nennen das »Impact First«. Die Gewinnerzielungsabsicht ist bedingt. Die Achtung der planetaren Grenzen und sozialethische Normen sind als primäre Grundlage zu verstehen, innerhalb deren profitables Wirtschaften möglich ist.

Sie haben Zweifel? Dann schnappen Sie sich Ihren Rucksack und kommen Sie mit. Auf die normativen Inseln. Sie weisen allen Schiffen schon von Weitem den Kurs. Zuerst lassen wir den Blick über unser aktuelles Menschenbild schweifen, von dem Gesellschaft, Politik und Wirtschaft geleitet sind. Und das falsch ist.

Insel 1: Prosozial statt asozial! Entscheiden Sie sich für ein realistisches Menschenbild

ZENTRALE INHALTE UND BEGRIFFE

- Menschenbild
- Homo oeconomicus (maximus)
- Homo prosocialis
- Menschliche Motivation
- (Eigen-)Verantwortung
- Rutger Bregmann: *Im Grunde gut*

Warten Sie noch einen Augenblick, bis wir fest vertaut sind und die Brücke auf den Steg freigegeben ist. Kommen Sie nun mit uns von Bord, schnappen Sie sich etwas zu trinken und lassen Sie uns auf einen wunderschönen Aussichtspunkt wandern, dort kann man das große Ganze in den Blick nehmen.

So, alle da? Aus der Puste? Dann nehmen Sie gerne Platz auf einem der Felsen oder Baumstämme und kommen Sie erst einmal mit allen Sinnen an.

Willkommen auf der prosozialen Insel. Schnaufen Sie durch und lassen Sie den Blick schweifen. Währenddessen möchten wir Sie einstimmen mit ein paar Worten über Robert Waldinger, ein angesehener Psychotherapeut und -analytiker an der *Harvard Medical School*, zudem Buchautor und Zen-Priester. Neben viel Meditationszeit vor der weißen Wand hat er eine aufsehenerregende Studie durchgeführt, in der er den Lebensweg von 724 Uni-Absolventen seit 1938 unter die Lupe nahm. Dabei mussten die Männer (damals waren Frauen an den Universitäten leider noch Mangelware) jedes Jahr einen Fragebogen ausfüllen, außerdem wurden sie zu Fragen interviewt wie: welche Krisen sie auf welche Weise gemeistert haben, welche Sorgen sie begleiteten, wie erfolgreich sie im Job waren und wie ihre Ehe verlief. Die Bilanz war eindeutig: Es geht nicht um Reichtum oder Ruhm oder darum, immer härter zu arbeiten. Die klarste Botschaft, die wir aus dieser langjährigen Studie erhalten, lautet: Gute Beziehungen halten uns glücklicher und gesünder. Punkt.[1]

Ja, wissen wir alles, mag es dem einen oder anderen durch den Kopf gehen. Spätestens seit dem Weltbestseller *5 Dinge, die Sterbende am meisten bereuen* von der ehemaligen Krankenschwester und Sterbebegleiterin Bronnie Ware wissen wir, was Menschen im Rückblick wirklich wichtig war – oder gewesen wäre: eigene Träume verwirklichen, Interessen neben der Arbeit verfolgen, eigene Gefühle ausdrücken, Freundschaften und Beziehungen pflegen, Freude ins Leben lassen. Kein Sterbender hat ihr die Reue anvertraut, dass er gerne mehr Reichtümer angehäuft hätte.[2]

Doch viele Menschen handeln nicht entsprechend. Im Gegenteil, sie haben kollektiv ein anderes Menschenbild im Kopf, nach dem sie ihr Handeln, sogar ihr Leben ausrichten. Die meisten Gelehrten an den wirtschaftswissenschaftlichen Fakultäten bestärken uns sogar, dass dieses Bild exklusiv richtig sei. Dort scheint man zu meinen, dass dieses reduzierte Bild des Menschen und die darauf basierende Form des Wirtschaftens wie ein Naturgesetz als gegeben vorausgesetzt werden müssten.

Unveränderlich. Unverrückbar. Unumstößlich.

Und die, die dieses Bild des Menschen als »des Menschen Wolf« (Thomas Hobbes) heute anzukratzen wagen, geben sich der Lächerlichkeit preis, werden als Gutmenschen belächelt, als Utopist:innen ausgelacht und als naive Spinner:innen des diskursiven Raumes verwiesen. Dabei sollten wir uns das genauer ansehen. Denn schließlich wurde und wird auf der Grundlage dieses Bildes über unser Wesen ein ganzes Wirtschafts- und Gesellschaftssystem abgeleitet. Bis heute. Erinnern Sie sich an Mr. Dough und die Wirkmächtigkeit von Adam Smiths Bäcker.

Es ist der Glaubenssatz über das Bild des Menschen als einem Wesen, das nach persönlicher Nutzenmaximierung strebt. Das ist grundsätzlich nicht falsch. Aber persönlicher Nutzen, wie die angeführten Studien illustrieren, setzt sich aus vielen Elementen zusammen. Der Kernfehler ist, persönlichen Nutzen mit Geldzuwachs gleichzusetzen. Und wenn wir dann noch die Inkaufnahme von Nachteilen für andere hinzufügen und den Kant'schen Imperativ über die Klippe gehen lassen, haben wir das Bild vor Augen, das unserer Wirtschaftsordnung zugrunde liegt:

Der Mensch als egoistisches Individuum, das im Wettbewerb mit anderen Menschen um maximalen Ressourcenzugang und Besitz kämpft, auch auf Kosten anderer.

Welche Konditionen versprechen mir den größten Vorteil? Welcher ist der für mich beste Deal? Wie kann ich Menschen und Ressourcen so optimal nutzen, dass ich den profitabelsten Schnitt mache? In den Wirtschaftsfakultäten der Universitäten auf der ganzen Welt haben sie einen festen Begriff, der dieses Menschenbild prägnant zusammenfasst: Homo oeconomicus.

Anna Reisch, die lange für das Netzwerk *Plurale Ökonomik e. V.* als Vorständin tätig war und *Reinventing Society - Zentrum für Realutopien* mitgegründet hat – das unsere Co-Kapitänin Katharina Beck ebenfalls mit aufgebaut hat – schätzt, dass 20 Prozent aller Studierenden irgendwann, weil sie ein wirtschaftliches Fach belegen, den rein in finanzieller Motivation gemessenen Homo oeconomicus auf dem Pult serviert bekommen. Während im Hauptfach zunehmend differenziertere Wirtschaftsmodelle diskutiert würden, werde insbesondere den Studierenden mit den Nebenfächern VWL oder BWL lediglich die klassische Theorie vermittelt. »Die jungen Menschen bekommen den längst überholten Homo oeconomicus als eigennütziges und nutzenoptimierendes Wesen kontextlos als vermeintliche Realität vorgesetzt, ohne jeglichen wissenschaftstheoretischen Überbau«, so Anna Reisch.[3]

Auch Claudia Kemfert sieht die Lehre kritisch. Die Leiterin der Abteilung Energie, Verkehr und Umwelt am *Deutschen Institut für Wirtschaftsforschung (DIW)*, Professorin an der *Leuphana Universität Lüneburg* und erfolgreiche Buchautorin, ist nach eigenem Bekunden »Wissenschaftlerin durch und durch«. Und hat als solche festgestellt: »Die Ökonomen sind leider oftmals noch immer recht rückwärtsgewandt, häufig sehr interessengeleitet und eindimensional marktorientiert. Vielfalt und Perspektivenreichtum ist häufig unerwünscht. Die klassische Lehre dominiert noch immer.«[4]

Der Homo oeconomicus reiht sich als Begriff in jene Abfolge ein, wie wir sie aus der Biologie kennen: vom Homo habilis über Homo ergaster und Homo heidelbergensis bis zum Homo sapiens, also uns. Und es klingt so, als sei der Homo oeconomicus eine Weiterentwicklung unserer Spezies, als hätte uns die Evolution nicht mehr nur den aufrechten Gang und ein wirklich hoch spezialisiertes Gehirn spendiert, sondern mit dem Aufkommen des kapitalistischen Wirtschaftens auch noch eine besondere Haltung in unsere Gene gepflanzt: die des nur auf seinen Vorteil bedachten, die Ellenbogen einsetzenden, geld- und besitzgierigen Menschen, der ohne Rücksicht auf Verluste, ohne Rücksicht auf seine Mitmenschen und seine Umwelt durchs Leben bulldozert. Wer nicht entsprechend agiere, habe nicht alle Tassen im Schrank und wisse nicht, wie der Hase läuft.

Der Begriff Homo oeconomicus gaukelt uns ein rein rationales Wesen vor

Dabei ist es längst erwiesen, dass uns die rein monetäre Nutzenmaximierung nicht vor Glück aus dem Sattel hebt. Im Gegenteil: Das Empfinden von Glück, Zufriedenheit und Freude speist sich aus anderen Quellen. Persönliche Nutzenmaximierung ist naheliegend und regelmäßig sinnvoll. Aber Gleichsetzung von persönlichem Nutzen mit monetärem Zugewinn ist grob verkürzend und in dieser Verkürzung schlichtweg falsch.

Die Krone der Schöpfung und das Ideal der meisten Wirtschaftsakteur:innen ist der Homo oeconomicus maximus. Gerne auf Kosten anderer. Und natürlich ohne schlechtes Gewissen. Denn: Wenn ich meinen Nutzen nicht nur steigere, sondern auch nach allen Kräften bis zum Äußersten maximiere, dann ist ja allen gedient. Und dies sei – nach traditioneller Lehre – sogar wissenschaftlich bewiesen!

Auch wenn sich diese Doktrin für viele immer häufiger falsch anfühlt, auch wenn sie wissenschaftlich gar nicht stimmt und wenn sie uns noch nicht einmal glücklich macht: Diese Doktrin ist nicht nur auf Wissenschaft und Wirtschaft begrenzt, sondern auch tief in den Köpfen der Regierenden verankert. Noch einmal: Die Zielkoordinaten für jegliches politische Handeln fast aller Staaten sind auf das Wachsen des Bruttoinlandsprodukts und den Anstieg des Geldes im Portemonnaie der Einzelnen abgestimmt. Die Einseitigkeit des Starrens auf wirtschaftliche Kennzahlen, Börsenwerte, Wachstumsprognosen, Branchenindizes und durchschnittliches Geld der Einzelnen ist das Problem und gleicht einer paralysierenden gesellschaftsumfassenden Manie. Wir fokussieren kollektiv auf die Zahlen des BIPismus und lassen uns von ihnen einlullen wie die Schlange Kaa den kleinen Mogli im *Dschungelbuch*.

Solange überall ein Pluszeichen vor den Zahlen steht, ist alles gut. Läuft! Bei finanziellen Minuszahlen ist große Krise angesagt, und es beginnt die Suche nach den Schuldigen und die Arbeit, den Trend schnellstmöglich umzukehren. Egal wie. Das muss umgekehrt nicht immer falsch sein, der starre Automatismus und das Schwarz-Weiß-Denken sind das Problem daran.

Klingt eindimensional? Stimmt. Weil es das ist.

Wir finden, dass wir dieses Menschenbild und damit zusammenhängend unsere Messung von Fortschritt dringend korrigieren müssen. Der Mensch ist mehr als nur ein Werkzeug der Geldmehrung, er empfindet nicht nur Gelderwerb als nützlich. Richtig und wissenschaftlich nachgewiesen ist: Die Initial-Zufriedenheit wächst mit dem Einkommen, aber nicht grenzenlos. Ein Team um den Psychologen Andrew T. Jebb von der *Pudue University* im US-Bundesstaat Indiana analysierte die Daten einer Studie des Marktforschungsinstituts *Gallup*, an der 1,7 Millionen Menschen aus 164 Ländern teilnahmen, der *Gallup World Poll*.

Die zentrale Fragestellung lautete: Bei welcher jährlichen Einkommenshöhe sind die Lebenszufriedenheit (langfristig) und das emotionale Wohlbefinden (von Tag zu Tag) am höchsten? Das Ergebnis: »Wir haben herausgefunden, dass das ideale Einkommen bei 95 000 US-Dollar für die Lebenszufriedenheit und 60 000 bis 75 000 US-Dollar für das emotionale Wohlbefinden liegt«, so Andrew T. Jebb. Danach ist Schluss mit lustig, danach zeigt sich keine signifikante weitere Steigerung, was das Glücksempfinden angeht.[5] Nun könnte man einwenden, dass wir von diesen Summen global noch Lichtjahre entfernt sind. Geschenkt. Aber Maximieren? Macht nicht glücklicher.

Abgesehen von einer festen Einkommenshöhe ist laut diverser Studien auch die Relation innerhalb der jeweiligen individuellen Bezugsgruppe ein wichtiger Faktor fürs eigene Glücksempfinden. Ein Beispiel: Ein Verkäufer, der 3000 Euro brutto im Monat verdient und damit 1000 Euro mehr als die Kolleg:innen, ist wahrscheinlich zufriedener als die Chefärztin, die 10 000 Euro brutto im Monat verdient, aber 1000 Euro weniger als ihre direkten Kolleg:innen.[6] Der Mensch ist schon ein irres Wesen. Unfassbar spannend – und widersprüchlich.

Denn: Das Streben nach mehr ist allzu menschlich, sonst wäre unsere Zivilisation auch längst nicht dort, wo sie heute ist. Aber nicht jeder menschliche Impuls hält der kritischen Reflexion stand. Die bloße Geldmehrung führt nachweislich nicht von allein zur Glücksmehrung. Der Mensch ist mehr, er ist ein prosoziales Wesen, das sein Wohlbefinden aus den sozialen Begegnungen und Interaktionen schöpft, aus guten Beziehungen, in denen Empathie, Zuwendung, Liebe, Schönheit, Humor und Unterstützung wesentliche Rollen spielen. Mit Euro oder US-Dollar unbezahlbar.

Das lässt sich auch ablesen an der Motivation des Menschen, sinnvolle Dinge zu tun – und das ganz ohne Geld. Unzählige Menschen, allein 30 Millionen der gut 80 Millionen Menschen in Deutschland, engagieren sich zum Beispiel ehrenamtlich in Sportvereinen, bei der Freiwilligen Feuerwehr, in unzähligen Projekten und Initiativen, die sich dem Gemeinwohl[7] widmen. Selbstbestimmt einen positiven Beitrag für die Gesellschaft leisten, für die Menschen um sich herum oder auch für die Menschheit als Ganzes, für die Zukunft der Kinder, einfach mal etwas richtig gut lernen, so wie Gitarre spielen, all das motiviert Menschen häufig mehr als Geld. Weil sie einen Sinn darin sehen oder neudeutsch formuliert: weil sie einem Purpose folgen, den sie in ihrer Erwerbsarbeit häufig nicht sehen, weil sie einfach Freude an etwas haben.

Von Haus aus gut

Wir wollen jetzt nicht unbedingt den Schluss ziehen, dass der Mensch qua Natur ein wunderbares Wesen ist, das nur vom rechten Weg abgekommen ist. Aber rejustieren sollten wir das Bild. Der niederländische Historiker Rutger Bregman hat diesen Versuch in seinem Buch *Im Grunde gut* unternommen. Darin findet sich auch ein Abschnitt über tiefsitzende Annahmen, denen wir bis heute unterliegen, weil wir verlernt haben, genau hinzusehen.

Bregmans Beispiel: Wir alle kennen den weltberühmten Kultroman *Herr der Fliegen* des englischen Schriftstellers William Golding aus dem Jahr 1954. Wer das Buch nicht kennt, hat vielleicht den beklemmenden gleichnamigen Schwarz-Weiß-Film von 1963 noch vor Augen, der Generationen von Schüler:innen einigermaßen verstörend zurückließ. Der Plot: Eine Gruppe von sechs- bis zwölfjährigen englischen Internatsschülern rettet sich nach einem Flugzeugabsturz auf eine unbewohnte Südseeinsel, auf der sich schnell zwei Lager bilden, die sich im Laufe der Zeit auf brutale und schließlich tödliche Art und Weise bekämpfen. Golding wollte zeigen, dass der Mensch, jeglicher Zivilisation und seiner Regeln und Gesetze beraubt, im Kern ein gewaltbereites Wesen ist. Für viele dient das Buch bis heute als Beweis, dass der Mensch in seinem Wesenskern nicht die liebevolle Gattung ist, wie wir sie gerne hätten. Sondern ein Monster. Dabei ist die Geschichte frei erfunden und entstammt ausschließlich der dunklen Fantasie seines Autors.

Bregman machte sich auf die Suche nach vergleichbaren, aber realen Geschehnissen – und stieß dabei auf die Geschichte von sechs Jungen, die 1965 ganz real auf der ebenfalls unbewohnten Insel 'Ata strandeten, die zur Inselgruppe Tonga im Pazifik gehört. Erst nach 15 Monaten wurden sie von einem zufällig vorbeifahrenden australischen Fischer entdeckt und gerettet. Das Erstaunliche war: Die Jugendlichen hatten sich anders als die Jungen in Goldings Roman verhalten. Sie legten einen gemeinsamen Gemüsegarten an, fingen Fische, sammelten Trinkwasser und teilten es gerecht untereinander auf. Wenn es zu Streit kam, was natürlich nicht ausblieb, regelten sie ihn ganz pragmatisch: Sie gingen sich aus dem Weg. Einer der Streithähne verließ die Gruppe, wanderte auf die entgegengesetzte Seite der Insel und kam erst wieder zurück, wenn der Rauch des Ärgers verflogen war. So überlebten sie. Die Realität siegte über die Fiktion. Oder anders gesagt: Golding hatte eine wirklich gute Geschichte aufgeschrieben, deren Narrativ sich in den Köpfen von vielen Menschen festsetzen sollte. Nur hatten seine fiktiven Annahmen nichts mit der Realität zu tun.[8]

Das eigentlich Besondere an Bregmans Buch ist nicht das Entlarven von netten Geschichten als nachweislich falsch, sondern es ist die Breite der wissenschaftlichen Disziplinen, die in ihrer Gesamtheit eine erdrückende Evidenz ergeben – sodass man nach Ende der Lektüre mit dem Brustton der Überzeugung sagen muss:

Der Homo prosocialis – wir erlauben uns diese Wortschöpfung – ist das neue, das realistische Menschenbild

Selbst wenn das Verhalten des Menschen nicht ausschließlich als gut bezeichnet werden kann – im Sinne von sozial, friedlich, kooperativ –, bedarf es einer Revision der Annahme, dass er ausschließlich schlecht im Sinne von asozial, gewaltbereit und egomanisch wäre.

Oder sadistisch. Für viele gilt bis heute das *Stanford-Prison-Experiment* als Beleg für die Tatsache, dass Menschen einander tiefen Schmerz zufügen, wenn man sie in entsprechende Rollen steckt und ihnen legitimierte Macht über andere einräumt. Sie erinnern sich: 1971 steckte ein Team der *Stanford University* 24 Studenten, die sich freiwillig gemeldet hatten, in eine Gefängnissituation. Die jungen Männer wurden durch Münzwurf entweder zu einem Gefängniswärter oder zu einem Gefangenen. Nach wenigen Tagen musste das Experiment abgebrochen werden, weil laut Studienergebnis sich das Böse in Form von Willkür bei den Wärtern Bahn brach.[9]

Wumms, der Beweis für das Böse im Menschen war erbracht. Dass in der Folge Dutzende Wissenschaftler:innen die Methodologie nicht nur kritisierten, sondern wie Bregman das Ergebnis als nachweislich falsch entlarvten, fliegt bis heute unter dem Radar. Es hatte vor Beginn des Experiments Absprachen gegeben, dass sich die Wärter sadistisch verhalten sollten. Das Experiment war also gezinkt. Als die *BBC* das Experiment später in einer Liveserie wiederholte, bildeten nach ein paar Folgen die Wärter und die Insassen eine Kommune – und die Serie wurde abgesetzt[10], zu langweilig, zu viel Harmonie.

Menschen lieben das Drama. Vielleicht ist die Wahrheit des prosozialen Menschen einfach zu entspannt. Die Widerlegung des Experiments ist jedenfalls noch nicht überall wie eine Bombe eingeschlagen. Dabei müsste es uns die Augen öffnen für den neuen Blick auf den Menschen. Bei dem israelischen Historiker Yuval Noah Harari, der mit Büchern wie *Eine kurze Geschichte der Menschheit* und *Homo Deus – Eine Geschichte von Morgen* Weltruhm erlangte, hat es immerhin funktioniert: »*Im Grunde gut* hat mich dazu bewegt, die Menschheit aus einer neuen Perspektive zu betrachten« – so lässt er sich auf Bregmans Buchcover zitieren.

Wir sollten genauer hinschauen und der Macht des ersten Zweifels vertrauen. Nur weil sehr viele Menschen einen Sachverhalt als wahr betrachten, muss er es nicht unbedingt auch sein. Das Verrückte ist, dass der Mensch sich bereitwillig der Mehrheitsmeinung anschließt, was man niemandem vorwerfen kann, das ist allzu bequem. Was schon Hans Christian Andersen wusste, als er diesem Lemming-Phänomen mit *Des Kaisers neue Kleider* ein Denkmal setzte. Neudeutsch spricht man auch von Group Think.

Was wir sagen, ist: Lasst uns lieber zweimal hinschauen – und uns erst dann eine Meinung bilden.

Was also folgt, wenn wir den alten Glaubenssatz des Menschen als schlechtes Wesen über Bord werfen? Wenn wir ein realistischeres Menschenbild annähmen, das ein anderes Wertegerüst reflektiert, das wesentlich Eigenverantwortung, Vertrauen und Respekt beinhaltet? Könnten wir nicht eine neue Form der Zusammenarbeit, des Zusammenhalts und des Zusammenlebens insgesamt aufbauen?

Denn solange wir ein falsches Menschenbild fixieren, verfolgen wir womöglich auch das falsche Ziel und setzen falsche Anreize. Rutger Bregmann nennt das einen riesigen »Nocebo«-Effekt, also ein negatives Placebo.[11]

Wir erzählen uns so lange, dass wir schlecht sind, bis wir es glauben.

Und so bauen wir uns in der Folge Systeme, die uns anreizen sollen, jedoch auf der falschen Grundannahme über das Wesen des Menschen basieren. Also falsche Anreize, die nicht oder nur bedingt funktionieren. Welche Folgen könnte ein realistischeres Menschenbild für ein neues Zielbild für Wirtschaft, Politik und Gesellschaft insgesamt bedeuten? Und vor allem: Wie müsste eine dem menschlichen Wesen adäquate Wirtschaft aussehen, die sich umfassend an gegenseitigem Vertrauen, Respekt und Partnerschaftlichkeit sowie Verantwortung orientiert?

Diese in der Wirtschaftswelt als weiche Faktoren bezeichneten Kernkriterien sind überaus wichtig. Weil Vertrauen nicht nur die Grundlage für ein gutes Zusammenleben von Menschen ist, sondern auch für die Zusammenarbeit in Unternehmen, nach innen mit Kolleg:innen wie nach außen mit Zulieferern, Händlern, den Partner:innen. Noch regiert die Paranoia der alten Welt, in der Angst vor Ellenbogen und Wettbewerbsverdrängung zumeist noch die vorherrschende Grundhaltung ist.

Sie halten Paranoia für einen überzogenen Begriff? Einer der CEO, für den wir Kapitän:innen früher gearbeitet haben, hat genau das von seinen Mitarbeitenden gefordert, um sie zu höherer Leistung anzutreiben. »Seid paranoider«, hat er uns zugerufen. Wie absurd. Er wollte durch mehr Paranoia, mehr Angst, auch vor dem Wettbewerb, unsere Leistungsfähigkeit steigern. Dabei hatte er übersehen, dass Angst und Paranoia im Gegenteil meist zu nicht besonders klugen Kurzschlussentscheidungen führen. Vertrauen hingegen führt zu einem respektvollen Umgang miteinander und kann zu einer Neudefinition von Partnerschaftlichkeit beitragen. Und manchmal sogar zu größerem wirtschaftlichem Erfolg in der Krise, wie wir später noch ausführlicher sehen werden.

Ein weiterer Pfeiler der alten Welt, den wir kritisch begutachten möchten, ist das Tragen von Verantwortung.

Einerseits werden wichtige Entscheider:innen-Titel ehrenvoll getragen. In vielen klassischen, vor allem börsennotierten Unternehmen wird das Übernehmen von Verantwortung für Entscheidungen meistens auf die nächsthöhere Hierarchieebene gehoben, bis hin zum Vorstand auf den C-Level-Flur. Und selbst da macht sie nicht halt, sondern wird – nicht völlig zu Unrecht – in den Kreis der Aktionär:innen geschoben. Oder auf Sachzwänge rekurriert, die eine eigene Entscheidung zu Ende gedacht ausschalten.

So diffundiert Verantwortung für das Verhalten von Unternehmen wie ein böser Geist durch die Hierarchieebenen, von dort in den Kreis der Aktionär:innen und ist oft nicht zu fassen. Wir beißen uns jetzt auf die Zunge, um den Grund für die Übel des aktuellen Wirtschaftssystems nicht dem kurzfristig orientierten Aktienkapitalismus in die goldenen Schuhe zu schieben. Denn ehe sie das ganze System infrage stellen, stecken Aktionär:innen lieber schnell den Kopf in den Sand. Ganz tief.

Für unser Transformationsmodell, das wir in diesem Buch verfolgen, ist das Wahrnehmen von (Eigen)-Verantwortung eine zentrale Triebfeder auch der unternehmerischen Kultur, der Governance

Eigenverantwortliches Handeln ist einer der wichtigsten Hebel zur Steigerung der Motivation. Freiheit und Zeit für kreative Aufgaben beflügeln Menschen mehr als finanzielle Anreize. Experimente zeigen, dass finanzielle Anreize bei kognitiv-kreativen Aufgaben – also Aufgaben, für die neue Lösungen in großem Umfang gebraucht werden – sogar zu schlechteren Ergebnissen führen können.[12]

Gehen Eigenverantwortung und Vertrauen Hand in Hand, kann wertvolle Zeit, die bisher mit dem Herumgeschiebe von Verantwortlichkeiten und Schuldzuweisungen vergeudet wurde, für die wirkliche Arbeit genutzt werden und führt sogar zu besseren Ergebnissen.

Denn wer auf Vertrauen, Respekt und Partnerschaftlichkeit sowie Verantwortung baut, braucht nicht einmal mehr Verträge. Klingt verrückt? Ist aber machbar, wie das Unternehmen *Premium Cola* aus Hamburg beweist. Ganz in der alten Tradition des ehrbaren Kaufmanns, dem ein Handschlag genauso viel wert war wie ein Stück Papier mit zwei Unterschriften. Der Kern dieses Prinzips ist die humanistische Werthaltung des Unternehmers, der verantwortungsbewusst gegenüber Umwelt und Menschen agiert, gepaart mit wirtschaftlichem Fachwissen.

Premium Cola wurde 2001 gegründet und produziert seitdem im konsensdemokratischen Kollektiv koffeinstarke Cola, mittlerweile auch Bier und ein Bio-Mate-Getränk – und hat in seiner 20-jährigen Geschichte noch nie einen Vertrag geschlossen, weder mit seinen Mitarbeitenden noch mit den Zulieferer:innen, noch mit seinen Vertriebspartner:innen. Was hat Gründer Uwe Lübbermann gemacht? Vertrauensbasierte Zusammenarbeit ist ein exzellentes Risikomanagement. Er hat stabilere Verbindungen zu seinen 1700 Partner:innen aufgebaut, als das vielleicht durch Verträge möglich gewesen wäre. Dabei geht es im Kern um Verantwortung, die auf viele Schultern verteilt ist und die vor dem Hintergrund der Gleichwertigkeit in hohes Vertrauen – auch der Partner:innen untereinander – mündet. Bei *Premium Cola* kann sich niemand um seine Verantwortung drücken, wenn er oder sie aktiver Teil des Kollektivs sein will.[13]

Auftritt: Uwe Lübbermann.

Neben seiner Brausetätigkeit durfte Uwe Lübbermann schon viele unterschiedliche Unternehmen und Organisationen als Berater begleiten: vom Hippie-Kollektiv, das ein Schiff für Partys gebaut hat, über kleine und mittlere Unternehmen bis hin zu Großkonzernen und sogar eine Regierung. Aber hören wir ihn selbst.

> »Für mich geht es im Wesentlichen um die Grundhaltung: Wovon gehe ich aus, wenn ich es mit Menschen zu tun habe? Ich gehe davon aus, dass Menschen im Kern erst einmal gut sind. Wenn man ihnen mit Wertschätzung und Respekt entgegentritt, wird man fast immer

mit ähnlicher Haltung belohnt. Ich frage als Unternehmer: Was möchtest du gerne bei uns machen? Wie lange willst du arbeiten? Wo möchtest du tätig sein? Alle sollen das Gefühl haben, willkommen bei uns zu sein und einen Sicherheits- und Freiheitsraum zu haben.

Wenn ich in dieser Weise an Menschen herantrete, bekomme ich ganz andere Antworten und ein ganz anderes Verhalten von den Menschen, als wenn ich mich als klassischen Inhaber verstehe, der erst einmal selektiert, wer hier eigentlich arbeiten darf, welche Aufgaben er übernehmen soll, ihre Erfüllung überwache und sie sanktioniere oder belohne. Miteinander reden hilft. Die wirklichen Potenziale für Veränderungen liegen im Austausch zwischen den Betroffenen, weil wir eine sehr vernetzte Wirtschaftswelt haben, in der es gar keinen Sinn macht, in Intern und Extern zu unterscheiden.

Das gilt demnach auch für den Dialog mit unseren Partner:innen und führt zu tollen Ergebnissen. Ein Beispiel: Als wir die Getränkelogistik eines großen Festivals durchgeführt haben, haben wir mit allen Betroffenen geredet: mit Lkw- und Staplerfahrer:innen, mit anderen Hersteller:innen, mit den Betreiber:innen der Bars auf dem Gelände. Geplant war nur, die Abläufe zu optimieren, aber als ›Abfallprodukt‹ des Austauschs zwischen allen Betroffenen haben wir am Ende 15 Prozent der Lkws einsparen können und damit in gleicher Höhe auch Kosten, Überlastungen und CO_2-Ausstoß. Das vielleicht nur am Rande: Unser Kollektiv hat sich ganz bewusst dazu entschieden, nur im DACH-Raum aktiv zu sein, trotz entsprechender Anfragen aus anderen Ländern, die wir stets mit dem Hinweis auf die planetaren Grenzen ablehnen.

Ich bin überzeugt: Wenn du eine Kultur schaffst, in der ein positiver, wertschätzender Umgang miteinander gelebt wird, kannst du mit vielen Menschen in den Austausch gehen. Wenn du aber eine Kultur des Gegeneinanders hast, in der es um Machtspiele und nur ums Negative geht, dann reicht schon eine Person, um wirklich viel Schaden anzurichten und viel zu blockieren. Den Planeten können wir nur gemeinsam in einem intakten Beziehungs-Ökosystem retten.«

Dann sind sogar Wunder möglich. Das mag etwas übertrieben sein, aber viele Unternehmer:innen kennen das Phänomen. Mit der Coronakrise rutschten auch die Zahlen des Premiumkollektivs in den Keller, schließlich waren Restaurants und Kneipen über Monate geschlossen, der wichtigste Vertriebskanal des Unternehmens. Also fragten die Brausehersteller in alle Richtungen, ob sie Produktionen, Dienstleistungen, Zahlungen, Stunden kürzen, aufschieben oder streichen dürften. Die Entscheidung wurde den Handelnden entlang der Lieferkette selbst überlassen.

Der große Unterschied: Die Frage war verbunden mit dem Angebot, selbst zu helfen, wenn jemand in eine Notlage zu rutschen drohte. »Wir sahen uns als Umverteiler und haben ganz klar gesagt: Wir lassen niemanden hängen«, sagt Lübbermann rückblickend. Das Kollektiv bekam von verschiedenen Seiten tatsächlich »mal 30 000 Euro, mal 10 000 Euro«, die Bierbrauer verzichteten zum Beispiel auf das zeitnahe Einfordern noch offener Beträge, Kollektivist:innen stellten für eine Zeit keine Honorare in Rechnung – alles komplett ohne Gegenleistung, sodass das Kollektiv zwischenzeitlich über eine Liquidität von 100 000 Euro verfügte, die für zehn Monate Grundbetrieb ausgereicht hätte. Das Einfordern von Vertragsleistungen hätte dem Kollektiv nicht geholfen. Geholfen hat das freiwillige Übernehmen von Verantwortung, indem jede:r schaut, wie er/sie zum Gelingen des Gemeinschaftsprojekts Premium beitragen kann.

Doch statt es zu bunkern, leiteten sie das Geld teils an jene in ihrem Netzwerk weiter, die es gerade noch dringender brauchten, »um zum Beispiel keinen Stress mit dem Finanzamt zu bekommen«.[14]

Lübbermanns Fazit: »Wer auf Gemeinschaft setzt und sie auch in der Krise lebt, stärkt die Bindungskräfte langfristig.«

Es lässt sich hinzufügen: Er profitiert am Ende auch wirtschaftlich von diesen besonderen Beziehungen. So wird Gutsein ein Faktor für die in der Krise viel beschworene Widerstandsfähigkeit oder Resilienz und damit auch für den ökonomischen Unternehmenserfolg.

Ein anderer erfolgreicher Firmenlenker, Thomas Banning, CEO der *naturstrom AG*, der später auf unserer Reise erneut zu uns stoßen wird, zieht diese Kraft fürs Gutsein aus seinen christlichen Werten, die ihm als Kind in die Wiege gelegt wurden und ihn bis heute tragen. »Zentral für mich ist die Frage: Wie gehe ich mit meinen Mitmenschen um? Habe ich Achtung vor ihnen? Oder sehe ich sie nur als Erfüllungsgehilfen, um mich selbst zu bereichern? Die Beantwortung dieser Fragen macht einen großen Unterschied.« Nach seiner Erfahrung gebe es bereits viele, vor allem kleine und mittelständische, Unternehmen, die ihr Weltbild von vornherein in ihren unternehmerischen Aktivitäten umsetzen.

»Sie fragen nicht danach: Wie kann ich egomanisch meine Karriere weitertreiben? Wie kann ich noch mehr Geld verdienen? Wie kann ich noch zwei Autos mehr kaufen? Für sehr viele ist Verantwortung und Gestaltung zentral in ihrer Arbeit.« Dabei dürfe man nie vergessen, diese Grundüberzeugung mit wirtschaftlichem Erfolg zu verbinden. »Es ist ja klar, wenn ich immer Verluste mache, verschwindet die Substanz. Ich muss immer einen Weg finden, um Dinge so zu organisieren, dass am Ende zumindest auf längere Distanz betrachtet meine Erlöse höher sind als meine Kosten.«[15] Wer mag da widersprechen?

Was wir damit sagen wollen: Die aktive persönliche und unternehmerische Entscheidung für ein realistisches Menschenbild, das jede:n in seinem und ihrem Kern als prosoziales Wesen begreift, ist einer der beiden wichtigen normativen Paradigmenwechsel auf dem Weg Richtung Zukunftswirtschaft.

KAPITÄN:INNEN-INTERMEZZO

»Sehr geehrte Green Ferry-Reisende, vielleicht überrascht Sie die Diskussion über ein anderes Menschenbild in einem Wirtschaftsbuch. Aber wir treffen unsere Entscheidungen so oft unbewusst basierend auf Glaubenssätzen – und um besser zu wirtschaften, ist die bewusste Entscheidung für realistische Glaubenssätze essenziell.

Sie kennen wahrscheinlich das Eisbergmodell. Der Eisberg versinnbildlicht, dass nur ein kleinerer Teil unserer Wahrnehmung sichtbar und bewusst ist. Der größere Teil liegt unter der Oberfläche – bildet aber das Fundament unseres Fühlens, Denkens und Handelns. Nachgewiesenermaßen leiten uns meist unbewusste Glaubenssätze in diesem nicht sichtbaren Fundament ganz besonders. Zum Beispiel: Der Mensch ist ein nutzenmaximierendes Wesen. Dass es sinnvoll und menschlich ist, seinen Nutzen zu steigern, bezweifeln wir gar nicht. Aber durch die vereinfachte, meist einseitige Messung in Geldnutzen ist die Sicht auf den Menschen verkürzt worden. Gewinnmaximierung,

Konkurrenz, Wettbewerb als Gegnerschaft: ›Jeder ist sich selbst der nächste.‹ Geschichten vom egoistischen Menschen können eben wie ein negatives Placebo, ein Nocebo, wirken und unsere auch für die Wirtschaft so zentralen Vertrauensbeziehungen erodieren.[16] ›Ich gegen die anderen‹.
Nur: ohne Grund. Denn der Mensch ist anders, als wir es uns oft erzählen, er ist in Wirklichkeit ein sehr kollaboratives Wesen – wissenschaftlich in diversen Disziplinen bestätigt.
Es ist tatsächlich realistischer, von einem positiven, prosozialen Menschenbild auszugehen. Wir können uns aktiv dafür entscheiden. Und tragen dazu bei, dass das Nocebo der Negativerzählung durch Positivgeschichten und die entsprechenden Wirklichkeiten ersetzt wird. Diese bewusste Auseinandersetzung mit Ihrem Menschenbild empfehlen wir Ihnen als Einstieg in eine neue, positive Art des Wirtschaftens mit mehr Eigenverantwortung und Initiative. Sie ist die Grundlage auch für weniger bürokratische Prozesse und mehr Entfaltungsmöglichkeiten.«

Doch nun auf zum zweiten Paradigmenwechsel: der Veränderung der Zielmarke, weg vom reinen »Profit First« hin zu »Impact First«.

Packen Sie Ihre Sachen und kommen Sie mit. Es geht auf die zweite Insel der normativen Inselgruppe, wo wir die neue Zielmarke für Unternehmen kennenlernen und den Transformationsweg dorthin skizzieren. Keine Sorge: Es wird Spaß machen!

Insel 2:
»Impact First« statt »Profit First!« Entscheiden Sie sich für die Zukunftswirtschaft

ZENTRALE INHALTE UND BEGRIFFE

- **Zielvision der Zukunftswirtschaft**
- **»Impact First« statt »Profit First«**
- **Leitplanken für »Impact First«: ökologisch sicher und sozial gerecht**
- **Entscheidungshilfen: kein Schaden und Positivbeitrag**
- **Unterscheidung zum klassischen CSR-Ansatz**

Den einen oder die andere haben wir nach der ersten Insel mit nachdenklicher Miene über Deck gehen sehen. Aber Denken hilft ja bekanntlich. Wir haben noch mehr geistiges Futter. Lassen Sie sich also gerne im Strandcafé nieder, in dem ein ganz besonderer Unternehmer auf uns wartet. Sein Name: Christian Kroll. Sein Unternehmen: Ecosia.

Bevor wir uns ihm zuwenden, sei an dieser Stelle bereits gesagt: Er ist jemand, der »Impact First« als Leitstern für sein Unternehmen überzeugend vorlebt. Sein wirtschaftliches Handeln also primär an der beabsichtigten Wirkung in der Welt orientiert, indem er es an der Achtung und profitablen (Mit-)Erfüllung der Bedürfnisse aller Menschen unter Einhaltung der planetaren Grenzen ausrichtet. Und wirtschaftlich erfolgreich ist. Die Sicherstellung, dass die intendierte Wirkung profitabel erbracht werden kann, ist bei ihm allerdings nur eine Nebenbedingung – und nicht die primäre Zielsetzung. Diese ist und bleibt im sogenannten »safe and just space for humanity«, wie es die englische Ökonomin Kate Raworth in ihrem Donut-Modell formuliert hat.[17]

Schließlich würde alles andere keinen Sinn machen. Das wusste Carl von Carlowitz, der Begründer des Begriffs der Nachhaltigkeit, schon 1713, als er sein Werk *Sylvicultura oeconomica, oder haußwirthliche Nachrichten und Naturmäßige Anweisung zur wilden Baum-Zucht*, veröffentlichte. Seine irre These: Wenn man immer nur Bäume schlägt und verfeuert, aber nicht fürs Nachwachsen sorgt, sind sie irgendwann, nun ja, wohl offenbar weg.[18] Das schrammt nahe an einer Banalität entlang. Mutet es daher nicht vollkommen absurd an, dass wir bis heute diese lächerlich trivial wirkende Wahrheit einfach ignorieren?

Die Menschheit verbrauchte allein im Jahr 2021 laut *Global Footprint Networks* 1,74 Erden, also 74 Prozent mehr, als die Ökosysteme des Planeten regenerieren können.[19] Was wird folglich in Zukunft passieren? Genau, der Planet ist irgendwann verbraucht. Die logische Folge ist, und das sollte uns vernunftbegabten Wesen nicht schwerfallen, dass wir anfangen, die Ökosysteme zu regenerieren und zukünftig im Rahmen der planetaren Grenzen wirtschaften.

Stellt sich die Frage: Warum bekommen wir das nicht hin? Schauen wir noch einmal auf die Orientierung von »Profit First«, die alles Wirtschaften innerhalb der Gesetze und damit auch der Schäden an Planeten und Menschen, die nicht per Gesetz verboten sind, zulässt beziehungsweise im Sinne der Profitmaximierung sogar fördert. Ein tief sitzender Glaubenssatz – auch in der Politik. Spätestens in einer Krise wird jegliches staatliche Handeln darauf abgestimmt, die Kurven wieder in die richtige Richtung laufen zu lassen. Umweltschutz wird vermeintlich nice to have. Sozialer Ausgleich wird auf dem Altar des Wirtschaftswachstums geopfert. Mittel- und langfristig führt uns das in den Abgrund.

Wir halten fest: Die Staaten der Welt sind bislang nicht in der Lage gewesen, den Rahmen so zu setzen, dass Wirtschaftsaktivitäten innerhalb der Grenzen unseres Planeten ein gutes Leben für alle Menschen ermöglichen.

Aber ist nicht genau das ihre Aufgabe? Sind die Parlamentarier:innen und gewählten Regierungschef:innen, also allesamt Repräsentant:innen, nicht dafür verantwortlich? Handeln sie tatsächlich im Sinne der Wähler:innen, oder – anders gefragt – wollen die meisten Menschen überhaupt, dass Politiker:innen so konsequent handeln?

s scheint: Wir fahren den Wagen gerade kollektiv mit Karacho gegen die Wand

Nicht dass wir uns falsch verstehen: Wir haben nichts gegen eine gesunde Wirtschaft, gegen Wachstum, gegen eine starke Industrie. Aber nur dann, wenn es innerhalb der planetaren Grenzen und des Hinwirkens auf soziale Gerechtigkeit möglich ist. Damit es auf der Erde für Menschen lebenswert bleibt.

Aber wie kann das funktionieren? Auf der Grundlage eines falschen Menschenbildes, des Homo oeconomicus maximus, und in der Folge von »Profit First« als Handlungsmaxime ist zu lange ein Gebäude errichtet worden, das im Begriff ist, zu kollabieren. Wir können noch viele Jahre damit vergeuden, kleine und große Reparaturen vorzunehmen, auszubessern und zu reparieren. Die Abwärtsspirale lässt sich so nicht stoppen.

Aber vielleicht wäre es klug, ein gänzlich neues Modell zu entwickeln. Und damit wären wir bei dem bereits erwähnten Christian Kroll, der seinem unternehmerischen Handeln eine völlig andere Basis als der Mainstream gegeben hat und für viele Gründer:innen heute Vorbild ist. Das von ihm 2009 gegründete Unternehmen *Ecosia* ist eine ökologische Suchmaschine, vereinfacht gesagt, so etwas wie ein Öko-Google, mittlerweile auf Platz 8 der weltweit am meisten genutzten Suchmaschinen.[20] 2020 betrug der Firmenumsatz knapp 22 Millionen Euro.[21]

Aber allein diese Kenngrößen führen schon aufs falsche Gleis.

Denn Kroll macht weder die Höhe des Umsatzes noch den Gewinn, noch das wirtschaftliche Wachstum zum Leitmotiv seines Unternehmens mit seinen rund 70 Mitarbeitenden, sondern den Kampf gegen den Klimawandel – und misst seinen Erfolg lieber in KPIs (gemeint ist eine in der Unternehmenswelt etablierte Abkürzung für eine Kennzahl des Unternehmensfortschritts, KPI = Key Performance Indicator) wie der Anzahl gepflanzter Bäume und die hierdurch ermöglichte CO2-Reduktion.

Das Geschäftsmodell ist bestechend einfach: Mit jeder Suchanfrage erhält *Ecosia* wie auch zum Beispiel *Google* Geld, die Ergebnisse liefert die Microsoft-eigene Suchmaschine *Bing*. 80 Prozent seines Gewinns investiert *Ecosia* in Baumpflanzprojekte gemeinnütziger Naturschutzorganisationen in über 30 Ländern der Welt. Regelmäßig besuchen sie diese Organisationen und entwickeln neue Projekte. So viele Bäume wie möglich zu pflanzen, ist Kernziel des Unternehmens. Seit der Gründung waren das bis zum Sommer 2022 mehr als 150 Millionen Bäume[22], finanziert durch insgesamt knapp 45 Millionen Euro. Nicht umsonst lautet der Claim des Unternehmens: »Ecosia – die Suchmaschine, die Bäume pflanzt«.

Die Bekämpfung des Klimawandels ist die zentrale normative Haltung, die *Ecosia* seinen Sinn gibt. Seinen Purpose. Unternehmerische Wachstumszahlen werden Mittel zum Zweck und sind nicht mehr der alleinige Zweck.

Warum er das macht? Das kann er uns am besten selber erzählen.

Auftritt Christian Kroll.

»Ich habe mit 16 Jahren angefangen, mit Aktien zu handeln, und ein bisschen Geld verdient. Weil ich das spannend fand, habe ich BWL studiert und ein paar unternehmerische Dinge ausprobiert. Ich hatte eine gewisse finanzielle Freiheit, auch weil ich sparsam gelebt habe.

Ein bisschen Geld auf dem Konto und ein gutes Studium in der Tasche. Dann habe ich mich auf eine Weltreise begeben. Ein halbes Jahr war ich in Nepal. Dafür gab es keinen bestimmten Grund, ein Kumpel von mir wollte dort eine Trekkingtour machen, und ich dachte, da komme ich mit. Und dann bin ich geblieben. Dort wuchs in mir die Erkenntnis: Ich muss mein Leben nutzen, anderen Menschen helfen, Menschen, die nicht dieselben Chancen haben wie ich.

In mir reifte der Gedanke, nicht sofort irgendeine Karriere anzustreben und viel Geld zu verdienen, sondern einen positiven Impact zu erzielen. Ich wollte kein Unternehmen gründen, das einfach nur Profit macht.

Im weiteren Verlauf meiner Reise durch Argentinien und Brasilien habe ich die Zerstörung der Ökosysteme in einem derart gigantischen Ausmaß erlebt, die man es sich in Europa gar nicht vorstellen kann. Das Thema Klimawandel kam mir 2007, 2008 zum ersten Mal ins Bewusstsein und die Erkenntnis, dass ein riesiges Problem auf uns zukommt.

Da habe ich eine Entscheidung gefällt: Ich hatte noch den Code eines früheren Onlineprojekts von mir, ein Code, den ich für eine Suchmaschine ändern könnte, die im Regenwald Bäume schützt. Die Macht dieser Suchmaschine sollte helfen, Bäume zu pflanzen und so den Klimawandel zu bekämpfen.«[23]

Ecosia hat sich als Social Business aufgestellt. Das Prinzip fußt auf dem Modell von Friedensnobelpreisträger Muhammad Yunus, einem bengalischen Wirtschaftswissenschaftler, Gründer und ehemaliger Geschäftsführer der *Grameen Bank*, die Mikrokredite an mittellose Menschen vergibt, um sie aus der Armutsspirale zu befreien. Eines der Leitprinzipien ist, dass Investor:innen zwar ihr eingesetztes Kapital – gegebenenfalls zuzüglich einer geringen Dividende – zurückerhalten, das erwirtschaftete Geld aber ansonsten in die Maximierung der gesellschaftlichen Wirkung fließt – und nicht primär in die Taschen der Gesellschafter:innen und Kreditgeber:innen.

Bei aller Kritik an der *Grameen Bank*, auf die wir hier nicht eingehen (würde echt den Rahmen sprengen), ist für uns die normative Entscheidung zur Gründung der Bank zentral. Es ging Yunus nicht darum, ein riesiges Unternehmen (Stand 2020: 18 000 Mitarbeitende)[24] aufzubauen und Gewinne abzuschöpfen, sondern primär um das Überwinden eines gesellschaftlichen Problems mithilfe unternehmerischer Mittel. »Wenn man die profitmaximierende Brille abnimmt und zur sozialen Brille greift, sieht man die Welt in einer anderen Perspektive«, sagte er einmal.

Seitdem greifen Gründer:innen vermehrt zu dieser Brille. Ein weiterer Inspirator sozial-ökologisch-planetarischen Wirtschaftens: Paul Bethke, Gründer und CEO der *LemonAid Beverages GmbH*, die seit 2009 Limonaden *(LemonAid)* und Tees *(ChariTea)* herstellt und vertreibt, in Bio- und Fairtrade-Qualität.

Der Umsatz seines Unternehmens lag in Vor-Corona-Zeiten 2019 bei 17 Millionen Euro. Seit 2010 wurden sechs Millionen Euro an *LemonAid & ChariTea e. V.* überwiesen.[25] Auch bei ihm lag der Gründungsimpuls im eigenen Erleben, als er in Sri Lanka als Entwicklungshelfer arbeitete und ansehen musste, wie Gelder in Hilfsorganisationen und vor allem in Bürokratie und Verantwortungslosigkeit versickerten.

Bethkes Überzeugung: Unternehmen sind kraftvolle Akteure, um Geld zu erwirtschaften – und dann aber sinnvoll einzusetzen.

Von jedem verkauften Produkt seines Unternehmens fließen zwischen fünf bis zehn Cent an den gemeinnützigen *LemonAid & ChariTea e. V.*, der wiederum verschiedene sozialunternehmerische Projekte in den Anbauregionen der Rohstoffe für die LemonAid-Produkte fördert.[26] Ihr Claim lautet: »Trinken hilft.« Auch hier lag das Gründungsmotiv im Arbeiten an einem gesellschaftlichen Problem. Dutzende Projekte wurden seit Gründung des Unternehmens gefördert, die selbst wiederum wirtschaftliche Kraft entfalten, für Arbeitsplätze und Umsatz sorgen – mit dem Ziel, Armut zu bekämpfen. So werden Brause und Tee, verkauft in den Hipster-Läden der Großstädte und an vielen anderen Orten, zum Entwicklungshelfer.

Dabei ist wichtig zu wissen, dass der gemeinwohlorientierte Aspekt und die nachhaltige Herstellung noch längst keinen Kaufimpuls und damit Impact auslösen. An erster Stelle, so betont Bethke, muss das Ziel stehen, erstklassige Produkte im hart umkämpften Food-&Beverage-Markt herzustellen. An zweiter Stelle sei ihm ein cooles, modernes Design wichtig. Um sein Ziel der Hilfe in den Rohwarenländern zu erreichen, so seine Überzeugung, hätte er natürlich auch alles Mögliche produzieren können. Es wurde Limonade, weil er sie lecker fand.

»Impact First«: ökologisch sicher und sozial gerecht

Was Unternehmer:innen wie Bethke und Kroll eint, ist ihr Fixstern, der nicht mit Euro- und US-Dollar-Noten leuchtet, sondern mit den Insignien einer lebenswerten Zukunft: dem sogenannten »safe and just space«, also dem ökologisch sicheren und sozial gerechten Bereich, in dem wir im Rahmen der planetaren Grenzen menschenwürdig leben können. Dieser Fixstern ist nicht mit einem Purpose- oder Mission-Statement zu verwechseln, das ein Unternehmen von einer Kommunikationsagentur formulieren lässt, um die eigene Leistung öffentlichkeitswirksam darzustellen, ohne an seinem Kerngeschäft etwas zu ändern.

Schauen wir zum Beispiel auf *Patagonia* und seinen Vordenker Vincent Stanley. Die Firma besitzt mittlerweile so viel Glaubwürdigkeit, dass es diesen Fixstern sogar in einem einfachen Mission-Statement auf den Punkt bringen kann. »We're in business to save our home planet«. Stanley sagt es so: »Als sich die Umweltkrise verschlimmerte und wir das Potenzial erkannten, [durch regenerative Landwirtschaft, Anm. d. Autor:innen] Gutes zu tun, schrieben wir ein neues Unternehmensleitbild. Das alte Leitbild bestand darin, das beste Produkt zu entwickeln, keine unnötigen Schäden zu verursachen und das Geschäftsmodell zu nutzen, um Lösungen für die Umweltkrise zu inspirieren. Jetzt sind wir im Geschäft, um unseren Heimatplaneten zu retten. Das nimmt mir den Atem, weil, mein Gott, das ist so ambitioniert. Aber mir ist sofort aufgefallen, dass sich die Mitarbeiter:innen wirklich gefragt haben: Was bedeutet das für meine Kollektion? Was bedeutet das für unser Team? Wie erreichen wir diesen Wandel?«[27]

Dieses Zielbild ist, wenn man näher hinschaut, nicht neu. Der erste Nachhaltigkeitspapst Carlowitz hatte bereits im 18. Jahrhundert die Einsicht, dass wir der Natur nur das entnehmen können, was nachwächst.[28] Spätestens seit 1970 haben wir diese Naturbeobachtung auch wissenschaftlich hinreichend belegt. Damals analysierte ein junges Forscherteam am *Massachusetts Institute of Technology (MIT)* in Boston mithilfe eines der ersten Großrechner: Was passiert, wenn exponentielles Nachfragewachstum – also nach Essen, nach Energie, nach Ressourcen – auf ein absolut begrenztes Angebot trifft? Die Antwort lag auf der Hand: Die Nachfrage kann irgendwann nicht mehr befriedigt werden, überholt das Angebot, und es kommt zur Katastrophe. Der Computer half, verschiedene Szenarien zu berechnen und die verfügbare Zeit bis zum Umsteuern unseres Produktions- und Konsumsystems faktenbasiert zu berechnen. Das Ergebnis, publiziert 1972 als Bericht an den *Club of Rome*, trug den Namen *Die Grenzen des Wachstums*, in dem es als zentrale Schlussfolgerung hieß: »Wenn die gegenwärtige Zunahme der

Weltbevölkerung, der Industrialisierung, der Umweltverschmutzung, der Nahrungsmittelproduktion und der Ausbeutung von natürlichen Rohstoffen unverändert anhält, werden die absoluten Wachstumsgrenzen auf der Erde im Laufe der nächsten hundert Jahre erreicht.«[29]

Die Bayern würden jetzt sagen: eine echte Watschn für die Menschheit. Das Buch wurde zum Weltbestseller, über 30 Millionen Mal verkauft, übersetzt in 30 Sprachen, die Forscher wurden zu Stars. Das war bis dahin noch keinem wissenschaftlichen Werk gelungen – bis heute. In einem Interview übersetzte Studienleiter Dennis Meadows die Kernthese für die breite Öffentlichkeit: »Stellen Sie sich vor, Sie fahren mit ihrem Auto durch eine Fabrikhalle, und Sie können nicht wenden. Sie können entweder bremsen oder gegen die Wand fahren. Anhalten werden Sie in jedem Fall. Denn das Gebäude ist so endlich wie die Ressourcen der Erde.«[30] Bis heute erwartet Meadows, dass die Menschheit eher gegen die Wand knallen wird als abzubremsen, da er bisher keine Anzeichen für eine echte Umkehr unserer Produktions- und Konsumgewohnheiten erkennen konnte.

…f dem aktuellen Abwärtspfad planetarer Grenzen

Der schwedische Resilienzforscher Johan Rockström hat das Konzept der planetaren Grenzen entwickelt und schließlich 2009 vorgelegt. Rockström ist heute Direktor des *Potsdam-Instituts für Klimafolgenforschung* und Professor der Erdwissenschaften an der *Universität Potsdam,* als viel gefragter Wissenschaftlicher berät er unter anderen die Klima-Fridays-for-Future-Aktivistin Greta Thunberg und ist ebenfalls seit Mai 2020 Mitglied im Beirat für Integrität und Unternehmensverantwortung des *Daimler-Konzerns.* Seine Stimme hat Gewicht. Sein Konzept der Planetary Boundaries beschreibt die ökologischen Grenzen der Erde – wenn sie überschritten werden, gerät das Ökosystem aus dem Gleichgewicht und damit unser aller Lebensgrundlage. Rockström hat dafür neun Belastungsgrenzen identifiziert, die zueinander in Beziehung stehen.

Die gute Nachricht bei der Veröffentlichung im Jahre 2009: Hinsichtlich von Ozonloch, Ozeanversauerung und Süßwasserverbrauch befanden wir uns noch innerhalb der sicheren planetaren Belastungsgrenzen. Die schlechte Nachricht heute: Beim Frischwasserverbrauch haben wir die Grenzen für den Aspekt der Bodenfeuchtigkeit und neuen Substanzen mittlerweile überschritten. Bei der Ozeanversauerung sind wir hart an der Grenze.[31]

Die differenziertere Betrachtung zu Frischwasser stammt aus dem April 2022. Sie ergab, dass wir bei grünem Wasser, also dem für Pflanzen verfügbaren Wasser, ebenfalls die Latte gerissen haben. Mit schwerwiegenden Folgen. Wasser ist der Blutkreislauf der Biosphäre. Nun wird immer offensichtlicher, dass wir dabei sind, den Wasserkreislauf tiefgreifend zu verändern. Gleichzeitig sind unsere Managementsysteme noch nicht auf die Herausforderungen eines sich ändernden Wasserkreislaufs eingestellt. Weitere Übernutzung macht die Erde deutlich weniger widerstandsfähig gegen Schocks, konstatieren die Forscher vom *Stockholm Resilience Centre*.[32] Beispiel gefällig? Laut Studie gibt es vermehrt Anzeichen, dass Teile des Amazonas austrocknen, weil der Wald durch Klimawandel und Abholzung an Bodenfeuchtigkeit verliert, was unsere globale grüne Lunge möglicherweise näher an einen Kipppunkt bringt, bei dem große Teile des Regenwaldes in savannenähnliche Zustände übergehen könnten.[33]

Eine weitere schlechte Nachricht dürfen wir Ihnen nicht ersparen: Bei Artensterben, Klimakrise, Stickstoff- und Phosphorkreisläufen sowie bei Abholzung und anderen Landnutzungsänderungen hatten wir die Grenzen bereits 2009 überschritten und sind weiterhin stramm in die falsche Richtung unterwegs. In Bezug auf die Partikelverschmutzung der Atmosphäre und das Einbringen neuartiger Substanzen und Organismen lagen 2009 noch keine validen Daten vor. Mittlerweile gibt es sie aber für neuartige Substanzen. Das niederschmetternde Ergebnis: Auch hier operieren wir außerhalb der sicheren Grenzen.

In Abbildung 1 ist der Stand der planetaren Grenzen (2022) illustriert.

PLANETARE GRENZEN 1

(STAND: 2022)

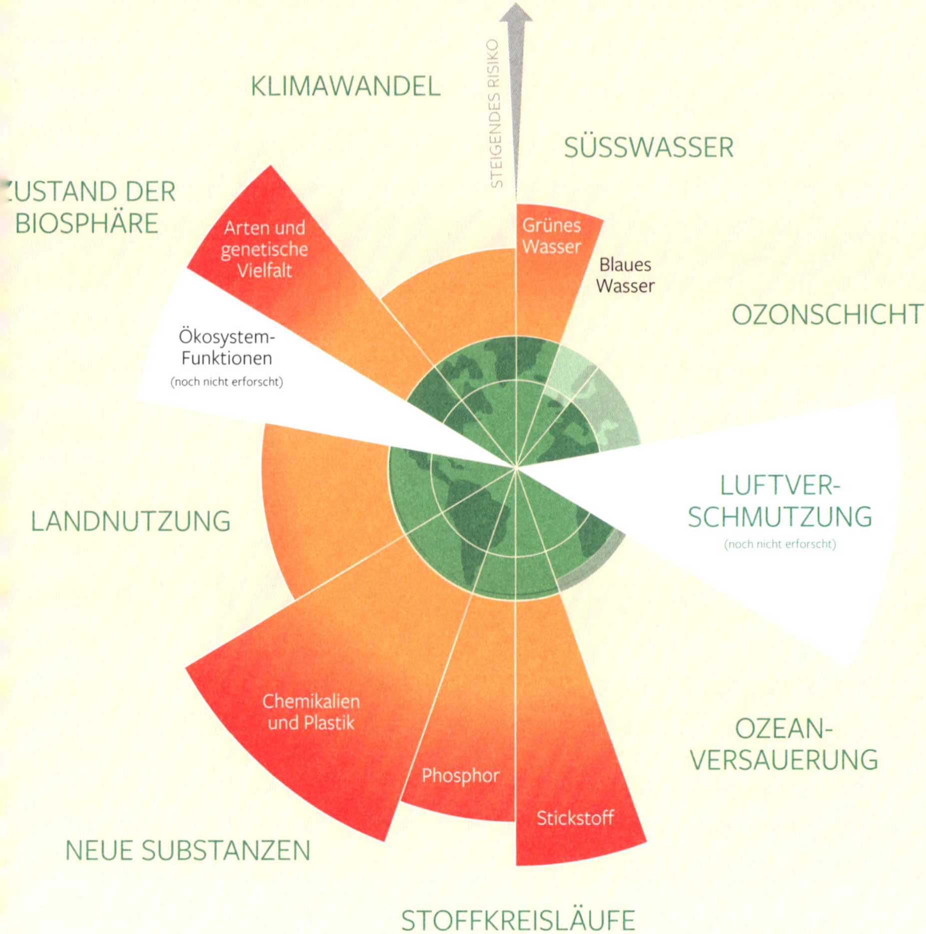

- Innerhalb der Planetaren Grenzen (ökologisch sicher)
- Zunehmendes Risiko
- Hohes Risiko

Quelle: Eigene Darstellung in Anlehnung an Stockholm Resilience Centre und Helmholtz-Klima-Initiative

Mit anderen Worten: Wir haben bereits in sechs von neun Bereichen die Latte gerissen, in einem stehen wir kurz davor, bei einem weiteren sind wir im Blindflug unterwegs, und bei nur einer Grenze – dem Ozonloch – scheint die Gefahr gebannt.

Das ist kein Wunder: Denn nur fürs Ozonloch gab es bisher eine verpflichtende Regulierung. Aber auf die kommen wir später noch zu sprechen.

Auch wenn Meadows und viele Klima- und Umweltwissenschaftler:innen in den letzten Jahrzehnten an der Trägheit der Systeme zu verzweifeln schienen und scheinen, hat sich wenigstens beim Klima etwas getan – und spätestens seit dem *Paris-1,5-Grad-Agreement* 2015 sogar mit echten Konsequenzen. Ende 2021 hatten sich insgesamt 140 Länder zu Klimaneutralitätszielen verpflichtet.[34] In der EU übersetzen der *Green Deal* und die nachgelagerten europäischen und nationalen Gesetze und Direktiven das europäische Net-Zero-Ziel bis 2050 in konkrete und verpflichtende Vorgaben und Forderungen.[35] Die vorliegenden Selbstverpflichtungen der Länder reichen auf globaler Ebene laut dem unter anderem vom *Potsdam-Institut für Klimafolgenforschung* herausgegebenen *Climate Action Tracker* leider bisher nicht für den 1,5- und auch nicht für den 2-Grad-Pfad.[36] Aber immerhin, es wird gehandelt.

Auch bei anderen ökologischen Themen und hinsichtlich der sozialen Dimension der Nachhaltigkeit gibt es Versuche umzusteuern. Die *Sustainable Development Goals (SDGs)* der *Vereinten Nationen* beschreiben jene Ziele, die weltweit der Sicherung einer nachhaltigen Entwicklung auf ökonomischer, sozialer und ökologischer Ebene dienen sollen. Die insgesamt 17 Ziele und ihre 169 Unterziele sind Kompass und Orientierungsrahmen für eine hohe Lebensqualität für alle Menschen weltweit, auf die sich die Generalversammlung der *Vereinten Nationen* am 25. September 2015 auf dem Weltgipfel für nachhaltige Entwicklung in New York geeinigt hat und die 2030 umgesetzt sein sollen. Ziele sind etwa die Beendigung der Armut, die Sicherung der Ernährung, Bildung für alle oder auch nachhaltiges Wirtschaftswachstum sowie menschenwürdige Arbeit für alle.[37]

Die SDGs zielen auf das Wohlergehen aller Menschen unter Wahrung intakter Natursysteme ab. In nur wenigen Jahren. Eine große Utopie?

Das ist jedoch keine Träumerei, sondern von der Weltgemeinschaft, also 193 Staaten, beschlossen. Auch die Charta der universellen Menschenrechte gibt uns Orientierung, welche grundlegenden sozialen Normen immer für ein gutes Leben eingehalten werden sollten.

Betrachtet man allein diese beiden Leitplanken – ökologisch sicher, inspiriert durch das Konzept der planetaren Grenzen, und sozial gerecht, inspiriert durch die SDGs und die Charta der Menschenrechte –, ergibt sich das Zielbild wie von selbst: Wenn wir gemeinsam die Lebensqualität aller Menschen verbessern wollen und darauf abzielen, die UN-Nachhaltigkeitsziele ohne Verletzung der planetaren Grenzen zu erfüllen, dann bewegen wir uns in Richtung eines »safe and just space for humanity«, wie es Kate Raworth formuliert hat.[38]

»Safe« – ökologisch sicher –, weil die planetaren Grenzen eingehalten werden. »Just« – sozial gerecht –, weil die Lebensqualität für alle Menschen ermöglicht beziehungsweise verbessert wird. Ganz einfach

Klingt prima? Gut. Nur: Wie kommen wir jetzt in diesen »safe and just space for humanity«? Gedankengebäude gibt es einige, doch bislang fehlt ein konkreter Weg für Unternehmer:innen, wie wir diesen Raum erreichen können. Keine Methoden und Ansatzpunkte für diejenigen, die zwar die nachhaltige Wende einleiten wollen, aber nicht wissen, wie sie das praktisch anstellen. Es wird also Zeit.

Dieses Buch bietet erstmalig eine solche Methode des konsequent nachhaltigen Wirtschaftens an. Sie soll nicht nur zum Nachdenken anregen und Diskussionen in Gang setzen. Wir wissen genug, die Wissenschaft hat uns mit ausreichend Daten und Fakten versorgt. Jetzt braucht es die Tat. Unsere Methode soll einen gangbaren Transformationspfad für Unternehmen ermöglichen.

Es geht uns nicht darum, dass von heute auf morgen nur noch vegane Low-carb-Zuckerwatte statt CO2 und Schadstoffe aus den Schloten qualmt (wobei das im Zielbild eine schöne Vorstellung wäre), sondern um einen ambitionierten, aber gleichzeitig begehbaren Übergangspfad mit dem Ziel, das Einhalten der planetaren Grenzen und das Erreichen einer (hohen) Lebensqualität für alle Menschen sicherzustellen. Wir glauben, dass dieses simple Zielbild eine Chance für die Wirtschaft ist. Oder um es mit den schönen Worten von Johan Rockström zu sagen: »Wenn die Menschen anfangen, zu glauben, dass der einzige Weg, den Planeten zu schützen, darin besteht, die Wirtschaft zu opfern, wäre das ein fataler Fehlschluss. Eine erfolgreiche und nachhaltige Zukunft für alle Gesellschaften und Wirtschaftszweige wird es nur geben, wenn Nachhaltigkeit selbst der Weg zu wirtschaftlichem Erfolg ist.«[39] Besser hätten wir es nicht formulieren können.

Orientierung an Werten und Zielen

Im Düsseldorfer Stadtteil Lichtenbroich heben seit Jahren nicht nur die Flugzeuge ab, sondern auch die *naturstrom AG*. Das Unternehmen ist seit seiner Gründung 1998 ein Mitgestalter der Energiewende, liefert Ökostrom an 280 000 Privat- und 22 000 Firmenkunden, hat 350 Öko-Kraftwerke errichtet und über 60 Wind-, PV- und Biogas-Projekte realisiert. Die CO2-Einsparung über all die Jahre: circa 4,8 Millionen Tonnen.[40] 2021 erwirtschaftete die AG konzernweit mit ihren 425 Mitarbeitenden einen Gesamtumsatz von 450 Millionen Euro.[41] Ein Schwergewicht im Markt der erneuerbaren Energien, seit Jahren profitabel und wachsend.

Doch nicht zum Selbstzweck. »Geld ist für mich ein Mittel, mit dem ich arbeiten, mit dem ich Zukunft gestalten kann. Geld bedeutet Macht in dem Sinne, das tun zu können, was man für richtig hält. Mit dem ohne Frage auch gemessen und gewogen wird. Aber wenn ich nur dem Profit hinterherlaufe, verhalte ich mich anders, als wenn ich bestimmte Werte und Ziele verfolge«, sagt Thomas Banning. Kurz nach deren Gründung lernte er die *naturstrom AG* kennen, fand die Idee einer alternativen Energieversorgung unterstützenswert und begleitete das Unternehmen in den sehr schwierigen Anfangsjahren als Investor und Aufsichtsrat. 2002 wechselte er in den Vorstand, als Vorsitzender stand er dem Unternehmen bis 2022 zur Verfügung. Man verstehe sich, so Banning, bei *naturstrom* als Bürger-Energiegesellschaft in Form einer AG, die primär einen Impact verfolge und auf die kein Unternehmen der klassischen Energiewirtschaft und kein internationaler Finanzinvestor Einfluss nehmen solle, weshalb die Aktien der Gesellschaft auch nicht an der Börse gehandelt würden. »Die kurzfristige Gewinnmaximierung ist der falsche Weg, eine nachhaltige Ausrichtung des Unternehmens im Kraftfeld ökonomischer, ökologischer und gesellschaftlicher Ziele ist der richtige Weg. Als Unternehmer und insbesondere als Nachhaltigkeitsunternehmer macht man etwas, weil man glaubt, dass es richtig ist, dass es gut für die Menschheit ist. Nicht anders haben es Werner von Siemens, Robert Bosch und Gottlieb Daimler gemacht. Hätten die sich damals als Erstes die Frage gestellt, wie sie ihren Gewinn maximieren können, hätten sie ihre Erfindungen niemals gemacht. Sie waren überzeugt von ihrer Sache und dass sie mit ihren Ideen den Menschen helfen können.«[42]

Banning ist nach eigenem Bekunden überzeugt, dass die Mehrzahl mittelständischer Familienunternehmen in erster Linie nicht an Profitmaximierung orientiert sei, sondern an dem Wohlergehen der nachfolgenden Generationen, was starken Einfluss auf die Ausrichtung eines Betriebs habe: »Da ist nicht entscheidend, was ich im Jahr verdiene, sondern wie das Unternehmen an sich funktioniert und wie man das an die nächste Generation übergeben kann. Paradebeispiele findet man eigentlich überall, angefangen vom Handwerk über die Landwirtschaft bis zu größeren produzierenden Betrieben.«

Auch Banning betont dem Sinn nach den »safe and just space« als Fixstern seines unternehmerischen Handelns. Wir selbst wissen aus unserer langjährigen Nachhaltigkeitsberatungstätigkeit für große, international agierende Unternehmen, dass allein dieser Perspektivenwechsel viel Kraft und Überzeugungsarbeit kostet, intern wie extern. Viele scheuen ihn, weil sie sich, abgesehen von den Beharrungskräften des Alten, außerstande sehen, diese Veränderung kostenneutral und vielleicht sogar profitabel zu gestalten – und stecken die Nase wieder in die Bücher. Doch das ist keine Alternative! Die Folgen des »Weiter so« kennen wir bereits: Der Wagen knallt gegen die Mauer. Oder wie es auf einem der Plakate auf einer der Fridays-for-Future-Demonstrationen im September 2019 hieß: »Ein toter Planet ist auch doof für die Wirtschaft.«

Entscheidungshilfen für die Ausrichtung an der Zielvision: Kein Schaden und Positivbeitrag

Umdenken und Umlenken sind alternativlos. Um die Zielmarke zu erreichen, schlagen wir zunächst eine ganz einfache Formel vor, die sich alle für jedwede Entscheidung als Richtschnur nehmen dürfen:

1. Richte keinen Schaden an!
2. Leiste mindestens einen substanziellen positiven Beitrag!

Das geht nicht auf Knopfdruck. Aber wenn alle sich diese beiden Kriterien als Zielmarke unternehmerischen Handelns setzen würden, wäre zumindest eine Grundlage geschaffen, wohin wir überhaupt gemeinsam streben sollten.

Bleibt die Frage: Wie landen wir auf dieser Zielmarke? Wir brauchen einen Weg, auf den wir einbiegen können, einen »safe and just corridor«, der uns zur Zielmarke führt. Wenn wir »Richte keinen Schaden an« postulieren, geht es zum Beispiel darum, im Zielzustand keinerlei Emissionen und nicht wiederverwertbare Abfälle zu produzieren, also die planetaren Grenzen und soziale Mindeststandards einzuhalten. Darunter geht es nicht. Damit kann jede und jeder dazu beitragen, dass der Planet und die auf ihm existierenden Lebewesen inklusive unserer bescheidenen Spezies nicht weiter ausgebeutet werden. Nicht weniger, aber auch nicht mehr. Doch bis es so weit ist, muss es natürlich akzeptable Übergangsdefinitionen von »Richte keinen Schaden an« geben. Im »safe and just corridor« muss es darum gehen, die Schadwirkungen gemäß anspruchsvoller, wissenschaftsbasierter und sich sukzessive verschärfender Anforderungen zügig zu reduzieren.

Nicht nur das: Wir müssen unseren Planeten auch wieder heilen. Darum ist wichtig: »Leiste mindestens einen substanziellen positiven Beitrag.« Diese Verpflichtung sorgt dafür, den Schaden, den wir über viele Jahrzehnte, insbesondere seit dem Beginn der Industrialisierung Mitte des 19. Jahrhunderts, angerichtet haben, sukzessive wiedergutzumachen – indem wir entweder mindestens einen Beitrag für die Regeneration der Ökosysteme und/oder für eine Verbesserung der Lebensqualitäten leisten. Christian Kroll von *Ecosia* spricht bereits von »regenerativer« anstatt von »nachhaltiger« Wirtschaft. »Wir müssen uns fragen: Wie können wir dafür sorgen, dass man einen massiven positiven Impact auf das Klima und den gesamten Planeten hat? Kein negativer Impact, wie etwa die CO2-Neutralität, reicht nicht mehr aus. Wir brauchen einen massiven positiven Impact im Sinne einer regenerativen Wirtschaft.«[43]

Der »Impact First«-Ansatz ist grundsätzlich anders als klassische CSR-Ansätze

Auf unserer Green Ferry sind aber nicht nur Gäste, die sich erstmals mit dem »Impact First«-Ansatz beschäftigen wollen. Nein, es gibt auch Fortgeschrittene, die mit CSR (Corporate Social Responsibility – gesellschaftliche Unternehmensverantwortung) bereits vertraut sind. Sie fragen zu Recht nach den Unterschieden. Was ist anders (siehe auch kompakt zusammengefasst in Abbildung 2)?

Erstens – Umkehrung der Entscheidungshierarchie hin zu »Impact First«

Die Hierarchie der Zielsetzung eines Unternehmens verändert sich. Die sozialökologischen Ziele sind als Erstes entscheidungsrelevant. Sie werden nicht länger hintenangestellt, als purer Luxus betrachtet oder nur dann verfolgt, wenn dies profitsteigernd ist, sondern werden zur ersten Priorität und sind nicht verhandelbar. Selbstverständlich darf die Substanzkraft eines Unternehmens nicht geschwächt werden. Aber die primäre Orientierung ändert sich. Profitabilität und wirtschaftliche Stärke werden innerhalb des »safe and just space« maximiert und optimiert und nicht auf Kosten des Planeten oder anderer Menschen. Diese Prioritätenverschiebung kann bedeuten, Geschäftsaktivitäten zu beenden, bei denen inakzeptable Trade-offs aufgrund etwaiger Marktdynamiken notwendig würden. Es kann zudem bedeuten, auf ein paar Zehntel mehr Renditepunkte zugunsten der erwünschten Wirkung zu verzichten. Klingt revolutionär? Das haben auch viele gesagt, als der französische Staatstheoretiker Montesquieu 1748 seine Gewaltenteilung propagierte.[44] Heute ist sie das Standardmodell eines jeden Rechtsstaats.

Zweitens – Absolute, nicht relative Nachhaltigkeit

Klassische CSR-Aktivitäten zeigen oft, ob man »best in class« oder relativ besser ist im Vergleich zu anderen Wettbewerbern. Auch dieses Vorgehen stellen wir auf den Kopf. Alle sozialökologischen Ziele sind absolut und abgeleitet aus der Zukunftsvision des »safe and just space«. Das heißt: Relativ besser als die Konkurrenz, »best-in-class« oder weniger schlecht als der Durchschnitt zu wirtschaften, gehören der Vergangenheit an. Es gibt künftig klare, wissenschaftsbasierte Richtwerte, die eindeutig den Anspruch von »Richte keinen Schaden an« erfüllen. Wer unter diesem Wert bleibt, erfüllt nicht den Anspruch. Punkt. Im Klimabereich haben sich diese Markierungen bereits etabliert, für andere ökologische Felder und erst recht für den sozialen Bereich liegt hingegen noch eine Menge methodischer Arbeit vor uns, um Zielwerte und akzeptable Übergangspfade als absolut zu definieren. Was über »Richte keinen Schaden an« hinausgeht, ist ein regenerativer und distributiver Positivbeitrag. Kurzum: die Königsdisziplin.

Drittens – Entscheidungsrelevanz auf allen Ebenen

Klassische CSR-Aktivitäten stellten häufig Randaktivitäten mit geringer Relevanz für das Kerngeschäft dar. Auch hier ist unser Ansatz radikal anders, denn er ist auf allen Ebenen der Unternehmensführung entscheidungsrelevant. Von den normativen Entscheidungen zu »Impact First« und dem prosozialen Menschenbild über die strategischen Ausrichtungs- und die operativen Umsetzungsentscheidungen. Wir fragen jeweils, wie sich die normativen Entscheidungen kohärent in die großen Entscheidungen der Unternehmensstrategie und die alltäglichen Entscheidungen des operativen Tuns übersetzen lassen. Dieser dritte und aufwendigste Schritt bedarf einer guten Planung und eines langen Atems. Und der Bereitschaft aller. Denn Zielkonflikte und Dilemmata in den unterschiedlichsten Entscheidungen in jedem Winkel des Unternehmens müssen für die handelnden Akteur:innen nachvollziehbar und transparent gelöst werden. Riecht nach einer Menge Arbeit? Tja, wir haben Sie auch nicht zum Kindergeburtstag eingeladen.

Entscheidungen als Kern: normativ, strategisch, operativ.

Wichtig ist, sich immer wieder ins Gedächtnis zu rufen, dass Entscheidungen der Ursprung und der Kern des Wandels sind, nur durch sie, gefolgt von kraftvollem Handeln, werden neue Realitäten geschaffen. Darum stehen sie im Zentrum unseres Modells, das als Erstes die normativen Entscheidungen hinsichtlich der Haltung eines Unternehmens und der darin tätigen Menschen trifft. Sie geben ihnen einen gemeinsamen Werterahmen und stiften kollektive Identität. Nur wer eine entsprechende Haltung in jeden Kopf und in jedes Herz seines Unternehmens trägt, kann seine Ziele, egal welcher Art, erreichen.

Die normativen Haltungsentscheidungen bilden die Grundlage und Leitplanken für die strategischen Ausrichtungsentscheidungen. Würden die identitätsbasierten Werte lediglich formuliert und in die Schublade gelegt, versauerten sie dort und wären nach einiger Zeit ein Fall für den Papierschredder.

Die normativen Entscheidungen müssen zum Leben erweckt werden. Brücken sind die strategischen Entscheidungen: Was bedeutet die normative Orientierung für die Ziele des Unternehmens? Welche Produkte

2 DREI WESENTLICHE UNTERSCHIEDE ZWISCHEN CSR UND KONSEQUENT NACHHALTIGEM WIRTSCHAFTEN

Unterscheidungsebene	Klassisches CSR (Aktueller Mainstream)	Konsequent nachhaltig (Zukunftswirtschaft)
1. Entscheidungshierarchie	»Profit First«, dann Impact	»Impact First«, dann Profit
2. Referenzpunkt	Relative Nachhaltigkeit	Absolute Nachhaltigkeit
3. Integration ins Unternehmen	»Add-on«	Entscheidungsrelevanz auf allen Ebenen

»SAFE AND JUST SPACE«

Quelle: Eigene Darstellung

bieten wir an? Mit wem arbeiten wir zusammen? Unternehmen könnten in diesem zweiten Schritt definieren, mit welchen Methoden und Metriken die Zielerreichung gelingen kann.

Fehlt noch eine letzte Entscheidungsebene: die im täglichen Arbeitsprozess. Aus den strategischen Ausrichtungsentscheidungen werden im letzten Schritt die konkreten operativen Umsetzungsentscheidungen abgeleitet, die sich häufig auf wiederkehrende Entscheidungen im Tagesgeschäft beziehen. Hier stellen Unternehmen sicher, dass die aus einer gemeinsamen normativen Haltung formulierten strategischen Zielvorgaben tatsächlich im Tagesgeschäft ankommen, sich im täglichen Tun wiederfinden und zu kongruenten Ergebnissen führen. Es macht keinen Sinn, wenn die Einkäufer:innen auf anderen Grundlagen entscheiden als die Innovationsabteilung oder das Qualitätsmanagement. Das ist harte Arbeit. Jeden Tag aufs Neue.

Finanzieller Wert der Transformation

Wer nun fürchtet, dass er die Tore zu seinem Firmengelände schließen muss, wenn er sich am neuen Zielbereich orientiert, weil er oder sie dann nicht mehr profitabel sein kann, dem sei versichert: Kann sein! Aber was ist die Alternative? Ein Weiter-so? Kaum. Wie die Transformation garantiert und ohne Blessuren gelingen kann, wissen wir nicht immer, aber ganz sicher, dass der Versuch lohnt – oft auch finanziell.

KAPITÄN:INNEN-INTERMEZZO

»Sehr geehrte Green Ferry-Reisende, haben Sie auch gerade den Begriff Business Case im Kopf? Wir auch. Denn den Business Case für Sustainability haben wir oft berechnet. Dabei werden Nachhaltigkeitseffekte in die klassischen kommerziellen Werttreiber Mehrumsatz, Kostenersparnis, Reputationsgewinn und/oder Risikoreduzierung übersetzt. Beispielsweise versprechen neue nachhaltige Produkte Mehrumsatz in neuen Märkten, Energieeffizienzmaßnahmen versprechen Kostenersparnisse, eine ambitionierte Nachhaltigkeitsagenda steigert die Reputation, verbessert Stakeholder-Beziehungen, Employer Branding etc., und Rohstoffbezug aus regenerativer Landwirtschaft verspricht verbesserte Resilienz gegen Ernteausfälle und damit Risikoreduktion.
Aber der Haken ist: der ausschließliche Fokus liegt weiterhin auf dem Prinzip der Profitmaximierung, und es werden nur diejenigen Maßnahmen umgesetzt, die einen Business Case belegen können. Dies ist machbar, aber häufig aufwendig. Beispielsweise, weil die akzeptierten Finanzkennzahlen die volle Bandbreite der Nachhaltigkeitsvorteile oder -kosten nicht widerspiegeln und Daten erst beschafft werden müssen.
Wir haben zudem bei diesen Business-Case-Berechnungen häufig beobachtet, dass Menschen lieber an existierenden Strukturen festhalten wollten und gerade bei Nachhaltigkeit besonders kritisch waren. Während offenbar a priori erwünschte Initiativen wie Digitalisierung oft

mit sehr dünner Zahlenbasis durchgewunken wurden, haben wir es oft erlebt, dass positive und mit unterschiedlichen internen Stakeholdern konservativ verifizierte Business Cases von Nachhaltigkeitsinitiativen ignoriert wurden. Sozusagen ein umgekehrtes ›Wollen-statt-müssen‹, ein ›Nicht-wollen-trotz-können‹. So sehr der Business Case hätte überzeugen können: Zumindest in der Vergangenheit wurden Nachhaltigkeitsprojekte regelmäßig abgelehnt, während man – um im Beispiel zu bleiben – Digitalisierungsinitiativen mit wenig belastbarem Business Case freigab.

Wir möchten Unternehmer:innen und Pionier:innen inspirieren und motivieren, mit uns die Zukunftswirtschaft zu bauen - weil sie es wollen, und nicht, weil sie es müssen.

Im Ergebnis ermöglicht die ›Impact First‹-Orientierung echte Gestaltung mit einer klaren Ausrichtung auf positive Zukunftserwartungen, anstatt sich wandelnden Gesetzesvorgaben und Käuferpräferenzen hinterherzulaufen.

Manches kann man einfach machen, weil es Sinn ergibt. Weil man es will. Dazu laden wir Sie ein.«

Es gibt keine Evidenz für Abstriche in der finanziellen Performance durch Nachhaltigkeit. Eher im Gegenteil.

Immerhin senden mehrere Untersuchungen das positive Signal, dass eine verbesserte Performance in ökologischer und sozialer Hinsicht (die sogenannte ESG-Performance; E = Environment, S = Social, G = Governance) auch zu einer verbesserten finanziellen Performance führt, wie unter anderen eine aktuelle Studie des Frankfurter Climate-Change-Startups *right. based on science*[45] oder eine Meta-Studie der *University of Oxford* gemeinsam mit *Arabesque Partners*[46] belegen. Letztere ergab, dass 90 Prozent der 200 untersuchten Studien zu dem Schluss kamen, dass gute ESG-Standards die Kapitalkosten senken, 80 Prozent belegten, dass die Aktienkursentwicklung positiv mit guten Nachhaltigkeitspraktiken korreliert. Das sind ermunternde Ergebnisse. Aber: Die genutzten ESG-Standards entsprechen häufig einem traditionellen CSR-Verständnis, das heißt orientiert an Gewinnmaximierung, sie sind relativ, nicht absolut und nicht konsequent entscheidungsrelevant. Unser Ansatz ist anders.

Kein Lavieren: Unternehmen müssen auf soliden wirtschaftlichen Füßen stehen, auch im »safe and just space«. Deshalb ist es umso wichtiger, die nachhaltigkeitsbezogenen Wertbeiträge aus finanzieller Sicht zu bewerten und in Bilanzen einstellen zu können, um sie in die gängige Business-Sprache zu übersetzen und damit anschlussfähig für die Akteur:innen insbesondere in Wirtschaft und Politik zu machen.

»Führungskräfte können es sich nicht länger leisten, Nachhaltigkeit als ›nice to have‹ oder als solide Funktion zu betrachten, die vom ›echten‹ Geschäft getrennt ist«, schreiben die *Oxford*- und *Arabesque*-Experten Tensie Whelan und Carly Fink. »Unternehmen, die Nachhaltigkeit proaktiv in den Mittelpunkt der Geschäftsstrategie stellen, werden Innovationen vorantreiben und bei Mitarbeitenden, Kund:innen, Lieferant:innen, Gemeinden und Investor:innen Begeisterung und Loyalität wecken.«[47]

Aber: Wir sind uns darüber im Klaren, dass die Herausforderungen für den Weg in den neuen Zielbereich groß sind, es nicht einfach sein wird, unter diesen Voraussetzungen in Zukunft profitabel zu sein. Vor allem im Übergang wird es schwer, wenn nur das Quartalsergebnis zählt. Vielleicht hilft hier die entspannte Haltung einer Sozialunternehmerin aus unserem Netzwerk: »Natürlich brauchen wir Profite, aber vielleicht nicht so viel.« Jedenfalls bleibt noch eine Menge zu tun, und viele sind gefragt. Die Politik, die Unternehmen, jeder Einzelne. Es geht nur Hand in Hand. Es sind große Schritte für den Transformationsprozess nötig, bei allen Herausforderungen, die vor uns auf dem Weg liegen.

Eine lange Reise, die Spaß macht.

Lassen Sie uns aber nun aufbrechen, zur Inselgruppe der strategischen Entscheidungen. Da ist auch eine Menge los. Tschüss, normative Inselgruppe! Jetzt kann's weitergehen.

Überfahrt zur strategischen Inselgruppe: Welche Rolle spielen die systemischen Rahmenbedingungen?

Alle wieder an Bord?! Dann wollen wir den Steuerhebel nach vorne drücken, Tempo aufnehmen, um schnell auf der ersten Insel des strategischen Inselatolls anzukommen. Wer noch einen Augenblick über das eben Gesagte nachdenken möchte, darf sich gerne eine ruhige Ecke auf unserer Green Ferry suchen. All jene, die schon offen für einen neuen Impuls sind, bleiben einfach hier bei uns an Deck.

Oh. Alle?! Schön.

Dann möchten wir Sie an den großen Tisch hier in der Mitte bitten. Wer mag, kann sich eines der Spiele aus dem Schrank dort drüben holen. Es gibt Schach, Mensch-ärgere-Dich-nicht, Halma, Malefiz, Scrabble, Monopoly ... Aber schauen Sie nur selbst. Sollten Sie sich nicht mehr erinnern, welche Regeln für das jeweilige Spiel gelten, gibt es natürlich die Anleitung gleich dazu.

Womit wir beim nächsten Thema wären. Lorenzo Fioramonti, Hochschullehrer und ehemaliger Bildungsminister Italiens, müht sich wie so viele andere Menschen um die neuen Regeln eines besseren Zusammenlebens, weshalb er unter anderem das Konzept der Ökonomie des Wohlergehens mitbegründete, der »Wellbeing Economy«. Ausgangspunkt ist, dass das Bruttoinlandsprodukt (BIP) zwar die Marktproduktion misst, nicht aber das Wohlergehen der Menschen.[1]

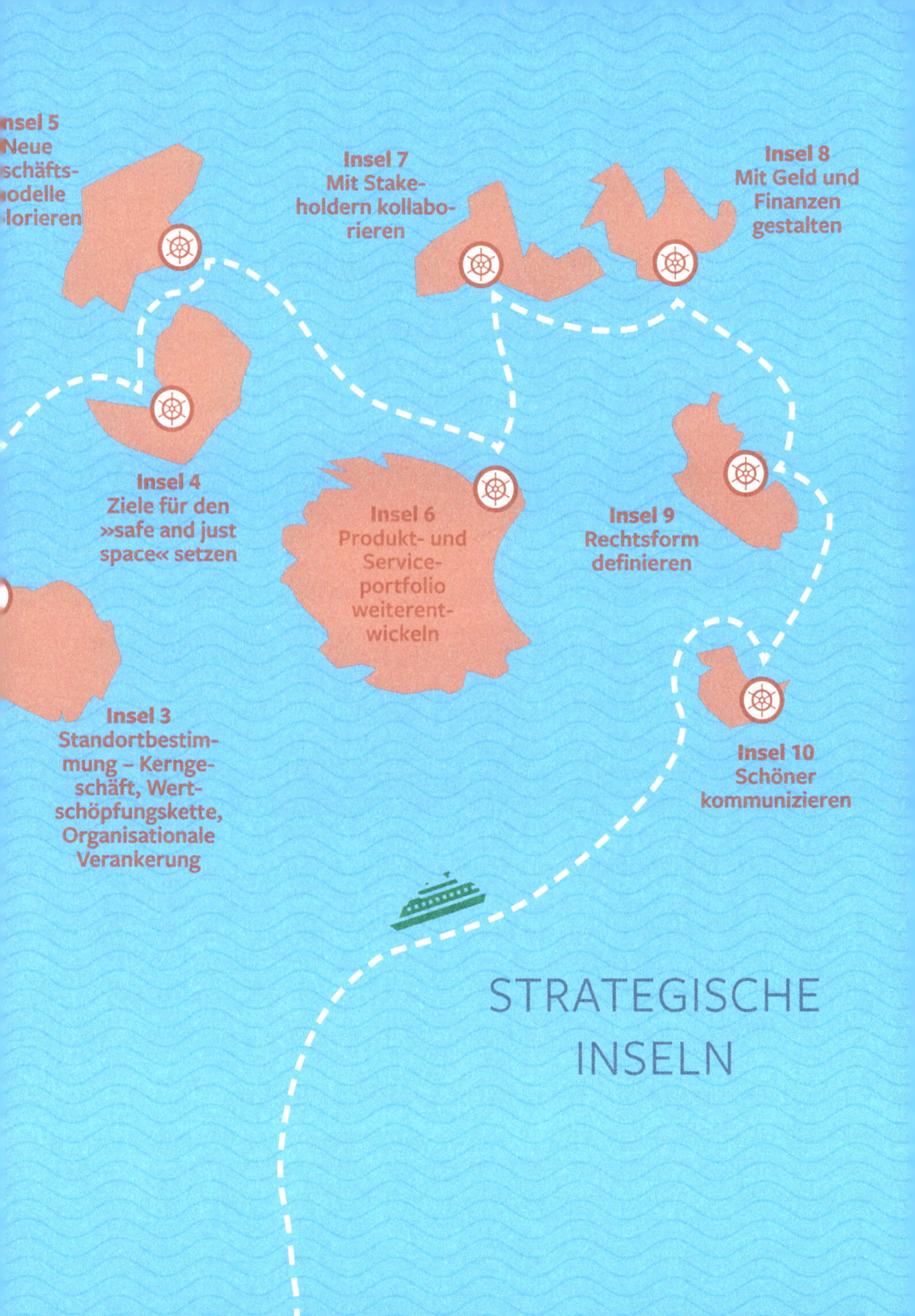
nsel 5
Neue
schäfts-
odelle
lorieren
Insel 7
Mit Stake-
holdern kollabo-
rieren
Insel 8
Mit Geld und
Finanzen
gestalten
Insel 4
Ziele für den
»safe and just
space« setzen
Insel 6
Produkt- und
Service-
portfolio
weiterent-
wickeln
Insel 9
Rechtsform
definieren
Insel 3
Standortbestim-
mung – Kernge-
schäft, Wert-
schöpfungskette,
Organisationale
Verankerung
Insel 10
Schöner
kommunizieren
STRATEGISCHE
INSELN

ZENTRALE INHALTE UND BEGRIFFE

- **Relevanz von Spielregeln und Level Playing Field**
- **Politische Gestaltungsmacht und Lobbyismus**
- **BIP und gesellschaftliche Wohlstandsmessung**
- **Update der Erfolgsmessung für Unternehmen**

Die These: Würde man dieses Wohlergehen durch gezielte Maßnahmen steigern, würde sich das auch auf das BIP auswirken. Sogar in einem nicht unerheblichen Maße, wie folgende Beispiele zeigen: Laut *OECD* würde das BIP bis 2050 um 9,6 Prozent zusätzlich wachsen, wenn es eine verbesserte Vereinbarkeit von Familie und Beruf gäbe, die Arbeitszeiten flexibler gestaltet würden und es mehr Unterstützung bei der Betreuung von Angehörigen gäbe. Mehr als 58 Milliarden Euro würden im selben Zeitraum eingespart werden, wenn eine hochwertige Gesundheitsversorgung sichergestellt und es mehr Investitionen in Präventivmaßnahmen geben würde. Wenn man noch für einen besseren Zugang zu Bildung für alle sorgen und lebenslanges Lernen ermöglichen würde, soll sich laut Berechnungen der *OECD* sogar die Lebenserwartung der Menschen um sechs Jahre erhöhen.[2]

Selbst wenn man diese Zahlen in Zweifel ziehen möchte, kann man sich der Logik nicht entziehen, dass ein höheres Wohlbefinden gut für die einzelnen Menschen, die Gesellschaft und auch die Wirtschaft sein könnte. Eines stellen wir klar: Das BIP hatte immer schon einen sozialen Gedanken. Und zwar: Würde der Kuchen größer, bekämen alle etwas davon ab und erhielten mehr Möglichkeiten. Dieser sogenannte Trickle-Down-

Effekt funktioniert nur leider nicht (mehr)[3], und damit büßt das BIP seine Fähigkeit ein, als Kennzahl ein Messgrad für finanziellen Wohlstand und ein besseres Leben für alle zu sein.

Damit das Wohlbefinden steigt, sollte man etwas verändern. Und das nicht nur im Mindset – siehe Glaubensgrundsätze des normativen Atolls–, sondern auch auf der systemischen Ebene.

Oder wie es Lorenzo Fioramonti sagt: »Ich denke, dass unser Glaubenssystem Teil eines Ganzen und von grundlegender Bedeutung ist, um Veränderungen zu erreichen. Aber das andere große Problem sind die Spielregeln.«[4]

Wo werden die Spielregeln gemacht? In der Politik. Im Parlament. Vom Volk. Von uns selbst. Der weitaus größte Teil der Unternehmen hält sich an diesen Rahmen, der ihm vom Gesetzgeber gesteckt wird. Aber dafür müssen wir jetzt keine La-Ola-Welle starten. Eine kleine immerhin schon: wenn wir an all die Unternehmen denken, die bereits heute über die gesetzlich festgeschriebenen Vorgaben hinausgehen. Etwa jene 1500 Unternehmen, die ein akzeptiertes, wissenschaftsbasiertes Klimaziel ausgerufen haben und sich dabei von der *Science Based Targets initiative* – darauf kommen wir später noch zurück – unterstützen und evaluieren lassen.

Doch leider reicht Freiwilligkeit nicht aus. Schauen Sie sich nur mal Kinder an. Aus eigenem Ansporn das Zimmer aufräumen? Pfffft.

Während wir bei den Kindern mal mehr, mal weniger großzügig darüber hinwegsehen, ist die Freiwilligkeit im wirtschaftlichen Kontext nicht nur mangelhaft ausgeprägt, sondern auch schädlich. Leider lohnt es sich immer noch finanziell, die Umwelt weiter zu verschmutzen, ihre Ressourcen ohne Rücksicht auf Regeneration oder mit Blick auf Alternativen auszubeuten und auf die Bedürfnisse des Menschen und sein Wohlergehen keine Rücksicht zu nehmen. Es lohnt sich offenbar mit den aktuellen Regeln nicht unmittelbar, auf den Ein-Erde-Pfad einzuschwenken. Daher ist es kein Wunder, dass wir derzeit weltweit pro Jahr eigentlich 1,74 Erden für unseren Wachstumshunger brauchen.[5]

Oder denken Sie nur an die Debatte über mehr Frauen in Unternehmensvorständen. Trotz einer steilen Kurve in den vergangenen Jahren lag ihr Anteil 2021 in den 200 größten deutschen Unternehmen bei gerade einmal 14,7 Prozent.[6] Lange Zeit durften sich Unternehmen im Rahmen der sogenannten Flexiquote – was für ein Begriff! – selbst ein Ziel für den Frauenanteil in ihrer Führungstruppe setzen. Und wissen Sie, was passiert ist? Nichts! Etliche Unternehmen haben sich als Ziel sogar einfach einen Anteil von null gesetzt. Warum? Weil sie es konnten. Es war erlaubt und regelkonform.

Bis Mitte 2021. Da besserte die Bundesregierung nach. Mittlerweile muss es eine Mindestbeteiligung von Frauen in den Vorständen börsennotierter und der sogenannten paritätisch mitbestimmten Firmen mit mehr als 2000 Beschäftigten geben. Diese müssen eine Frau im Führungszirkel nachweisen, wenn dieser mehr als drei Mitglieder umfasst. Leider gilt die Beteiligung nur bei der Neubesetzung von Posten. Hinzu kommt: Es braucht meist mehr als nur eine Person in einer Gruppe, um einen tatsächlichen Diversitätsunterschied zu machen. Unternehmen mit einer Mehrheitsbeteiligung des Bundes müssen schon ab zwei Vorständen eine Frau auf den Vorstandssessel setzen, so wie bei der *Deutschen Bahn AG* oder der Flugsicherung.[7] Immerhin ein kleiner Schritt.

Ändern sich die Spielregeln, ändert sich Verhalten

Wenn sich Glaubenssätze ändern, ist das gut. Solange sich aber nicht die Rahmen ändern, bleibt es für viele Unternehmen schwierig, zukunftsfähig im Sinne des »safe and just space« zu agieren. Das muss man wirklich wollen – was wir Ihnen auf der zweiten normativen Insel bereits ans Herz gelegt haben. Jetzt ahnen Sie sicherlich, warum unsere Co-Kapitänin nach 14 Jahren Berufspraxis in der Wirtschaft Ende 2021 aus dem ehrenamtlichen ins hauptamtliche politische Engagement gewechselt und heute Mitglied des *Deutschen Bundestages* ist. Sie möchte die Spielregeln so ändern, dass sich Nachhaltigkeit endlich unternehmerisch lohnt und dass alle auf der Grundlage derselben Kriterien entsprechend agieren. Es geht um ein sogenanntes Level Playing Field, also die Gewährleistung gleicher und fairer Wettbewerbsbedingungen für alle Marktteilnehmer:innen. Das müsste sich ändern, um das Wirtschaften im »safe and just space« zu erleichtern und gar positiv anzureizen.

Bis dahin ist es noch ein weiter Weg. Aber das heißt nicht, dass man ihn nicht gehen sollte.

Es hilft, dass die Gesetzgeber dieser Welt ein paar wichtige Pflöcke als Leitplanken auf dem Transformationspfad in die wirtschaftliche und gesellschaftliche Erde gerammt haben: Die *Sustainable Development Goals* der *Vereinten Nationen* auf globaler Ebene sind so ein Pflock, auf europäischer Ebene sicher der *Green Deal* mit dem Ziel einer klimaneutralen, zirkulären und gerechten Wirtschaft und Gesellschaft bis 2050. Wobei Deutschland bereits 2045 klimaneutral sein möchte.

Janez Potocnik, Co-Vorsitzender des *International Resource Panel* und ehemaliges Mitglied der Europäischen Kommission, befindet über das Projekt der aktuellen Kommission: »Der *European Green Deal* ist in der Tat eine große politische Wende. Die politischen Entscheidungsträger haben eindeutig anerkannt, dass ökologische und wirtschaftliche Bedürfnisse einander nicht widersprechen, oder mehr noch, dass wir, wenn wir wirtschaftlich erfolgreich sein wollen, die bestehenden ökologischen Grenzen respektieren müssen.«[8]

Aber: Kurzfristig bleibt vieles erst einmal beim Alten. Alte Lösungen haben es oft leichter, denn sie wirken als die einfachere Alternative – man kennt es ja. Dieses Alte macht es schwer, sich das Neue vorzustellen. Beispiele gefällig?

Die externen Kosten und Effekte, die durch die Entnahme von Ressourcen entstehen, die uns – wohlgemerkt – die Natur kostenlos bereitstellt, werden von Unternehmen nach wie vor nicht internalisiert. Weltweit fließen Subventionen in den unersättlichen Wirtschaftskörper, die in erheblichem Umfang umweltschädliche Folgen zeitigen. Laut Umweltbundesamt gibt es allein in Deutschland umweltschädliche Subventionen in Höhe von derzeit jährlich 65 Milliarden Euro.[9] Und warum wundert sich niemand darüber, dass man in Anbetracht des 1,5-Grad-Ziels in Europa erst Mitte des Jahrhunderts klimaneutral sein möchte, wenn alle Statistiken eindeutig besagen, dass wir nur noch weniger als zehn Jahre so viel CO2 herausblasen können wie derzeit?

Das System ist träge wie ein Tanker.

Mit mehr Vorlauf wäre die *Titanic* jedenfalls nicht vom Eisberg aufgeschlitzt worden. Aber kurzfristig eine 180-Grad-Wende hinlegen? Schwierig! Andererseits gibt es Veränderungen, die einfach beschlossen werden. Oft sind sie im systemischen Raum erst mal gar nicht so sexy. Wir denken da beispielsweise an das Ende von FCKW – früher ein etablierter Stoff in Kühlschränken oder Haarspraydosen. Dann als abträglich für das damals sehr bedrohliche Ozonloch identifiziert und aus dem Verkehr gezogen. Heute vermisst niemand FCKW, auch wenn es damals eine Riesenaufregung wegen dieser Änderung gab. Unsere Lebensmittel sind weiter gekühlt und unsere Haare gestylt. Und es hat sich etwas zum Positiven verändert: Das Ozonloch ist heute bei uns keine Bedrohung mehr. Check!

In einer idealen Welt würde der Gesetzgeber also sicherstellen, dass externe Umwelteffekte internalisiert, dass die Bedürfnisse aller gegenwärtigen und zukünftigen Generationen geachtet werden, indem zum Beispiel Chancengleichheit mit gleichem Zugang zu sozialen Grundleistungen wie Bildung und Gesundheit besteht, dass faire Einkommen und Arbeitsbedingungen zu mehr Gerechtigkeit führen – und diese Ansprüche überall gelten, auf der ganzen Welt, dass also ein Level Playing Field hergestellt wird, auf dessen Grundlage Unternehmen weltweit in einem fairen und gleichen Wettbewerb zueinander stehen.

Sie wollen doch auch nicht, dass Ihre Mitspieler:innen bei Mensch-ärgere-Dich-nicht nur zwei Hütchen ins Ziel bringen müssen, bei einer

Sechs dreimal hintereinander würfeln dürfen und ihre Häuschen nach Belieben verlassen können.

Doch, und wer wüsste das besser als unsere Co-Kapitänin, die Gesetzgeber agieren nicht im luftleeren Raum, sondern finden sich mit zahlreichen Anforderungen und Zielkonflikten konfrontiert, und da reden wir noch nicht einmal von den Tausenden von Lobbyist:innen primär des Großkapitals, die im *Bundestag*, den Ministerien und den für das Level Playing Field nicht in ihrer Bedeutung zu unterschätzenden EU-Institutionen ein und aus gehen. Anna Cavazzini, Vorsitzende des *Binnenmarktausschusses des Europäischen Parlaments*, beschreibt es so: »Das ist ja auch Neues und Überraschendes, dass wirklich sehr viel Lobbying passiert und dass natürlich Unternehmensvertreter:innen auf der Matte stehen. Bei allen möglichen Kolleginnen und Kollegen und bei mir. Und dann zum Beispiel sagen: Nein, das Lieferkettengesetz, das können wir jetzt nicht gebrauchen, also wirklich, das geht jetzt überhaupt nicht. Dass Lobbying wirklich eine riesengroße Rolle spielt, darf man nicht unterschätzen. Durch Lobbying und Pfadabhängigkeiten, beispielsweise wie schon jahrelang die Gelder im Agrarbereich ausgezahlt werden, hat das System halt eine riesige Trägheitsmacht.«[10]

Vor allem auch Unternehmensverbände lobbyieren mit Argumenten wie Abwanderung und damit Steuermindereinnahmen, mit Arbeitsplatzverlust und damit Reduktion von Wähler:innengunst, mit hohen Belastungen durch Umweltthemen – und diejenigen mit starker Finanzkraft lancieren teils öffentliche Kampagnen, die politische Entscheidungsträger:innen dann nicht positiv dastehen lassen. Der Effekt der Einflussnahme ist real.

Ein Level Playing Field entsteht ganz offensichtlich nicht allein. Wir finden aber: Das darf kein Grund für Anspruchslosigkeit sein. Mit den Achseln zucken und die Hände in den Schoß legen ist keine Option. Vielmehr ein Grund, Lobbying für den »safe and just space« zu machen.

Schauen wir uns nur das BIP an, an dessen Steigerung auf nationaler Ebene weltweit Erfolg bemessen wird. Doch es bildet diesen Erfolg nicht ab, es misst lediglich die finanzielle Wertschöpfung. Als Indikator fürs Messen von Wohlstand und Lebensqualität innerhalb der planetaren Grenzen ist es nicht geeignet. Auch wenn das ursprünglich die Annahme war – wir erzählten eben vom erhofften Trickle-Down-Effekt. Der ehemalige EU-Kommissar Potocnik konstatiert hingegen: »Bei dem großen Wohlstand, den Europa beständig schafft, würde man erwarten, dass alle Menschen besser leben würden. Aber die Einkommensunterschiede innerhalb der EU-Mitgliedstaaten sind tatsächlich gewachsen. Was nützt also Wirtschaftswachstum, wenn die Einkommensunterschiede zwischen den Menschen zunehmen? Das ist nur eines der Probleme bei der Messung des BIP, dass es der Vermögensverteilung kaum Aufmerksamkeit schenkt.«[11]

Das BIP ist blind für die sozialen Folgen und die ökologischen Schäden unseres Wirtschaftens. Der Abbau von Ressourcen und die Zerstörung von Natur- und Sozialkapital werden im BIP überhaupt nicht erfasst. Im Gegenteil: Stirbt ein Mensch bei einem Autounfall, ist das aus BIP-Sicht nicht etwa negativ, sondern sorgt für eine Steigerung der Erfolgskennzahl, weil zum Beispiel das Auto abtransportiert werden muss, der Halter sich ein neues zulegen muss, das Opfer für Umsatz und Gewinn bei Bestattungsunternehmen, Grabsteingraveur und Friedhofsgärtnerei sorgt. Hurra, das BIP steigt.

Trotz dieser Mängel starren alle wie gebannt auf die BIP-Zahlen. Wenn Judith Rakers in der *Tagesschau* von einer Steigerung berichtet, fläzen wir uns gemütlich auf der Couch. Deutschland AG? Läuft! Wenn die Kurve nach unten zeigt, stöhnen wir laut auf. Den gesellschaftlichen Fortschritt zeigen diese Zahlen aber nicht.

Konsequent neuen Fortschritt braucht das Land

Auf der volkswirtschaftlichen Ebene braucht es ein neues Wohlstandsmaß, um die erwünschten gesellschaftlichen Entwicklungen zu erreichen. Vielleicht wäre es eine Idee, neben dem BIP, dieser einen Zahl, die so einfach zu verstehen ist, in der *Tagesschau* drei oder vier wesentliche

Fortschrittsindikatoren zu zeigen. Deutschlands CO_2-Ausstoß zum Beispiel oder die Netto-Investitionsquote in Bildung. Warum nicht jeweils einen Indikator für zwei wesentliche Projekte der jeweiligen Legislaturperiode des *Bundestags* auf den Bildschirm holen, etwa zu den Themen Ausbau der erneuerbaren Energien und Senkung der Quote von Kinderarmut?

Vielleicht hilft uns ein Blick in die Erweiterung des BIP in Neuseeland, in das sogenannte Bruttonationalglück von Bhutan oder in den Jahreswohlstandsbericht, den ein Forscherteam seit einigen Jahren im Auftrag der *Bundestagsfraktion von Bündnis 90/Die Grünen* vorgelegt hat. Eine schöne Neuerung in Deutschland ist, dass die neue Bundesregierung kurz nach ihrem Start bereits Nachhaltigkeitsindikatoren in den Jahreswirtschaftsbericht, in dem das BIP veröffentlicht wird, mit aufgenommen hat.[12] Gut integriert in die politischen Entscheidungen kann so der Einstieg in eine neue Ära der tatsächlichen Wohlstandssteuerung ermöglicht werden. Wohlstand – gemessen nicht nur finanziell, sondern auch sozial und ökologisch. Durchaus eine Ansage eines der größten Industrieländer der Welt.

Wie toll wäre es, wenn Judith Rakers demnächst neben dem BIP auch eine Öko- und eine Sozialkennzahl in der *Tagesschau* verkünden würde. Drei Pfeile, ökonomisch, ökologisch, sozial, die hoffentlich alle drei in die richtige Richtung ausschlagen.

Das wäre eine coole Innovation, um ganzheitlichen Fortschritt ins Bewusstsein zu kriegen!

Auch auf der unternehmerischen Ebene gibt es Bewegung, man denke nur an die Einigung der drei aktuellen Koalitionsparteien hinsichtlich ökosozialer Kriterien, die künftig in die Bilanzen integriert werden sollen. Das Vorhaben der Bundesregierung ist, beginnend mit der Metrik CO_2, die bisher primär finanziellen Rechnungslegungsstandards um Nachhaltigkeit zu ergänzen. Dadurch würde sich klimapositives Wirtschaften endlich finanziell lohnen. Längst überfällig. Unternehmenserfolg sollte so bemessen werden, dass er im »safe and just space« profitabel ist. Soziale und ökologische Werte werden aber bislang nicht oder nur negativ abgebildet in der Buchhaltung und Bilanzierung von Unternehmen. Es geht bisher um die rein finanzielle Bewertung. Wenn sozialökologische Aspekte vorkommen, steht nicht ihr Wert, sondern nur Kostenaspekte im Vordergrund: zum Beispiel Menschen als Personalkosten, Umweltwirkungen als Strafzahlungen. Der immaterielle Wert von Mitarbeiterschulungen? Der Wert der Ökosystemdienstleistungen oder der Ressourcen, die aus dem Boden extrahiert werden? Nicht vorhanden. Janez Potocniks Sicht: »Das Problem des derzeitigen Marktes sind jedoch die Marktsignale, die an Produzenten und Verbraucher gesendet werden. Arbeit wird unterbewertet und unterbezahlt, und die Natur wird in vielen Fällen überhaupt nicht bewertet. Dies kann nicht zu einer nachhaltigen Zukunft führen.«[13]

Ein Update der Bilanzen für das 21. Jahrhundert

Um das zu verändern, muss man dicke Bretter bohren und in die Tiefen des Rechts eintauchen: Auf nationaler Ebene müsste das *Handelsgesetzbuch (HGB)* entsprechend angepasst werden, auf internationaler Ebene die *International Financial Reporting Standards (IFRS)*, eine internationale Vorschrift für die Rechnungslegung, die die Jahres- und Konzernabschlüsse international vergleichbar macht und in vielen Ländern für kapitalmarktorientierte Unternehmen gilt. Das wird dauern. Denn der Teufel liegt bekanntlich im Detail, man betrachte nur, dass zum Beispiel auf der Grundlage des *HGB* die eine oder andere Bewertung von Vermögenswerten schon heute, wo es nur um das Finanzielle geht, durchaus unterschiedlich gehandhabt werden kann. Das Vorhaben ist jetzt Teil der politischen Agenda in Deutschland, zumindest als Start für die Kennzahl CO2 soll in den kommenden Regierungsjahren ein konkreter Beschluss erarbeitet werden.[14]

Das Schöne: Mit einem solchen, schlanken Update der Messung von Wohlstand und Erfolg für das 21. Jahrhundert könnten bereits gut funktionierende Mechaniken der Marktwirtschaft, die doppelte Buchführung, einfach genutzt werden. So kann mit kleinen Regeländerungen und wenig Aufwand viel Wirkung erzielt werden. Es sind dafür keine Milliardenpakete notwendig, sondern nur ein partielles Update des Maschinenraums der Betriebswirtschaft.[15]

Was uns Mut machen sollte: Es gibt bereits Projekte der ganzheitlichen Bilanzierung. Zum Beispiel das *Natural* und das *Social Capital Protocol* des *World Business Council for Sustainable Development* (WBCSD), an dem auch viele globale Unternehmen mitgearbeitet haben, und beim *Social Capital Protocol* teilweise auch unsere Co-Kapitänin. Beides sind Rahmenwerke, mit deren Hilfe Firmen und Organisationen ihre direkten und indirekten Auswirkungen und Abhängigkeiten von Natur- beziehungsweise Sozialkapital identifizieren, messen und bewerten können. Oder die Initiative der *Value Balancing Alliance*, in der neben Pilotfirmen wie *BASF* und *SAP* die vier großen Wirtschaftsprüfungsgesellschaften Kräfte und Know-how bündeln. Ihr Ziel: eine Grundlage schaffen, damit Unternehmen den Wert ihrer Maßnahmen für Gesellschaft, Wirtschaft und Umwelt messen und vergleichen können – und damit Kennzahlen erheben, die bisher in keiner finanziellen Bilanz auftauchen.[16] Die aus der Ökolandwirtschaft entstandene *Sustainability Performance Accounting Initiative* geht noch einen wichtigen Schritt weiter und erarbeitet Vorschläge für die Stellen, an denen sich ökologische und soziale Kennzahlen konkret in der (Finanz-)Buchhaltung, der Bilanz und der Gewinn- und Verlustrechnung (GuV) wiederfinden könnten.[17] Die Herausforderung ist klar: Man will ökologische und soziale Auswirkungen in vergleichbare Finanzdaten gießen und zu einem Teil der Erfolgsmessung von Unternehmen machen. Diese Initiativen sind als vertrauensoffene Co-Kreation ein guter Schritt in die Zukunft, der Hoffnung macht und als Inspiration dient.

Vertrauen schafft Veränderung

Egal, auf welchen Standard man sich am Ende einigt, ökologische und soziale Werte müssen Teil der Unternehmensbilanz und der GuV werden. Wenn es hilft, sollten öffentliche Unternehmen als gutes Vorbild vorangehen.

Die Spielregeln zu ändern, ist wichtig und ein echter Marathon. Aber wir wollen niemanden entmutigen. Im Gegenteil, wir wollen Pionier:innen in Unternehmen und Organisationen, die Lust auf Veränderung haben, die gestalten, die eine bessere Zukunft erkämpfen wollen, zur Tat ermuntern. Es gibt viele Ansätze, Initiativen, Gleichgesinnte, denen man sich widmen kann, eben weil die Rahmenbedingungen noch nicht perfekt oder manchmal sogar hinderlich sind. Veränderung beginnt bei jedem von uns.

So, genug davon. Wir möchten Sie bitten, langsam mit dem mentalen Ausflug in die Welt der systemischen Regeln zum Ende zu kommen, denn dort drüben ist bereits die Inselgruppe der strategischen Entscheidungen zu sehen, und wir Kapitän:innen müssen in die Requisite. Denn bevor wir dort ankommen, wollen wir Ihnen noch erzählen, was Sie dort erwartet. Aber dafür müssen wir uns umziehen. Bis gleich.

Die strategischen Inseln: Den Kurs bestimmen

Ja, lachen Sie nur. Nein, dies ist nicht Teil des Animationsprogramms auf unserer Green Ferry.

Wir wollen auch kein antikes Theaterstück aufführen, und keine Sorge, Sie müssen sich nicht wie wir nach dem Vorbild der alten Griechen aus dem 5. Jahrhundert vor Christus kleiden und schon gar nicht diesen doch etwas eigenwilligen Helm aufsetzen, den wir vor allem wegen eines Mannes aus dieser Zeit von vor über 2500 Jahren kennen. Perikles.

Ein Name wie ein Donnerhall. Zumindest für die Anhänger:innen der Antike unter uns. Auch wenn sich die Historiker:innen in der Bewertung seiner Leistungen als Staatsmann nicht ganz einig sind, so steht außer Frage, dass er maßgeblich Anteil an der Blütezeit Athens mit ihren frühdemokratischen Strukturen hatte. Ein Mann mit Format und ohne Zweifel der erste Mann im Athen seiner Zeit. 15 Jahre lang wurde er ab 443 vor unserer Zeitrechnung Jahr für Jahr von den Griechen in direkter Wahl zum »Strategos« (aus dem Altgriechischen »strátos – Heer« und »agein – führen«) ernannt, also zum Heerführer und ersten Mann im Staate. In dieser Funktion oblag es dem blendenden Rhetoriker, die Volksversammlung für seine Pläne zu gewinnen, die Vormachtstellung Athens zu erlangen und zu zementieren. Der Mann brauchte für seine Zielerreichung eine Idee. Heute würden wir sagen: eine Strategie.

Seine Richtschnur: Nach innen und außen Stärke aufbauen – und zeigen.

Innenpolitisch führte Perikles, laut dem Althistoriker Gustav Adolf Lehmann, eine Art Sozialhilfe für behinderte Menschen und Erwerbslose ein, um den inneren Frieden zu wahren. Außenpolitisch schmiedete er geschickt ein Bündnis mit anderen Kleinstaaten gegen den großen Konkurrenten Sparta, den Attischen Seebund. Um Glanz und Gloria auch sichtbar zu machen, ließ er als Bauherr die Akropolis als Zeichen der hellenischen Macht entstehen. Ein Mann, der »gleich mächtig im Reden wie im Handeln« war, wie der antike Geschichtsschreiber Thukydides uns wissen ließ.[1]

Perikles wusste offenbar, was er tat. Vor dem Hintergrund seiner tiefen normativen Überzeugung, dass politische Stabilität auf gesellschaftlichem Zusammenhalt einerseits und auf militärischer Macht andererseits gründet, richtete er alle strategischen Entscheidungen aus. Weil er das offenbar sehr, sehr gut machte, schaffte es das Wort des Strategos sprachlich verwandelt bis in die heutige Zeit, die Rolle des Strategen wurde 1783 sogar zum Vorbild für die Amtsausgestaltung des Präsidenten der Vereinigen Staaten von Amerika.[2]

Im Jahr 1950 sprang der Begriff als eine Art invasive Wortgattung in die Welt der Betriebswirtschaft über, eingeführt an der renommierten *Harvard Business School*, an der man unter einer »Unternehmensstrategie die Festsetzung der langfristigen Ziele des Unternehmens sowie deren Politik und Handlungsmaßnahmen zur Verwirklichung dieser Ziele verstand. Innerhalb der Unternehmensstrategie werden dabei auch Strategien für einzelne Geschäftsbereiche berücksichtigt. Nach diesem Konzept wird die Unternehmensstrategie in Strategieformulierung und Strategieimplementierung unterschieden.«[3]

Übersetzt für unseren kleinen Ausflug heißt das: Wer sich im Unternehmen für das Zielbild des »safe and just space« normativ entscheidet, muss den Weg mit entsprechenden Strategien als klare Handlungsrichtungen flankieren, muss Ziele, Standards und Prinzipien für die Mitarbeitenden auf allen Ebenen des Unternehmens definieren, Strukturen und Funktionen gemäß Zielbild neu aufsetzen, ehe das Zielbild im operativen Handeln ins Leben kommt.

Die Strategie ist das notwendige Bindeglied zwischen normativen Entscheidungen und operativer Umsetzung

Da kann man schon einmal einen Augenblick verweilen. Es trifft sich ausgezeichnet, dass wir uns auf der Green Ferry gerade auf dem Weg hinüber zur Inselgruppe der strategischen Entscheidungen befinden. Schauen Sie gerne einmal über die Reling und genießen Sie den Blick auf dieses wunderschöne Atoll vor uns. Wir wollen Sie auf acht Inseln mitnehmen, die nach unseren Erfahrungen grundlegend sind, damit der Transformationsprozess gelingt. Es sind vor allem die Führungskräfte, die ins Mitwirken gebracht werden. Sie alle brauchen Rahmenbedingungen und Zielmarken, um sich strategisch in die gewünschte Richtung zu bewegen. Eine Bedienungsanleitung in Form von strukturierten Handlungsanweisungen, um im Transformationskorridor zu bleiben, der schnurstracks ins Ziel führt.

Wie bei jeder guten Reise ist es wichtig, zunächst zu wissen, wo man steht. Wir beginnen also mit der Standortbestimmung. Dann geht es ans Zielesetzen. Dafür wollen wir bedeutende Rahmenwerke wie die SDGs und das Konzept der Planetaren Grenzen heranziehen. Zwischen Ausgangspunkt und Zielvision liegt der Transformationsbedarf. Das Ziel fest im Blick, leisten Innovationen und Neuentwicklungen einen entscheidenden Beitrag für Neugeschäft, beispielsweise durch neue Geschäftsmodelle, neue Produktsegmente oder Zukäufe. Vom Bestehenden ausgehend, leistet die systematische Transformation des existierenden Produkt- und Serviceportfolios einen Beitrag in Richtung Zukunftswirtschaft. All diese Transformationsbemühungen brauchen neue Partnerschaften und Geld. So passt es, dass wir eigene Stopps zu den Themen Ökosystem, Finanzierung und Eigentumsstruktur einlegen werden. Natürlich müssen wir auch in den Dialog kommen. Deswegen ein letzter Stopp zur Kommunikation.

Ein dichtes Programm. Wem es dann und wann zu viel wird, kann natürlich immer gerne die Fahrt für einen Augenblick unterbrechen (und das Buch zur Seite legen). Aber verpassen Sie nichts! Denn es gibt eine Menge zu entdecken – und sich zu freuen. Denn wir haben für Sie eigens mit vielen Unternehmenslenker:innen gesprochen, die sich zum Teil bereits im Transformationskorridor befinden oder mit voller Fahrt aufs neue Zielbild zusteuern. Mit Verantwortlichen aus Konzernen wie der *Deutschen Telekom* und der *Bayer AG*, mit innovativen Mittelständlern wie den Ihnen bereits bekannten Thomas Banning von *naturstrom* und Thomas Jorberg von der *GLS Bank*, mit Gründer:innen wie Christian Kroll von *Ecosia* und Christian Sigmund von *WildPlastic* und mit Wissenschaftler:innen. Ein bunter Strauß der Erfahrung und Kompetenz. Wir können Ihnen versichern: Wir hatten große Freude in unseren Diskussionen und durften viel lernen. Einiges davon haben wir für Sie auf den kommenden Inseln aufbereitet.

Ach ja, und Eis gibt's auch.
Versprochen!

Insel 3: Standortbestimmung – Kerngeschäft, Wertschöpfungskette, Organisationale Verankerung

ZENTRALE BEGRIFFE UND INHALTE

- **Methodik der Standortbestimmung**
- **Transformationsmatrix**
- **Ökologische Leitplanke: Planetare Grenzen und *Pariser Klimaschutzabkommen***
- **Soziale Leitplanke: SDGs, Charta der Menschenrechte, Arbeitsnormen**

Kommen Sie ruhig näher. Erschrecken Sie nicht. Uns ist schon klar, dass auf dieser ersten Insel der strategischen Entscheidungen einige wirklich beeindruckende Beispiele und Vorbilder stehen, vor denen man ehrfürchtig ins Staunen geraten darf. Große Leuchttürme wie das Konzept der Planetaren Grenzen, das *Pariser Klimaschutzabkommen* oder die SDGs. Schillernd, komplex, über alle unsere Inselgruppen strahlend. Sie geben Unternehmen und Organisationen Orientierung in der Frage, wo sie eigentlich stehen. Die primäre Orientierung an dem Ziel, im Einklang mit der Zukunftswirtschaft zu handeln, hatten wir auf der vorigen Insel beschrieben. Die Leitplanken hierfür sind durch ökologisch sicheres und sozial gerechtes Handeln beschrieben sowie die doppelte Aufforderung, erstens keinen Schaden anzurichten und zweitens einen Positivbeitrag zu leisten.

Doch bevor wir uns die Insel als Hilfsmittel für die eigene Standortbestimmung ein wenig näher ansehen, wollen wir kurz auf ein Unternehmen blicken, das die beiden Zieldimensionen von »Kein Schaden« und »Positivbeitrag« in einer solchen Geschwindigkeit umgesetzt hat, dass einem der Atem wegbleibt.

Nehmen Sie noch mal Platz auf den Liegestühlen, lassen Sie sich inspirieren und den Wind um die Nase wehen. Denn um genau den geht es hier.

Alles begann an einem Tag im Jahr 1820, als der werte Herr Physikprofessor vor die Studierenden an der Universität von Kopenhagen trat. Hans Christian Ørsted hatte eine bis dahin schon beeindruckende Karriere hingelegt, was so nicht unbedingt zu erwarten war. Als er 1777 in eine Apothekerfamilie hineingeboren wurde, gab es in Dänemark noch keine allgemeine Schulpflicht, und so wurde der kleine Hans Christian gemeinsam mit seinem jüngeren Bruder zu Hause unterrichtet – von einem deutschen Perückenmacher und seiner Frau. Offenbar war die Wissensvermittlung wenig haarig, denn Hans Christians wacher Geist, den er vor allem autodidaktisch gefüttert haben soll, führte ihn später an die Universität Kopenhagen, an der er über Immanuel Kants Naturphilosophie promovierte und nach einigen Jahren ausgedehnter Studienreisen durch Frankreich und Deutschland zunächst als Gastprofessor zurückkehrte, ehe er dort ab 1817 als ordentlicher Professor der Physik lehren durfte.

So stand der Herr Professor in jenem Jahr 1820 vor seinen Studierenden, um seine Vorlesung zu halten. Wir wissen heute nicht mehr, was auf dem Lehrplan stand. Dafür immerhin, was auf dem Tisch lag: ein Draht und ein Kompass. Beide Gegenstände offenbar dicht beieinander, was keine Absicht war. Als Ørsted nun Strom – aus welchem Grund auch immer – durch den Draht schickte, zuckte erst die Nadel des Kompasses – dann der Professor.[4]

Wir dürfen annehmen, dass es eine Art Heureka-Moment gewesen sein dürfte. Nur durch Zufall hatte Hans Christian Ørsted den Elektromagnetismus entdeckt. Ohne es auch nur im Entferntesten zu erahnen, wurde er zum Gründervater der elektrischen Energiegewinnung, die wir heute so dringend brauchen – und fast 200 Jahre nach seiner Entdeckung sogar Namensgeber des Weltmarktführers im Bereich Offshore-Windanlagen, dem dänischen Konzern *Ørsted S/A*, 6500 Mitarbeitende, 9,1 Milliarden Euro Umsatz in 2019, 25 Prozent globaler Marktanteil.[5] Nicht gerade ein kleines Unternehmen.

Das Unternehmen gab sich 2017 nicht umsonst den Namen des dänischen Erfinders. Der Konzern war 1972 als *Dansk Naturgas* vom Königreich Dänemark gegründet und bereits ein Jahr später in *Dansk Olie og Naturgas* geändert worden, kurz: *Dong*. Das Geschäft bestand in der Strom- und Wärmeproduktion aus fossilen Brennstoffen, ehe man 2009 die *Strategie 85/15* ausrief: Bis dahin wurde noch 85 Prozent der Energie aus Kohle, Öl und Gas gewonnen, 15 Prozent aus erneuerbaren Energien – nun wollte man dieses Verhältnis bis 2040 umkehren. Aber: Das Ziel wurde bereits nach zehn Jahren erreicht. Das Unternehmen hatte im wahrsten Sinne des Wortes ziemlich viel Wind gemacht.

Im Jahr 2017 trennte sich das Unternehmen vom Öl- und Gasgeschäft und benannte sich um. 2023 wird auch die Kohle aus dem Portfolio fliegen, indem die Kohlekraftwerke auf Biomasse umgerüstet werden. In zehn Jahren hatte *Ørsted* nach eigenen Angaben seine CO2-Emissionen um 86 Prozent senken können, bis 2025 wollen die Dänen in der Produktion und beim Betrieb der Anlagen CO2-neutral sein, bis 2040 in der gesamten Wertschöpfungskette.[6] In Windeseile wurde der Konzern vom Luftverpester zum -verbesserer, weshalb er 2022 zum vierten Mal in Folge zum Nachhaltigsten Energieunternehmen der Welt gekürt wurde und 2021 den Deutschen Nachhaltigkeitspreis für Unternehmen im Transformationsfeld Klima erhielt.[7]

Da darf man als CEO schon einmal die Klappe weit aufreißen: »Wir streben danach, einer der wahren Antreiber des systemischen Wandels hin zu einer grüneren Gesellschaft zu sein«, so Mads Nipper. »Indem wir weiterhin beweisen, dass es keinen langfristigen Kompromiss zwischen Nachhaltigkeit und finanzieller Wertschöpfung gibt.«[8] Vor dem Hintergrund, dass energiebedingte Emissionen gut 80 Prozent der deutschen Treibhausgasemissionen ausmachen[9], kommt diesem Bereich eine immense Bedeutung beim Kampf gegen den Klimawandel zu. Die selbst formulierte Vision: »Wir wollen eine Welt schaffen, die vollständig auf grüne Energien setzt«, ist hier nicht nur Lippenbekenntnis.[10]

Ørsted hat zweierlei geschafft: Es hat nicht nur aufgehört, dem Planeten weiter Schaden zuzufügen, indem es die klimaschädliche Energieproduktion ausgeknipst hat, sondern auch noch einen positiven Beitrag geleistet, indem es saubere Energie verfügbar macht und damit zur Erfüllung des SDG-Ziels, Zugang zu sauberer Energie, beiträgt. Ab 2030 soll jedes Energieprojekt sogar einen Positivbeitrag für Biodiversität leisten.[11] Der Herr Professor wäre – er war schließlich auch Naturphilosoph – sicher stolz gewesen.

Zugegeben: Als Energiekonzern in Dänemark hat man die Ressource Wind direkt vor der Haustür, da muss man nicht so aufwendig nach Alternativen suchen oder Innovationsschlaufen drehen, um sein Kerngeschäft umzukrempeln. Da man vor allem auf Offshore-Wind setzt, muss man sich auch nicht so sehr um das sogenannte NIMBY-Problem scheren (Nimby = Not in my backyard / Nicht in meinem Hinterhof), nach dem Menschen vielerorts zwar gerne die Energiewende einfordern, aber bitte nicht im eigenen Umfeld durch das Aufstellen von Windrädern. *Ørsted* hat das Onshore-Windgeschäft in den USA gebündelt, wo es vor allem in Texas tätig ist. Da ist bekanntlich viel Platz. Nicht nur für Wind-, sondern auch für Solaranlagen.

Woran ist *Ørsteds* Transformationspfad orientiert? Ganz einfach: an der Einsicht, dass es planetare Grenzen gibt.

Mit Zugang zu sauberer Energie leistet *Ørsted* einen Beitrag zu SDG 7 (Zugang zu sauberer und bezahlbarer Energie), und mit einem Beitrag zu verbesserter Atemluft trägt *Ørsted* zu besserer Gesundheit bei.

Beeindruckende Geschichte aus Dänemark. In der Tat. Aber wie gesagt: Der Wind bläst nicht überall gleich stark. Jedes Unternehmen muss seine eigene Standortbestimmung vornehmen. Entsprechend wichtig ist ein Analyseraster.

Wir schlagen deshalb drei Blickrichtungen vor, die jedes Unternehmen zur eigenen Standortbestimmung übernehmen kann: Kerngeschäft, Wertschöpfungskette und organisationale Verankerung. Bezogen auf Kerngeschäft und Wertschöpfungskette gilt es Schadwirkung im Sinne von »do no harm« zu vermeiden und mindestens einen Positivbeitrag zu leisten.

Also los! Schauen wir uns die Hauptaspekte der Standortbestimmung an

1. **Kerngeschäft:** Was bewirken meine Produkte oder Dienstleistungen für die Nutzer:innen (Purpose)?
2. **Wertschöpfungskette:** Welche Nachhaltigkeitsaspekte sind in meiner Lieferkette (Upstream), in der Produktion (Operations) und in der Weiterverarbeitung oder (Post-)Produktnutzung (Downstream) wichtig?
3. **Organisationale Verankerung:** Wie haben wir Nachhaltigkeit in unsere Unternehmensführung und alltägliche Entscheidungsfindung integriert?

Kerngeschäft: Im ersten Punkt geht es um die Frage, ob die Wirkung der Produkte und Dienstleistungen in der Nutzenphase im Einklang mit der Zukunftswirtschaft steht. Konkret prüfen Unternehmen, ob die angebotenen Produkte oder Leistungen durch die Nutzung einen Positivbeitrag zu einer sicheren Umwelt und einem sozial gerechten Leben leisten. Planetare Grenzen sowie SDGs und Menschenrechte sind die zentralen Referenzwerke, um diesen Positivbeitrag festzumachen. Zugang zu sauberer Energie ist beispielsweise ein wichtiges Element dieser Zukunftswirtschaft, genauso wie Speichertechnologien für erneuerbare Energie und elektrisch betriebene Wärmepumpen. Auch Gesundheits- und Erziehungsleistungen sowie gesunde Nahrungsmittel sind wichtige Elemente mit einem möglichen Positivbeitrag. Dagegen haben Investitionen in Kohlekraftwerke in dieser Zukunftswirtschaft keinen Platz. Auch bei kalorienreichen Zuckerlimos und Wettgeschäften mit Suchtpotenzial überwiegt die Schadwirkung. Dagegen würde ein Energieversorger mit aktuell marktüblichem Strommix, der allerdings ein 1,5-Grad-Ziel festgesetzt hat und mit einem klaren Übergangsplan auf dieses Ziel hinarbeitet, nicht mehr im Bereich der Schadwirkung, sondern im Bereich des »do no harm« sein.

Wertschöpfungskette: Im zweiten Punkt geht es darum, wie die angebotenen Produkte und Leistungen erzeugt werden. Beispielsweise könnten die Batteriematerialien eines Fahrzeugherstellers aus Primärrohstoffen bestehen oder einen Recyclinganteil haben. Die Herkunft der eingesetzten Batteriematerialien könnte transparent nachvollziehbar sein und hohen Standards entsprechen oder aus unklaren oder fragwürdigen Bezugsquellen stammen. Es reicht nicht aus, dass die Wirkung des Produktes oder der Leistung positiv ist, auch die Lieferkette muss hohen Anforderungen genügen – mit Einhaltung der planetaren Grenzen und der SDGs, ergänzt um konkretisierende Anforderungen an Unternehmen, wie beispielsweise durch die *Internationale Arbeitsorganisation, ILO*. Einen Positivbeitrag in der Wertschöpfungskette könnten Unternehmen etwa durch faire Bezahlung aller Beteiligten, ergänzt um Bildungsangebote, leisten. Zwangsarbeit in der Lieferkette wäre eine klare Schadwirkung. Die Einhaltung gesetzlicher Normen und die Orientierung an existenzsichernden Löhnen entsprächen einer »Do no harm«-Haltung.

TRANSFORMATIONSMATRIX – ZIELBILD »SAFE AND JUST SPACE«

3

Quelle: Eigene Darstellung

Organisationale Verankerung: Im dritten Punkt geht es schließlich um die Integration von Nachhaltigkeit in alle Aspekte der Unternehmensführung – auf normativer, strategischer und operativer Ebene. Wer dieses Buch aufmerksam durcharbeitet und in die eigene Unternehmenspraxis integriert, wird hier gut abschneiden und mittelfristig auch die zwei erstgenannten Aspekte verbessern!

Die Grundsätze der Schadensvermeidung und des Positivbeitrags beziehen sich auf Kerngeschäft und Wertschöpfungskette. Hierbei gilt für einen Platz in der Zukunftswirtschaft: Schaden muss sowohl durch das Kerngeschäft als auch entlang der Wertschöpfungskette ausgeschlossen werden. Beim Positivbeitrag reicht es, in einem der Bereiche vorzulegen. Die Leitplanken, auf denen sich die relative Position zwischen Schadwirkung, »do no harm«, und Positivbeitrag abtragen lässt, haben wir bereits eingeführt: ökologisch sicher und sozial gerecht. Die Transformationsmatrix (siehe Abbildung 3) fasst unseren Rahmen für die Standortbestimmung sowie das spätere Zielesetzen Richtung »safe and just space« zusammen.

Weil sie für Standortbestimmung, Ziele setzen und den Transformationskorridor essenziell sind, wollen wir die beiden Leitplanken für die Zukunftswirtschaft – ökologisch sicher und sozial gerecht – noch besser verstehen lernen.

Leitplanke 1: Ökologisch sicher. Gut Wirtschaften innerhalb der planetaren Grenzen

Unsere erste Leitplanke hilft, ökologisch sicher durch konsequente Einhaltung der planetaren Grenzen zu wirtschaften. Viele Unternehmen wollen in toto davon noch nichts wissen, sondern eher in kleinen relativen Verbesserungsschritten vorankommen, die der Prüfung der absoluten planetaren Grenzen so aber nicht standhalten würden. Die kostenlose bis günstige Entnahme von natürlichen Ressourcen ist einfach zu schön, um nicht wahr zu sein. Um Produkte herzustellen, wird der

Planet geplündert, als gäbe es in der Nachbarschaft gleich ein paar davon. Als Gast auf der Green Ferry können Sie sich anders entscheiden. Ihr Ticket ins konsequent nachhaltige Wirtschaften ist die Anleitung für ambitionierte Veränderung.

Logik und banaler Menschenverstand scheinen für einen Kurswechsel noch nicht zu genügen. Es bedarf offensichtlich anderer Haltungen, systemischer Anreizstrukturen (darauf sind wir auf der Überfahrt kurz eingegangen) und im Unternehmen selbst handhabbarer Ziele und Messgrößen, damit man umsteuern kann. Klare Vorgaben eben, die idealerweise mit wissenschaftlichen Daten unterfüttert und aus ihnen abgeleitet sind. Was klipp und klar sein muss: Diese nichtfinanziellen Ziele sind für »Impact First«-Unternehmen nicht verhandelbar.

Das Konzept der Planetaren Grenzen konkretisiert die Belastungsgrenzen des Planeten und hilft einzuordnen, wo Unternehmen stehen.

Noch einmal zur Erinnerung: Es gibt neun wesentliche ökologische Bereiche, für die wir Grenzwerte definieren können – überschreiten wir sie, können wir gefährliche und irreversible Kipppunkte erreichen, wie das bereits in sechs Bereichen der Fall ist oder zu werden droht. Die wesentliche Weiterentwicklung durch Rockström bestand darin, dass die Grenzwerte erstmals messbar gemacht wurden und es seitdem konkrete Zahlen gibt, an denen wir uns orientieren können.

Ein Beispiel: Hinsichtlich des Klimas wurde und wird eine Menge geforscht, es ist die am besten untersuchte ökologische Dimension beziehungsweise planetare Grenze. Wir wissen beim Klima sehr genau, wo wir stehen und welchen Grenzwert beim CO_2-Ausstoß wir besser nicht überschreiten sollten – und über welches Restbudget wir alle noch verfügen, sodass wir es auf Länder und Sektoren verteilen und uns die entsprechenden Lösungen ansehen können. Laut den Berechnungen des *Weltklimarats* von 2021 können wir zum Beispiel mit einer Wahrscheinlichkeit von 67 Prozent unter der im *Pariser Klimaschutzabkommen* favorisierten Grenze von 1,5 Grad Erderwärmung gegenüber der vorindustriellen Zeit nur dann bleiben, wenn wir in Zukunft insgesamt nicht mehr als 400 Milliarden Tonnen CO2 in die Luft blasen. Angesichts der Tatsache, dass wir jährlich global derzeit rund 40 Milliarden Tonnen Kohlendioxid emittieren, bleibt uns also in diesem Rechenmodell noch bis 2028 Zeit, die Emissionen auf null herunterzufahren.[12] Dass der Kipppunkt genau mit Überschreiten des Restbudgets erreicht wird, dafür gibt es keine Gewissheit. Was aber klar ist: »Der Moment, in dem die Erde von einem selbstkühlenden System – das sie noch ist – in ein selbsterhitzendes kippt, ist der Moment, in dem wir die Kontrolle verlieren.«[13] So sagt es Johan Rockström. Klingt ganz einfach. Und erschreckend. Für Unternehmen ist bei der Standortbestimmung und beim Zielesetzen diese Systematik der aus Kipppunkten abgeleiteten Budgets und der unternehmensspezifischen Allokationen essenziell.

Klingt herausfordernd bis unmöglich? Leider. Wir geben trotzdem alles. Abwarten ist keine Lösung.

Und hier reden wir zunächst nur über das Klima. Für die anderen Ökosystembereiche existiert diese Klarheit in Form von Budgets vielfach noch nicht. Aber immerhin gibt es Menschen, die zumindest eine Vorstellung davon haben, wie so etwas aussehen könnte. Für die Vertiefung empfehlen wir die nächste Insel. Damit Unternehmen sinnvolle Nachhaltigkeitsziele setzen können, ist das Verständnis von Budgets von ausschlaggebender Bedeutung.

Leitplanke 2: Sozial gerecht. Hell leuchten die *Sustainable Development Goals (SDGs)*

Um die zweite Leitplanke – sozial gerecht – besser zu verstehen, lassen Sie uns einen Blick auf die SDGs werfen, die *Sustainable Development Goals*, oder auf Deutsch: Ziele für nachhaltige Entwicklung. Setzen Sie am besten Ihre Sonnenbrille auf, denn dieses Rahmenwerk der *Vereinten Nationen* strahlt hell über den gesamten Globus.

Grundsätzlich: Soziale Gerechtigkeit und Lebensqualität definiert sicher jede:r anders. Auch interstaatlich variieren die Interpretationen, wenn man die konstitutionell festgeschriebenen Grundwerte betrachtet, allerdings nicht diametral: Mord ist überall verboten, Bildung soll überall gewährleistet werden. Wenn wir aber von einer Verbesserung der Lebensqualität im globalen Maßstab als einer Art universelles anzustrebendes Gut für jeden Menschen auf der Erde sprechen, sollte man mindestens eine Vorstellung haben, was es genau bedeutet, um überhaupt in ein weltweit gemeinsames Handeln zu kommen.

Dafür sind die moralisch begründeten und 1948 von den *Vereinten Nationen* kodifizierten, aber nicht rechtsverbindlichen, universell gültigen Menschenrechte schon einmal ein guter Anfang, auf deren Grundlage zig weitere Abkommen und Pakte mit durchaus unterschiedlichen Interpretationen formuliert wurden. Sie finden sich in ähnlicher Form in vielen demokratischen Verfassungen wieder, so in Deutschland zum Beispiel in den Grundrechten im Grundgesetz. Die große Frage war und ist: Wie bekommt man diese Absichtserklärungen im Sinne eines lebenswerten Morgens für alle Menschen weiter operationalisiert und in konkrete Ziele und Aktionspläne gegossen?

Diese Herkulesaufgabe haben abermals die *Vereinten Nationen* für uns übernommen und mit den SDGs einen weltweit akzeptierten Referenzrahmen für eine wünschenswerte Zukunft geschaffen. Die SDGs wurden am 25. September 2015 auf dem Weltgipfel für nachhaltige Entwicklung von der Generalversammlung der *Vereinten Nationen* verabschiedet, traten Anfang 2016 in Kraft und gelten mit einer Laufzeit von 15 Jahren bis Ende 2030. Auf der To-do-Liste der Staaten stehen insgesamt 17 Ziele, die in 169 Unterzielen konkretisiert sind.

Die SDGs decken die drei Säulen der Nachhaltigkeit ab: Die soziale Dimension fokussiert zum Beispiel auf die Eliminierung des Hungers auf der Welt (SDG-Ziel 2), die Gewährleistung von Gesundheit (3) und Bildung für alle (4) sowie auf die Gleichstellung der Geschlechter (5). In der ökonomischen Dimension finden wir Ziele wie das Beenden der Armut (1), das Erreichen eines von Umweltzerstörung entkoppelten

Wirtschaftswachstums und menschenwürdige Arbeit für jeden Menschen (8), auch den Aufbau einer widerstandsfähigen Infrastruktur, die Förderung einer breitenwirksamen und nachhaltigen Industrialisierung und die Unterstützung von Innovationen (9) oder die Verringerung der Ungleichheit (10). Ökologische Ziele sind das Ergreifen von Sofortmaßnahmen, um den Klimawandel und seine Folgen zu bekämpfen (13), oder die Bewahrung und nachhaltige Nutzung der Ozeane (14) oder von Landflächen (15).[14]

Sie ahnen schon: Die Ziele lassen sich den einzelnen Dimensionen der Nachhaltigkeit nicht ohne Weiteres scharf abgrenzbar zuschreiben

So interagieren die umweltrelevanten Zielbeschreibungen beispielsweise mit den anderen Aspekten der Nachhaltigkeit. Gemeinsam sind ihnen die Ausrichtung auf die Menschen und ihre Lebensqualität. Wer beispielsweise über die nachhaltige Bewirtschaftung von Wasser (6) spricht, hat im Rahmen der SDGs nicht nur den Erhalt der Grundwasser-Ökosysteme als Wert an sich im Blick, sondern immer auch die Bereitstellung von sauberem Trinkwasser für jede:n auf dem Planeten für ein menschenwürdiges Leben. Die soziale Bedeutung dieses Aspekts allein wird angesichts der derzeitigen Situation klar: Laut *Unicef* haben 2,2 von 7,8 Milliarden Menschen keinen regelmäßigen Zugang zu sauberem Wasser, und zwei Milliarden Menschen mangelt es an sicherer Sanitärversorgung, was in der Folge zu einer schnelleren Verbreitung von Krankheiten führt und die Lebensqualität unmittelbar nicht nur beeinträchtigen, sondern tödlich sein kann.[15]

Oder betrachten wir den Energiesektor: Zugang zu bezahlbarer, verlässlicher und nachhaltiger Energie ist nicht nur fürs Klima gut und wirtschaftlich ein Treiber, sondern hat auch in sozialer Hinsicht einen enormen Hebel.

Zehn Prozent der Weltbevölkerung haben noch immer keinen Zugang zu Strom[16] und damit zu einer Energiequelle, die notwendig ist, um Lebensmittel anzubauen und zu verarbeiten, Wohnungen und Schulen zu beleuchten, Krankenhäuser zu betreiben – und sauberes Trinkwasser zu produzieren. Millionen von Schüler:innen können ihre Hausaufgaben nicht erledigen, weil am Abend das Licht fehlt, was wiederum Einfluss auf ihre Bildung hat, was wiederum Einfluss nicht nur auf ihren persönlichen Lebensweg, sondern auch in Summe auf die Prosperität eines ganzen Staates hat, was wiederum Einfluss auf globale Migrationsströme hat.

Intakte Ökosysteme zu Wasser und zu Land sind nicht nur gut für Flora und Fauna, ihre Diversität und ihr harmonisches Miteinander, sondern zahlen immer auf die individuelle Ebene ein: Mit der Übersäuerung der Ozeane und Überfischung berauben wir zum Beispiel Millionen Menschen ihrer Lebensgrundlage[17], treiben sie womöglich in die Armut und als Folge daraus weg von ihrer Heimat in die Metropolen, berauben sie also ihrer Wurzeln. Kümmern wir uns um den Erhalt von Schadstoffsenken in Form von Wiederaufforstung der Wälder und die Renaturierung von Mooren als CO2-Speicher, kümmern wir uns auf regionaler Ebene um bessere Luft und damit um weniger Atemwegserkrankungen auslösende Schadstoffe. Global gesehen um ein besseres Gesamtklima, das den Meeresspiegel nicht weiter ansteigen lässt und damit Zigtausende Menschen vertreibt oder nicht einen Wirbelsturm nach dem nächsten auf die Küsten jagt und damit körperliches und seelisches Leid und Verlust von Eigentum für viele Menschen bedeutet.

Um es kurz zu machen: Alles hängt mit allem zusammen. Zieht man an einer Strippe, bewegt sich das ganze System.

Für Unternehmen heißt das: Sie haben eine Menge Fäden in der Hand, um ein bereichernder Faktor für die Lebensqualität von Menschen zu sein – je nach Größe und Standort lokal wie global. Da kann man schon einmal einen Augenblick über sein Tun nachdenken. Und mindestens einen Aspekt finden, der als Positivbeitrag die Lebensqualität von Menschen erhöht.

Wer sich heute die Nachhaltigkeitsberichte großer Unternehmen vorknöpft, wird feststellen, dass viele bereits kommunizieren, sich an den

SDGs zu orientieren und eine Handvoll Ziele identifiziert zu haben, die sie ins Visier nehmen. Viele davon gehen allerdings über ein Mapping des ohnehin ausgeführten Kerngeschäfts nicht hinaus – da ist das Pharmaunternehmen, das eben durch seine Herstellung von Medikamenten meint, SDG-konform, also auf dem sozial gerechten Pfad, zu sein, weil Medizin nun ja schließlich etwas mit SDG 3 (Gesundheit für alle) zu tun hat. Das SDG-Mapping von Unternehmen geht oft über Cherry Picking nicht hinaus, ist häufig eindimensional betrachtet, und Wechselwirkungen werden übergangen.

In Bezug auf die Vermeidung von sozialer Schadwirkung sind im Unternehmenskontext die Arbeitsnormen der *International Labour Organization (ILO)* ein weiteres, viel referenziertes Konzept. Vereinigungsfreiheit und Recht auf Kollektivverhandlungen, Beseitigung der Zwangsarbeit, Abschaffung der Kinderarbeit, Verbot der Diskriminierung in Beschäftigung und Beruf und Arbeitsschutz und Arbeitssicherheit sind die fünf Kernnormen der *ILO*.[18]

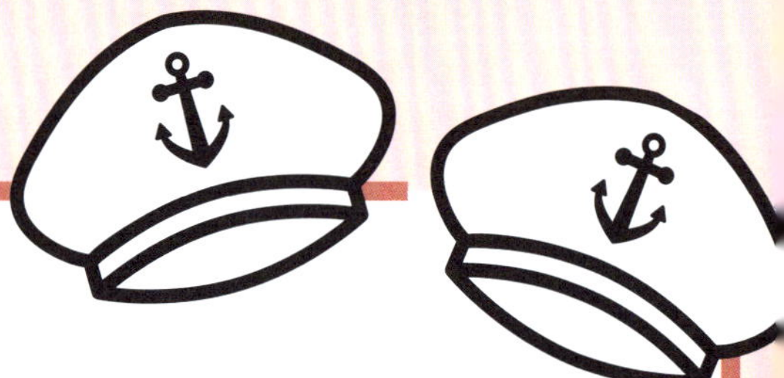

KAPITÄN:INNEN-INTERMEZZO

»Sehr geehrte Green Ferry-Reisende, wenn Sie nun als Unternehmer:in stöhnend aufs Meer schauen, rufen wir Ihnen zunächst einmal zu: Entspannen Sie sich! Gehen Sie erst einmal baden, atmen Sie durch und bleiben Sie locker. Die Umstellung auf ein Wirtschaften innerhalb der planetaren Grenzen ist nicht einfach, kann aber gelingen. Wenn einmal klar ist, was die Zielgrößen und Berechnungswege sind, kann danach auch gemanagt werden.

Was die SDGs angeht, muss jede:r nicht gleich alle Ziele auf die Firmenstandarte schreiben und ins Feld der Transformation ziehen.
Das Zauberwort für Fokussierung heißt Materialität. Unternehmen konzentrieren sich auf die Aspekte, die bezogen auf ihr Kerngeschäft und ihre Wertschöpfungskette besonders materiell, das heißt relevant sind. Ein Nahrungsmittelproduzent sollte sich also eher mit Biodiversitäts- und Wasserthemen auskennen als ein typisches Dienstleistungsunternehmen. Und für ein Software-Start-up ist die Kenntnis digitaler Datensicherheit häufig wichtiger als für einen Rohstofflieferanten. Entsprechend können auch die Verbesserungsziele auf die materiellen Themen konzentriert sein.
Ein Bereich für eine ernst gemeinte und gemanagte Positivwirkung reicht vollkommen; und bitte keinen Mist in den anderen bauen. Nicht nur, weil alles andere illusorisch wäre, sondern auch deshalb, weil es sinnlos wäre. Beispiel: Städtische Bauunternehmen müssen sich nicht um die Vitalität der Ozeane kümmern, in Deutschland produzierende Bäcker nicht den globalen Hunger bekämpfen. Aber wir sind sicher, dass jedes Unternehmen mindestens eine Handvoll von UN-Zielen finden wird, aus dem es seinen Positivbeitrag ableiten kann, der in seiner Macht liegt und sich aus dem Kerngeschäft ergibt. Wer in den 17 Oberzielen nicht fündig wird, dem legen wir das Studium ihrer 169 Unterziele ans Herz. Wir sind sicher, dass Sie bei mindestens einem Unterziel einen Impuls erhalten werden, der eine Idee vermittelt, welchen Beitrag Ihr Unternehmen zur Verbesserung der Lebensqualität von Menschen oder zur Regeneration der Ökosysteme leisten kann.«

Vielleicht fließen die Dinge sogar zusammen?

Ein Unternehmen im Energiesektor zum Beispiel hat nicht nur die Aufgabe, innerhalb der planetaren Grenzen zu wirtschaften und dem Globus keinen weiteren Schaden zuzufügen, sondern auch aktiv zu seiner Regeneration in Form von Wiederaufforstungen oder der Entwicklung neuer Technologien zur CO_2-Verwertung beizutragen. Womit wir wieder bei *Ørsted* wären.

Doch der Strauß an guten Beispielen ist weitaus bunter: Die *Robert Bosch GmbH* zum Beispiel hat sich in Zusammenarbeit mit dem *SBTi* (*Science Based Target initiative*, spezialisiert auf Klimafragen) das wissenschaftsbasierte Ziel gesetzt, die Treibhausgasemissionen bis 2030 um 85 Prozent im Vergleich zu 2018 zu senken und im selben Zeitraum den Einsatz von erneuerbaren Energien von 14 Prozent auf 100 Prozent zu steigern. Damit leistet das Unternehmen mit fast 400 000 Mitarbeitenden seinen Beitrag dazu, das 1,5-Grad-Ziel des *Pariser Klimaschutzabkommens* noch zu erreichen.[19] Da setzen wir ein Häkchen hinter »Richte keinen Schaden an«. Check.

Bei *LemonAid*, das wir auf der »Impact First«-Insel vorgestellt hatten, ist der gesamte Unternehmenszweck auf einen aktiven Gestaltungsbeitrag für sozialen und ökologischen Wandel ausgerichtet[20]. Bei *Ecosia* ist das primäre Ziel, Bäume zu pflanzen und damit CO_2 zu binden. Positivbeitrag – Check.

Während der Aspekt »kein Schaden«, also die physischen Umweltgrenzen, die in Budgets und Reduktionsziele übersetzt werden, und soziale Ausschlusskriterien wie »keine moderne Sklaverei« immer wie in Stein gemeißelt absolut gelten (und nur in der Operationalisierung pro Unternehmen und Branche variieren), gilt das für Positivbeiträge natürlich nicht. Die Zielbeschreibungen entwickeln sich proportional zur Visionskraft der Unternehmer:innen. Und diese Kraft ist manchmal grenzenlos.

Für die Standortbestimmung halten wir abschließend fest: Der Zielpunkt für eine ambitionierte Nachhaltigkeitstransformation ist die Zukunftswirtschaft, die im »safe and just space for humanity« floriert. Der Übergang in die Zukunftswirtschaft wird durch zwei Leitplanken flankiert: ökologisch sicher und sozial gerecht. Das Konzept der planetaren Grenzen einerseits und die SDGs, Menschenrechte und andere ethische Standards andererseits bieten Orientierung, um diese grundsätzlichen Leitplanken für die jeweiligen Unternehmenskontexte zu konkretisieren. Die Hauptaspekte für die Standortbestimmung von Unternehmen sind Kerngeschäft, Wertschöpfungskette und organisationale Verankerung. Dabei gilt für Unternehmen, bezogen auf die Zielsetzung des ökologisch sicheren und sozial gerechten Wirtschaftens, die Maxime: Schaden entlang aller Aspekte zu vermeiden sowie mindestens einen Positivbeitrag zu leisten (der über Schadensvermeidung hinausgeht).

Insel 4:
Ziele für den »safe and jus space« setzen

ZENTRALE BEGRIFFE UND INHALTE

- **Sozialökologische Zieldimensionen und Anspruchsniveaus**
- **Transformationskorridor**
- **Qualitätsmerkmale für Ziele: Absolut und kontextbasiert**
- ***SBTi* (*Science Based Target initiative*)**
- ***SBTN* (*Science Based Targets for Nature*)**

So, liebe Passagiere, wir legen wieder ab und steuern das nächste Eiland im strategischen Atoll an. Kurs: Ziele setzen. Die Standortbestimmung, die wir bisher vorgenommen haben, wird für die meisten Unternehmen jede Menge Veränderungsbedarf nach sich ziehen, um in den »safe and just space« der Zukunftswirtschaft zu kommen. Entsprechend wichtig ist es, eine klare, auf das eigene Unternehmen zugeschnittene Vision beziehungsweise längerfristige Ambition zu formulieren, die durch messbare und nachvollziehbare Ziele konkretisiert wird. Dabei ist die Festlegung einer ambitionierten Zukunftsvision meistens relativ einfach. Gerade für weit in der Zukunft liegende Zielzustände gibt es vielfache Inspirationen: von klimapositiv bis naturpositiv, von regenerativ bis distributiv. Ableitbar sind diese Zielbilder von den bereits vorgestellten Leitplanken für die Zukunftswirtschaft: ökologisch sicher orientiert an den planetaren Grenzen und sozial gerecht orientiert an den SDGs und den Menschenrechten. Nur, was tun, wenn man nicht sofort in diesem idealen »safe and just space« agieren kann?

Auf dem Weg zum Ziel muss es einen glaubwürdigen, Impact-orientierten Korridor geben. Wodurch zeichnen sich im Sinne des Impacts belastbare, kontextbezogene und gleichzeitig geschäftsrelevante Zwischenschritte und Übergangspfade aus? Wie kann beispielsweise die Vision naturpositiv in eine Inspiration und Anforderung für neue Geschäftsmodelle übersetzt werden? Was wäre ein akzeptabler Übergangspfad, wenn einige Produktionsstätten aktuell die lokalen Wasservorkommen übernutzen? Auf welcher Basis können Unternehmen global und lokal relevante Ziele für faire Arbeitsbedingungen und existenzsichernde Löhne setzen? Welche Orientierung können Zivilgesellschaft, Wissenschaft und Pionierunternehmen bei der Festlegung von Ambitionsniveaus und Übergangspfaden anbieten?

Die Antworten auf diese Fragen gibt es auf dieser Insel.

Also: Weiter geht's. Alle aussteigen!

Kommen Sie herüber. Lassen Sie uns gleich bei diesem Denkmal beginnen. Vielleicht kennen Sie den Herrn auf dem Sockel, geschaffen nach einem gängigen Entwurf von ihm und auch in Deutschland zu finden, etwa in Berlin-Marzahn oder im Finanzgarten in München zwischen Hofgarten und Englischem Garten. Obwohl er es mit ziemlicher Sicherheit nie von China bis nach Europa geschafft hat – zumindest nicht physisch. Aber seine Gedanken haben die Welt erobert, und wenn man Umfragen Glauben schenken darf, dann ist er den Chines:innen wichtiger als ihr großer Staatslenker Mao Zedong. Und das will etwas heißen.

Richtig, die Rede ist von Konfuzius, diesem klugen Denker und Philosophen, der rund 500 Jahre vor Christi Geburt in der heutigen Provinz Shandong seine Lehre von der Harmonie im Weltganzen verbreitete.

Von dem eine Menge Zitate überliefert worden sind, von denen wir in unserem Alltag immer wieder gerne Gebrauch machen – manchmal, ohne sicher sein zu können, ob sie wirklich von ihm sind. Eines davon ist: »Der Weg ist das Ziel.«[21] Wir finden, es gibt kaum ein besseres Bonmot für den Beginn auf der strategischen Insel der Ziele als dieses. Also nehmen Sie wie Konfuzius' Schüler:innen gerne Platz im Schatten unseres kleinen Hains und lauschen Sie den Ausführungen Ihrer Kapitän:innen.

Sozialökologische Zieldimensionen und Anspruchsniveaus für Unternehmen

Wer seinen Standort bezüglich nachhaltigen Wirtschaftens kennt, ist klar im Vorteil. Denn nur von einem klaren Bild der eigenen Position lässt sich ein Ziel finden, beschreiben und schließlich ansteuern. Aus der Vogelperspektive klingt das nicht besonders herausfordernd, aber bekanntlich steckt der Teufel ja im Detail. Aber eines nach dem anderen.

Wenn Unternehmen sich auf den Pfad in Richtung des »safe and just space« begeben, dann haben wir es mit einer einfachen Zielmatrix entlang der »Safe- und just-Achsen« zu tun (siehe Abbildung 3 zur Transformationsmatrix auf der letzten Insel). Unser Standort heute ist klar: Die Wirtschaft der Gegenwart hat keine Zukunft, solange viele Menschen unterversorgt bleiben, während wir unseren einzigen Planeten, den wir zur Verfügung haben, nach allen Regeln der Zerstörungskunst gerade schrotten. Das Zielbild ergibt sich aus dieser Bestimmung wie von allein: Eine zukunftsfähige und profitable Wirtschaft, in der Unternehmen die menschlichen Bedürfnisse respektieren und dazu beitragen, sie zu erfüllen, während sie innerhalb der planetaren Grenzen profitabel arbeiten.

Übergangskorridor bis zum Erreichen der Anspruchsniveaus

So weit, so klar. Das heißt, dass sich »Impact First«-Unternehmen sowohl in sozialer als auch ökologischer Hinsicht in Richtung Zukunftswirtschaft entwickeln wollen.

Die Aufgabe: Die normative »Impact First«-Orientierung muss durch Kurz-, Mittel- und Langfristziele in eine konkrete Ausrichtung für die künftige Geschäftsentwicklung übersetzt werden.

Die sozialökologischen Ziele definieren einen Transformationskorridor, der die Geschäftsentwicklung ökologisch sicher und sozial gerecht macht. Nicht erst in weiter Zukunft. Sondern ab sofort. Schritt für Schritt (siehe Abbildung 4 zum Transformationskorridor).

Entlang der sozialen Achse sind das die erwähnten sozialen Ziele der SDGs, die Achtung der Menschenrechte und ethische Normen, etwa die Arbeitsnormen der *International Labour Organization* (ILO).

Entlang der ökologischen Achse wird es nicht weniger anspruchsvoll. Um im Zielbild zu landen, muss ein Unternehmen innerhalb der planetaren Grenzen wirtschaften.

Missing Link: *SBTi* und *SBTN*

Es fehlte lange Zeit an einer Institution für die Wirtschaft, die wichtige Wissenschaftserkenntnisse in operativ umsetzbare Vorschläge für Unternehmen überführt hätte. Diese Lücke wurde mit der Gründung der *Science Based Targets initiative (SBTi)* 2015 geschlossen. Sie erinnern sich, wir sprachen schon auf der Insel der Standortbestimmung über sie, die *SBTi* ist ein Zusammenschluss von vier Akteur:innen[22], dem sich mittlerweile mehr als 3600 Unternehmen und Finanzinstitutionen angeschlossen haben[23], um ihre Treibhausgasemissionen im Einklang mit wissenschaftlich fundierten Daten und dem *Pariser Klimaschutzabkommen* zu reduzieren. *SBTi* entwickelt sektorspezifische Methoden,

4 TRANSFORMATIONSKORRIDOR MIT ZIEL »SAFE AND JUST SPACE«

Quelle: Eigene Darstellung

Rahmenbedingungen und Anforderungen für verschiedene Branchen, etwa für die Bereiche Luftfahrt, Bekleidung und Schuhe, Finanzinstitutionen sowie Informations- und Kommunikationstechnologie.

Im Oktober 2021 startete *SBTi* den weltweit ersten Netto-Null-Standard, der den Rahmen und die Werkzeuge für Unternehmen bereitstellt, um wissenschaftlich fundierte Netto-Null-Ziele festzulegen und den globalen Temperaturanstieg über das vorindustrielle Niveau hinaus auf 1,5 Grad zu begrenzen. Unternehmen können mithilfe dieses Standards Ziele setzen und mit Übergangsplänen, Meilensteinen und Governance auf Vorstandsebene konkretisieren, inklusive der Verknüpfung der Führungskräftevergütung an eben die Meilensteine des Unternehmens. Keine Sprache verstehen Manager:innen neben dem Aktienkurs besser.

Alberto Carrillo Pineda, Mitbegründer und Geschäftsführer der *SBTi*, sagte zur Einführung des Standards: »Unternehmen definieren derzeit selbst Netto-Null-Ziele ohne glaubwürdige und unabhängige Bewertung ihrer Ambitionen und Integrität. Zum ersten Mal bietet der SBTi- Net-Zero-Standard Unternehmen eine robuste Zertifizierung, um Verbrauchern, Investoren und Aufsichtsbehörden zu zeigen, dass ihre Netto-Null-Ziele die Emissionen in dem Tempo und Umfang reduzieren, die erforderlich sind, um die globale Erwärmung auf 1,5 Grad zu begrenzen. Wir laden jetzt alle Unternehmen mit Netto-Null-Zielen und Ambitionen ein, den Interessengruppen zu zeigen, dass ihr Weg zur CO2-Reduktion mit der Wissenschaft in Einklang steht. Den Rest der Wirtschaft rufen wir auf, sich dem *Race to Zero* anzuschließen.«[24]

Genug der Vorrede. Dürfen wir Ihnen ein paar Beispiele präsentieren?

Aus Deutschland sind bei der Klimazielinitiative *SBTi* Unternehmen von A wie *About You* bis Z wie *ZF Friedrichshafen AG* mit dabei. Jedes Unternehmen mit seinen eigenen aus dem Ziel des *Pariser Klimaschutzabkommens* abgeleiteten Ambitionen. Um bei den beiden Beispielen zu bleiben: Der Internet-Bekleidungshändler, eine *OTTO*-Tochter, verpflichtet sich im Rahmen der Partnerschaft, die eigenen Treibhausgasemissionen, also

Scope 1-2, bis 2025 um 80 Prozent gegenüber dem Basisjahr 2019 zu reduzieren und den Bezug von grünem Strom im selben Zeitraum von 40 auf 100 Prozent zu maximieren. Beim Automobilzulieferer *ZF Friedrichshafen AG* will man die eigenen Treibhausgasemissionen bis 2030 ebenfalls um 80 Prozent gegenüber 2019 verringern, ebenso bis dahin komplett auf erneuerbaren Strom (2019: zehn Prozent) umsteigen. Der Haken bei alledem: Die Scope-3-Emissionen – also alles, was außerhalb des betreffenden Unternehmens liegt, wie Lieferkette, Reisetätigkeiten und Lebenszyklus – sollen deutlich langsamer reduziert werden und sind noch relativ, nicht absolut formuliert. Konkret: *About You* will Scope 3 um 35 Prozent bis 2025 je Wertschöpfungseinheit reduzieren, und *ZF* will Scope 3 um 40 Prozent je Umsatzeuro bis 2030 reduzieren.[25] Vor dem Hintergrund der Gesamtzahl der Emissionen, die wir noch herausblasen dürfen, ehe es sehr ungemütlich auf dem Planeten wird, machen die Ziele nur Sinn, wenn alle Unternehmen entlang der gesamten Lieferkette mitmachen und kurzfristig und absolut ihre Emissionen reduzieren. Genau das soll der neue Netto-Null-Standard des *SBTi* sicherstellen. Bislang haben von den 40 DAX-Unternehmen Stand September 2022 elf Unternehmen ein Netto-Null-Ziel im Einklang mit dem 1,5-Grad-Ziel bei der *SBTi* eingereicht (darunter Unternehmen wie *Continental, Siemens* und *Zalando*).[26] Ein Anfang ist gemacht.

Aber verweilen wir noch einen Augenblick bei einem dritten Beispiel in Deutschland: *Bayer AG*. Auch der Chemie- und Pharmakonzern ist Teil der Allianz und hat sich verpflichtet, die Treibhausgasemissionen (in Scope 1 und 2) bis 2029 um 42 Prozent gegenüber 2019 zu reduzieren, für den Bereich der eingekauften Waren und Dienstleistungen, Investitionsgüter und vorgelagerten Transport und Vertrieb sowie bei Geschäftsreisen (Scope 3) sollen es zwölf Prozent Minus sein. Bis 2050 oder früher will man komplett auf Netto-Null heruntergefahren haben. Diese Zielsetzung ist gemäß Netto-Null-Standard allerdings noch zu validieren. Nach eigenem Bekunden möchte das Unternehmen allein bis 2030 rund 500 Millionen Euro investieren, um die Energieeffizienz der Werke zu steigern.[27] Das ist durchaus eine Ansage. Darüber hinaus relevant: Das Erreichen der Ziele wurde an die langfristige Vorstandsvergütung gekoppelt. Heißt im Klartext: Je weniger Treibhausgasemissionen im

Unternehmen, desto mehr Geld für seine Köpfe. Anreize für Führungspersonen können so die Geschäftsentwicklung in die Richtung des »safe and just space« unterstützen. Wenn Sie das mehr interessiert, dürfen Sie sich schon jetzt auf die Leadership-Insel im operativen Atoll freuen.

Neue Expertise mit *SBTN*

Neben dem Klima sind die weiteren ökologischen Dimensionen ebenso wichtig. Hierfür hat sich das *Science-based Target Network (SBTN)* gegründet, ein Netzwerk, welches das gleiche wissenschaftliche Anspruchsniveau für absolute, kontextorientierte Nachhaltigkeitsziele für die übrigen Naturdimensionen vorantreibt. Auch wenn beim Klimaschutz noch eine Menge zu leisten ist, viele Methodikfragen sind gerade rund um CO2 und seine äquivalenten Treibhausgase schon geklärt. Methoden für die weiteren Dimensionen der planetaren Grenzen wie Biodiversität müssen dagegen noch entwickelt werden. Daran arbeiten unter anderem die Expert:innen beim *Science Based Targets Network*. Das Ziel: einen alle Umweltdimensionen berücksichtigenden, sicheren und gerechten Korridor (sozusagen einen »safe and just corridor«) für Menschen und Planeten wissenschaftlich zu definieren und zu quantifizieren. Die Kommission setzt dabei auf bestehende Bewertungen etwa des *Weltklimarats (IPCC)* oder des *Weltbiodiversitätsrats (IPBES)* auf und ergänzt sie.

Das spendenbasierte *Science Based Targets Network (SBTN)* bündelt die Expertisen von über 45 international agierenden und führenden Umweltschutz- und Wirtschaftsorganisationen wie *UN Global Compact, World Resources Institute, World Wildlife Fund (WWF)*, aber auch des *World Economic Forum (WEF)*. Seine Aufgabe ist es, Unternehmen und Städte mit wissenschaftsbasierten Daten zu füttern, damit diese sich mit ganz konkreten Zahlen auf den Weg in Richtung der Einhaltung der ökologischen Grenzen machen können, die das *SBTN* von Rockströms neun auf fünf Dimensionen eingedampft hat (Klima, Ozeane, Süßwasserressourcen, Landsysteme und Biodiversität).[28] Denn genau das fehlte bislang. Mit anderen Worten: Wer nicht ins Blaue hinein agieren möchte, hat im *SBTN* einen ziemlich guten Partner, der Unternehmen Methoden und

Vorgehensweisen empfiehlt, um für Süßwasserverbrauch, Landnutzung, Ozeane und Biodiversität wissenschaftsorientierte Zielpunkte und Übergangspfade zu beschreiben.

Anders als beim Klima als globales Phänomen ist das Erheben von Daten und das Umsetzen in konkrete Zielvorgaben in den übrigen vier Bereichen weitaus kniffliger. Hier müssen lokale und zum Teil kontextspezifische Ziele gesetzt werden.

Beispiel Süßwasser: Global erhobene Zahlen bringen nur bedingt etwas, weil die natürlichen Kreisläufe lokal oder regional wirken. Für eine Fabrik, die viel Wasser für ihre Produktion benötigt, macht es einen Unterschied, ob sie im Saarland, einem der niederschlagsreichsten deutschen Bundesländer, steht oder in der Atacama-Wüste im Westen Südamerikas, einem der trockensten Orte der Welt. Die Herausforderungen und Ziele sähen an den Standorten grundverschieden aus. Und damit auch die lokal verfügbaren Wasserbudgets.

Das Thema ist komplex. Und drängend. »Wir haben keine 30 Jahre lang Zeit, erst einmal gemeinsame Metriken und Berichtssysteme festzulegen«, sagte uns etwa SBTN-Geschäftsführerin Erin Billman im Gespräch für dieses Buch. »Es geht im Wesentlichen darum, den Verlust der Natur bis 2030 aufzuhalten und auf dem Weg zu einer positiven Erholung bis 2050 zu sein.«[29] Ob das möglich sein wird, steht auch für Erin Billman in den Sternen. Sich dafür einzusetzen, macht Sinn. Aufgeben gilt nicht.

Die große Aufgabe, vor der wir stehen: jenseits der Klimadimension auch in den übrigen vier Umweltbereichen wissenschaftsbasierte, absolute Ziele zu definieren, die in konkrete Budgets für Unternehmen übersetzt werden können, Budgets dabei verstanden als die Differenz zwischen dem aktuellen Zustand einer noch verfügbaren Ressource und dem kritischen Kippgrenzwert. Wie beim verbleibenden Klimabudget muss es künftig möglich sein, auch die anderen Budgets auf die relevanten Akteure »umzulegen«, sodass jede:r ein Budget je Umweltdimension hat und seine Aktivitäten zur Einhaltung der Grenzen nicht nur sehr genau ausrichten, sondern gleichzeitig messen kann. Diese Budgets könnte man auch als Verschmutzungs- oder Nutzungsrechte bezeichnen. Sie sind ein gutes Mittel, an dem man sich nicht nur orientieren sollte, wenn man innerhalb der planetaren Grenzen mit dem Ziel von »do no harm« vor Augen agieren will. Aus den Budgets oder Verschmutzungsrechten lassen sich klare Untergrenzen ableiten, die auf dem Transformationspfad vom Status quo in Richtung »safe and just space« nicht unterschritten werden dürfen. Erst ab Null beginnt das regenerative Wirtschaften.

Qualitätsmerkmale für Unternehmensziele: Kontextbasiert und absolut

Um die Unterschiede zur bisherigen Praxis noch einmal klar zu benennen: Erstens werden Budgets erhoben und der entsprechende Anteil und Ziele für jede:n Akteur:in definiert – basierend auf wissenschaftlich fundierten Erkenntnissen. Eine Zahl sagt mehr als tausend Worte. Zweitens sind diese Ziele absolut und nicht relativ. Man kann sich nicht mehr hinter der Behauptung verstecken, dass man nachhaltiger als der direkte Wettbewerber oder besser als im vergangenen Jahr oder »best in class« performe. Die einzige akzeptable Referenzgröße ist das zugewiesene Budget, das sich an den planetaren Belastungsgrenzen ausrichtet, also innerhalb des »safe and just space« liegt. Man spricht hier von absoluter, kontextbasierter versus relativer Nachhaltigkeit – der konsequente Weg in eine tatsächlich nachhaltige Zukunft geht nur mit dem absoluten Einhalten der planetaren Grenzen.

Denn diese Grenzen sind einfach absolut physisch vorhanden.

Und müssen je nach Naturdimension mit unterschiedlichen Methoden definiert werden. Wasser und Biodiversität sind etwa am lokalen Kontext auszurichten, Klima ist global zu betrachten, und Ozeangesundheit hat sowohl eine lokale als auch eine globale Ebene.

Ein großes Unternehmen, das zumindest in der Zielsetzung der Klimadimension kraftvoll vorangeht, ist *Microsoft*. Es geht über Schadensvermeidung hinaus und liefert einen klaren Positivbeitrag, indem es sich zum Ziel gesetzt hat, nicht nur bis 2030 entlang der gesamten Lieferkette klimaneutral zu sein (keinen Schaden anzurichten), sondern bis 2050 sogar den historischen CO2-Fußabdruck seit Gründung im Jahr 1975 vollständig durch hochwertige CO2-Bindungs- und Entfernungsprojekte auszugleichen und damit sogar im aktuellen Tun klimapositiv zu agieren (Positivbeitrag).[30]

Auch auf der sozialen Seite gibt es unverhandelbare Ansprüche an Unternehmen. Diese basieren im Vergleich zu den ökologischen Zielen nicht primär auf wissenschaftlichen Fakten, sondern sind das Ergebnis gesellschaftlicher Aushandlungsprozesse und Errungenschaften. Beispiele für soziale Ziele sind faire Bezahlung und Arbeitsbedingungen, keine Diskriminierung, Unversehrtheit der eigenen Gesundheit oder digitale Selbstbestimmung.

Aber wie konkretisieren Unternehmen soziale Anforderungen, zum Beispiel eine faire Bezahlung? Hierfür hat sich der Begriff der existenzsichernden Löhne etabliert, die kontextspezifisch bestimmt werden können. Die *REWE Group* hat das zumindest erkannt und sich als langfristiges Ziel gesetzt, existenzsichernde Löhne und Einkommen in den globalen Lieferketten zu realisieren. Das hört sich zunächst gut an, bleibt aber hinsichtlich des Zieljahres vage. In der Konkretisierung wird deutlich, dass diese Form der Formulierung nicht unserem Anspruch an einen belastbaren Transformationspfad genügt. So heißt es bei *REWE*, man wolle in »Pilotprojekten Ansätze zur Sicherstellung von existenzsichernden Löhnen und Einkommen testen und, falls erfolgreich, ausweiten«.[31]

Unilever positioniert sich etwas klarer, jedoch weniger ambitioniert mit dem Ziel, dass bis 2030 jede Person, die *Unilever* direkt Güter und Dienstleistungen bereitstellt, ein existenzsicherndes Gehalt oder Einkommen erhält.[32] Einen Positivbeitrag in dieser Dimension würde ein Unternehmen leisten, das mindestens existenzsichernde Löhne zahlt und darüber hinaus Fortbildungs- und Qualifizierungsangebote macht.

Wichtig ist, dass Ziele »SMART« sind. Das Kürzel steht für »specific, measurable, attractive, reachable und timebound«

Im Klartext: Setzen Sie quantifizierbare Ziele mit einem klaren Zeithorizont, hinterlegt mit einem Maßnahmenplan, damit Sie und Ihr Unternehmen die Ziele auch erreichen können. Analysieren Sie mögliche Hürden und seien Sie offen mit Ihren Mitarbeitenden und Kolleg:innen. Machen Sie klar, warum es gut und richtig ist, was Sie tun. Dann wird auch der Punkt »attractive« eintreffen und die Motivation die Ergebnisse verbessern.

Wem auf unserer Insel ganz schwummrig angesichts des Bergs von Aufgaben allein im Rahmen der Zielbeschreibung geworden ist, dem wollen wir mit einem anderen Satz von Laotse wieder zurück auf die Green Ferry entlassen:

»Auch eine Reise von tausend Meilen beginnt mit einem einzigen Schritt.«[33] Dann mal los.

Insel 5: Neue Geschäftsmodelle explorieren

ZENTRALE BEGRIFFE UND INHALTE

- **Mögliche Formen des Neugeschäfts**
- **Geschäftsmodellinnovation**
- **Anpassung des Innovationsprozesses**

Bevor wir die strategische Insel der Geschäftsmodelle betreten, halten wir kurz inne. Zwischen dem realistischen Blick auf den aktuellen Standort (Insel 3) und der erwünschten Zukunft (Insel 4) liegt häufig eine große Distanz. Diese ergibt sich aus dem Kerngeschäft und der Wirkung der Produkte und Dienstleistungen und der Art der Erbringung entlang der Wertschöpfungskette.

Kerngeschäft und Wertschöpfungskette können Unternehmen auf zwei Weisen in Richtung eines »safe and just space« bringen: Sie können aus dem Verständnis der Zukunftsvision heraus Neugeschäft erfinden oder das bestehende Produkt- und Serviceportfolio Schritt für Schritt transformieren.

Neugeschäft kann durch Neugründungen, Erfindungen, neue Geschäftsmodelle, aber auch Venturing und Zukäufe erfolgen. Um aus Sicht der Zukunftswirtschaft das Neue in die Welt zu holen, muss das Neugeschäft im Zielquadranten des »safe and just space« liegen oder zumindest ein gutes Stück auf dem Zielkorridor in Richtung »safe and just space« unterwegs sein (siehe Insel 4). Dabei kann auch eine Divestment-Entscheidung das Ergebnis sein, wenn Unternehmen zu dem Schluss gekommen sind, dass ein aktuelles Geschäftsfeld nicht mehr zur Zukunftsvision passt und sich nicht sinnvoll in Richtung dieser Zukunftsvision transformieren lässt.

Auf dieser Insel fokussieren wir auf das Neugeschäft, das Erfinden von neuen Geschäftsmodellen und Innovationsleistungen, die aus den Anforderungen der Zukunftswirtschaft heraus abgeleitet sind. Auf der nächsten Insel beleuchten wir dann die Transformation des bestehenden Produkt- und Serviceportfolios.

Wenn Sie mögen, geht es auf unserer Strategieinsel zur Erkundung neuer Geschäftsmodelle für Sie erst einmal in die Hängematte. Schaukeln Sie ein wenig vor sich hin und lassen Sie die Gedanken schweifen. Wer mag, kann sich dort drüben in unseren Kühlschränken bedienen.

Wie wäre es mit einem leckeren Eis?

Natürlich nicht irgendein Eis, sondern zum Beispiel eins von *Ben&Jerry's*, das kennen Sie ja sicher. Cookie Dough, Peanut Butter Cup, Strawberry Cheesecake. Nehmen Sie sich gerne einen Becher mit und schwingen Sie sich in die Matte.

Und Sie können sich ja mittlerweile vorstellen, dass wir die Eiscreme mit Bedacht gewählt haben. Aber bevor wir eiskalt zum springenden Punkt kommen, erzählen wir kurz noch einmal die Geschichte der Marke. Weil sie einfach zu schön ist. Als sich die beiden Gründer Ben Cohen und Jerry Greenfield in einer Highschool auf Long Island 1963 im Sportunterricht kennenlernten, waren sie sich schnell einig darüber, dass sie, statt über die Tartanbahn zu hetzen, viel mehr Lust auf Essen hatten. Das verbindet ja ungemein. Jahre später, 1977, absolvierten sie für fünf US-Dollar einen Fernkurs für Eiscremeherstellung und eröffneten in einer umgebauten Tankstelle in Burlington (Vermont) ihre erste Eisdiele. Von Anfang an war ihr Grundsatz: »Jedes Unternehmen trägt Verantwortung für die Gesellschaft, in der es arbeitet.«[34] Für die damalige Zeit ziemlich innovativ. Sie setzten auf faire Arbeitsbedingungen und förderten die regenerative Landwirtschaft. Abgesehen davon war ihre Eiscreme irre lecker. Und wurde auch darum zum Kassenschlager.

Spätestens, als ihr Umsatz 1994 den von *Häagen-Dazs* überstiegen hatte, schafften sie es auf den Radar der Lebensmittelgroßkonzerne. Unter anderem auf den des Unternehmens *Unilever*, das neben Lebensmitteln auch Kosmetika, Körperpflege- und Haushaltsprodukte produziert – und damals noch einigermaßen weit entfernt von den Themen der Nachhaltigkeit war. Im Jahr 2000 schluckte der Konzern *Ben&Jerry's* für 326 Millionen US-Dollar. Die beiden Gründer hatten als Startkapital lediglich 8000 US-Dollar Eigenkapital und einen Kleinkredit über 4000 US-Dollar eingebracht.[35] Das nennt man wohl einen guten finanziellen Schnitt.

Viele der Kund:innen nahmen es den beiden US-Amerikanern übel, dass sie ihre Marke an einen Großkonzern verhökert hatten. Verrat! Allerdings: Ben und Jerry ließen sich in den Kaufvertrag hineinschreiben, dass die Grundsätze ihrer Firma nicht angerührt werden dürfen. So war die Eiscreme lange Zeit ein echter Solitär in dem riesigen Portfolio von *Unilever*, ein Sonderling mit sozialen und ökologischen Ansätzen. Doch über die Jahre passierte Erstaunliches: Ein deutscher Produktmanager erzählte einmal, dass zunehmend Kolleg:innen bei ihm in der Bürotür standen, um mehr über die Marke zu erfahren, über die Lieferkette, über die Arbeitsbedingungen, wie man eigentlich eine Marke nachhaltig ausrichtet.[36] *Ben&Jerry's* wurde zu einem der Vorbilder für *Unilevers* neue Unternehmensstrategie, die 2010 im Lebensmittelbereich in den *Unilever Sustainable Living Plan* mündete, der seitdem gültig ist und in vielen Punkten an die Philosophien der beiden Eiscremeerfinder erinnert.

Unilever hatte das Unternehmen ursprünglich gekauft, um die Marke weltweit auszurollen und den Umsatz weiter zu steigern, was eindrucksvoll gelang. Was der Konzern noch gar nicht ahnte: Er hatte sich durch den Zukauf nolens volens einen echten Nachhaltigkeitspionier ins Unternehmenstöchter-Nest gelegt, dessen Nutzen für den Gesamtkonzern erst Jahre später offenbar wurde.

Was wir damit sagen wollen: Unternehmen können es dem Zufall überlassen, mit wem sie sich auf den Weg in den »safe and just space« begeben möchten. Man kann es aber auch planen. Mit einem klaren Plan und Anspruchsniveau werden beispielsweise bei dem Familienunternehmen *WEPA* potenzielle M&A-Kandidaten überprüft. Andreas Krengel, Mitglied des Vorstands der *WEPA Gruppe*, sagt dazu: »Wir haben als klares strategisches Ziel formuliert, die Nummer eins in Nachhaltigkeit in unserer Branche zu sein. Bei jeder potenziellen M&A-Transaktion stellen wir uns die Frage: Leistet die Übernahme einen signifikanten Beitrag zu unserer Nachhaltigkeitsstrategie?«[37]

Aber nicht immer läuft es wie Eis am Stiel. Siehe *Deutsche Post* und ihr Abenteuer *Streetscooter*.

Im Juni 2010 hatten die deutschen Ingenieure Achim Kampker und Günther Schuh die *Street Scooter GmbH* aus einer Forschungsinitiative an der *RWTH Aachen* heraus gegründet. Das Ziel: ein Elektrofahrzeug für die Kurzstrecke herzustellen. Vier Jahre später wurde mit dem *Streetscooter C16* der Prototyp als Nutzfahrzeugversion geschaffen. Das Modell *Work* wurde vorgestellt, von dem 200 Fahrzeuge produziert wurden , von denen wiederum 70 in einem Pilotversuch der *Deutschen Post AG* zum Einsatz kamen. Die vorherigen Versuche des Konzerns, gemeinsam mit einem Autoproduzenten entsprechende E-Autos entwickeln zu lassen, waren nicht von Erfolg gekrönt. Warum also nicht ein Start-up ins Portfolio integrieren, das schon viel weiter war? Im Dezember 2014 kauften die Postler das Start-up – und zwar mit einem klaren Anspruch und definierten Zielbild.[38]

Die *Deutsche Post* hatte sich in ihrer Nachhaltigkeitsstrategie unter anderem die SDGs 8 und 11 auf die gelben Posthornfahnen geschrieben. Ersteres Ziel ist mit »Menschenwürde, Arbeit und Wirtschaftswachstum« überschrieben und fokussiert insgesamt auf die Förderung eines nachhaltigen und integrativen Wirtschaftswachstums, produktiver Vollbeschäftigung und menschenwürdiger Arbeit. Die SDG-Nummer 11 trägt die Überschrift »Nachhaltige Städte und Gemeinden«, dabei geht es vor allem um eine verbesserte Lebensqualität in Städten durch geringere Luft- und Lärmbelästigung sowie um die Gestaltung von inklusiven, sicheren, widerstandsfähigen und nachhaltigen Siedlungen. Dicke Bretter also.

Die Innovation im Rahmen von SDG 8 bestand zum einen darin, den Arbeitsplatz für die Fahrer:innen ergonomisch so zu designen, dass sie weniger Rücken- und Gelenkschmerzen bekamen. Immerhin. Der Impact im Rahmen von SDG 11 liegt auf der Hand: keine innerstädtischen CO2-Emissionen, kein Feinstaub aus dem Auspuff und damit gesündere Luft, kein nerviges Motorengeknatter mehr. Aber das war nicht alles. Waren die neuen Lieferfahrzeuge zunächst nur für den Eigenbedarf vorgesehen, begann man 2017 damit, die Wagen zu verkaufen. Das Versprechen an potenzielle Kund:innen: Mit dem *Streetscooter* sollten mindestens 60 Prozent der Kosten für Wartung und Verschleiß eingespart werden können.[39]

Das heißt: Mit dem klaren Fokus auf SDG-Ziele wurden durch den *Streetscooter* nicht nur Verbesserungen für Mensch und Natur erbracht, sondern sogar ein neues Geschäftsmodell aufgebaut. Die *Deutsche Post* war nun ein nachhaltiger Automobilhersteller. Da sollte im wahrsten Sinne des Wortes die Post abgehen.

Leider, und an dieser Stelle kommt erst einmal eine kleine Bremse, hat das vorläufig erst einmal wirtschaftlich nicht langfristig tragfähig funktioniert. Das Autogeschäft im Postkonzern skalierte nicht. Nachdem die Bonner 2019 rund 100 Millionen Euro Verlust eingefahren hatten, wollte man die Produktion einstellen, entschied sich aber noch einmal um und wollte weitermachen. Im Januar 2022 ging das Unternehmen in die Hände der luxemburgischen *Holding Odin Automotive* über, das mittlerweile *B-ON* heißt, mit dem Geschäftsführer Stefan Krause an der Spitze. Nun hält die *Deutsche Post* noch zehn Prozent am Unternehmen.[40] Was für die *Deutsche Post* außer einer Minderheitsbeteiligung bleibt, ist die Gewähr, dass für sie passgenaue Fahrzeuge hergestellt werden, die auf die von ihnen definierten SDGs einzahlen. SDG-Bezug und SDG-Impact: check! Kommerzieller Durchmarsch und Erfolg? Pro Fahrzeug durch die Kostensenkungen: check, für das Neugeschäft als Automobilhersteller: eher nicht. Ganz normal, 90 Prozent von Neugründungen – und im Endeffekt war es dies für die *Deutsche Post* – scheitern.[41]

Anpassung des Innovationsprozesses fürs Neugeschäft

Die SDGs lassen sich natürlich nicht nur als Zielmarke für die Entwicklung von neuen Geschäftsmodellen oder die Identifikation und Bewertung von Zukäufen anwenden, sondern können Leitbild für den gesamten Innovationsprozess sein. Die SDGs – und natürlich auch die planetaren Grenzen und anderen Nachhaltigkeitszielbilder – können als umfassend gedachter Kompass für nachhaltige Entwicklung für fast alle Industrien Inspiration bieten. Sofern Sie sich bereits eigene Ziele gesetzt haben, können diese die allgemeinere Ausrichtung der SDGs ergänzen. Nachhaltigkeitsziele können als eigenständiger Schritt oder als zusätzliche Kriterien in bestimmte Entscheidungspunkte im Innovationsprozess integriert werden: Etwa im ersten Schritt, Forschung und Ideengenerierung, können die SDGs oder andere Zielmarken in die Meetings der Arbeitsgruppen oder in den Inhouse-Accelerator als klare und nicht verhandelbare Ansprüche eingespeist werden (Ansatz 1, siehe Abbildung 5). Weitere gute Punkte, an denen man seine Nachhaltigkeitsziele als zusätzliche Entscheidungkriterien einfließen lassen kann, sind zwischen der Phase der ersten Entwicklung und dem Prototyping sowie vor der Umsetzung (Ansatz 2, siehe Abbildung 5).

Im operativen Inselatoll schauen wir uns bei der Querschnittsfunktion R&D (engl. für Research and Development, im Deutschen FuE für Forschung und Entwicklung) später konkrete Umsetzungsbeispiele an.

Wer sich jetzt fragt, um bei den SDGs zu bleiben, welche der Ziele er/sie sich denn auf die Fahnen schreiben sollte – schließlich gibt es ja 169 Un-

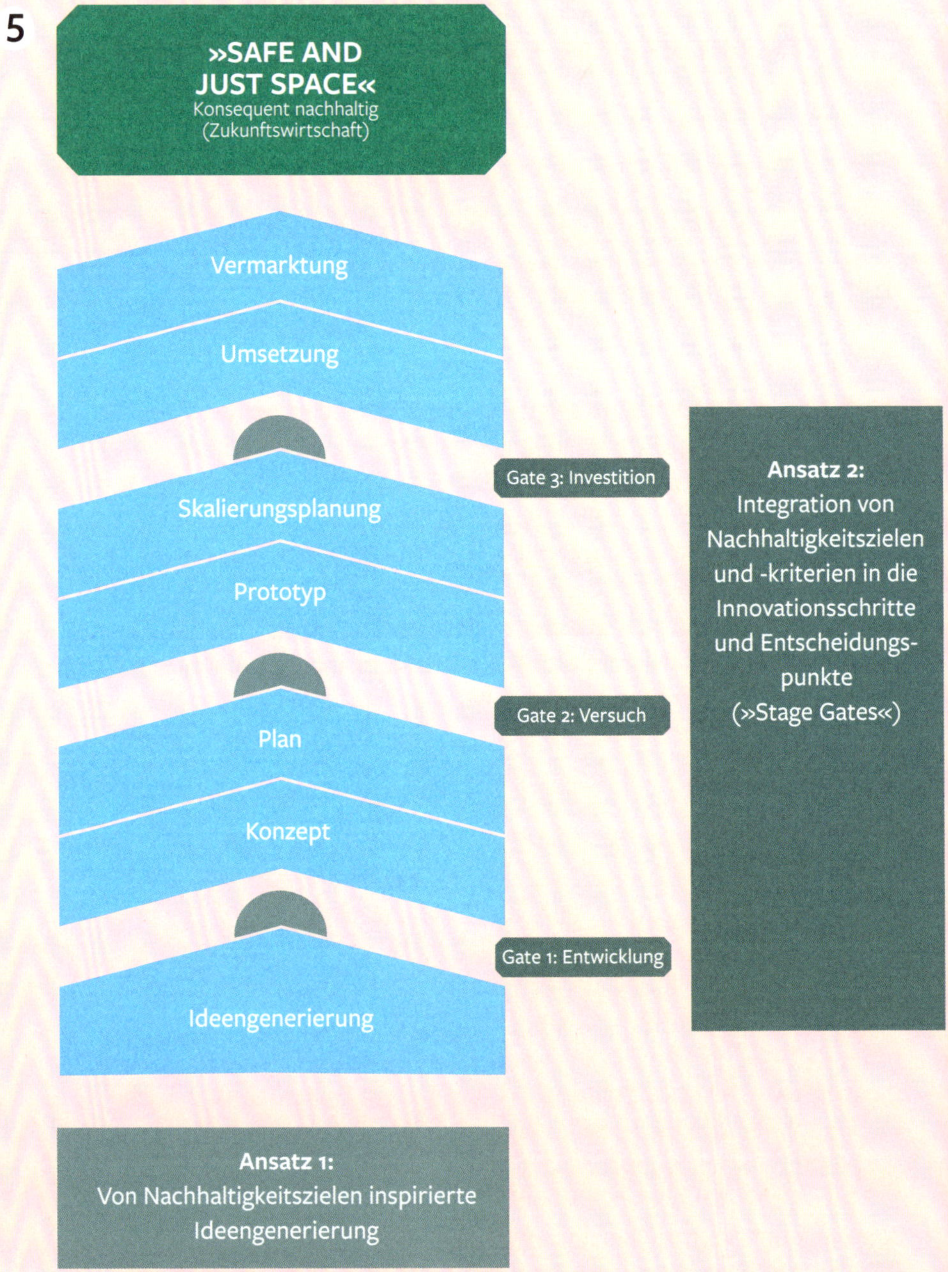

Quelle: Eigene Darstellung; weiterentwickelt auf Basis von Accenture und econsense (2017)

terziele und alles hängt irgendwie mit allem zusammen –, dem sei empfohlen, die eigene Standortbestimmung vorzunehmen (siehe Insel 3). Aus der Standortbestimmung wird deutlich, welche Themen für das eigene Unternehmen wichtig sind, beispielsweise Ernährung und Biodiversität oder Gesundheit und Inklusion. Die zu diesen Themen passenden SDGs zeigen auf, was die entsprechenden Bedürfnisse der Menschheit sind. Beispiel SDG 2 (Kein Hunger), wo es schlicht und ergreifend heißt: Hunger und Unterernährung beenden, aber auch für eine Verdopplung der landwirtschaftlichen Produktion von Kleinbauern sorgen, sich ebenso für eine nachhaltige Lebensmittelproduktion einsetzen und das Funktionieren des Lebensmittelmarktes sicherstellen. Unter Ziel 3 (Gesundheit und Wohlergehen) stehen Themen wie die Verringerung der Mütter- und Kindersterblichkeit sowie der Todesfälle durch nicht übertragbare Krankheiten wie zum Beispiel Diabetes, aber auch das Ziel, die Zahl der Toten und Verletzten durch Verkehrsunfälle zu halbieren, eine universelle Krankenversicherung mit aufzubauen und die Situation von Gesundheitspersonal zu verbessern. Die Möglichkeiten zum Ausrichten auf die Zukunftswirtschaft sind vielfältig.

Und dieses Ausrichten auf die Zukunftswirtschaft gilt nicht nur für Innovationsprozesse oder Zukäufe, sondern auch für M&A-Prozesse im Sinne von Divestment, was bedeutet, dass man etwa unethische Aktien oder Investmentfonds abstößt oder sich von einem ganzen Geschäftsfeld trennt, wenn es nicht mehr in die Zukunftsvision passt.

Nehmen wir den Energiekonzern *E.ON*. Die Hauptversammlung 2016 beschloss, die fossile Energieerzeugung in einer Art Bad Energy Bank zu bündeln und abzustoßen. Es entstand das Unternehmen *Uniper*, das die Stromerzeugung aus Kohle, Gas und Kernenergie von *E.ON* übernahm und seit dem März 2020 mehrheitlich dem finnischen Konzern *Fortum* gehört. *E.ON* selber konzentriert sich seitdem auf Energienetze und -dienstleistungen und den Rückbau deutscher Kernkraftwerke.

Dafür kaufte es entsprechend zu, etwa durch eine Beteiligung am Start-up *Nuventura*, das klimaneutrale Schaltanlagen entwickelt.[42] Das vollmundige Versprechen ist, bis 2040 klimaneutral zu werden, wofür man eigens eine Dekarbonisierungsstrategie erstellt hat.[43] Wir warten mal vorsichtig, aber optimistisch ab. Im Fall von *E.ON* ist es sicher auch nicht verkehrt, dass ein Viertel der Bonuszahlungen an die Vorstände an die Erfüllung von Nachhaltigkeitskriterien gekoppelt ist.[44]

Leitstern für die Entscheidungen des *E.ON*-Konzerns im Rahmen der M&A-Prozesse waren auch hier neben den wirtschaftlichen Faktoren die SDGs, in diesem Fall maßgeblich die Ziele 7 (Bezahlbare und saubere Energie), 11 (Nachhaltige Städte und Gemeinden) und 13 (Maßnahmen zum Klimaschutz). Man kann sich also ein nachhaltiges Unternehmen durch Ver- und Zukäufe zurechtzimmern. Das ist legitim. Solange jegliche Aktivitäten auf den »safe and just space« abzielen. Eine Anmerkung noch: Wie eine solche Abstoßung für die gesamte Marktwirtschaft zu bewerten ist – also dass sich durch die Abspaltung des rein fossilen Geschäfts ein neues Klumpenrisiko in einem einzigen Unternehmen wie *Uniper* bündelt –, das ist – auch im Rahmen der Gaskrise 2022 – sicher noch einmal separat zu bewerten.

Ein weiteres Beispiel aus der Beratungserfahrung unseres Co-Kapitäns Philipp: Hier wollte ein Unternehmen mit klarer Ausrichtung auf die Zukunftswirtschaft ein Unternehmen kaufen, das von außen betrachtet wie eine echte Bereicherung der aktuellen Geschäftsaktivitäten wirkte. Mit dem potenziellen Käufer hatte unser Co-Kapitän bereits einen Screening-Prozess für M&A-Aktivitäten eingeführt, um Akquisitionsziele auf ihre Zukunftsfähigkeit zu überprüfen. Das Ergebnis der Analyse war allerdings nur eine bedingte Kaufempfehlung, da sich herausgestellt hatte, dass Teilsegmente des Kaufziels nicht zu dem eigenen Anspruchsniveau passten. Deswegen wurde der Kauf nur mit einem Transformationsplan für die Entwicklung des Produktportfolios vorgeschlagen. Mehr dazu erfahren wir auf der nächsten Insel.

So, nehmen Sie sich gerne noch ein Eis mit zurück auf unsere Green Ferry. Wir können die neueste Kreation empfehlen: Vegan Mint Chocolate

Cookie aus fair gehandelten Zutaten, nachhaltig verpackt. Der Extra-Kick: Die Milchalternative ist aus Sonnenblumenkernen, mit geringerem Wasserbedarf und CO_2-Emissionen, beispielsweise im Vergleich zu Mandelmilch. Ob die Inhalte schon alle vollständig im »safe and just space« angekommen sind, wissen wir nicht, aber auf jeden Fall sind sie lecker – und auf einem guten Weg.

**Apropos Weg: Lassen Sie uns ...
Sie wissen schon. Weiter geht's.**

Insel 6: Produkt- und Serviceportfolio weiterentwickeln

ZENTRALE BEGRIFFE UND INHALTE

- **Transformation aktueller Produkte und Services**
- **Analyse, Segmentierung und Steuerung des Nachhaltigkeitsportfolios**

Kaum zu glauben, aber aus den kleinen Fischen werden bald stattliche Forellen, mehr als zehn Kilogramm schwer und bis zu 80 Zentimeter lang. Hier geht's lang. Treten Sie ruhig näher, an den Rand des Beckens, unsere Tierchen beißen nicht. Wegen der Überfischung der Meere ist Aquakultur der am schnellsten wachsende Sektor der Tierproduktion und das am schnellsten wachsende Segment der Lebensmittelwirtschaft: 66 Millionen Tonnen Fischfleisch werden Jahr für Jahr produziert. Laut dem *Institut für Fischereiökologie* sind Fische und Meeresfrüchte für 2,9 Milliarden Menschen die wichtigste Proteinquelle.[45] Ein echter Wachstumsmarkt. Blöd nur, dass man für jedes Kilogramm Forelle bis zu 1,5 Kilogramm Futter benötigt[46], das als Pellets oder Granulat hergestellt wird – und vor allem aus Wildfischen gewonnen wird. Heißt also: Mehr Fischkonsum aus Aquakulturen trägt zur weiteren Überfischung bei. Ziemlich ärgerlich.

Das dachten sich auch die Macher vom Unternehmen *BioMar*, dem nach eigenem Bekunden weltweiten Marktführer im Bereich Hochleistungsfutter für über 45 verschiedene Fisch- und Garnelenarten, aktiv in 80 Ländern, 1962 von dänischen Fischzüchtern gegründet.[47] Schon 2007 hat man sich dort dem *BioSustain*-Konzept verschrieben, um den ökologischen Fußabdruck in der Fischzucht zu messen.

BioMar stellte fest: Produktportfoliosteuerung ist überaus komplex und bedarf eines guten Plans.

Deshalb entwickelte *BioMar* gemeinsam mit *BASF* den sogenannten Ökoeffizienzmanager als Instrument, das der Messung und Optimierung der Produktnachhaltigkeit dient. Anders gesagt: Mit dem Tool lassen sich die produkt- und dienstleistungsspezifischen Auswirkungen auf soziale und umweltbezogene Aspekte betrachten, um die gesamte Produktpalette entsprechend sukzessive im Sinne der Nachhaltigkeit zu verbessern. Grundlage war das sogenannte *Sustainable Solution Steering* von *BASF*, auf das wir später noch zurückkommen werden.

Konzepte für die Steuerung von Produkt- und Serviceportfolios

Was wir hier zwischen Fisch und Flosse sagen wollen: Wer sich, in welcher Branche auch immer, auf den Transformationspfad begibt, muss neben der Orientierung von Neugeschäft am »safe and just space« auch sein existierendes Produkt- und Serviceportfolio transformieren. Hinter beidem, der Entwicklung von Neugeschäft und der Portfoliotransformation, liegt eine Innovationsstrategie, die am »safe and just space« ausgerichtet ist. Diese strategische Portfoliosteuerung erlaubt es, die Gesamtunternehmenssteuerung mit den Einzelprodukten auf der einen Seite und den Kund:innen auf der anderen Seite zu verbinden sowie die Innovationspipeline und Produktentwicklung bewusst in den nachhaltigen Bereich zu steuern. Es gibt eine Reihe von Maßnahmen, die im Unternehmen Top-down geplant und umgesetzt werden können, etwa von einem klassischen zu einem grünen Stromanbieter wechseln. Das ist noch die einfachste Übung. Wie aber kommt man zu den Veränderungen, die man Schritt für Schritt von Produkt zu Produkt, also im Tagesgeschäft, angehen muss? Beispielsweise, um den Recyclinganteil bei eingesetzten Materialien zu erhöhen. Dafür braucht es eine Steuerungslogik für das Produktportfolio, mithilfe derer sich diese gewünschten Veränderungen strategisch steuern lassen. Bis in den Innovationsprozess hinein, wo die Veränderungsbedarfe schließlich als Anforderungen hineinfließen müssen.

Durch eine systematische Bewertung kann das existierende und zukünftige Portfolio hinsichtlich der Nachhaltigkeitsleistung klassifiziert und strategisch in Richtung der Zukunftswirtschaft entwickelt werden. Bezogen auf die Zielsetzung keinen Schaden zu verursachen, dann reden wir über die Einhaltung von Zielvorgaben und Standards zum Beispiel bei Rohstoffbereitstellung, Lieferant:innen und in der eigenen Produktion sowie über Nutzen und Rückführung von Produkten. Ein Positivbeitrag kann ebenfalls bei der Rohstoffbereitstellung und Produktion stattfinden, beispielsweise, indem ein Schwerpunkt auf die Renaturierung von degradierten Landflächen für die Produktion von Agrarrohstoffen oder auf die Integration schwer vermittelbarer Arbeitnehmer:innen gelegt wird. Häufig verzeichnen wir den Positivbeitrag mithilfe der Produkt- beziehungsweise Servicenutzung durch die Kund:innen. Für die Steuerung und Optimierung des Produktportfolios wird regelmäßig eine Hotspot-Analyse zur Festlegung der wesentlichen Wirkungsdimensionen und zur Identifikation aktueller Problemfelder benötigt. Nach Festlegung von Grenz- und Zielwerten kann das Portfolio durchkämmt werden, um herauszufinden, welche Produkte oder Dienstleistungen problematisch im Sinne der Nachhaltigkeit sind, die man lieber aus dem Sortiment werfen sollte – oder welche einen Positivbeitrag leisten und daher ausgebaut werden sollten.

Sie haben recht. Das klingt nicht einfach. Ist es auch nicht. Zumal in Konzernen mit Tausenden von Mitarbeitenden und einem bunten Strauß von Produkten oder Dienstleistungen.

Der Außenstehende blickt in eine Blackbox: Auf der einen Seite des Unternehmens kommen Rohstoffe, Zulieferteile, Know-how, Arbeitskraft und Kapital hinein, die sich im schwarzen Raum, also innerhalb des Betriebs, in etwas Neues transformieren und den Kund:innen, ob im B2B- oder B2C-Bereich, verkauft werden. Was aber zwischen In- und Output passiert, bleibt in den meisten Fällen im Dunkeln – insbesondere, wenn es um Themen der Nachhaltigkeit geht. Durch unsere langjährige Tätigkeit als Nachhaltigkeitsberater:innen in großen Unternehmen haben wir Einblicke in diese komplexe Welt erhalten und daran mitgearbeitet, wie man sich strategisch klug aufstellt, wenn man sich normativ entschieden hat, dem Planeten durch sein unternehmerisches Handeln keinen weiteren Schaden zuzufügen. Oder mehr noch einen positiven Beitrag für seine Gesundung – sei es in ökologischer oder sozialer Hinsicht – leisten möchte. Wie gesagt: Wenn sich etwa ein großer Telekommunikationsanbieter entschließt, sein Netz mit regenerativer Energie zu betreiben, ist die Umsetzung verhältnismäßig einfach. Wenn aber die einzelnen Produkte hinsichtlich Produktdesign, Materialeinsatz und Verpackung Schritt für Schritt verbessert werden sollen, hilft ein Nachhaltigkeitsportfolio, um diese Veränderungen strategisch zu steuern.

Je nach Produkt oder Dienstleistung kann eine Wertschöpfungskette ganz schön lang sein, sich immer wieder teilen, bis Einzelheiten nicht mehr präzise festgestellt werden können. Sie reicht von der Entwicklung, der Beschaffung und Produktion über den Vertrieb und den Verkauf bis zum Inkasso und nachlaufenden Serviceleistungen. Das sogenannte Supply Chain Management kümmert sich darum, dass die Kette wie geschmiert läuft. Eine ziemliche Herausforderung, betrachtet man beispielsweise den klassischen Weg einer Jeans, ehe wir sie brandneu kaufen: Baumwollanbau inklusive Düngemitteleinsatz, Ernte und Entkörnung etwa in Kasachstan, Spinnerei in der Türkei, Färbung in China, Näherei in Bangladesch, inklusive Verarbeitung von Kurzwaren wie Knöpfen und Reißverschlüssen, die jeweils ihre eigene Lieferkette haben, dann ab damit zum Großhändler nach Belgien und dann in den Einzelhandel in Deutschland, wo wir sie kaufen, tragen, wegwerfen und die Jeans am Ende ihres Lebens im letzten Glied der Kette irgendwo in Afrika für eine Zweitnutzung angeboten wird. Der Laie unter uns ahnt es: Jedes Glied der Kette ist es wert, genauer unter die Lupe genommen und nach den maßgeblichen ökologischen und sozialen Aspekten untersucht zu werden. Man ahnt darüber hinaus: Um die Nachhaltigkeitswirkung der eigenen Produkte zu verbessern, bedarf es einer entsprechenden Steuerung. Gerade bei globalen Lieferketten mit vielen Stationen fällt Veränderung schwer. Zum Beispiel bei einem Sportartikelhersteller: Mit einem »Tier 2- and Tier 3-Program« (Tier, engl.; Ebene, dt.) versuchte der Hersteller, den Einsatz toxischer Chemikalien in den Waren der Zulieferfirmen zu unterbinden. Eine gute Idee. In der Realität entpuppte es sich als sehr schwer, weil diese Firmen zumeist sehr kleine Unternehmen und sehr weit verstreut waren.

Doch wie gelingt Portfoliosteuerung trotzdem? Welche Methode, welches Prozessdesign legt man dem Ganzen zugrunde? In welchem Rahmen bewegt man sich? Was sind genau die Ziele? Und schließlich: Wie misst man Erfolg?

Das sind die maßgeblichen Fragen, die auf der strategischen Entscheidungsebene eine Rolle spielen, wenn man sein Produkt- und Serviceportfolio strategisch so steuern will, dass man sich in Richtung des Transformationspfades aufmacht. Mit anderen Worten: Wer Nachhaltigkeit ins Produkt- und Dienstleistungsportfolio integriert, muss sich für einen Prozess entscheiden, der an klaren Zielen ausgerichtet ist, muss

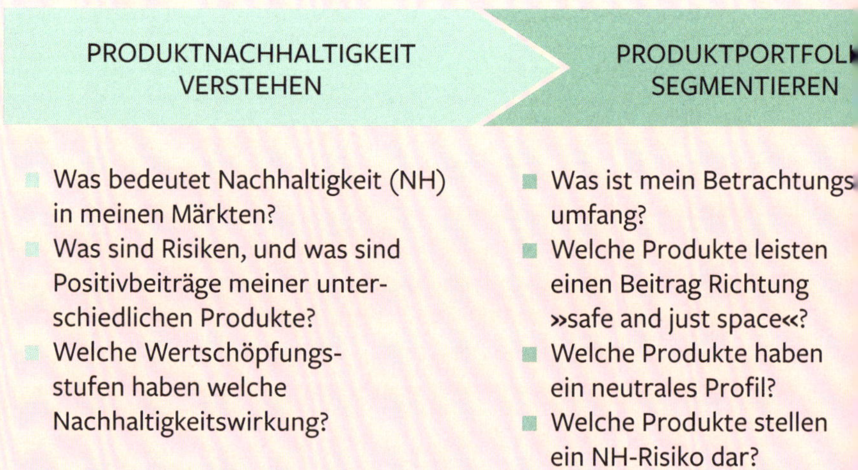

Quelle: Eigene Darstellung

ihn managen, steuern und evaluieren. Ganz allgemein gesagt geht es darum, mithilfe dieser Integration ins Management seines Portfolios Risiken entlang der Wertschöpfungskette zu reduzieren und die sozialen, ökologischen und wirtschaftlichen Aspekte von Produkten oder Dienstleistungen eines Unternehmens zu verbessern.

Vorgehen für die Ersteinschätzung des aktuellen Produkt- und Serviceportfolios

Wir geben es zu, die Insel für die Ausrichtung des Produkt- und Serviceportfolios ist keine leichte Kost. Zunächst ist es hilfreich, ein grundsätzliches Ambitionsniveau festzulegen, anhand dessen die gegenwärtigen und zukünftigen Produkte und Services bewertet werden sollen. Danach schlagen wir ein Vorgehen in drei Schritten vor (siehe Abbildung 6):

1) Produktnachhaltigkeit verstehen
2) Produktportfolio segmentieren
3) Nachhaltigkeitsportfolio steuern

6

- Welche Ziele für meine Portfoliosegmente setze ich mir?
- Wie integriere ich die Zielanforderungen in R&D, Einkauf, Produktion und Marktkommunikation?
- Wie kontrolliere ich Erfolg?

Bevor ein Unternehmen in die Tiefen der Portfolioanalyse einsteigt, ist es wichtig, das Ambitionsniveau festzulegen: Will man ausgewählte Aspekte verbessern, oder will man zum führenden Nachhaltigkeitsunternehmen in seiner jeweiligen Branche aufsteigen? Ist der Referenzrahmen der aktuelle Markt, und möchte man über alle Produkte und Serviceangebote hinweg relativ zu anderen in puncto Nachhaltigkeit besser sein und damit »best in class« werden? Besser im Sinne des »safe and just space« wäre: Seine Ziele etwa bezüglich CO_2-Reduzierung, Landnutzung und Biodiversität an absoluten Werten auszurichten, die sich aus wissenschaftsorientiertem Verständnis der planetaren Grenzen und entsprechenden Vereinbarungen für soziale Gerechtigkeit ergeben. Das würde bedeuten, man ist nicht nur besser als die übrigen Marktteilnehmer:innen – die vielleicht sogar sehr schlecht in ihrer Nachhaltigkeitsperformance sein können –, sondern man richtet sich stringent am »safe and just space« aus.

Nun wollen wir versuchen, ein wenig Licht in den schwarzen Raum der unternehmerischen Wertschöpfung und Lieferketten zu bringen. Also knipsen wir die Taschenlampe an, um uns in der Blackbox entlang der drei Schritte für die Weiterentwicklung des Produkt- und Serviceportfolios zu orientieren.

1. Produktnachhaltigkeit verstehen

Im ersten Schritt geht es um die Frage, was Nachhaltigkeit in den für das Unternehmen wichtigen Märkten bedeutet. Was sind Risiken, und was sind Positivbeiträge der unterschiedlichen Produkte? Welche Wertschöpfungsstufen haben welche Nachhaltigkeitswirkung? Im Ergebnis von Schritt eins ist das Unternehmen in der Lage, die relevanten Schwerpunkte aus thematischer Sicht und bezogen auf die Wertschöpfungsstufen festzulegen. Beispielsweise CO_2-Intensität, Biodiversitätsverlust und toxische Substanzen als materiellste Themen auf der ökologischen Seite und faire Arbeitslöhne und sichere Arbeitsbedingungen auf der sozialen Seite. Zusätzlich sollte das Unternehmen grob einordnen können, in welcher Wertschöpfungsstufe und bezogen auf welche Produktaspekte die priorisierten Themen besonders wichtig sind. Die sicheren

Arbeitsbedingungen könnten beispielsweise vor allem für Zukaufteile aus China wichtig sein und der mögliche Einsatz toxischer Substanzen für Vorprodukte aus der Textilindustrie. Die tatsächlich relevanten Aspekte hängen vom jeweiligen Unternehmen ab. Ein Textilunternehmen schaut natürlich auf andere Chancen und Risiken als ein Softwareunternehmen.

2. Produktportfolio segmentieren

Im zweiten Schritt muss zunächst der Betrachtungsumfang festgelegt werden. Hat man es nur mit wenigen Produkten oder Dienstleistungen zu tun, ist die Frage zügig beantwortet. Je mehr Angebote ein Unternehmen hat, desto schwieriger ist die Frage zu beantworten. Schaut man gleichzeitig auf das gesamte Portfolio? Wendet man sich erst einmal nur den umsatzstärksten Produkten zu? Oder einem Teilsegment des Portfolios, weil dort der Hebel zur CO2-Reduktion oder für eine Verbesserung der Arbeitssicherheit am größten ist? Beginnt man zuerst in einer Nische seines Betriebs, um zu lernen, wie die Transformation im großen Stil gelingen kann? Dann geht es darum, das festgelegte Ambitionsniveau in einen Referenzrahmen, Kriterien und Segmente zu übersetzen. Vergleicht man die Produkte beispielsweise mit dem Marktdurchschnitt für einen »Best-in-Class«-Ansatz oder mit den Anforderungen der Zukunftswirtschaft auf Basis einer »safe and just space«-Ausrichtung. Aus den materiellen Themen leiten sich die Filterkriterien ab, beispielsweise CO2-Intensität oder Anzahl der Arbeitsunfälle etc. Dann kann der Prozess des Screenings und der Segmentierung beginnen, und nach etwas Arbeit weiß das Unternehmen, welche Produkte einen Beitrag Richtung »safe and just space« leisten, welche Produkte ein neutrales Profil haben und welche Produkte sogar ein Nachhaltigkeitsrisiko darstellen.

3. Nachhaltigkeitsportfolio steuern

Zu guter Letzt ist zu klären, wie die Ergebnisse der Portfoliosegmentierung und -bewertung im operativen Tun eingesetzt werden sollen. Die Zielvorgaben und Bewertungskriterien könnten entlang aller relevanten

Funktionen von R&D über Einkauf und Produktion bis zum Vertrieb zur Anwendung kommen oder nur in ausgewählten Funktionen. In unserer Beratungspraxis haben wir erlebt, dass die größte Transformationswirkung von einem umfassenden Ansatz ausgeht. Wir haben gleichzeitig gesehen – zumindest in mittelgroßen Unternehmen –, dass die Umsetzung mit der richtigen Portion Pragmatismus zügig gelingen kann und durch die bessere Verzahnung von R&D, Einkauf, Produktion und Marktnachfrage eine deutlich verbesserte Ausrichtung der Portfolioentwicklung an Zukunftserwartungen ermöglicht. Das ist nicht nur für die Transformation in Richtung Zukunftswirtschaft hilfreich, sondern auch betriebswirtschaftlich attraktiv. Um diesen Beitrag schwarz auf weiß zu sehen, könnten Sie regelmäßig den Geschäftserfolg der Portfoliosegmente mit KPIs wie Wachstumsrate und/oder ermöglichte Leistungen durch nachhaltige Portfoliosegmente verfolgen.

Beispiel 1: *BASF* – Mit dem *Sustainable Solution Steering* das Portfolio transformieren.

Manche Großkonzerne führen für die Steuerung des Portfolios ein eigenes Tool ein, um im Sinne der Nachhaltigkeit besser zu werden. *BASF*, der Chemieriese aus Ludwigshafen, hat das auf seine Bedürfnisse zugeschnittene Instrument *Sustainable Solution Steering* entwickelt, mit dessen Hilfe er seit 2014 über 60 000 Produkte gescreent hat. Die Zielvorgaben: erstens bessere nachhaltige Lösungen entwickeln und ihren Anteil erhöhen sowie zweitens den Anteil weniger nachhaltiger Produkte verringern. Mithilfe des Tools konnten die Produkte im Sinne der Nachhaltigkeit in ihren spezifischen Anwendungen in vier Kategorien segmentiert werden (Accelerator, Performer, Transitioner und Challenged), was half, das gesamte Portfolio auf nachhaltigere Lösungen auszurichten. Kein Pappenstiel. In diesem Prozess waren weltweit über 2000 Expert:innen involviert, allen voran jene aus den Bereichen R&D, Produktsicherheit, Vertrieb, die Nachhaltigkeitsabteilung – und Marketing. Schließlich sollen die immer kritischeren Kund:innen wissen, was für ein Produkt sie in ihren Händen halten, und auch die Öffentlichkeit ist zu informieren. Nachhaltigkeitsaktivitäten im Portfolio bringen nicht nur für die Risikominimierung und Umsatzsteigerung, sondern auch im Sinne der Markenbildung – auf Produkt- wie auf Unternehmensebene – entscheidende Vorteile im Markt. Darüber hinaus setzt die Kommunikation nicht selten die Konkurrenz unter Zugzwang und bildet auch eine allgemeine Marktdynamik in Richtung des nachhaltigen Wirtschaftens ab – nicht nur innerhalb der Branche, sondern auch darüber hinaus – und beschleunigt sie wiederum.

Das Beispiel *BASF* zeigt, es lohnt sich. Über 60 Prozent seines Budgets hat der Konzern für R&D in die nachhaltigen Accelerator-Projekte entsprechend den Zielvorgaben gesteckt. Das Ergebnis: Die Accelerator-Produkte hatten eine höhere Rentabilität und wuchsen relativ gesehen schneller als andere Produkte. Ihr Anteil am Gesamtumsatz stieg von 23,3 Prozent im Jahr 2013 auf 27,2 Prozent im Jahr 2016.[48] Auf der unternehmenseigenen Website heißt es dazu: »Accelerator-Produkte leisten einen besonderen Beitrag zur Nachhaltigkeit in der Wertschöpfungskette und zeichnen sich durch durchschnittlich höhere Wachstumsraten und Profitabilität aus. Daher haben wir uns ein konkretes Ziel gesetzt: Bis 2025 wollen wir den Umsatz mit Accelerator-Produkten auf 22 Milliarden € erhöhen (2020: 16,7 Milliarden €).«[49] Eine Ansage!

Laut eigenem Bekunden hat der Konzern 16 000 Accelerator-Lösungen identifiziert. Bei der Stoffentwicklung im Bereich Konsumgüter/Haarpflege etwa das Produkt mit dem Namen *Lipofructyl Argan LS 9779*, das im Wesentlichen ein Bio- und Fairtrade-zertifiziertes Arganöl ist und mit einer landwirtschaftlichen Frauenkooperative in Marokko produziert wird. Mit *Neopor BMB* ist im Bauzulieferbereich eine neue Wärmedämmung entwickelt worden, die aus nachwachsenden Rohstoffen hergestellt ist und eine höhere Dämmleistung bei 50 Prozent geringerem Materialeinsatz erlaubt. Oder das Produkt *RAK*: Es stört das Paarungsverhalten von Motten, deren Larven Trauben und Früchte schädigen, auf natürliche Weise. Indem das Produkt die Sexualpheromone des Weibchens imitiert.[50] Für Obst- und Weinbauern ein Segen. Zum einen können sie ihren Ertrag optimieren, zum anderen schaden sie nicht dem Ökosystem. Sollen die Motten halt woanders Sex haben.

Damit ist der Konzern nicht allein: Mehrere Unternehmen, die wir kennen und die ihre Nachhaltigkeitsportfolios in klingende Münze verwandeln, verzeichnen ein höheres Umsatzwachstum bei nachhaltigen Produkten. Die Kasse wird durch indirekte Effekte noch weiter gefüllt: Durch Risikominderung beispielsweise, indem problematische Inhaltsstoffe bereits vor einem möglichen Verbot ersetzt werden. Außerdem werden durch eine Verbesserung der Innovationsprozesse und eine glaubwürdigere Positionierung im Wettbewerb der Gewinn mittel- und langfristig sicher nicht kleiner.[51] Eine klassische Win-win-Situation. Für den Planeten. Und fürs Portemonnaie.

Beispiel 2: *Telekom* – Mit dem Portfolioansatz zu besseren Produktentscheidungen kommen.

Für das Aufsetzen der Nachhaltigkeitsstrategie wurde bei der *Telekom* zunächst eine umfangreiche Marktrecherche in allen Verästelungen des Unternehmens durchgeführt und mögliche Ansätze identifiziert. Auf dieser Grundlage wurde ein systematisierter Prozess aufgesetzt, innerhalb dessen 20 000 Produkte und Dienstleistungen – teils geclustert – durchleuchtet wurden. Mit dem Ziel, einen Überblick zu bekommen, welche im Sinne der Nachhaltigkeit positiv zu bewerten sind und welche Risiken in sich bergen, die man gegebenenfalls schleunigst anpacken sollte. Dass ein Unternehmen bei alledem auf die Vermarktungsmöglichkeiten schielt, liegt auf der Hand. Beispiel: *Dynamic Workplace*, eine cloudbasierte Arbeitsumgebung, mit der für DT-Kund:innen eine Erleichterung im Zugriff auf Daten geschaffen wurde. Bei der Analyse der Nachhaltigkeitswirkung des existierenden Produkt- und Serviceportfolios wurden beispielsweise nachhaltigkeitsbezogene Wirkungen quantifiziert, die auch in den Verkaufsgesprächen kommuniziert werden konnten. Beispielsweise konnten Arbeitnehmer:innen durch das Nutzen der Cloud flexibel von überall arbeiten, sicher auf Dienste zugreifen sowie unnötige Warte- und Pendelzeit vermeiden. Neben den offensichtlichen Effekten – beispielsweise erzeugt weniger Pendelei weniger CO_2-Emissionen – konnten auch weniger offensichtliche Effekte quantifiziert werden: Beispielsweise gibt es weniger Krankheitstage durch reduzierten Stress aufgrund der reduzierten Pendelei. Hier flossen also Entwicklung in Form einer digitalen Innovation mit hohem Kund:innen-Nutzen, Nachhaltigkeitseffekt und Vermarktung mit dem Ziel Profit zusammen.[52]

Birgit Klesper, ehemalige Senior Vice President Group Corporate Responsibility bei der *Deutschen Telekom* und seit 2022 Senior Advisor Sustainability bei *Better Earth*, kommentiert die Portfoliosegmentierung wie folgt: Die *Deutsche Telekom* habe sich die Customer-Orientierung (»Perfect Service«) auf die Fahnen geschrieben – aber nicht zu jedem Preis. Werden neue Produkte geboren, schließe sich unmittelbar die Frage an: Wie wollen wir das im Sinne der Nachhaltigkeit bestmöglich umsetzen? »Dieses Denken ist mittlerweile fest in der Konzernstrategie verankert«, so Klesper. »Wenn du heute eine ökonomische Entscheidung bei der *Deutschen Telekom* triffst, musst du immer auch eine ökologische oder eine andere Impact-Entscheidung mitdenken.«[53] Was nicht bedeutet, dass eine wirtschaftliche Entscheidung zwingend gekippt wird, wenn sie sich nicht mit nachhaltigen Aspekten versöhnen lässt. Aber: »Kein Mensch kann sich mehr hinstellen und behaupten, eine ›not knowledgeable‹ Entscheidung getroffen zu haben. Das heißt, du wirst in die Lage versetzt, eine Entscheidungsgrundlage zu haben, die sowohl die finanziellen wie auch die ökologischen und gesellschaftsrelevanten Aspekte mit einbezieht. Hier gilt es auch bei Trade-off-Diskussionen die richtige Balance zu finden. Und das ist für mich der wichtige Schritt in die richtige Richtung.«[54] Um überhaupt in der Lage zu sein, eine Entscheidung pro oder contra bei einem Produkt oder einem Service zu fällen, hat die *Deutsche Telekom* Anforderungskataloge für die unterschiedlichen Bereiche entwickelt – was bei einem Konzern mit mehr als 216 000 Mitarbeitenden und Tochterunternehmen überall auf der Welt sicher kein dünnes Brett war. Damit diese Kataloge nicht in den Rollcontainern verschwinden, wurden die Mitarbeitenden für ihre Anwendung geschult.

Offenbar erfolgreich, zumindest, wenn man sich die jüngsten Set-up-Boxen der *Telekom* ansieht. Ein gutes Beispiel dafür, wie bereits in einer Produktentwicklung die richtigen Weichen in den »safe and just space«

gestellt werden können: Einerseits sind die Geräte der neuesten Generation deutlich kleiner als die bisherigen, was weniger Materialeinsatz insbesondere von Kunststoff bedeutet. Zum anderen bedurfte es für diese Geräte neuer Verpackungen, die entwickelt werden mussten. Das Ergebnis: weniger Material, kein Plastik, keine Verbundstoffe, recycelte Materialien, Druckfarben auf Sojabasis. Diese Entscheidungen machen übrigens an den Firmenmauern nicht halt: Die *Deutsche Telekom* will auch die Verpackungen ihrer Lieferant:innen entsprechend umstellen – Anfang 2021 ging es los, bis Ende 2022 sollen es 90 Prozent sein.[55]

Beispiel 3: *Bayer* – Investitionsentscheidungen auf den Unternehmenszweck ausrichten.

Ein aktuelles Beispiel, wie man sich einem sozialen Ziel verschreibt und sein Gesamtportfolio danach ausrichtet, ist die *Bayer AG*. Im Zuge der Coronapandemie und der Fragilität medizinischer Versorgung und Nahrungsmittelketten hat sich der Leverkusener Chemie- und Pharmakonzern die neue Vision *Health for all, hunger for none* verpasst. Wenn man Matthias Berninger, seines Zeichens Executive Vice President Public Affairs, Science, Sustainability & HSE bei *Bayer*, Glauben schenken darf, richtet der Konzern mit seinen etwa 100 000 Mitarbeitenden jegliche Entscheidungen mittlerweile – nach dem fatalen Kauf von *Monsanto* – danach aus: »Bei jeder Investition, die wir tätigen, bei jedem Divestment oder Investment, steht zuerst immer die Frage: Was heißt das für *Health for all, hunger for none*, sowohl normativ als auch für das konkrete Erreichen dieser Ziele?« Weil Nahrungsmittelproduktion immer klimarelevant ist, habe man sich beispielsweise zuletzt bei der Entwicklung neuer Produkte für jenes »mit dem geringsten CO2-Potenzial« entschieden. Insgesamt hält Berninger das R&D für den am meist unterschätzten Bereich für eine bessere Nachhaltigkeitsperformance.[56] Das Unternehmen hat ein Budget von zwei Milliarden US-Dollar allein für landwirtschaftliche Innovationen[57] – und liegt damit weltweit auf Nummer zwei direkt hinter der chinesischen Regierung.[58] Das rückt diese Behauptung in ein besonderes Licht. Doch wer verfügt schon über derart viel

Kapital, um seine Nachhaltigkeitsziele mit so viel Power entwickeln und umsetzen zu können?

Aber zurück zum Durchleuchten des Portfolios. Das Screening dient dazu, eine Faktenbasis zu schaffen, anhand derer man maßgebliche Erkenntnisse zur nachhaltigen Steuerung des Portfolios gewinnen und erwünschte Ziele in konkrete Zahlen verwandeln kann.

Wie gesagt: Das Screening ergibt sich aus dem Ziel, in welchen Dimensionen sich das Unternehmen verbessern möchte. Wenn Konzernlenker:innen beispielsweise ihr Portfolio oder einen Teil davon nur nach CO2-Verbrauch untersuchen lassen, müssen sie sich nicht auf die Ressourcenintensität fokussieren (natürlich nur so lange, wie sie dort keine weiteren Impacts im Sinne einer Verletzung der planetaren Grenzen versteckt haben). Ein tangibles Beispiel für die Relevanz sozialer Themen ist die Textilbranche, in deren Zulieferbetrieben zumindest teilweise Zustände wie im 19. Jahrhundert herrschen. Man denke nur an den Einsturz der Fabrik *Rana Plaza* im April 2013 in Bangladesch, bei dem 1136 Menschen ihr Leben ließen und über 2000 verletzt wurden. Es war der bisher größte Unfall der internationalen Textilindustrie. *Primark, Benetton, Mango, C&A* und auch deutsche Unternehmen wie *KiK* oder *Adler* standen mit einem Schlag im Licht der Öffentlichkeit.[59] Zu Recht. Denn bis dahin hatten sich weder Verbraucher:innen noch die Modemarken dafür interessiert, unter welchen erbärmlichen Bedingungen die Näher:innen in dem abbruchreifen Haus schuften mussten: kein Brandschutz, blockierte Fluchtwege, kein Schutz im Umgang mit Chemikalien, Hungerlöhne – die Liste ließe sich fortsetzen. Hätten die Fast-Fashion-Konzerne ihre Verantwortung ernst genommen, ihr Produktportfolio bis unter die Nähmaschinen des *Rana Plaza* nach sozialen Mindeststandards gescreent, wäre die Fabrik sicher schon Jahre zuvor geschlossen worden. Leider leben wir nicht im Konjunktiv.

Die zentrale Frage lautet stets: In welchen und wie vielen Produkten und Services habe ich ein Thema bezüglich meiner Nachhaltigkeitsziele?

Wie weit der Arm eines Unternehmens in seiner Wertschöpfungskette dabei reichen will, ist unterschiedlich. Dass ein großer Nahrungsmittelkonzern sich zum Beispiel sorgen muss, wenn ein Subunternehmen zum Anbau von Palmöl oder für die Viehzucht Primärwälder schlagen lässt, ist mittlerweile unstrittig. Geht man über den Tier-1-Bereich (Direktlieferant an Produzenten) hinaus, gehen die Meinungen schnell auseinander.

Für viele Unternehmen wäre sicher ein erster Schritt gemacht, ihr Portfolio neben der Sicherstellung der neuen Anforderungen aus dem *Lieferkettensorgfaltspflichtengesetz* auch auf freiwillige Vereinbarungen von internationalen und nationalen Organisationen hin zu untersuchen, die meistens »juster« sind als die rein gesetzlichen Vorgaben.

Es gilt stets die zentrale Frage: Wo kann das Unternehmen ansetzen, um die Zielsetzung von »kein Schaden« und »Positivbeitrag« auf Produktebene bestmöglich zu erfüllen?

Sie ahnen es: Das Screening des Portfolios kann für die Einhaltung der Zielvorgaben und Standards (kein Schaden) wie auch ihre Verbesserung (Positivbeitrag) bei der Rohstoffbereitstellung beginnen und sich über die Lieferant:innen, die eigene Produktion, Nutzung und schließlich die Rückführung oder Verwertung der Produkte erstrecken. Was den Positivbeitrag angeht, liegt dieser nicht selten in der Produktion, aber vor allem auch in der Nutzung des Produkts durch die Kund:innen, dem sogenannten Enabling Benefit.

Wer sich nicht nur auf seine Nase verlassen möchte, ist eingeladen, das vorgeschlagene Vorgehen für die Ersteinschätzung des aktuellen Produkt- und Serviceportfolios durchzuarbeiten. Auf dieser Grundlage kann die umsetzungsorientierte Arbeit mit den vorgeschlagenen Schritten beginnen: erstens Produktnachhaltigkeit verstehen, zweitens Produktportfolio segmentieren und drittens Nachhaltigkeitsportfolio steuern.

Damit die Portfoliosteuerung auch tatsächlich im operativen Tun ankommt, empfehlen wir bei den Stopps im operativen Atoll, immer wieder an das Portfoliokonzept und die anderen Strategieinseln zu denken. Beispielsweise, Produkt- und Marketingmanager:innen durch Schulungen zu befähigen, Nachhaltigkeitsvorteile in Kund:innengespräche zu integrieren, oder die Anpassung der Anreizstrukturen, um beispielsweise Führungskräfte auch finanziell für das überdurchschnittliche Wachstum der nachhaltigen Produktsegmente zu belohnen etc.

So, und nun zurück auf die Insel. Werfen Sie gerne noch eine Handvoll Futter in das Becken der Miniforellen. Keine Sorge: Das enthält keine Wildfische und ist pflanzenbasiert. Wobei wir beim nächsten Thema wären: der Flächenkonkurrenz von der Produktion für Tierfutter und jener für Nahrungsmittel für den Menschen …

Okay, okay, wir halten jetzt ganz nachhaltig einfach mal die Klappe und kommen wieder zurück mit Ihnen an Bord der Green Ferry.

Insel 7: Mit Stakeholdern kollaborieren

ZENTRALE BEGRIFFE UND INHALTE

- Co-Innovation mit Partner:innen
- Out of the box-Lösungen
- Konkurrenz neu denken

Wir sehen in ein paar müde Gesichter. Wollen wir ein kleines Päuschen machen?

Na, dann kommen Sie hier auf unserer Insel der Kollaboration erst einmal mit uns an die Bar.

Wir haben da etwas Nettes für Sie vorbereitet. Greifen Sie nur zu. Da staunen Sie, was? Ja, die Macht der Gewohnheit ist ziemlich stark. Seit Jahrhunderten sind wir gewöhnt, dass Bier in Glasflaschen verkauft wird, seit ein paar Jahrzehnten auch in Aluminiumdosen. Da ist das Gefäß in Ihren Händen auf den ersten Schluck schon einigermaßen irritierend. Bier aus Papierflaschen trinkt man nicht alle Tage. Nennt sich Green Fibre Bottle und ist eine echte Innovation. Schmeckt's? Gut. Ist auch keine Frage: So ein Bier ist eine feine Sache. Aber es hat wirklich ein Problem.

Zumindest, wenn man sich seine Ökobilanz ansieht. Wir werden sehen, wo das Problem liegt. Kommen Sie mit.

Wir wollen hier niemandem den Durst verderben und den Anbau von Hopfen und Gerste, die Pestizide dafür oder den Wasserverbrauch unter die Lupe nehmen, sondern nur die Verpackung. In Deutschland wird Bier zu 99 Prozent in Mehrwegflaschen verkauft, laut einer Studie des Deutschen Brauerbunds sind schätzungsweise zwei Milliarden davon in unserem Land unterwegs.[60] Positiv ist: Mehrweg spart Energie im Vergleich zu Einweg, immerhin gehört die Glasherstellung laut *Umweltbundesamt* zu den energieintensivsten Herstellungsprozessen: »Entsprechend hoch sind auch die energiebedingten CO2-Emissionen und durch die hohen Schmelztemperaturen auch die NOx-Emissionen[61]. Bei einem solchen energieintensiven Herstellungsprozess bedeutet dies, dass Glas aktuell niemals konsequent nachhaltig produziert werden kann, sofern fossile Energieträger die Hitze liefern. Nur eine Annäherung an dieses Ziel ist durch intensive Anstrengungen unter anderem bei der Energie- und Rohstoffeinsparung möglich.«[62] Bei einer möglichen Umlaufzahl einer herkömmlichen Mehrwegflasche in Deutschland von bis zu 50[63] freut sich die Natur. Ein bisschen. Zumindest führt das Mehrwegsystem in Deutschland dazu, dass 99 Prozent der Mehrwegflaschen auch tatsächlich wieder im Handel abgegeben werden – das ist in vielen anderen Ländern leider noch nicht der Fall.[64]

Negativ ist – wie könnte es anders sein – der Ausstoß an klimaschädlichen Gasen durch den Transport. Zum einen sind Glasflaschen schwerer als die aus Plastik (die auch nicht gut für unsere Umwelt sind), was den Transport energieintensiver macht. Das ist ein Problem, schließlich wird so eine Flasche, laut einer *Deloitte*-Studie, durchschnittlich 437 Kilometer durch die Gegend kutschiert. Auf ihrem Weg vom Hersteller bis zum Laden und zurück.[65] Bei den sogenannten Individualflaschen, die Prägungen im Glas haben, sind es sogar im Durchschnitt 537 Kilometer. Die schlechte Nachricht: Es werden immer mehr. Vor ein paar Jahren gab es laut besagter Studie 120 verschiedene Flaschentypen, die im Umlauf waren – und es sind sicher nicht weniger geworden. Zudem wird die Vielfalt zu einem echten Kostenfaktor, denn die Flaschen müssen zunehmend von den Getränke-Fachgroßhändler:innen und den Brauereien selbst aufwendig vor der Wiederabfüllung vorsortiert werden. Das kostet. Nicht nur Nerven. Bei alldem reden wir noch nicht einmal von jenen Flaschenexoten wie dem Corona-Bier, das auf dem Weg von seinem Hersteller *Grupo Modelo* in Mexiko-City in unsere Kühlschränke rund 9000 Kilometer zurücklegen muss – und noch einmal retour die gleiche Strecke. Da wendet sich das Mehrwegsystem gegen seine ursprünglich guten Absichten. Allein der Transport einer leeren Corona-Flasche aus Deutschland zu den Häfen an der Küste verbraucht mehr CO_2 als die Herstellung einer neuen Flasche. Übrigens, der Schiffstransport ist noch nicht einmal eingerechnet.[66]

Co-Innovation mit Lieferant:innen und anderen Partner:innen

Wie sinnvoll wäre es da, eine andere Lösung zu finden. Besser als Mehrweg und noch besser als Einwegflaschen oder -dosen. Eine fundamental andere, neue Lösung, die das bestehende System an irgendeiner Stelle der Lieferkette ein wenig verbessert. Eine, die ganz neu auf das System Bierflasche schaut und sich nicht beeinflussen lässt, wenn alle sie für eine Utopie halten.

Ganz neu – das dachte man sich auch in Kopenhagen, in der J.C. Jacobsens Gade 1. Dort residiert der viertgrößte Brauereikonzern der Welt, die *Carlsberg A/S.*, mit neun Milliarden Euro Nettoumsatz in 2021, rund 40 000 Mitarbeitenden, vor allem in Europa, Russland und Fernost aktiv.[67] In Deutschland lässt man sich gerne das gleichnamige Bier schmecken, aber auch die Marken *Tuborg, Astra, Duckstein, Holsten, Lübzer* oder seit Neuestem *Wernesgrüner* kommen aus den Zapfhähnen der Gruppe. Also eine Menge Bier, viele Flaschen und jede Menge CO_2.

Das Unternehmen hatte sich bereits Anfang 2016 die Strategie *Sail'22* gegeben und ein Jahr später nach dem Motto *brewing for a better today and tomorrow* das Nachhaltigkeitsprogramm *TogetherTowardsZERO* aufgelegt. Demnach wollte man bis 2022 nicht nur 100 Prozent erneuerbare Energien in sämtlichen Brauereien nutzen, sondern möchte bis 2030 auch die Hälfte weniger Wasser verbrauchen – und eben kein CO2 mehr emittieren, gemäß der UN-Vorgaben und dem *Pariser Klimaschutzabkommen*.[68] Solche oder ähnliche Ziele setzen sich viele große Unternehmen. Das Besondere an diesem Fall: Der Konzern hat sich mit einer Reihe von führenden Expert:innen zusammengeschlossen, diverse Player entlang der Lieferkette eingebunden und kollaborativ an einer neuen Lösung für das Flaschen-CO2-Problem gesucht. Das Ziel war nicht, weniger Material einzusetzen, den Rücklauf der Pfandflaschen zu erhöhen oder die Recyclingrate zu verbessern. Der Auftrag lautete: Erfindet etwas gänzlich Neues. Denkt »out of the box«.

Am Anfang stand ein Prototyp: die *Green Fibre Bottle* – eine Papierflasche aus nachhaltig gewonnenen Holzfasern, die zu 100 Prozent biobasiert und vollständig recycelbar ist.

Damit das Bier auch brav in der Flasche bleibt, liegt im Inneren der Flasche eine pflanzliche PEF-Polymerauskleidung, die vom *Carlsberg*-Partner *Anvantium*, einem Unternehmen für erneuerbare Chemie, entwickelt wurde. Dieses Polyethylenfuranoat (PEF) war ein Meilenstein. Zuvor hatte man herkömmlichen PET-Kunststoff als Barriere verwendet, der aber wie fast alles Plastik auf Basis fossiler Rohstoffe gewonnen wird. PEF ist eine echte Innovation: Der Stoff wird »vollständig aus natürlichen Rohstoffen hergestellt, ist mit Kunststoffrecyclingsystemen kompatibel und kann in der Natur abgebaut werden«, heißt es in einer Pressemitteilung von *Carlsberg* Mitte 2022. Der Vorteil: Die Papierflaschen müssen zwar noch immer von den Brauereien in die Supermärkte dieser Welt gebracht werden, können anschließend aber in den Papiercontainer geworfen werden. Man spart also eine Menge CO2 – laut *Carlsberg* 80 Prozent.[69]

Dass die Entwicklung der Papierflasche eine echte Gemeinschaftsleistung war, belegt die Liste der Partner:innen des Projekts: Die Verpackungsunternehmen *Exopac* und *Billerdkorsnäs* waren vom Start an mit dabei, die *Dänische Technische Universität*, die Kreativschmiede *cp+b copenhaven* und das dänische Industriedesign-Studio *Kilo*, alle unterstützt durch den *Innovation Fund Denmark*. 2019 schlossen sich die *Coca-Cola Company*, *The Absolut Company* (Spirituosen) und *L'Oréal* mit anderen weltweit führenden Marken und Expert:innen für Material, Design und Technologie dem Projekt innerhalb von *The Paper Bottle Company (Paboco)* an, die seitdem weiter an Lösungen arbeitet. »Diese Art von Innovation kann nur in Zusammenarbeit erreicht werden«, so *Carlsberg*-Vizepräsidentin Myriam Shingelton. »Partnerschaften wie diese, die durch den Wunsch nach nachhaltigen Innovationen verbunden sind, sind der beste Weg, um einen echten Wandel herbeizuführen.«[70]

Einzig der Verschluss ist laut *Carlsberg* noch ein Problem, das ebenso kollaborativ mit Partner:innen in der *Paper Bottle Community* gelöst werden soll. In Zukunft soll das Bier in der Flasche, das überdies aus biologischer und regenerativer Gerste gebraut wird, mit einem Verschluss auf Faserbasis versiegelt sein. 2023 wolle man eine Lösung präsentieren, heißt es.

Ja, das klingt alles noch nach Versuch und Ankündigungen. Kritiker:innen könnten überdies einwenden, dass auch die Nutzung von Frischfasern problematisch ist. Nicht primär aus CO2-Sicht, aber aus Biodiversitätsgesichtspunkten.

Wer die Negativschlagzeilen zu zertifizierten Frischfasern kennt – von falschen Herkunftsangaben[71] bis zum illegalen, aber dennoch mit Siegel ausgezeichneten Holzeinschlag aus Biodiversitätshotspots in Indonesien[72] –, der ist entsprechend vorsichtig, wenn der Einsatz von Biomasse zu naiv als problemfreie Alternativlösung vorgestellt wird.

Dennoch, beachtenswert ist es trotzdem. Wir meinen damit nicht nur die Entwicklung eines neuen Verpackungsprodukts, das uns einen Tick näher in den »safe and just space« bringen könnte. Es ist das Gemeinschaftliche, neudeutsch die Co-Kreation, wovon wir alle lernen können. Darauf stoßen wir an. Denn eigentlich werden Partner:innen entlang der Lieferkette auf Basis der Prämisse der uneingeschränkten monetären Gewinnmaximierung so lange im Preis gedrückt, bis nur noch das Arbeiten innerhalb der gesetzlich geforderten Mindesterwartungen sichergestellt ist. Mit diesem linearen Denken und Vorgehen lassen sich allerdings die planetaren Grenzen nicht einhalten. Dafür sind die Aufgaben, die vor uns liegen, zu groß, zu komplex.

Entscheidend ist, dass für die vollständige Nachhaltigkeitstransformation die gesamte Wertschöpfungskette vom Rohmaterial über Produktion bis Reparatur, Aufbereitung oder Recycling mitgedacht und gegebenenfalls neu konfiguriert werden muss. Weil man dabei fast immer auf Partner:innen entlang der Lieferkette angewiesen ist, muss man dieses Ökosystem genau unter die Lupe nehmen.

Gemeinsam schafft man mehr als die Summe der Teile

Was nach einem Allgemeinplatz klingt, ist für das konsequent nachhaltige Wirtschaften in der Zukunft ein wichtiger Aspekt. Die Veränderungen hin zu einem »Impact First«-Unternehmen gelingen leichter, wenn Lieferant:innen, Vertriebspartner:innen und Kund:innen am selben Strang ziehen. Denn im Kern geht es um Veränderung. Darum, Dinge neu zu denken und anders zu tun. Wenig ist anstrengender, als wenn man als Unternehmer:in die Lieferant:innen und Dienstleister:innen zu jedem neuen Schritt aktiv antreiben muss, im Zweifelsfall gegen Widerstände. Andersherum entstehen Innovationen, die gebraucht werden, sehr viel einfacher, wenn sich Akteur:innen mit unterschiedlichen Perspektiven zusammentun und Neues entwickeln – seien es neue Prozesse oder neue Produkte oder neue Produktelemente. Mit dem viel beschworenen »Ökosystem« der Partner:innen zusammenzuarbeiten, auf eine ehrlich interessierte und konstruktiv-neugierige Art, das erachten wir als essenziellen Erfolgsfaktor für »Impact First«-Unternehmertum.

Denn die konsequent nachhaltigen Zielsetzungen lassen sich nur in der Zusammenarbeit mit den Lieferant:innen und Kund:innen einlösen. Das kreative Zusammenspiel und die kreative Transformation ganzer Lieferketten sind absolut unerlässlich.

Wir haben noch weitere Personen und Beispiele für Sie, liebe Green Ferry-Reisende.

Sie erinnern sich bestimmt an Uwe Lübbermann vom Getränkehersteller *Premium Cola*? Das war der Unternehmer, der ganz ohne Verträge mit seinen Partner:innen und seinen Mitarbeitenden auskommt. Aus gegebenem Anlass wollen wir ihn hier noch einmal zitieren: »Viele gute Unternehmen oder gutmeinende Unternehmen stärken den Austausch zwischen den Mitarbeitenden, denken also nur ›in the own box‹. Aber die wirklichen Potenziale für Veränderungen liegen im Austausch zwischen den Betroffenen, weil wir eine vernetzte Wirtschaftswelt haben, in der es gar keinen Sinn macht, in den Kategorien Intern und Extern zu unterscheiden.« Wahre Worte. Seiner Ansicht nach gehört die Lieferkette in eine Wertschätzungskette verwandelt, in der die Partner:innen auf Augenhöhe, respektvoll und als Schatz für Innovationen gesehen werden. Sogar jene, an die man erst einmal gar nicht denkt. Und die vielleicht sogar am Rande der Gesellschaft stehen. Wie bei *Wildplastic*.

Dafür lassen Sie jetzt das Bier stehen – oder werfen Sie die leere Flasche in die Papiertonne – und kommen mit uns kurz an den Strand. Aber erschrecken Sie nicht.

Wenn Sie schon einmal an fernen Gestaden Urlaub gemacht haben, vor allem in Fernost und Südamerika, dann kennen Sie dieses Bild: überall Müll. Ein paar Zahlen: Im Jahr 2019 wurden laut einer *OECD*-Studie weltweit jährlich rund 460 Millionen Tonnen Plastik erzeugt, wovon 353 Millionen Tonnen im Müllcontainer landeten, der Rest flog in die Umwelt. Leider werden selbst von den eingesammelten 353 Millionen Tonnen nur neun Prozent recycelt, 20 Prozent werden verfeuert, 50 Prozent landen auf Deponien und 21 Prozent sogar auf wilden Müllkippen – und beschädigen nachhaltig über viele Jahre die jeweiligen Ökosysteme.[73] Die schon durch die Zusammensetzung des Stoffs leiden, schließlich erforderte die Herstellung von Plastik zuletzt rund acht Prozent der weltweiten Ölproduktion.[74]

Aber jetzt lassen Sie Ihren Blick mal über unseren Plastikstrand schweifen. Das ist nur ein Bruchteil dessen, was im Meer herumschwappt. Die Gesamtmenge des Plastiks in unseren Weltmeeren wird auf 86 Millionen Tonnen geschätzt[75], jährlich kommen 7,5 Millionen Tonnen dazu[76], vier Fünftel davon aus Thailand, China, Indonesien, Indien oder Vietnam.[77] Houston, wir haben ein Problem.

Das dachte sich auch Christian Sigmund, als er 2017 am Strand von Huanchaco in Peru stand. Der damals 27-Jährige brauchte mal eine Auszeit. Vier Jahre lang hatte er in Dublin und London für *Google* und *YouTube* gearbeitet, ehe er frustriert hinschmiss, was nach seinen eigenen Worten gar nicht an den Unternehmen und ihren Menschen lag, sondern vielmehr in dem Sinn und Zweck seiner Arbeit, wo das »ultimative Ziel ist, mehr Wiedergabeminuten zu generieren, also dass die Leute immer mehr Videos gucken, auch den ganzen Murks«.[78] Er zog die Reißleine und reiste nach Peru. Ohne Plan. Ohne Perspektive. Da passierte es.

Aber warum sollen wir hier seine Geschichte erzählen? Da drüben ist er ja und sammelt mit seinen Partner:innen den Plastikmüll vom Strand. Lassen Sie uns zu ihm gehen und ein paar Worte wechseln.[79]

Christian, was ist damals in Peru passiert?
Die romantische Idee war, vier Monate am Strand abzuhängen, zu surfen und Spanisch zu lernen. Zwei Wochen nach meiner Ankunft hatten wir einen besonders starken El Niño, das ist dieses Wetterphänomen im Pazifik. Vor der Küste Perus gab es sintflutartige Regenfälle, es schüttete in den Anden, und das Wasser schoss die Berge hinunter. Und so wurde mir am Strand der gesamte Müll aus dem Hinterland buchstäblich vor die Füße gespült. Also war Anpacken und Aufräumen angesagt. Urlaub machen und Seele baumeln lassen waren schlagartig vorbei.

Und da ging dir ein Licht auf?!
Erst einmal nicht. Ich kam dann zurück nach Deutschland, habe mich weiter mit dem Thema beschäftigt und habe tolle Leute getroffen, mit denen ich darüber diskutiert und von denen ich gelernt habe, dass wir bei Produkten in Kreisläufen denken müssen und nicht mehr linear. Wir können Plastik weiter als Müll sehen, aber eigentlich ist er doch vielmehr ein Wertstoff, der recycelt und in Kreisläufe geführt werden kann.

Was wir in Deutschland ja schon nicht schlecht machen …
Das stimmt. Wir haben in Europa das Glück, eine halbwegs funktionierende Abfallwirtschaft zu haben. 90 Prozent der Länder haben das aber nicht. Es gibt kein Abfallmanagement in Haiti, in Indien, in Bangladesch, in der Mongolei, in Nepal, in Peru. Und so landet Plastik, was dafür gemacht ist, für immer zu halten, in der Umwelt, weil man dort eben keine gelbe Tonne hat, wo man es hineinwerfen kann.

Und was ist die Lösung?
Wir haben uns gefragt: Was wäre, wenn wir das Plastik retten und etwas Neues daraus machen, es zurück in den Kreislauf bringen und langfristig entsprechende Strukturen vor Ort finanzieren, dass also etwa in Haiti eine Kreislaufwirtschaft entstehen könnte. So ist unser Unternehmen *Wildplastic GmbH* entstanden. In a nutshell: Zusammen mit zertifizierten Organisationen und Sammler:innen räumen wir Kunststoffe aus der Natur in jenen Ländern auf, die keine eigenen Recyclingstrukturen haben, und sorgen aber auch dafür, dass der Wertstoff erst gar nicht in die Umwelt gelangt. Aus dem eingesammelten Plastikmüll wird dann wieder neues Plastik, etwa unser Wildbag, ein Müllbeutel. Besonders ist sicher, dass wir nicht nur ökologisch wirksam werden, sondern dass wir mit den Sammler:innen als einer Gruppe der ärmsten und marginalisiertesten Menschen auf der Welt einen sozialen Impact verfolgen. Ohne das Sammeln und Verkaufen von Abfall hätten sie oft gar kein Einkommen. Konkret heißt das, dass unsere Partnerorganisationen höhere Löhne pünktlich zahlen, adäquaten Arbeitsschutz bieten und Bildungsmöglichkeiten bereitstellen.

Das klingt nach vielfältigem Beziehungsmanagement.
Das ist es. Und das ist toll, denn ich bin ein totaler Beziehungsmensch. Mir ist es total wichtig, die Meinungen von vielen zu hören, die Expertisen von Partnern und Partnerinnen, mit denen wir zusammenarbeiten. Nehmen wir unsere Partnerschaft mit *OTTO*, die ja auch einen hohen Nachhaltigkeitsanspruch haben. *OTTO* und *Wildplastic* haben eine Partnerschaft, die bisherigen konventionellen Versandtaschen durch Versandbeutel aus wildem Plastik zu ersetzen. Die waren total aufgeregt, als wir ihnen unsere Idee von *Wildplastic* erläutert haben, weil sie ja auch immer nach besseren Lösungen suchen und ihre Produkte nicht mehr mit dem Karton oder in klassischen Plastiktüten versenden wollten. Also haben wir gemeinsam einen sehr erfolgreichen Piloten gestartet. Das war schon sehr besonders, weil *OTTO* sich hier ganz anders als andere Player im E-Commerce verhalten hat – mit dem Ergebnis, dass wir die Partnerschaft nun vertiefen. Als Purpose-Unternehmen sind wir ja ohnehin nicht zu kaufen, da war die Partnerschaft die einzige Möglichkeit. Und die ist bis heute geprägt von Augenhöhe und einem guten Miteinander. Insgesamt ist es so, dass wir allen, mit denen wir zusammenarbeiten, immer gut zuhören, gemeinsam um eine bessere Lösung diskutieren, zusammen Dinge neu ausprobieren. Das ist sicher eine Stärke.[80]

Unterm Strich lässt sich auf der Kollaborationsinsel festhalten: Nur durch das kreative Zusammenspiel vieler, das Einbeziehen des unternehmerischen Ökosystems in wissenschaftlicher, staatlicher und auch wirtschaftlicher Hinsicht kann es gelingen, vollständig neue Lösungen für die Herausforderungen unserer Zeit zu finden.

Konkurrenz darf ebenfalls neu gedacht werden

Inkrementelle Verbesserungen des Bestehenden werden unseren Planeten nicht retten. Die Zielsetzung, dem Planeten keinen Schaden zuzufügen und seinen Beitrag zu leisten, dass es ihm sogar in Zukunft besser geht, kann nur in einer kollaborativen Weise mit den Lieferant:innen und Kund:innen gelingen. Vielleicht erreicht man es sogar, die Konkurrenz anders zu sehen. Das Wort stammt vom lateinischen concurrere – gemeinsam laufen ab. Wenn Wettbewerber ähnliche Probleme haben, könnte es auch mit Branchenlösungen gelingen, diese effizienter zu lösen. Diese Zusammenarbeit gibt es bereits in diversen Verbänden und anderen Foren – wichtig ist der Grad dessen, wie ernsthaft man sich wirklich einlässt auf die Zusammenarbeit und das gemeinsame Gestalten. Damit dieses Denken Einzug in die Firmenzentralen erhält, muss es seitens der Konzernlenker:innen die entsprechende Entscheidung für ernst gemeinte Kollaboration mit Partner:innen entlang der Wertschöpfungskette geben und diese zwingend in der Strategie verankert werden. Entweder gehen wir gemeinsam unter, wenn wir so weitermachen. Oder wir gewinnen gemeinsam. Das Zweite klingt attraktiver, finden wir. Christian Sigmund von *Wildplastic* jedenfalls sagt auf unsere Frage, wie er andere Firmen sieht, die Plastik einsammeln und wieder nutzbar machen, wie beispielsweise das spanische Unternehmen *ecoalf*, das Plastik es aus dem Ozean fischt: »Das Problem ist so riesig, je mehr daran arbeiten, desto besser – ich sehe die eher als Mitgestalter denn als Konkurrenten.«[81]

So, und damit wollen wir langsam zurück auf die Green Ferry. Wer mit Christian noch ein wenig Plastik einsammeln will, kann das gerne tun. Oder wenn Sie sich noch eine der Fibre Bottles mitnehmen wollen, herzlich gerne. Wir sehen uns auf dem Schiff.

Insel 8: Mit Geld und Finanzen gestalten

ZENTRALE BEGRIFFE UND INHALTE

- Wesensmerkmale von Geld
- Nachhaltigkeit in der Finanzbranche: von ESG zu Impact
- Nachhaltige Finanzen in Nicht-Finanz-Unternehmen (Realwirtschaft)
- Sustainability-Linked-Loans, Green Bonds
- Ratingagenturen
- Sustainable-Finance-Regulierung

Ja, kommen Sie nur herunter von unserer Ferry, Sie sehen richtig. Statt Blättern hängen hier auf unserer nächsten Insel Banknoten an den Bäumen. Ein kleiner Scherz unserer Marketingabteilung. Nein, die sind natürlich nicht echt. Und ja, alle auf Blauer-Engel-Papier und mit Ökofarben bedruckt. Nachhaltige Geldnoten also. Denn um die, genauer: um nachhaltige Finanzen, soll es hier gehen. Wer sich auf den Transformationspfad begibt, dem empfehlen wir, einen Blick auf seine diversen

Finanzierungsformen zu werfen, schließlich spielt Geld als Gestaltungsmittel für den Weg in den »safe and just space« eine entscheidende Rolle. Wirkungsorientierte Finanzvehikel können die »Impact First«-Orientierung unterstützen. Wir werden nun einige Schatztruhen mit schillernden Ideen und Protagonist:innen öffnen, um besser zu verstehen, wie Kapital Impact-orientiert eingesetzt werden kann. Wichtig ist auch hier, bestehende Denkmuster zu prüfen und zu überlegen, ob es nicht auch anders und besser ginge.

Wesensmerkmale von Geld: Geld als menschliches, gestaltbares Konstrukt

Da drüben zum Beispiel, eines unserer Lieblingsbeispiele für die Beweisführung, wie neues Denken und mutiges Handeln rund ums Geld dem Gemeinwohl dienen kann. Ein Blick zurück und nach vorne.

Es war der Tag nach Weihnachten 1936, als sein Sarg aus dem Haus getragen wurde. Draußen hatten sich Tausende Menschen in Stille versammelt, trotz klirrender Kälte und viel Schnee, um ihrem Helden, der im Alter von nur 52 Jahren an einem Lungenleiden viel zu früh gestorben war, das letzte Geleit zu geben. Hin zum Bahnhof, wo er so viele Jahre seines Lebens als Lokomotivführer verbracht hatte, ehe er Bürgermeister geworden war und dem Ort eine Blüte in einer Zeit beschert hatte, während ringsherum nur Untergang herrschte. Den Sarg, der ins nächstgelegene Krematorium in Salzburg gebracht wurde, schmückte ein Tuch mit den Buchstaben FFF darauf. Das bedeutete nicht *Fridays for Future*, sondern stand für: Freigeld, Freiland, Festwährung. Für ein Konzept, das in der damaligen Zeit einer Revolution glich. Der Name des Mannes: Martin Unterguggenberger.[82]

Bis heute ist der Mann mit dem akkuraten Schnauzer tief im kollektiven Gedächtnis nicht nur seiner österreichischen Heimatgemeinde Wörgl, sondern weit über die Grenzen des Städtchens südlich von Kufstein hinaus verankert. Er steht bis heute für jemanden, der die alternativen Theorien über Geld als einer der Ersten regional in die Praxis umsetzte und Geld als ein System nutzte, um es als soziales Gestaltungsmittel für das Gemeinwohl einzusetzen. Und als ein Mann, der bewies: Geld ist nicht irgendein Stoff, den wir wie die Luft zum Atmen brauchen, sondern lediglich ein menschengemachtes Konstrukt, das einzig und allein auf dem kollektiven Glauben basiert, dass Papierfetzen unterschiedlicher Farben mit unterschiedlichen Zahlen darauf – oder heute abgebildet als Zahlen im digitalen Raum – unterschiedliche Werte repräsentieren.

Die Absurdität des Geldes. Oft beschrieben

Manches klingt wie ein Witz: Kommt ein Mann in ein Hotel, legt 100 Euro für eine Übernachtung auf den Tresen und geht nach oben ins Zimmer. Der Hotelier nimmt das Geld und geht zum lokalen Einzelhändler, um seine Schulden zu begleichen; der eilt damit schleunigst in die Kneipe um die Ecke, um seine Zeche zu bezahlen; die Wirtin wiederum geht zum Metzger, um Würstchen und Fleisch für die Gäste in der Wirtsstube zu kaufen; und der Metzger geht zum Hotelier, um die Zimmerkosten für seine Schwester, die am vergangenen Wochenende zu Besuch war, zu bezahlen. In diesem Augenblick kommt der Hotelgast wieder die Treppe hinunter, mault herum, dass ihm das Zimmer nicht gefällt, schnappt sich den 100-Euro-Schein und verschwindet wieder. Irre: Der Gast hat nachher so viel Geld wie vorher in der Tasche, während zig Leute die diversesten Geschäfte damit gemacht haben. Gleichzeitig stimmt auch der Knoten in Ihrem Kopf (also zumindest wir haben ihn): Der Hotelier hat nun keine zusätzlichen 100 Euro eingenommen. Trotzdem konnten die 100 Euro über die geliehene Zeit Bewegungen bewirken. Zeitliche Abläufe, das Vertrauen in einen bestimmten Wert und die Nutzung des Geldes sind wichtige Prinzipien der Kreditwirtschaft – nicht ohne Grund kommt das Wort Kredit von lateinisch credere – glauben.

Diese doch erst einmal verwirrenden Erkenntnisse hatte auch Unterguggenberger. Wir schreiben das Jahr 1932, als die Geschichte ihren Lauf nahm. Der Schwarze Freitag an der US-Börse war drei Jahre her und hatte die Welt in eine beispiellose Krise gestürzt, von der auch das kleine Wörgl nicht verschont geblieben war. Die österreichische Regierung reagierte mit Sparpolitik und hohen Zinsen. Also mit Gift für jede Volkswirtschaft. Es kam, wie es kommen musste: Die Arbeitslosigkeit in der noch jungen Republik schoss in die Höhe, die soziale Katastrophe nahm ihren Lauf.

Das *Wunder von Wörgl*[83]

Allein in Wörgl mit seinen damals 4200 Einwohner:innen wurden 400 Menschen arbeitslos, 1500 Menschen waren es im Umland – und einige von ihnen standen jeden Tag vor dem Gemeindeamt und bettelten um Jobs, die sie brauchten, um ihre Familien durchbringen zu können. Bürgermeister Unterguggenberger, ein Sozialdemokrat, Gewerkschaftsgründer, hatte nur eine geringe Schulbildung, war aber ein pfiffiger Kerl und hatte sich vertieft in die Geldtheorie von Silvio Gesell eingelesen, der das sogenannte Freigeld als Gedankenkonstrukt entworfen hatte. Die These, vereinfacht gesagt: Geld darf nicht auf Bankkonten und in Aktiendepots schlummern, sondern muss im Wirtschaftskreislauf zirkulieren, damit das System dem Menschen dient. Geld muss fließen. Je schneller, desto besser. Wenn es nur auf Banken und in Depots herumliegt und sich dort vermehrt, taugt es nichts. Oder um es mit den damaligen Worten des Bürgermeisters zu sagen: »Langsamer Geldumlauf ist die Hauptursache der bestehenden Wirtschaftslähmung. Jede Geldstauung bewirkt Warenstauung und Arbeitslosigkeit. Das träge umlaufende Geld der Nationalbank muss im Bereich der Gemeinde Wörgl durch ein Umlaufsmittel ersetzt werden, welches seiner Bestimmung als Tauschmittel besser nachkommen wird als das übliche Geld.«[84]

Also ließ der Gemeinderat bunte Scheine im Nennwert von 32 000 Schilling drucken und hinterlegte zur Deckung sukzessive den Gegenwert in echten Schilling bei der örtlichen Raiffeisenkasse (übrigens: Friedrich Wilhelm Raiffeisen – noch so ein Geldheld, Begründer der genossenschaftlichen *Volks- und Raiffeisenbanken*, die bis heute eine der drei Säulen der deutschen Bankenlandschaft darstellen). Die Scheine mit den Nennwerten 1, 5 und 10 Schillingen trugen den etwas sperrigen Namen *Arbeitsbestätigungsscheine*, kurz *AB-Scheine*, im Volksmund auch Frei-, Rost- oder Schwundgeld genannt. Die Gemeinde bezahlte damit die so dringend notwendigen Arbeiten in der Infrastruktur, die Läden akzeptierten das neue Papier, die kommunalen Steuern flossen wieder: Straßen wurden erneuert, Laternen installiert, Wanderwege mit 120 Bänken angelegt, Brücken gebaut, ein Wasserspeicher für die Feuerwehr wurde errichtet, das Dach der Schule repariert, eine Notstandsküche für Bedürftige und ein Waschhaus gebaut, ja sogar eine Sprungschanze. In Summe zog das Tourist:innen an, die wiederum Geld in den Ort brachten. Wörgl brummte. Die soziale Not war gelindert.

Kann Geld schrumpfen?

Aber die *AB-Scheine* hätten nicht funktioniert, wenn ein winziges Detail gefehlt hätte: Es verlor seinen Wert. Wer sein verdientes Geld nicht wieder ausgab, musste einmal im Monat eine Marke im Wert von einem Prozent des Nennwerts auf den Schein kleben – so floss Geld nach kurzer Zeit wieder ab, bis zu achtmal schneller als offizielle Währungen, und stimulierte so die Realwirtschaft. Als wäre das nicht schon genug, floss der Erlös aus dem Verkauf dieser Klebemarken als Notabgabe in einen Armenfonds. Heute würde man sagen: Die Gemeinde betrieb eine Art keynesianische Beschäftigungspolitik – allerdings nicht durch die Aufnahme von Krediten, sondern mit einem besser zirkulierenden Geld, wobei die Umlaufgebühr für soziale Zwecke aufgewendet wurde.

Während die Arbeitslosigkeit in Österreich um 19 Prozent stieg, sank sie in Wörgl um 16 Prozent. Die Nachricht über das Wirtschaftswunder von Wörgl machte die Runde, Reporter:innen und Ökonom:innen aus aller Welt kamen in den Ort, Unterguggenberger wurde sogar für das Amt des österreichischen Finanzministers vorgeschlagen, bis zu 200 Kommunen eiferten dem Beispiel nach. Zeitungen nannten Wörgl das »Mekka der Volkswirtschaft«.[85] Sogar Wörgls Priester stellte sich von der Kanzel aus hinter das neue System, obwohl er im Kirchenblatt davor mahnte, dass man sich als Sozialdemokrat sicher dereinst vor dem Herrgott verantworten müsse.[86]

Doch das System hatte etwas gegen das Experiment.

Doch dem Freigeldexperiment war kein langes Leben beschieden: Die *Österreichische Nationalbank* sah darin einen Verstoß gegen ihr Banknotenprivileg und klagte erfolgreich gegen das *AB-Schein-System*, sodass es Ende 1933 wieder eingestellt werden musste. In der Folge stieg die Arbeitslosigkeit wieder. Immerhin wurde Unterguggenberger 2007 posthum zum Ehrenbürger der Stadt erklärt, und der Regisseur Urs Egger setzte ihm mit dem Film *Das Wunder von Wörgl* 2018 ein cineastisches Denkmal.

Das kleine Beispiel aus Wörgl zeigt, wie sehr wir in Konstrukten leben, die wir als Menschen selbst erschaffen haben und deren Legitimation wie beim Geld einzig im Vertrauen oder Glauben in diese Regeln besteht. Es zeigt auch, wie unterschiedlich dieses vielfach zitierte »Schmiermittel der Wirtschaft« eingesetzt werden kann. Denn Geld ist lediglich Mittel zum Zweck. Fragt sich nur: für welchen Zweck?

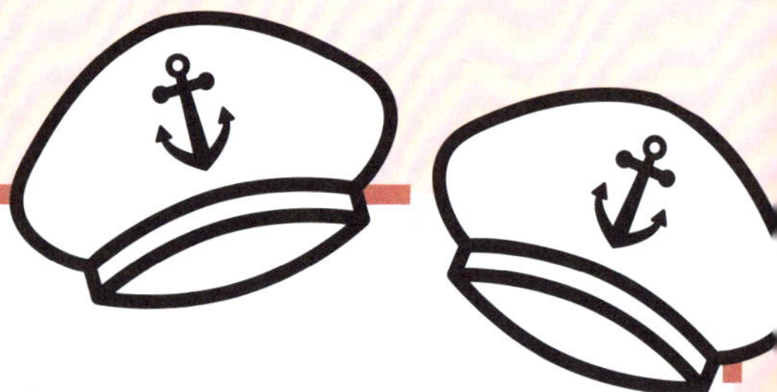

KAPITÄN:INNEN-INTERMEZZO

»Sehr geehrte Green Ferry-Reisende, Zweck ist ein gutes Stichwort. Denn an dieser Stelle nehmen wir Sie mit in eine Überlegung, die uns als Kapitän:innen umgetrieben hat, nämlich: Brauchen wir überhaupt eine Insel über Geld und Finanzierungsformen? Welchen Zweck hat diese Insel?

Sind Finanzvehikel denn nicht immer ähnlich konstruiert wie Produkte, und geht es nicht vielmehr um die Veränderung in der sogenannten ›Realwirtschaft‹? Berechtigte Fragen. Geld ist sicherlich auf eine Weise neutral, und die Instrumente sind ähnlich, dennoch ist die Betrachtung von Finanzierungsentscheidungen wichtig, denn da, wo Geld investiert wird, passierte etwas – wo nicht, deutlich weniger. In der Praxis zeigt sich in den letzten Jahren, wie durch die gestiegene Relevanz von ESG (Environmental, Social, Governance)-Kriterien an den Kapitalmärkten immer mehr CFOs und Finanzabteilungen das Thema Nachhaltigkeit angehen. So hält das Thema Nachhaltigkeit aufgrund des Drucks über das Geld Einzug in alle Business Units und unterschiedliche Ebenen im Unternehmen – nun mit mehr Bedeutung aufgeladen als nur mit dem bisher tendenziell vorwiegenden Marketing-Touch. Nachhaltige Geldanlagen boomen. Auf der politischen Ebene entstehen unter dem Begriff Sustainable Finance neue Rahmenwerke. Doch ist das alles nachhaltig im Sinne tatsächlichen Impacts? Green Bonds und andere Instrumente der nachhaltigen Kapitalanlage sehen sich Greenwashing-Vorwürfen ausgesetzt. Von daher gab und gibt es gute Gründe, dass wir hier auf dieser Insel im strategischen Atoll die Rolle des Geldes, und wie es gemeinsam mit Geld und Finanzierungsformen zu tatsächlich konsequenter Nachhaltigkeit beitragen kann, gemeinsam reflektieren.«

Lassen Sie uns nun weitergehen. Jetzt geht's vom Freigeld-Experiment konkret in die Unternehmen.

Nachhaltigkeit im Finanzsektor: von ESG zu Impact

Es geht auch hier auf der Finanzinsel um Impact, und zwar im Speziellen um die Lenkung von Kapital in Richtung »safe and just space«. Sie ahnen es vielleicht, jetzt kommt noch einmal das magische Akronym ESG ins Spiel. Es gibt derzeit einen regelrechten Hype um ESG-Kriterien (Environmental, social and governance) im Finanzsektor und in vielen börsennotierten Unternehmen, die diesen Finanzsektor in Form der Investor:innen beziehungsweise Shareholder bedienen. Für Banken und den Finanzsektor geht es ums Kerngeschäft. Für andere Sektoren ist die Wahl der Finanzierungsform ein kritischer Ermöglicher. Fangen wir mit dem Finanzsektor an.

In den letzten Jahren gab es einen ESG-Boom. Jede große Bank, die etwas auf sich hält, hat Nachhaltigkeitsstrategien, nachhaltige Anlageprodukte und arbeitet mit ESG. Versicherer, und insbesondere Rückversicherer, beschäftigen sich schon länger mit Nachhaltigkeit, denn sie haben früh erkannt – oder auf Basis ihres langfristigen Geschäftsmodells erkennen müssen – Nachhaltigkeitsrisiken wie Überflutungen oder dürrebedingte Ernteausfälle sind Finanzrisiken. Kein Wunder, dass Investor:innen von ihren Investitionsobjekten, den Unternehmen, ESG-Informationen verlangen.

In der Geldanlage steigt das Interesse enorm. Laut *Forum Nachhaltige Geldanlagen* (FNG) stieg das Volumen nachhaltiger Geldanlagen in Deutschland von fünf Milliarden Euro in 2005 auf einen Rekordwert von 501,4 Milliarden Euro in 2021, 64 Prozent davon in den Händen institutioneller Anleger.[87] *Bloomberg Intelligence* schätzt, dass bis 2025 ein Drittel des weltweiten Anlagevermögens ESG-orientiert angelegt sein wird. Auch der Fonds-Verband *BVI* vermeldet von Jahr zu Jahr neue Rekorde in diesem Bereich. Allein 2021 flossen 60 Milliarden Euro mehr in ESG-Fonds, dreimal mehr als noch ein Jahr zuvor.[88] Niemand beschreibt diesen Hype um Nachhaltigkeit in der Finanzwelt so schön wie der CEO der *Deutschen Börse*, Theodor Weimer, wenn er die Reaktionen auf der Jahresversammlung der Börsianer beschreibt: »Bei meiner Jahreshauptversammlung bekomme ich mittlerweile mehr Fragen zum Thema Nachhaltigkeit als zu meiner Strategie gestellt. Wenn ich über ESG-Themen spreche, bekomme ich Applaus; wenn ich sage, wir haben unseren Gewinn um zehn Prozent gesteigert, sagen die Leute nur: Ah, okay.«[89] In diesem Zitat hört man noch klar die Trennung aus finanzieller Strategie und ESG-Nachhaltigkeit. In der Zukunftswirtschaft sind diese integriert. Nichtsdestoweniger, die Aussage ist klar: Alle in der Finanzbranche reden über Nachhaltigkeit.

Keine Frage: Nachhaltige Geldanlagen sind ein Wachstumsmarkt. Nachhaltige Fonds, Green Bonds, Grüne ETFs, Social Investment, ethische Geldanlage, Sustainable Investments oder Socially Responsible Investment (SRI), Anlagen nach den *UN PRI*, also den *Principles for Responsible Investment*, und es gibt auch *Principles for Responsible Banking* der *Vereinten Nationen*, um die SDGs und die Ziele des *Pariser Klimaabkommens* zu erreichen – egal, wie man die Art der Geldanlagen oder sie selber bezeichnen will, in einem sind alle gleich: Die Anlagen ergänzen die klassischen Kriterien der Rentabilität, Liquidität und Sicherheit um ökologische, soziale und ethische ESG-Bewertungspunkte. Oft gibt es Ausschlusskriterien, um Risiken auszuschließen oder Einstellungen zu befriedigen, was übrigens eine lange Tradition hat: Bereits im 18. Jahrhundert wiesen die Quäker zum Beispiel darauf hin, dass Glauben und Geld ziemlich eng zusammengehören, und investierten ihr kirchliches Vermögen nicht in Unternehmen, die Waffen herstellten oder im Sklavenhandel tätig waren.[90] Bei den heutigen ESG-Anlagen werden durch das sogenannte »negative screening« Handel und Produktion von Waffen, Verletzung der Menschenrechte, Herstellung von Alkohol und Tabak oder auch Umweltzerstörung ausgeschlossen. Das entspricht dem hohen Interesse der Anleger:innen. So konstatiert beispielsweise die *Stiftung Warentest* bei den Testergebnissen zum Thema nachhaltige Geldanlage: »Einer der Hauptgründe für die hohe Nachfrage sind die vielen Anleger:innen, die nicht mehr nur investieren, sondern ihr Geld bewusst ohne Kohle, Atomkraft, Waffen oder Kinderarbeit vermehren wollen.«[91]

Stellt sich die Frage, ob im wohlklingenden ESG-Dreiklang überhaupt Veränderung drinsteckt?

Werden die planetaren Grenzen durch diesen Hype besser geschützt? Wird dadurch CO2 eingespart? Geht es den Menschen besser, oder finanziert einfach jemand anders die kinderarbeitsbasierte Mine? Sprich: Bewirkt mein ESG-Investment wirklich Impact? Oder handelt es sich um das CSR der Finanzbranche – viel Gerede, wenig Wirkung?

Es zeigt sich recht schnell, dass das Wachstum von ESG-Investments vielfach nicht aus einer »Impact First«-Haltung entsteht, sondern häufig nur das opportunistische Surfen auf einer neuen Trendwelle ist. Die Leute wollen Nachhaltigkeit, und schon mit einem kleinen Ausschlusskriterium einer nicht erwünschten Branche im Anlageportfolio können Finanzmarktakteur:innen einen Nachhaltigkeitsbezug herstellen und ein Produkt als »nachhaltig« verkaufen. Aber nicht immer ist ein wenig anspruchsvoller Ansatz glaubwürdig – Greenwashing-Skandale lassen grüßen. Wir gehen davon aus, dass in den meisten Fällen ESG-Regeln befolgt werden, aber es geht häufig nur um inkrementelle und relative Verbesserungen. Absolute Nachhaltigkeitsziele, der essenzielle Kern, um in den »safe and just space« zu kommen, liegen den allerwenigsten Finanzprodukten zugrunde.

Wir wissen natürlich: Aus dem Finanzsystem heraus ergeben sich Zwänge, die es erschweren, konsequent nachhaltig zu wirtschaften – im Unternehmenskontext speziell aus der Börsennotierung mit ihren kurzfristigen Drei-Monats-Anforderungen an finanzielle Performance. In der Finanzwelt sind die Anreizstrukturen vornehmlich finanzieller Natur und deshalb oft sehr kurzfristig angelegt. Deswegen bräuchten wir eine andere Finanzarchitektur, in der sich auch Investor:innen am Ziel der Nachhaltigkeit orientieren, das dem Gemeinwohl und dem Schutz der natürlichen Ressourcen dient: Banken zum Beispiel, die ihren Kund:innen nicht nur Anlagen mit den klassischen Kriterien Rendite, Sicherheit/Risiko und Liquidität (Magisches Dreieck der Vermögensanlage) offerieren, sondern auch offenlegen, wohin das Geld in Form von Krediten oder Anlageprodukten fließt und dort vielleicht sozialen und ökologischen Zwecken dient – Windparks, Biobauernhöfe, Sozialunternehmen, Schulen. »So bekommt Geld einen gesellschaftlichen Sinn jenseits der Rendite, der den großen Geschäftsbanken weitgehend abhandengekommen ist«, konstatierte schon 2014 Reinhard Loske, heute Professor für Nachhaltigkeit und Gesellschaftsgestaltung an der *Cusanus Hochschule* in Bernkastel-Kues, deren Präsident er auch ist. »Das werteorientierte Banking müsste das neue Standardmodell werden.«[92]

Lassen Sie uns voranschreiten. Jetzt lernen wir eine echte Pionierin im Banking kennen: die *GLS Bank*.

Denn wer nun schwer seufzt und uns im Märchenland wähnt, dem sei gesagt: Solche Banken gibt es längst! Okay, vielleicht nicht als das neue Standardmodell, aber doch als Kreditinstitute, die diesen Weg konsequenter gehen – nicht erst seit gestern. Einige von ihnen haben sich in der *Global Alliance for Banking on Values* zusammengeschlossen. Die wurde 2009 von zehn Pionier:innen gegründet und umfasst derzeit 69 Banken in über 40 Ländern.[93] Eine der Pionier:innen ist die *GLS-Bank*, die wir bereits kennengelernt haben und die in 2021 4,5 Milliarden Euro an Krediten im Markt hatte.[94] Es gibt die Bank seit 1974. Die *GLS Bank* vergibt nicht irgendwelche Kredite, sondern solche in relevanten Bereichen wie Ernährung, Wohnen, erneuerbare Energien, nachhaltiges Wirtschaften, Bildung und Kultur sowie Soziales und Gesundheit. Das klingt in Zeiten, in denen sich das Kapital mehr und mehr verselbstständigt und ins Uferlose vermehrt, ziemlich stark nach einer Realwirtschaft. Und dieses klassische Finanzierungsbanking – im Vergleich mit vermeintlich coolen Börsenhypes auch »boring banking« genannt – ist genau so gewollt. »Die Banken der Vergangenheit haben es sich zur Aufgabe gemacht, das Geld zu bilden, zu vermehren und zu verwalten, und zwar durch Umwandlung von Natur- und Sozial- in Geldvermögen«, sagt *GLS*-Vorstandssprecher Thomas Jorberg. »Die Aufgabe der Bank der Zukunft kann nur sein, in ökologischer, sozialer und ökonomischer Hinsicht dieses Geldvermögen wieder zurückzuwandeln. Es ist also ziel- und nicht mehr selbstorientiert anzuwenden.«[95]

Der Ansatz der Bank funktioniert auch finanziell: In 2020 verzeichnete die *GLS Bank* einen Bilanzgewinn von 6,4 Millionen Euro.[96] Das Geld, der Gewinn, die Strukturen, die gesamte Bank – all das sind im Selbstverständnis des Bochumer Instituts nur Instrumente, die Zukunft menschenwürdig zu gestalten. Die Ziele sind seit Neuestem nicht mehr nur, besser als der Mainstream zu sein. Seit 2021 hat sich die Bank etwa auch in der Anlage- und Kreditvergabe dem 1,5-Grad-Ziel verschrieben. »Unser Maßstab ist nicht länger, besser als der Markt zu sein. Unsere Referenz sind die SDGs und das *Pariser Klimaschutzabkommen*«, so Jorberg. »Wir können heute zum Beispiel jedem Kunden oder Kundin sagen, wenn wir die entsprechenden Daten bekommen, ob er oder sie 1,5-Grad-, 3-Grad- oder 5-Grad-kompatibel ist.«[97] Um dann gemeinsam mit den Kund:innen entsprechende Schritte einzuleiten, das Paris-Ziel zu erreichen. Kein Wunder, dass Thomas Jorberg 2021 erstmals mit dem renommierten Preis *European Banker of the Year* ausgezeichnet wurde. Mit Recht. Er und sein Institut sind nicht allein: »Wäre der Zeitgeist messbar, dann wäre die *GLS Bank* so etwas wie ein Seismograf«, hieß es in der *Süddeutschen Zeitung* anerkennend.[98]

Doch es gibt leider starke Unterschiede. Ähnlich wie im Lebensmittelbereich (EU-Bio, *Demeter, Bioland*) bestehen auch bei den nachhaltigen Anlagen unterschiedliche Anspruchsniveaus. Während Investmentstrategien nach Impact Investing (die aktuell im unteren einstelligen Prozentbereich liegen) eher auf dem anspruchsvollen *Demeter*-Niveau arbeiten, gehört (das deutlich verbreitetere) ESG eher auf die Ebene des EU-Bio-Siegels. Also eines Basisstandards. Mit einem wichtigen Unterschied: Anders als beim EU-Bio-Siegel gibt es bislang keine gesetzlichen Mindeststandards, was deren Ausgestaltung oder Impact-Messung anbelangt. Keine Frage: Es ist noch viel Luft nach oben.

Der Haken bei diesen Bewertungen, außer bei den wenigen tatsächlichen Impact-Strategien, ist: Entweder wird nur das besagte »negative Screening« gemacht, oder es werden »Best-in-Class«-Vergleiche gezogen. Beim Ersten kann passieren, dass mein Fonds zwar nicht in die Mine mit Kinderarbeit investiert – das macht dann aber ein anderer. Mit der Folge: Ich bewirke keine wirkliche Veränderung. Außer bei meinem Gewissen.

Beim Zweiten schlägt ein Unternehmen keinen Pfad in Richtung der Einhaltung der planetaren Grenzen ein, aber da es besser als die anderen in seiner Branche ist, die das auch nicht gemacht haben, kann es sich trotzdem mit tollen Ratings schmücken – und erhält Einzug in den Nachhaltigkeitsfonds. Das ist nicht direkt Greenwashing – wird aber leider den Anforderungen an eine konsequente Nachhaltigkeit nicht gerecht.

Genug gemäkelt. Wir haben hier noch einige Vorbilder. Spannende Finanzunternehmen mit echtem Impact.

Zum Beispiel *Planet A Ventures*, einen mehr als 100 Millionen Euro großen Early-Stage-Investment-Fonds, gegründet unter anderem von Fritjof Detzner und Christian Schad. Beide sind serielle Gründer, Schad wandte sich im Zuge der Geflüchtetenkrise 2015 der Nachhaltigkeit zu, Detzner ist mittlerweile Mitglied des im 2022 eingesetzten *Sustainable Finance-Beirats* der Deutschen Bundesregierung. Der Unterschied zu anderen Investor:innen in diesem Segment sei nicht groß, doch bedeutend. Schad sagt: »Unsere Investmentkriterien sind die klassischen eines normalen VCs[99], allerdings erweitert um die wissenschaftliche Bewertung von Impact-Kriterien, die bei *Planet A* im Mittelpunkt stehen. Das sind die SDGs mit Fokus auf CO2-Vermeidung, Abfallvermeidung, Ressourceneinsparung und Schutz von Biodiversität.«[100] Was bedeutet, dass bereits in einem sehr frühen Stadium, aber nach dem Seed Stage, ein mögliches Target – in Investor:innensprache ein Unternehmen oder Projekt, in das investiert werden soll – auf Herz und Nieren auf dessen ökologischen Impact durchleuchtet werde, wofür man europaweit eines der größten wissenschaftlichen Teams vorhalte. Dass es dabei zu einem Widerspruch zwischen »Profit First« und »Impact First« kommen könne, hält Schad für einen grundsätzlich falschen Gedankenansatz. »Wir sind fest davon überzeugt, dass Profit ohne Impact in Zukunft nicht mehr möglich ist. Irgendwann werden wir einen Punkt erreicht haben, an dem das eine das andere nicht ausschließt, sondern bedingt.«[101] Man fühle sich als Pionier, der aus diesem »eigentlich bösen Instrument Venture Capital heraus Geld genau dahin lenkt«, wo es sinnvoll ist. Aber auch deswegen, weil man sich den Schwierigkeiten stelle, mit denen man als Impact-

Fonds zu kämpfen habe, etwa aufgrund der Regulatorik oder gesetzlichen Vorgaben.

Eines der ersten Investments des Unternehmens floss Anfang 2021 in *Dance*, einen Verleiher von futuristisch anmutenden E-Bikes auf monatlicher Basis. Inklusive Concierge-Service. Ein anderes ist *Wildplastic*, die kennen wir Reisende bereits. Über den gesamten Lebenszyklus hinweg haben *Wildplastic*-Produkte einen positiven Impact auf die Umwelt. Voilà, da ist er: der tatsächliche Positivbeitrag. Tatsächliches Impact Investing – mit positiver Veränderung in der Realität. *Planet A Ventures* schlug stolz zu. Und *Wildplastic*, wie wir schon wissen, skaliert beispielsweise in Kollaboration mit *OTTO*, deren Versandbeutel sie nun sukzessive auf wildes Plastik umstellen.

Ein wenig anders geht zum Beispiel Patrick Knodel an die Sache. Gemeinsam mit seinem Vater Reinhold hatte er 2017 die *knodel foundation* gegründet, als Stifterin firmiert das Immobilienunternehmen *PANDION* aus Köln, dessen Vorstand und Alleinaktionär Reinhold Knodel ist und das Jahr für Jahr 1 000 000 Euro in die Stiftung spendet. Sohn Patrick wollte sich als Stiftungsvorstand jedoch nicht mit der weitgehend spendenbasierten Tätigkeit der Stiftung begnügen und gründete zudem die *Pandion Innovation for Impact GmbH*, die mittels Impact Investing in »Geschäftsmodelle mit positiver Wirkung und Fokus auf der Implementierung einer Circular Economy investiert«.[102] »Damit kannst du große Summen in die richtige Richtung bewegen, Anreize für andere setzen und trotzdem Geld verdienen«, sagt Patrick Knodel. Im Gegensatz zu Christian Schad legt er allerdings keine KPIs an seine Investments, sondern verlässt sich auf seinen »gesunden Menschenverstand« und macht sich ein intensives Bild vom Team und möglichen negativen Side-Effects. Auch er hätte gerne eine »Impact-Matrix«, um die Performance seiner Investments in überprüfbare Messgrößen umwandeln zu können, was als Einzelkämpfer aber nicht leistbar ist.[103] Patrick Knodel ist ebenfalls bei *Wildplastic* eingestiegen. Er ist ein Beispiel dafür, dass es zumindest im Kleinen auch geht, wenn man es einfach will und einen klaren Blick für »bestehende Probleme und pragmatische Lösungen« hat.

Viel wichtiger ist vielen die Frage, wie der Profit erzielt und wofür er verwendet wird. Achim Hensen, Co-Gründer der *Purpose Stiftung*, die auch über einen Venture-Arm verfügt – und die wir auf der kommenden Insel der Rechtsform noch einmal genauer kennenlernen werden –, sagt: »Profit als Mittel zum Zweck, um meiner Unternehmensidee besser zu dienen, halte ich für extrem wichtig und sinnvoll. Profit zur reinen Externalisierung und Maximierung durch Investoren oder andere Shareholder halte ich für eine Mittel-Zweck-Verwechslung, wenn der Kerngedanke ist, dass ein Unternehmen vor allem existiert, um etwas herzustellen, was die Menschen brauchen, was einen Mehrwert für die Gesellschaft hat und ein Problem löst.«[104] Dass die großen Investmentfonds nicht in entsprechende Unternehmen investieren, liegt oft an einer »Wissenslücke« und strukturellen Hürden. »Viele kriegen erst langsam mit, dass da vielleicht neue oder andere Formen von Unternehmertum entstehen mit ihren ganz eigenen Bedürfnissen. Strukturell und rechtlich sind die Fonds dann aber oft so aufgesetzt, dass wirklich individuelle Lösungen abseits vom one-size-fits-all profitmaximierenden Exit-Modell schwer bis gar nicht umzusetzen sind.«

Nein – bei der allergrößten Mehrzahl der nachhaltigen Geldanlagen wird nicht wirklich eine Verbesserung in Richtung planetarer Grenzen bewirkt. Trotzdem: Der Hype wird nicht nachlassen. Die TOP 3-Risiken der Weltwirtschaft (vom *World Economic Forum* jährlich herausgegeben) sind in 2022 die Klimakrise, extreme Wetterereignisse und die Biodiversitätskrise. Dass Nachhaltigkeit auch in der Mainstream-Finanzwelt ganz oben auf der Agenda steht, ist wichtig. Es muss nur mehr Wirkungsvolles geschehen.

Nachhaltige Finanzen in Nicht-Finanz-Unternehmen

Was bedeutet der ESG-Hype in den Unternehmen der sogenannten »Realwirtschaft«? Dort – on the ground – soll die Veränderung Richtung »safe and just space« passieren. Während es sich im Finanzsektor um strategische Entscheidungen im Kerngeschäft handelt, ist bei allen anderen Unternehmen das Geld eher Mittel zum Zweck. Mit Blick auf

Treasury haben zwar auch Unternehmen anderer Branchen Fragen nach der Geldanlage zu bewältigen – und hier empfehlen wir, wie im Finanzsektor, sich für Anlagen mit tatsächlichem Impact zu entscheiden –, aber der größte Hebel ist die Finanzierung des Kerngeschäfts. Da liegen die strategischen Unternehmensentscheidungen tendenziell in den Geschäftsbereichen.

Diese Entscheidungen sind letztlich Investitionsentscheidungen – in neue Produkte oder andere Produktionsweisen entlang der Wertschöpfungskette. Nachhaltigkeit sollte hier eine ebenbürtige Rolle spielen. Genau da kommt das gestiegene Interesse der Investor:innen am Thema Nachhaltigkeit ins Spiel. Es schlägt immer häufiger und stärker im CFO-Bereich auf und findet so verstärkten Einzug in die Vorstandssitzungen und Kernsteuerung des Unternehmens.

Es geht vor allem darum, wie man den Hunger nach Nachhaltigkeitsinformationen stillen kann. Dafür braucht es bessere Kerngeschäftsentscheidungen, aber auch eine optimierte Berichterstattung zur Nachhaltigkeitsperformance – eine, die mehr für die Kapitalmärkte geeignet ist. Projektteams in Unternehmen übersetzen nun die klassischen Nachhaltigkeitsberichte in ESG-Tabellen sowie Informationen für die Investor Relations.

Spätestens seit *Fridays for Future* wollen zunehmend weniger Investmentorganisationen lesen, dass sie ihren Kies in Kohle fließen lassen.

Das kommt nicht gut an bei potenziellen Investor:innen. Es löst zwar einen gewissen transformativen Effekt aus. Doch der Wildwuchs an Formaten und die unterschiedliche Datenqualität sind ein großes Problem. Viele Marktteilnehmer:innen wünschen sich Standards – weswegen auch die Politik versucht, welche zu setzen.

Wichtige Quellen der Information sind für die Kapitalmärkte auch die Ratingagenturen, die dem Ganzen eine gewisse Seriosität verleihen. Wer traut sich schon, etwas gegen A+- oder Gold-Bewertung zu sagen?

Bewertet werden die Unternehmen durch Firmen wie *ISS ESG, MSCI ESG oekom, Sustainalytics, imug* oder *Inrate*, aber auch US-Riesen wie *Bloomberg* sind mittlerweile in das wachsende Geschäft mit ESG-Ratings eingestiegen. Dabei sind sie auf aktuelle und aussagekräftige Daten zur Nachhaltigkeitsleistung der Unternehmen angewiesen. Wie Firmen in den drei Bereichen E, S und G performen, müssen börsennotierte Unternehmen in Europa seit 2017 in Nachhaltigkeitsberichten zumindest beschreibend veröffentlichen. Doch die Einheitlichkeit und Aussagekraft über den tatsächlichen Impact lässt auch hier stark zu wünschen übrig. Was verbirgt sich hinter den Rankings – ist das Unternehmen auf dem 1,5-Grad-Pfad? Fragen nach dem »safe and just space« bleiben oft unbeantwortet.

Was können oder sollen Unternehmen tun?

Erstens die Nachhaltigkeit gut ins Kerngeschäft und die Wertschöpfungskette integrieren – wofür wir Ihnen mit unseren Inseln eine Inspiration bieten wollen. Zweitens dies glaubwürdig für die Investor:innen, Eigen- und Fremdkapitalgeber:innen aufbereiten. Und drittens können sie einen Schritt weiter gehen und tatsächlich andere Finanzierungsformen wählen beziehungsweise die Anreizfähigkeit des Finanzsystems positiv nutzen.

So hat es das Energieunternehmen *Enel Group* mit seinen *Sustainability-Linked Loans* getan. Mit diesen Loans konnten Fremdkapitalgeber:innen konkrete Nachhaltigkeitsprojekte von *Enel* zweckgebunden finanzieren. Der Clou bestand in der Verbindung der Nachhaltigkeitszielerreichung mit finanziellen Anreizen. Man hatte sich selbst verpflichtet: Wenn die Nachhaltigkeitsziele, die im Loan beschrieben waren, verfehlt würden, müssten höhere Zinsen zurückgezahlt werden.

Eine derartige Verknüpfung von Marktmechanismus und Nachhaltigkeit würden wir uns häufiger wünschen. Bei vielen Green Bonds – genau wie die Loans eine Fremdkapitalfinanzierung, deren Versprechen es ist, nur für die Finanzierung nachhaltiger oder umweltfreundlicher Projekte verwendet zu werden – fehlt eine derartige Verknüpfung. Die Frage bleibt dann: Verändert sich tatsächlich etwas, oder wird das Investment in erneuerbare Energien oder Effizienz, das ohnehin getätigt worden wäre, nur einfach gut zugeschnitten und als grün verkauft? Bisher ist diese Frage nicht abschließend zu beantworten. Unsere Bewertung: Es ist gut, dass sich so viele auf den Weg der nachhaltigen Finanzierung begeben. Unterdessen bleibt es wichtig, nicht das Ziel aus den Augen zu verlieren: innerhalb der planetaren Grenzen in Frieden miteinander zu leben und zu wirtschaften. Das heißt, es geht um echte, ambitionierte Veränderung. Das Beispiel von *Enel* zeigt, dass man dafür die klassischen Marktmechanismen, wie Malus- und Bonus-Systeme, ausprobieren kann.

Ach, beinahe hätten wir die *Chancen eG* vergessen.

Dass die Balance aus nötiger Unternehmensfinanzierung mit ihren Renditewünschen und die Generierung von gesellschaftlichem Impact heutzutage nach wie vor eine Herausforderung darstellt, wissen Florian Kollewijn und Olaf Lampson. Gemeinsam gründeten sie die *Chancen eG*, eine Genossenschaft, die eine chancengerechte und solidarische Bildung für Studierende verspricht. Das Besondere: Im Gegensatz zu den bekannten Bildungsfinanzierer:innen haben die beiden Unternehmer den »Umgekehrten Generationenvertrag« ins Zentrum des Modells gestellt. Der funktioniert so: Die *Chancen eG* zahlt die Gebühren für Studierende, unabhängig von ihren finanziellen Möglichkeiten, an die privaten Partnerhochschulen, an denen die angehenden Akademiker:innen ihr Studium aufnehmen wollen, weil es an einer staatlichen Universität nicht möglich ist oder es kein entsprechendes Angebot gibt. Wenn die Absolvent:innen später im Berufsleben stehen, zahlen sie den Vorschuss zurück – allerdings nicht zu einem bestimmten Zinssatz, sondern entsprechend ihrem Einkommen. Wer wenig verdient, zahlt wenig. Wer viel verdient, zahlt viel. Wer unter das Mindesteinkommen fällt oder sogar arbeitslos ist, muss so lange nichts zurückzahlen. Wer ein sehr hohes Nettoeinkommen erhält, zahlt maximal 15 Prozent davon an die *Chancen eG* zurück.[105] So finanzieren die Arbeitnehmer:innen die nächsten Generationen von Studierenden. Ein sinnvoller Kreislauf des Geldes für mehr Bildungsgerechtigkeit.

Der Haken: Das Rad des Geschäftsmodells muss initial lange laufen, bis es profitabel ist, denn es dauert, bis die Studierenden das Geld zurückzahlen. Wenn man, wie im Fall von Kollewjin und seinem Team, erfolgreich sein will, ist die Grundlage eine kontinuierliche Pipeline des guten Geldes, damit das Schwungrad in Bewegung bleibt. Deshalb hat sich die Genossenschaft einen intelligenten Finanzierungsmix zusammengestellt, der aus vier Bausteinen besteht: Zum einen fließt Kapital als Genossenschaftsanteil, denn jede:r Studierende und sonstige Partner:innen, auch die Investor:innen, werden Teil des Unternehmens. Zweiter Baustein sind Nachrangdarlehen von Investor:innen, die insbesondere aus den Kassen von Stiftungen und Privatinvestoren an das Berliner Unternehmen fließen. Drittens kommen Banken als Kreditgeber hinzu, und letzter, großer Kapitalbaustein sind Anleihen, die zuletzt über einen 13 Millionen schweren Topf und mit einem dreiprozentigen Renditeversprechen erfolgreich an impactorientierte Anleger nach den Maßgaben der *BaFin* als Wertpapier ausgegeben wurden. »Unser Konzept verbindet finanzielle Rendite mit gesellschaftlichem Nutzen«, sagt Kollewijn. Bald soll ein 50-Millionen-Euro-Anleihetopf platziert werden.[106] Lagen die Rückzahlungen durch die ersten Absolventen 2018 noch bei 6000 Euro, waren es im Jahr darauf schon 32 000 Euro, 2020 schon 116 000 Euro. Das Rad scheint ins Laufen gekommen zu sein.

Genossenschaftsanteile als Eigenkapital, Nachrangdarlehen, Bankkredite, Anleihen – das bekommt man nicht einfach so.

Das weiß auch unsere Co-Kapitänin, die das Unternehmen *Chancen eG* von 2017 bis 2022 als Aufsichtsrätin begleiten durfte. Der Schlüssel für die Gründer lag insbesondere im Schaffen und Einhalten von Vertrauen, wobei die Rechtsform der Genossenschaft, eine zweckorientierte Satzung und die *GLS Bank* als starker, glaubwürdiger Partner entscheidende Elemente gewesen sind. »Durch die Rechtsform haben wir von vornherein eine wichtige Signalentscheidung getroffen, die zusammen mit einer entsprechenden Satzung den Mission-Drift [also die Veränderung der Zielsetzung des Unternehmens, Anm. d. Autor:innen] ausschließen«, sagt Kollewijn. »Das Vertrauen muss natürlich immer eingehalten werden, darf nie enttäuscht werden, weswegen wir extremen Wert auf Transparenz legen, also unser Ziel, unseren Impact bei den Studierenden und die rechtlichen und finanziellen Verhältnisse offenlegen.« Auch als man im Zuge der Anleihe den damit verbundenen Wertpapierprospekt veröffentlicht habe, sei das ein Plus für mehr Vertrauen in das Sozialunternehmen bei allen Geldgebern gewesen, weil man seine Professionalität glaubhaft habe untermauern können.

Dann gebe es aber noch die »Symmetrie der Interessen«, so nennt es Kollewijn.[107] Auf der einen Seite die der Geldgeber, zumeist wirkungsorientierte Investoren: wenig Risiko, akzeptable Rendite, hoher Impact. Auf der anderen Seite die Studierenden, die zwar möglichst wenig zurückzahlen wollen, gleichwohl aber den Impact der *Chancen eG* grundsätzlich unterstützen. Die Krux ist nur: Über ein höheres Zinsversprechen würde man zwar mehr Geld auf Investorenseite gewinnen und könnte noch viel mehr als die heute gut 1000 jungen Menschen finanzieren und den Impact erhöhen – gleichzeitig müssten die Rückzahlungen der ehemaligen Studierenden angehoben werden. Dass ein Renditeversprechen von drei Prozent im Kapitalmarkt bisher für ausreichend erachtet wurde, hat sicher mit der jahrelangen Niedrigzinsphase zu tun.

Sustainable Finance in der Regulierung

Die potenziell transformative Kraft des Kapitalmarktes hat auch die Politik erkannt. Einen relevanten Hebel versprechen sich Expert:innen derzeit von der EU-Sustainable-Finance-Regulierung. Sie ist ein Baustein des von der EU-Kommission gepflanzten *Green Deal*, mit dem die EU die Pariser Klimaziele umsetzen und dem Klimawandel entgegenwirken möchte. Das Ziel: Die Kapitalströme sollen sukzessive in ökologische Aktivitäten umgelenkt werden. Dafür wird Fondsanbietern künftig stärker auf die Finger geschaut: Bewerben sie ihre Finanzprodukte als nachhaltig, müssen sie aufklären, was ihr Produkt als nachhaltig auszeichnet. Dabei wird zwischen hellgrünen ESG- und dunkelgrünen

Impact-Produkten unterschieden. Außerdem werden Anlageberater:innen ab Sommer 2022 verpflichtet, Anleger:innen in Beratungsgesprächen zu ihren Nachhaltigkeitspräferenzen zu befragen und diese dann bei ihren Anlageempfehlungen zu berücksichtigen. Das soll Anleger:innen helfen, grüne Investments noch leichter zu erkennen. Leider muss man aber sagen: Das ist erst ein Anfang, und gerade die hellgrünen ESG-Produkte haben sehr wahrscheinlich keinen wirklichen Impact, und selbst bei »dunkelgrünen« Produkten stehen aktuell oft Reporting-Prozesse im Vordergrund, nicht deren tatsächliche Wirkung.

Am heftigsten – auch öffentlich – diskutiert wurde im Rahmen der EU-Sustainable-Finance-Aktivitäten sicherlich über die sogenannte *EU-Taxonomie*, ein europaweit einheitliches Klassifizierungssystem für nachhaltige wirtschaftliche Tätigkeiten. Mit ihr soll die Marke Nachhaltigkeit auch im Finanzbereich geschützt werden. Den Anfang macht die Definition von »ökologisch nachhaltig« mit Fokus auf Klimaschutz, für die vier Kriterien erfüllt werden müssen:

1. Das Unternehmen leistet einen substanziellen Beitrag zu mindestens einem der EU-Umweltziele (Klimaschutz; Anpassung an den Klimawandel; nachhaltige Nutzung und Schutz der Wasser- und Meeresressourcen; Übergang zu einer Kreislaufwirtschaft; Vermeidung und Verminderung der Umweltverschmutzung; Schutz und Wiederherstellung der biologischen Vielfalt und der Ökosysteme);
2. das Unternehmen fügt keinem der anderen Umweltziele erheblichen Schaden zu;
3. es steht im Einklang mit den Mindestanforderungen in den Bereichen Arbeitsstandards und Menschenrechte;
4. es erfüllt die durch die EU-Kommission vorgegebenen quantitativen und qualitativen Kriterien, wie etwa Schwellenwerte, anhand derer die ökologische Nachhaltigkeit von Aktivitäten festgelegt wird. Dabei werden nicht nur wirtschaftliche Tätigkeiten betrachtet, die direkt zur Erfüllung der EU-Umweltziele beitragen, sondern auch die sogenannten Enabling-Aktivitäten – also befähigende Aktivitäten zur Erreichung der Ziele – wie auch Transition-Handlungen, die den Übergang in eine klimaneutrale Wirtschaft unterstützen.[108]

Grundsätzlich ist der Ansatz logisch. Diese vier Kriterien bedeuten im Resultat »kein Schaden« und »Positivbeitrag«. Die Taxonomie könnte also vom Prinzip her auf dem Weg zu konsequent nachhaltigem Wirtschaften und »Impact First« sein, so wie wir es auf der zweiten normativen Insel und den ersten strategischen Inseln vorgestellt haben. Allerdings ist in der Ausgestaltung nicht so eindeutig, was im Rahmen der *EU-Taxonomie* als nachhaltig gelten darf und was nicht. Und höchst umstritten. Jüngstes Beispiel: Anfang 2022 verabschiedete die EU-Kommission ein Gesetz, einen sogenannten »Delegierten Rechtsakt«, der Investitionen in Gas- und Atomkraftwerke unter gewissen Umständen als nachhaltig erklärt. Ab 2023 könnten sich also Aktien von AKW in Ökofonds wiederfinden oder von Kraftwerken, in denen Gas aus Russland verfeuert wird. Klingt einigermaßen absurd, ist Atommüll schon allein ein klarer Schaden, den man hinterlässt. Doch einige sahen das anders und konnten sich politisch in der EU durchsetzen.

Der Godfather of Good Banking, Thomas Jorberg, hat dazu eine klare Botschaft: »Atomenergie integriert in eine grüne Geldanlage ist ungefähr so, wie wenn man beim EU-Bio-Siegel sagen würde: Für eine Übergangszeit kann da gerne auch noch Glyphosat gespritzt werden. (…) Das ist Greenwashing.«[109]

Das würden wir gerne so stehen lassen.

Doch es gibt auch andere Beispiele, die die Nachhaltigkeitsfrage im Rahmen der *EU-Taxonomie* zu beantworten nicht einfacher machen. Beispiel Wasserkraft: Die einen preisen sie als saubere Energiequelle, die im Gegensatz zu Wind- und Solarparks auch dann noch Strom liefert, wenn kein Lüftchen weht und eine dicke Wolkendecke über uns hängt. Naturschutzverbände, wie *WWF* und *Nabu*, verweisen dagegen auf die 1,2 Millionen Dämme, Wehre, Kraftwerke und Furten, die Europas Flüsse schon heute unterbrechen – worunter nicht nur die Artenvielfalt leidet, sondern auch der Mensch, weil Flussauen als Schutz vor Überschwemmungen verloren gingen.[110] Diesbezüglich gilt es sogar zwischen zwei planetaren Grenzen – Klima und Biodiversität – ein Dilemma zu lösen.

Abgesehen von diesem Tauziehen: Ob ESG-Anlagen oder Taxonomie den gewünschten Hebel in Richtung 1,5-Grad-Ziel noch rechtzeitig betätigen, wagen wir zu bezweifeln.

Welchen Kriterienkatalog man sich auch ansieht, die wenigsten davon untersagen expressiv verbis und vollumfänglich etwa ein Investment in fossile Unternehmen, auch die Taxonomie nicht. Sie messen im Klimabereich leider nicht die absolute Reduktion des CO_2-Ausstoßes – die entscheidende Zahl, um zu wissen, ob der gewünschte finanzierte Impact wirklich eintritt.

Denn Klimaschutz = weniger CO_2-Ausstoß. Hier wäre es ganz einfach: Man sollte regulatorisch die Reduktion von CO_2 oder die CO_2-Bindung, beispielsweise durch Moore, anreizen.

Doch die Taxonomie ist mit langen Katalogen an »eligible« Maßnahmen nicht im messbaren Impact, sondern im Vorgeben von Aktivitäten unterwegs. Mehr Innovation wäre möglich, und mehr Transparenz sowie weniger bürokratischen Aufwand gäbe es mit dem klaren Ausweis des messbaren Fortschritts.

Die Finanzierung von Unternehmen, ihre Finanz- und Anlagestrategie gehören auf den Prüfstand für alle, die sich auf den Weg in den »safe and just space« machen möchten. Am Anfang steht die strategische Entscheidung, sich neu auszurichten und das auch finanziell abzubilden – das Feld hinter dieser Entscheidung ist groß und mitunter komplex. Aber es gibt viele gute Beispiele, wie gesellschaftlicher Impact und monetärer Profit zusammenfinden.

Wer sein Agieren konsequent daran ausrichtet, den erklären wir feierlich zum Ehrenbürger unseres Planeten. Man muss ja nicht gleich eine neue Währung wie in Wörgl erschaffen.

Insel 9: Rechtsform definieren

ZENTRALE BEGRIFFE UND INHALTE

- Rechtsform und Eigentum
- Effekte klassischer Kapitalgesellschaften
- Relevanz der Auswahl der Rechtsform
- Verantwortungseigentum
- *Gesellschaft mit gebundenem Vermögen*

So. Das ging ja schnell von der Finanzinsel hier herüber. Kurzes Hop-on, und schon sind wir da. Sind alle gut von Bord gekommen? Dann schauen Sie sich gerne einmal um und nehmen Sie gerne irgendwo am Strand Platz.

Willkommen auf der vorletzten Station unserer Reise durch das Atoll der strategischen Inseln, auf der wir der Frage nach der Eigentumsstruktur nachgehen und was diese mit der Ausrichtung auf »Impact First« zu tun hat. Schließen Sie die Augen und lauschen Sie den Erzählungen. Wenn das nicht geht – nun gut, dann lassen Sie die Augen einfach auf.

Ein Beispiel zu Effekten klassischer Kapitalgesellschaften

Wir reisen gedanklich nach Bad Elster, auch ein hübsches Örtchen, fast so schön wie dieses hier. Pittoresk im südlichen Sachsen gelegen, zwischen bewaldeten Bergen, durchflossen von der Weißen Elster, die den Luisateich speist, mit Parks und sogar einem Königlichen Kurhaus, das das Herz aller Liebhaber:innen der Neorenaissance höherschlagen lässt. Das sächsische Staatsbad mit seinen zehn mineralischen Heilquellen und einem Naturmoor ist eines der ältesten deutschen Moorheilbäder, das schon Sachsens Könige zu schätzen wussten. Mittlerweile gibt es sieben Kurkliniken dort. Wer hier herkommt, kann gar nicht anders, als wieder gesund zu werden.

Eine der Kliniken trägt den Namen *Deutsche Klinik für Integrative Medizin und Naturheilverfahren (Dekimed)*, eine Fachklinik für Vorsorge und Rehabilitation von Schmerzerkrankungen, psychosomatischen, orthopädischen und Stoffwechselerkrankungen. Lange Jahre lief alles wunderbar im Haus am Albert Park: zufriedene Mitarbeitende, die viel Zeit für die Patient:innen hatten, biologische Lebensmittel von *Demeter* in der Kantine, insgesamt wirtschaftlich profitabel. Leider. Denn die schwarzen Zahlen riefen Begehrlichkeiten auf den Plan. So wurde das Krankenhaus an neue Eigentümer verkauft, einmal, zweimal, dreimal, das vierte Mal schließlich an einen börsennotierten Konzern in Paris, *Orpea*, eine Art Klinikkrake mit über 86 000 Betten und fast 50 000 Mitarbeitenden in ganz Europa, aber auch in China und Brasilien. Wie das bei Mehrfachverkäufen so ist, zahlte jeder neue Eigentümer einen höheren Preis, als der bisherige Inhaber geleistet hatte, was den Profitabilitäts- und damit verbunden den Spardruck auf das Krankenhaus jedes Mal aufs Neue erhöhte, weil der neue Eigentümer sein Investment gewinnbringend wieder einspielen wollte. Also zwangen sie den Klinikdirektor zum Beispiel, die Küche, die zuvor gesunde Lebensmittel in Bio-Qualität auf dem Speiseplan hatte, an einen qualitativ schlechteren, dafür günstigeren Drittanbieter in Tschechien outzusourcen. Die Hälfte der Ärzt:innen wurde entlassen, die Zeit pro Patient:in beschnitten, Querschnittsfunktionen wie Personal und Finanzen in die Zentrale des neuen Eigentümers in die französische Hauptstadt verlagert. Das Ergebnis verwundert nicht: unmotivierte Mitarbeitende, frustrierte Patient:innen.[111] Das Problem liegt auf der Hand: Die Menschen in der neuen Firmenzentrale kontrollieren zwar das Krankenhaus, sind aber in keiner Weise inhaltlich und zweckorientiert mit ihm verbunden. Lediglich über die nackten Zahlen.

»Das hat mich irre gemacht«, sagt Armin Steuernagel.

Der junge Mann mit der blonden Mähne erzählt diese Geschichte immer wieder, wenn er von seiner mittlerweile auch in höchsten politischen Ebenen heiß diskutierten Initiative des Verantwortungseigentums erzählt. Denn das Erlebte war so etwas wie das Erweckungserlebnis. Sein Vater war der Ärztliche Direktor eben dieser Klinik, und so hatte Steuernagel aus tiefen Einblicken eine hohe Erkenntnis gewonnen: »Die Grundidee von privatem Eigentum, dass echte Menschen sich eng mit einem Unternehmen verbunden fühlen, wurde derart ausgehöhlt, dass am Ende nur noch anonym aus der Ferne von Menschen über Menschen entschieden wurde, die nicht einmal einen Fuß in diese Klinik gesetzt hatten. Eine komplette Entmündigung.«[112] Ein gutes Beispiel dafür, wie unfrei das (neo)liberale Wirtschaftssystem sein kann, sofern es einer Logik folgt, die die Aushöhlung der unternehmerischen Freiheiten in Kauf nimmt.

Ein Phänomen, das sich laut Steuernagel übertragen lässt: »Hunderte von Unternehmen, die sich einer Mission verschrieben haben, werden von großen, profitgetriebenen Konzernen gekauft.«[113] Und in der Folge – wie im Beispiel der Klinik – ihres ursprünglichen Sinns und schließlich ihrer Freude beraubt, weil man sogenannten finanziellen Sachzwängen unterliege – eine vernebelnde Wortschöpfung, die suggeriere, dass das Vorgehen alternativlos sei und man keine andere Wahl habe als ein semantisches So-ist-das-eben-Schulterzucken. Wer das Kind beim Namen nennt – etwa von »profitmaximierenden Einsparungen auf Kosten von Sinn und Qualität« spricht –, erntet lediglich den vorwurfsvollen oder mitleidigen Blick, den man Spielverderber:innen zuwirft.

Das Absurde ist: Diese Konzerne sind zu einem großen Teil mit Kapital von Pensionsfonds und Versicherungsunternehmen gefüttert. Woher haben diese ihr Geld? Genau. Von uns. Heißt strukturell: Unser aller Geld wendet sich teilweise gegen uns selbst. »Dieser Teufelskreis«, so Steuernagel, »ist ein Riesenskandal.«

Den Grund sieht er in der organisierten Verantwortungslosigkeit: Wenn man sich lediglich dem Gewinn um jeden Preis verpflichtet fühle, gehe der Kern eines Unternehmens den Bach hinunter. Die Verantwortlichen erfüllen den Shareholder-Zweck der monetären Gewinnmaximierung und werden derweil blind für die eigentliche Zweckbestimmung eines Unternehmens – wie beispielsweise Patient:innen gesund machen. Und das alles in großem Stil durch uns finanziert. Im Fußball würde man das ein Eigentor nennen.

Heißt: Das Problem liegt im System. Ein System, in dem Eigentumsmehrung der Heilige Gral ist.

Das Unternehmen wird zur Ware, die veräußert werden kann, wieder und wieder, zementiert durch die rechtlichen Rahmenbedingungen, die darüber hinaus den Eigentümern das Recht auf die höchsten Einflussnahmen zubilligen – auch wenn sie inhaltlich und operativ gar nichts mit dem Unternehmen zu schaffen haben. Was laut Steuernagel dann auf einer gesamtsystemischen Ebene zum bitteren Fazit führt: »Alles ist darauf ausgelegt, die Ethik outzusourcen, um die Kosten zu drücken. Und zwar an den Staat, der die Schäden dann vergesellschaftet. Es wird Zeit, dass wir die Moral wieder insourcen.« Ein zentrales Ziel sollte sein, die Verknüpfung von Kontrolle und finanziellem Anreiz zu entkoppeln.

Rechtsform und Eigentum »matter«

Doch bevor wir das neue Modell des Verantwortungseigentums, das Armin Steuernagel propagiert, das mittlerweile unter dem Begriff *Gesellschaft mit gebundenem Vermögen* Einzug in den Koalitionsvertrag, also in die Vorhabenliste der aktuellen Bundesregierung, erhalten hat[114], blicken wir auf den Status quo. Keine Frage, ein Unternehmen ist eine komplexe Angelegenheit. Inhalte, Produkte und Dienstleistungen, die Mitarbeitenden, Lieferketten, die Zielgruppen, Marken – und jedes und jede:r suchen ihren individuellen Platz, ihre spezifische Daseinsberechtigung, um im jeweiligen Markt möglichst erfolgreich sein zu können.

In Deutschland gab es laut *Statistischem Bundesamt* 2022 rund 3,4 Millionen Unternehmen mit 34,9 Millionen abhängig Beschäftigten, die einen Umsatz von 6,88 Billionen Euro erwirtschafteten, wovon das Produzierende Gewerbe allein 40 Prozent beisteuerte, gefolgt vom Handel mit 31 Prozent am Gesamtumsatz.[115] Hinzu kommen über vier Millionen (Solo-)Selbstständige. Trotz dieser Vielfalt lassen sich Unternehmen hinsichtlich mindestens einer Kategorie in nur ganz wenige und sehr alte Schubladen packen: bei den Rechtsformen.

Klingt zunächst einmal dröge. Ist es für die meisten auch. Braucht man, um eine Steuernummer vom Finanzamt zu bekommen und loslegen zu können.

Unternehmensgründer:innen sitzen oftmals mit den Steuerberater:innen zusammen und verlassen sich auf deren Geschick und Kenntnisse, welche Rechtsform am besten passt. Viel wichtiger sind den meisten von ihnen ihre Geschäftsidee, ihr Impact, der Business Case, der Markenauftritt und ihr Markteintritt. Mit der Rechtsform wollen sich die meisten gar nicht lange aufhalten.

Doch das kann ein Fehler sein. Denn die Rechtsform eines Unternehmens stellt ganz zu Beginn eine entscheidende Weiche, wohin die Reise gehen soll und wer darüber bestimmt.

Sie manifestiert, wer das Sagen hat, wem der Laden und damit die möglichen Gewinne gehören, wer Einfluss auf unternehmerische Entscheidungen nehmen, wer Kapital abziehen oder hineingeben kann oder muss, wer in welcher Höhe und welcher Form haftet. Was die bisher gängigen Rechtsformen alle eint: Sie sprechen alle das Unternehmensvermögen ausnahmslos den Eigentümern zu, die alles nach Gutdünken entnehmen und konsumieren können. Sie sind auf die Besitzverhältnisse, auf

Gewinnerzielung und -maximierung gepolt, vor allem die börsennotierten Unternehmen. Aber auch einfache GmbH-Start-ups können mit Wertsteigerung weiterverkauft werden (Exit) und bringen der Eigentümerin oder dem Eigentümer Gewinn – aber eben nur ihr oder ihm. Die Mitarbeitenden gehen leer aus.

Wer ein Unternehmen gründet, sollte einen Augenblick auf diesem spröden Rechtsformknochen herumkauen.

Will ich als Gründer:in wirklich dieses »Exit-Teufelchen« auf der Schulter sitzen haben, wie es *Ecosia*-CEO Christian Kroll so schön ausdrückt?[116]

Aber auch alle anderen Unternehmer:innen, die schon ein paar Jahre auf dem Buckel haben, dürfen das – schließlich ist keine Rechtsform in Stein gemeißelt und lässt sich jederzeit verändern –, wenn die Eigentümer:innen es so beschließen.

Das Gros der deutschen Unternehmen waren in 2020 Einzelunternehmer:innen (rund zwei Millionen), gefolgt von Kapitalgesellschaften wie GmbH oder AG (764 000, wobei der Löwenanteil von circa 90 Prozent auf die GmbHs und nur circa ein Prozent auf AGs entfällt[117]) sowie Personengesellschaften wie OHG, KG oder GbR (405 000), der Rest fällt laut Statistik unter »Sonstige Rechtsformen« wie Genossenschaften, Stiftungen oder gGmbH.[118] Dabei erwirtschaften lediglich weniger als 0,05 Prozent aller Unternehmen – und das sind meist die klassischen Rechtsformen der AG oder auch GmbH – einen Umsatz von je mehr als 50 Millionen Euro im Jahr[119], die Marktkapitalisierung der 40 DAX-Unternehmen betrug im September 2022 rund 1,3 Billionen Euro, davon entfielen auf die Nummer 1 im DAX, den Gas-Industrieriesen Linde, allein fast 142 Milliarden Euro[120] – ein Unternehmen wohlgemerkt, das seinen Sitz nicht einmal in Deutschland hat.

Merken Sie was? Wer die Stärke der Gesamtwirtschaft ausdrücken will, kann mit zig Zahlen um sich werfen und sich am Feuerwerk der guten Daten mit den vielen Pluszahlen erfreuen.

Über die Eigentums-und Verantwortungsstrukturen und vor allem über ihre Konsequenzen sagen sie erst einmal nichts aus, was nicht weiter problematisch ist. Aber doch einigermaßen interessant. Schließlich sitzt am Ende des Tages immer irgendwo irgendwer auf dem Sofa und freut sich, dass die Kasse klingelt. Meistens einer oder wenige. Oder rutscht von der Couch, wenn nicht.

Wem ein Unternehmen als Gesellschafter:in gehört oder wer über Aktien oder Genossenschaftsanteile als Miteigentümer:in daran beteiligt ist, darf sich nicht nur über Gewinne freuen und Verluste ärgern, sondern trägt auch Verantwortung dafür. Nicht umsonst heißt es schon im Deutschen Grundgesetz, Paragraf 14 (2): »Eigentum verpflichtet. Sein Gebrauch soll zugleich dem Wohle der Allgemeinheit dienen.«

Und das in ganz unterschiedlichen Formen. Um die beiden großen Pole kurz zu skizzieren: Auf der einen Seite gibt es den 100-Prozent-Gesellschafter, der manchmal operativ dem Unternehmen als geschäftsführender Gesellschafter vorsteht, manchmal die Kontrolle als Aufsichtsratschef behält, manchmal alles einfach Manager:innen machen lässt, denen er oder sie vertraut, um sich – meistens mit zunehmendem Alter – den schönen Dingen des Lebens oder neuen Aufgaben zu widmen (o. k., ein bisschen Klischee schwingt mit). Auf der anderen Seite gibt es eine ganze Armada von Anteilseigner:innen, etwa private und institutionelle Anleger, die ihr Geld geben, um den Erfolg eines Unternehmens zu finanzieren, um an den möglichen Gewinnen zu partizipieren. Hier liegt die operative Verantwortung zumeist auf der C-Ebene (also der Vorstandsebene, wo alle »Chief« irgendetwas/Funktion »Officer« sind) und dem Aufsichtsrat. Während sich die Anteilseigner:innen zurücklehnen und einmal im Jahr auf der Jahreshauptversammlung Beifall geben oder Dampf ablassen dürfen. Je nach wirtschaftlicher Entwicklung des Unternehmens.

Egal wie: Finanzielles (oder ökonomisches) Eigentum und die Möglichkeit von Einflussnahme auf unternehmerische Entscheidungen sind in der Regel eng verknüpft, die Strukturen sind einzig auf die Gewinnmaximierungsabsicht ausgerichtet. Zumindest, wenn man sich die klassischen DAX-Konzerne ansieht.

Doch es gibt Unternehmer:innen, die nicht den monetären, sondern den gesellschaftlichen Mehrwert in den Mittelpunkt ihres Geschäfts stellen. Dieses Feld ist bunt-schillernd und hat insbesondere unter jungen Gründer:innen derzeit Zulauf. Ihre Unternehmensausrichtungen nennen sich Social Enterprise, Social, Eco oder Sustainable Business, Gemeinwohlunternehmen oder *B-Corp* (wobei B für Benefit steht), ihre Gründer:innen nennen sich Social Entrepreneur, Impact Founder oder Value-Unternehmer:in, sogar und immer mehr Familienunternehmen lassen sich unter ihnen finden.

Ihr gemeinsamer Anspruch: die Welt mithilfe der Kraft des Unternehmertums besser zu machen, ein gesellschaftliches Problem fokussieren und bestmöglich unter Einhaltung der planetaren Grenzen, sozial fair und zum Wohl der Allgemeinheit zu überwinden.

Ihr gemeinsames Problem: Für viele sind aufgrund ihrer Haltung und der Ausrichtung ihres Unternehmenszwecks die gängigen Rechtsformen wenig hilfreich, manchmal sogar hinderlich, weil diese in ihrem Kern zumeist »Profit First«-orientiert sind, verstanden als monetärer Profit. Was aber wäre eine adäquate Organisation bis hin zu einer passenden Form für Unternehmer:innen, die den gesellschaftlichen Mehrwert als Zielmarke in den Mittelpunkt ihres Handelns stellen? Die darüber hinaus sogar den Zweck des Unternehmens auf Dauer bewahren wollen? Sich also der Logik von gewinnmaximierendem Exit zugunsten der langfristigen Realisierung der ursprünglichen Geschäftsidee widersetzen?

Neue Rechtsform *Gesellschaft mit gebundenem Vermögen* als Teil der Zukunftswirtschaft

Ein relativ neues und mögliches Modell, wenngleich noch nicht in eine formale Rechtsform gegossen, könnte das von Unternehmen in Verantwortungseigentum sein, kurz: Purpose-Unternehmen, oder in Rechtssprache auch als *Gesellschaft mit gebundenem Vermögen* auf dem Tisch. Womit wir wieder bei Armin Steuernagel sind, der dieser Form Namen und Inhalt gab. Diese noch junge Ausrichtung für Unternehmer:innen, die ihre geschäftliche Tätigkeit auf den Unternehmenszweck und nicht auf die Gewinnmaximierung fokussieren, stellen den langfristigen Erfolg und Fortbestand des Unternehmens und seines Zwecks über den kurzfristigen Profit. Laut *Social Entrepreneurship Monitor* 2018 gaben 42 Prozent der befragten Unternehmen, die sich im Bundesverband *SEND e. V. (Social Entrepreneurship Deutschland)* zusammengeschlossen haben, an, eine solche Rechtsform zu benötigen. Eine *Allensbach*-Umfrage im Auftrag der *Stiftung Verantwortungseigentum* – in der unsere Co-Kapitänin seit 2022 Mitglied des Kuratoriums ist – Anfang 2021 ergab, dass 13 Prozent aller inhabergeführten Unternehmen in Deutschland, das sind knapp 200 000 Unternehmen, eine entsprechende Rechtsform nutzen würden – also auch die, die sich nicht explizit als »Social Enterprise« fühlen. Für 33 weitere Prozent kommt sie unter Umständen infrage.[121]

72 Prozent der deutschen Familienunternehmen fänden eine einfache Umsetzung von Verantwortungseigentum durch Einführung einer neuen Rechtsform sinnvoll.[122]

Verantwortungseigentum ist also nicht nur etwas für eine kleine Gruppe von Social Entrepreneurs. Nach den Effekten und Mechanismen dieser möglichen neuen Rechtsform sehnen sich auch viele ganz »normale« Unternehmer:innen.

Weil die neue Rechtsform einfach mehr Freude, mehr Verbindung und weniger Druck machen könnte. Auch wir sehen darin Zukunft.

Was ist das Wesen dieser neuen Wunderwaffe? Da hilft ein Blick in Steuernagels Vergangenheit.

Er ist ein erfolgreicher Mehrfachunternehmer, der schon mit 16 Jahren sein erstes Start-up gründete und mit 22 Jahren *Mogli* mit aus der Taufe hob, das Bioprodukte für Kinder in mittlerweile 50 Ländern vertreibt. Neben die Erfahrung seines Vaters in Bad Elster trat eine zweite hinzu, die Steuernagel ins Grübeln kommen ließ. Eines Tages stellte sich eine *Mogli*-Mitarbeiterin vor ihn und sagte ihm auf den Kopf zu: »Armin, du sagst uns immer, wir arbeiten für die Kinder. Aber stimmt das eigentlich? Arbeiten wir wirklich dafür, oder arbeiten wir nicht eigentlich für euch Gründer? Du kannst doch jederzeit das Unternehmen verkaufen. Jede E-Mail, die ich schreibe, steigert doch eigentlich dein Privatvermögen.«

Was Steuernagel zu der grundsätzlichen Frage führte: Was ist ein Unternehmen? Ist es nicht einfach ein Gebilde, in dem Menschen zusammenkommen, um an einer gemeinsamen Sache zu arbeiten, an deren Sinnhaftigkeit sie glauben und die sie gemeinsam voranbringen wollen? Im Idealfall mit Herzblut, weil sie sich freiwillig dazu entschieden haben, genau dort an Bord zu gehen? Verkauft der Eigentümer nun das Unternehmen, veräußert er auch die Menschen. Das Gefühl, sich und seine Arbeitskraft verkauft zu wissen, kann sehr kränkend sein. Dabei ist auch nicht gesagt, dass der Unternehmenszweck nach einem Verkauf überhaupt erhalten bleibt. Er kann erweitert, verwässert oder durch einen gänzlich anderen ersetzt werden. Selbst wenn das nicht der Fall ist, der Eigentümer also bleibt, ist es doch oftmals so, wie Steuernagel selbst erfahren hat: »Irgendwann war ich nur noch im Unternehmen, um irgendeine Unterschrift zu leisten, wofür die Mitarbeitenden Theater vor mir gespielt haben. Nur weil ich rechtlich gesehen der Eigentümer war, das Sagen hatte, den Zugriff auf die Gewinne. Da habe ich mich schließlich gefragt: Warum darf ich das eigentlich noch, obwohl nun ganz andere Menschen hier am Werk sind und Verantwortung tragen?«

Wie soll es anders gehen? Die Antwort ist simpel und gleichzeitig verwirrend.

Indem das Eigentum derart umgestaltet wird, dass das Unternehmen keine Ware mehr werden und nicht mehr meistbietend verkauft werden kann, dass Gewinne dem Unternehmenszweck dienen und nicht ausgeschüttet werden können. Wer jetzt einwendet, dass das ein alter Hut sei, dem geben wir recht. Ein Beispiel aus der Vergangenheit, das auch Steuernagel verwendet: Wir alle kennen die *Carl Zeiss AG*. 1846 von Carl Zeiss gegründet, heute Spezialist für optische Hightech-Geräte, mehr als 35 000 Mitarbeitende, mehr als 7,5 Milliarden Euro Umsatz in 2020/21.[123] Neben Gründer Zeiss war Ernst Abbe, ein Physikprofessor an der Universität Jena, Mitinhaber des Mitte des 19. Jahrhunderts noch überschaubaren Unternehmens. Abbes grundlegende Überzeugung war: Ohne das Mitwirken zahlreicher Menschen, innerhalb der Firma, aber auch außerhalb durch Erfinder:innen und Wissenschaftler:innen, wäre der Erfolg des Unternehmens nicht möglich gewesen. Seine Schlussfolgerung: »Das Gesetz gibt mir das absolute Recht, über diese Firma. Das Gesetz gibt mir das Recht für alles. Aber ich fühle, das ist nicht richtig. Es gehört nicht alles mir, sondern es gehört auch den Angestellten und der Gesellschaft.«[124]

Weil es keine adäquate Rechtsform für diese wertebasierte Haltung gab, erfand Abbe kurzerhand einfach eine im Rahmen des gesetzlich Möglichen. Schließlich war er Erfinder. Aus der normativen Entscheidung leitete er das folgende Konstrukt ab: Nach Zeiss' Tod 1888 schenkten dessen Nachfahren und Abbe sukzessive ihre Anteile der neu gegründeten *Carl-Zeiss-Stiftung* – die erste Unternehmensstiftung der Welt war geboren. Ein Unternehmen, das sich selbst gehörte. Bis heute ist die Stiftung alleinige Eigentümerin der *Carl Zeiss AG*. Die Dividendengewinne nutzt sie, um ihre Projekte zu finanzieren, insbesondere die Grundlagenforschung in den MINT-Bereichen[125], aber auch, um Universitäten zu fördern, und die Stadt Jena profitiert bis heute von der Stiftung.[126] Mit anderen Worten: Die Mitarbeitenden der *Carl Zeiss AG* arbeiten nicht für einen sich die Taschen füllenden Eigentümer, sondern über den Umweg gewinnorientierten Wirtschaftens für die Gesellschaft. Diesem

Modell haben sich in den vergangenen 130 Jahren auch andere angeschlossen: *Bosch, Playmobil, Alnatura* und viele mehr.

Die Guidelines von Verantwortungsunternehmen lassen sich auf zwei Aspekte herunterbrechen. Erstens: Selbstbestimmung – das Kontrollrecht eines Unternehmens beziehungsweise das Unternehmen selbst ist keine Handelsware. Zweitens: sicherstellen, dass monetäre Profite nur ein Mittel sind, die dem Unternehmenszweck dienen und etwa reinvestiert oder in Form von Löhnen ausgezahlt werden. Heißt in Summe: Das Unternehmen ist für die Mitarbeitenden und für die Gesellschaft da – und nicht in erster Linie für die Kapitalgewinnung von privaten Eigentümer:innen. Steuernagel vergleicht das gerne mit Familienunternehmen. Während traditionelle Familienunternehmen das Eigentum immer den Blutsverwandten überschreiben, gibt man es nun an »Wert- und Fähigkeitsverwandte als Eltern des Unternehmens« und nicht der eigenen Brut qua Spermalotterie weiter, so Steuernagel. Während Familienunternehmen qua Tradition und Erziehung mal mehr, mal weniger erfolgreich versuchen, ein Gefühl von Treuhänder:innenschaft, von Diener:innenschaft für das Unternehmen aufrechtzuerhalten, wird das hier qua Rechtsform kodifiziert: Niemand erhielte eben Anteile mehr, die versilberbar wären, sie geben nur ein Mitgestaltungsrecht.[127]

Verantwortungseigentum heute in Deutschland umzusetzen, ist kompliziert, es fehlt die entsprechende Rechtsform.

Die GmbH, AG oder Genossenschaft zeichnen sich ja gerade durch den unbeschränkten Zugriff der Eigentümer auf das Unternehmensvermögen aus, der eingeschränkt werden soll. Solange Unternehmer:innen noch auf eine neue Rechtsform warten, können sie Hilfskonstruktionen bauen. Beispielsweise hilft die von der *Stiftung Verantwortungseigentum* unabhängige *Purpose Stiftung* Start-ups oder Unternehmen, die sich umwandeln möchten, von *Arche* über *Einhorn* bis *Ecosia*. Das geht so: Die Grundregeln des Verantwortungseigentums werden in der GmbH-Satzung verankert – was leider etwas aufwendig ist –, und dann wird die *Purpose Stiftung* mit einem Prozent an dem jeweiligen Unternehmen beteiligt und erhält ein Vetorecht, den sogenannten »Golden Share«, mit dem die Stiftung jeden Versuch, die beiden oben formulierten Grundregeln außer Kraft zu setzen, verhindern kann. Die in der Satzung festgehaltenen Grundsätze regeln, dass nur Menschen, die im Unternehmen arbeiten oder sonst damit verbunden sind, Eigentümer:innen werden können und dass sie die Anteile weder frei verkaufen noch vererben können, sondern zum gleichen Betrag, wie sie diese bekommen haben, weitergeben müssen (»naked in, naked out«). Außerdem wird festgeschrieben, dass die Verantwortungseigentümer zwar ein gutes Gehalt oder auch Kompensation für eingegangene Gründungsrisiken bekommen können, aber ansonsten die Gewinne nicht an sie ausgeschüttet werden dürfen. Damit gehört das Unternehmen quasi sich selbst. Will das Unternehmen sich finanzieren, kann es stimmrechtsloses Kapital einsammeln (etwa stille Beteiligungen, Genussrechte oder partiarische Darlehen), nur wenn Kapitalgeber auch mitarbeiten, können sie zeitbeschränkt Stimmrechte halten. Macht ist in diesen Unternehmen eben nicht käuflich. Die Stimmrechte liegen aber regelmäßig bei den Mitarbeitenden, die tagtäglich die Geschicke des Unternehmens lenken.

Wenn Eigentümer:innen vorzeitig aus dem Unternehmen aussteigen wollen, können sie ihre Anteile weder an irgendwelche gesichtslosen Finanzinvestor:innen verkaufen, noch an die Kinder vererben. Entweder die Rückgabe erfolgt gemäß ursprünglicher Vereinbarung, oder sie legen sie in neue, aktive Hände, die dem Unternehmenszweck in gleicher Weise verbunden sind. Die eigentliche Macht liegt so immer bei den Akteur:innen im Unternehmen, die im Rahmen der Wirtschaftlichkeit und des Purpose, den sie und nur sie selbst auch anpassen dürfen, selbstbestimmt die Entscheidungen treffen – das haben sie sich durch ihren Einsatz und ihre Fähigkeiten erworben.[128] Das Unternehmen wird nur von jenen gelenkt, die im Unternehmen auch Verantwortung tragen.

Was enorme Auswirkungen auf die Mitarbeitenden hat.

Wenn der Motor eines Unternehmens nicht mehr in der monetären Gewinnmaximierung liegt, sondern bei Menschen, die sich seinem Sinn und Zweck verschrieben haben, mit hoher intrinsischer Motivation, hat das eine hohe Attraktivität. Wenn man sich als Mitarbeiter:in fest darauf verlassen kann, dass keine inhaltliche Aushöhlung möglich ist, dass man selbst vom Wert seiner Arbeit in Form höherer Löhne oder dem Wachsen des Unternehmens und damit dem Erhalt des Arbeitsplatzes profitieren kann, dass man nicht nur ein Rädchen im Spiel irgendwelcher Spekulant:innen und damit ihrer Willkür ausgesetzt ist, kann man sich auf eine Art mit seinem Unternehmen verbinden, von der alle Seiten profitieren. Ganz zu schweigen vom B2B-Geschäft, in dem Verlässlichkeit eine große Rolle spielt.

Aber braucht es dafür eine eigene Rechtsform? Armin Steuernagel bejaht diese Frage entschieden. Er kämpft seit geraumer Zeit für die Einführung einer *GmgV, Gesellschaft mit gebundenem Vermögen*. Denn: Nicht jedes Unternehmen will das umständliche, rechtlich hochkomplexe und daher beratungs- und kostenintensive Konstrukt einer Stiftung wie bei *Zeiss* oder *Bosch* aufbauen, und alle anderen Rechtsformen in der Lostrommel sind von einem anderen Geist durchflossen. Selbst die Genossenschaften. Hier gehört das Unternehmen zwar in der Regel vielen Menschen, die von der Entwicklung qua Jahresrendite profitieren dürfen. Doch auch hier ist keine Vermögensbindung vorhanden, das Vermögen gehört den Genossen. Ein Nachteil kann auch sein, dass in Genossenschaften die schnelle Agilität von unternehmerischen Entscheidungen leiden kann – weswegen sich beispielsweise Christian Kroll, der *Ecosia*-CEO, bei seinem skalierenden Internetunternehmen für das Konstrukt Purpose und nicht für eine Genossenschaft entschieden hat. Auch wäre ein Verkauf des Unternehmens nicht ausgeschlossen. Ist zum Beispiel ein Kaufangebot attraktiv genug, sodass die Mehrheit der Genoss:innen schwach wird, kann auch ein ganzes Unternehmen über den Ladentisch gehen und der Erlös ausgeschüttet werden.

Es sei denn, dass die Mitglieder einer Genossenschaft sich unter ganz anderen Vorzeichen zusammengefunden haben.

Wie zum Beispiel bei der *GLS Bank*, die wir eben schon auf der Finanzinsel näher kennengelernt haben. Die 1974 gegründete *Gemeinschaftsbank für Leihen und Schenken (GLS)* bedient mehr als 320 000 Kund:innen und befindet sich seit Jahren, und selbst während der Coronakrise, in einem ungebremsten Wachstum.[129] Mittlerweile zählt die Genossenschaft 104 000 Mitglieder.[130] Für GLS-Chef Thomas Jorberg ist diese Entwicklung kein Wunder. »Wir sind im Wettbewerb um Werte und Sinn gut aufgestellt«, sagte er Anfang 2021.[131] Was er damit meint und auf was diese Aussage gründet, wird beim Blick in die Satzung deutlich, in der es zum Unternehmenszweck heißt: »Das Ziel des Zusammenschlusses ist gegenseitige Hilfe, nicht die Gewinnerzielung für das einzelne Mitglied oder für die Genossenschaft.«[132] Diese Haltung wird auch im Leitbild von 2004 deutlich, in dem es einleitend heißt: »Grundlage unserer Arbeit ist die Achtung vor dem Leben und die Sorge um eine friedliche Koexistenz aller Kulturen, die auf individuelle Freiheit und Verantwortung gegründet sind. Wir nehmen den Menschen in seiner Gesamtheit aus Körper, Seele und Geist ernst. Unser Handeln soll die Lebenschancen heutiger und zukünftiger Generationen bewahren und ihre Weiterentwicklung fördern. Ökologie verstehen wir ganzheitlich im Sinne einer lebensfördernden Einheit von Natur und Zivilisationsentwicklung.« Später folgen noch Sätze wie: »In unserem unternehmerischen Handeln steht der Sinn stets vor dem Gewinn« oder »Wir nutzen Geld als soziales Gestaltungsmittel«.[133] Solche Grundsätze helfen beim Weg in die Zukunftswirtschaft. Sie könnten theoretisch von den Genoss:innen allerdings geändert werden – und auch das Unternehmen kann verkauft werden. Die *Gesellschaft mit gebundenem Vermögen* würde das Unternehmensvermögen langfristig nicht mehr ausschüttbar machen.

Warum reicht die Rechtsform der Stiftung nicht alleine aus?

Dass eine Stiftung nicht passt für die neuen Ziele der *Gesellschaft mit gebundenem Vermögen*, dafür gibt es drei Gründe, die mit dem unternehmerischen Ansatz des Verantwortungseigentums einhergehen. Erstens muss sie sich nicht für immer einem Stifterwillen/-zweck unterwerfen und ist somit freier, sie wird mit treuhänderischer Einstellung geführt. Zweitens, eine Stiftungslösung bedeutet immer einen Doppelstock – oben Stiftung (manchmal sogar zwei), unten Unternehmen. Auch das ist unternehmerisch nicht passend, dauert zu lange und ist nicht die eigentliche Idee der Sache. Es geht vielmehr um ein passendes Betriebssystem fürs Unternehmen selbst – nicht für eine separate Organisation obendrüber. Drittens, bei einer Stiftung muss man einen Zweck fördern, der nicht das Unternehmen ist, denn es gibt das Selbstzweckverbot. Es soll nichts anderes als Ziel ausgeben werden als eben der Purpose des Unternehmens selbst – er ist das besonders Gute, um das es geht.

Um verantwortungsvoll mit dem Planeten und seinen Menschen umzugehen, muss man nicht auf eine unternehmerische Rechtsform wie die GmgV warten oder das Hilfskonstrukt über die *Purpose Stiftung* nutzen. Was wir Ihnen auf dieser Reise beschreiben, die normativen, die strategischen, die operativen Entscheidungen, die Sie Richtung »safe and just space« bringen, können Sie mit unterschiedlichen Rechtsformen treffen. Mit manchen geht es aber einfacher.

Es ist bei den bestehenden Rechtsformen schon ein wichtiger Schritt getan, eine Satzung oder einen Gesellschaftervertrag bewusst inhaltlich auszugestalten. Dort kann man die Basis legen, um zum Beispiel seinen Unternehmenszweck in einem daraus abgeleiteten Leitbild auszuformulieren und festzuschreiben – und ihm dann über die strategischen und operativen Entscheidungsebenen Leben einzuhauchen. Eine entsprechende Rechtsform kann helfen. Uns haben die vielen Gespräche mit Unternehmer:innen, die sich für die Rechtsform des Verantwortungseigentums engagieren und regelrechte Fans davon sind, positiv angesteckt. Wie gesagt, kann, muss aber nicht.

Thomas Jorberg sieht es so: »Das Problem liegt nicht in der Rechtsform, sondern zwischen unseren Ohren.« Was er damit meint: Schon die Grundannahme, dass ein Unternehmen ausschließlich in Geld gedacht werde, sei verkehrt. »Solange ein Unternehmen als eine Leistungsgemeinschaft gedacht wird, ist es resilient, kann sich verändern und ist innovativ. Es verändert sich alles in dem Moment, wenn man seinen Wert – etwa bei einem Verkauf – in Geld bestimmt, also Sozial- und Natur- in Geldvermögen umwandelt. Unsere Aufgabe ist es, dieses Prinzip wieder umzudrehen und das Geld zielorientiert in soziales und ökologisches Vermögen zurückzuwandeln.«[134]

In Aktiengesellschaften ist das schwieriger, gerade wenn sie börsennotiert sind. Aber wir möchten Ihnen hier auf der Insel der Rechtsformen zumindest ein Unternehmen vorstellen, in dem die Orientierung am »safe and just space« in einer AG funktionieren kann. Auch um all jenen den Wind aus den Segeln zu nehmen, die ein anderes Wirtschaften im Rahmen einer klassischen For-Profit-Rechtsform kaum für möglich halten.

Sie sitzen immer noch gut? Prima. Denn jetzt geht es gedanklich nach Nordrhein-Westfalen, an den Rhein.

Genauer in den Norden Düsseldorfs, in den Stadtteil Lichtenbroich, wo nicht nur seit vielen Jahren die Flugzeuge abheben, sondern auch die *naturstrom AG* ihren Sitz hat, die wir gemeinsam mit ihrem langjährigen CEO Thomas Banning schon auf der »Impact First«-Insel kennengelernt haben. Bei der *naturstrom AG* verstehe man sich, so Banning, als Bürger-Energiegesellschaft in Form einer AG, die primär einen Impact verfolge und auf die kein Unternehmen der klassischen Energiewirtschaft und kein internationaler Finanzinvestor Einfluss nehmen solle, weshalb die Aktien der Gesellschaft auch nicht an der Börse gehandelt würden. Banning ist nach eigenem Bekunden überzeugt, dass die Mehrzahl mittelständischer Familienunternehmen in erster Linie nicht an Profitmaximierung orientiert sei, sondern an dem Wohlergehen der nachfolgenden Generationen, was starken Einfluss auf die Ausrichtung eines Betriebs habe: »Da ist nicht entscheidend, was ich im Jahr verdiene, sondern wie das Unternehmen an sich funktioniert und wie man das an die nächste Generation übergeben kann. Paradebeispiele findet man eigentlich überall, angefangen vom Handwerk über die Landwirtschaft bis zu größeren produzierenden Betrieben.«

Prosozial statt asozial: Unsere erste normative Insel, die wir besucht haben – Sie erinnern sich? –, lässt grüßen.

Für Banning ist bis heute nicht relevant, welche Rechtsform das Unternehmen hat. »Es geht darum, welche Satzung man sich gibt, mit welchen Strukturen und Logiken sie umgesetzt wird, welche Philosophie die

Unternehmensleitung verfolgt.« Das oftmals beschworene Stereotyp, dass eine Genossenschaft per se besser als eine Aktiengesellschaft sei, »stimmt einfach nicht«, so der langjährige CEO. Es komme in erster Linie darauf an, dass jede Aktionär:in aus inhaltlichen Gründen Teil des Unternehmens werde, um die Transformation der Wirtschaft voranzutreiben. Das zeigte sich auch in den ersten 16 Jahren des Unternehmens an der Dividendenausschüttung. Die Aktionär:innen verbaten sich, auch nur einen Cent zu bekommen – das gemeinsame Ziel, den Energiesektor umzukrempeln und damit einen kleinen Teil zur Gesundung des Planeten und einen Positivbeitrag zu leisten, wog schwerer als die Gewinnausschüttung. AG hin oder her.

Banning sieht im Vergleich zur Genossenschaft in der Unternehmensform der AG einen entscheidenden Vorteil: im Fragerecht als Teil der Mitgestaltung eines Unternehmens. Er habe oft genug erlebt, wie der Vorstand einer Genossenschaft auf einer Generalversammlung Diskussionen einfach abwürgte. Dagegen schreibt das Aktiengesetz vor, dass alle Fragen von Aktionär:innen beantwortet werden müssen, vorher darf keine Hauptversammlung beendet werden beziehungsweise es gibt das Recht für Klagen. Er ist überzeugt: »Die Fragen selbst vom Kleinstaktionär hat viel mehr Wirkung auf die Leute, die auf dem Podium sitzen, als die zugeben würden. Das wirkt maßgeblich nach innen.«[135]

So hat die *naturstrom AG* nicht nur einen Strauß nachhaltiger Produkte für die Energiewende nach außen, sondern setzt auch innerhalb des Unternehmens alles daran, ökologisch sauber zu arbeiten. Es gibt Büromaterialien aus recycelten oder nachwachsenden Rohstoffen, Bio-Lebensmittel, man fährt Bahn oder mit firmeneigenen E-Autos, verwendet klima- und umweltfreundlich produzierte Druckmedien und vieles mehr, was von einer eigenen Nachhaltigkeitsgruppe diskutiert und umgesetzt wird. Da sprechen wir noch nicht vom Engagement übers Firmengelände und -portfolio hinaus: von den 5200 Solar-Home-Systems für Familien in Bangladesch, von der Wasseraufbereitung in Kenia als Kompensation für den CO2-Ausstoß beim Bau der Öko-Kraftwerke, von PV-Anlagen auf Grundschulen und Kliniken in Madagaskar und Gambia. All diese Aktivitäten sind zwar teuer und schmälern kurzfristig den monetären Gewinn, nicht aber langfristig den ideellen für Klima und Umwelt oder die Motivation der Mitarbeitenden. Eine Aktiengesellschaft kann also auch Impact-orientiert sein.

Doch die vorherrschende Rechtsform großer Unternehmen, die börsennotierte Aktiengesellschaft, hat das Prinzip Gewinnmaximierung, also »Profit First«, als oberstes Ziel und eben nicht »Impact First« zentral verankert

Es ist inhärent: Quartalsberichte und ständige Beobachtung der finanziellen Wertentwicklung führen unter anderem zur Bevorzugung von Kurzfristigkeit über längerfristigen, klugen »strategic foresight«. Das führt strukturell dazu, dass die sozialökologische Wirkung in der Welt regelmäßig keine hohe Relevanz in den Unternehmensentscheidungen hat. Auch Impact-orientierte Start-ups können im Wettbewerb schnell in den Sog von Gewinnmaximierung und größtmöglicher Exit-Option gelangen.

Unabhängig vom rechtlichen Konstrukt kann der Zweck eines Betriebs jederzeit darin bestehen, im Rahmen der planetaren Grenzen zu wirtschaften und mindestens einen Positivbeitrag in ökologischer oder sozialer Hinsicht zu fokussieren. Die Rechtsform kann das erleichtern oder erschweren. Eine Rechtsform mit unabänderlicher Vermögensbindung, die über Generationen wirkt – wie sie die neue *Gesellschaft mit gebundenem Vermögen* ermöglichen würde –, wird die Dynamik womöglich am substanziellsten ändern; sie wirkt langfristig und verlässlich nach innen und nach außen. Aber auch in existierenden Rechtsformen kann sich einiges ändern: die Herangehensweise, die Ausgestaltung von Verträgen und Satzungen, die langfristige Orientierung, die Haltung der Verantwortlichen in den Unternehmen und das Wertegerüst der Inhaber:innen.

So, liebe Reisende in die Welt der verantwortungsvollen Eigentumsformen. Sie dürfen gerne die Augen wieder öffnen. Und nein, Sie haben nicht geträumt. Die erwähnten Unternehmen gibt es wirklich. Und ihre Konzepte sind umsetzbar.

Wer auf »Impact First« setzt, kann mit der richtigen Wahl der Rechtsform und ihrer Ausgestaltung einen wichtigen Grundstein für das Wirtschaften im »safe and just space« legen. Was es braucht, ist nicht viel. Nur Mut.

Insel 10: Schöner kommunizieren

ZENTRALE BEGRIFFE UND INHALTE

- **Transparenz, Ehrlichkeit, Mut & Humor**
- **Nachhaltigkeitsberichterstattung**
- **Begeisterung entfachen**
- **Kommunikation nach außen und nach innen**
- **Unperfektes kommunizieren**

Wer nach unserer Fahrt auf die kleine strategische Insel der Kommunikation fröstelt, kann sich eine der Decken nehmen und an unser Lagerfeuer kommen. Nehmen Sie nur Platz und wärmen Sie sich ein wenig auf. Schauen Sie ins Feuer, lassen Sie für einen Augenblick die Gedanken schweifen und blicken Sie gerne auf die bisherigen Inseln im Strategie-Atoll zurück. Wir hoffen, dass Sie bislang eine gute Fahrt hatten und wir Sie mit inspirierenden Gedanken versorgen konnten.

Wir sollen einen Augenblick die Klappe halten? Na gut … Nehmen Sie sich nur Zeit. Wir sprechen auch nur ganz leise weiter.

Wir wollen nicht viele Worte machen. Na ja, ein paar schon. Schließlich geht es im Folgenden genau darum. Ums Wort. Wenn man einen neuen Kurs einschlägt, ist es wichtig, darüber auch zu sprechen. Und es lohnt sich, zu reflektieren, auf welche Art auf dem Weg zum »safe and just space« zu kommunizieren ist oder wäre. Wir könnten es uns einfach machen und Ihnen sagen: Kommunizieren Sie halt darüber, dass Sie Ihr Unternehmen nun anders ausrichten. Nutzen Sie die Standards für Nachhaltigkeitsberichte und achten Sie darauf, Greenwashing zu vermeiden. Wir glauben aber, es steckt mehr im Thema Kommunikation.

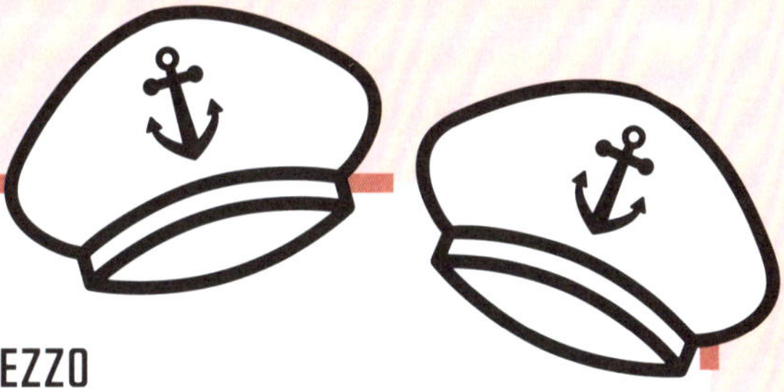

KAPITÄN:INNEN-INTERMEZZO

»Sehr geehrte Green Ferry-Reisende, wir haben viel diskutiert, ob sich beim Kurs auf ›Impact First‹ auch die Art zu kommunizieren notwendigerweise ändert und wir hier eine weitere Insel anfahren möchten. Es gibt wenig konkrete Methoden, wie beispielsweise eine neue Art der Portfoliosteuerung, die wir Ihnen an die Hand geben könnten. Aber unsere persönliche Erfahrung sowie die jahrzehntelange Beobachtung des Marktes zeigen: Der Paradigmenwechsel zum konsequent nachhaltigen Wirtschaften gelingt einfacher mit einem zumindest in Ansätzen anderen strategischen Umgang in der Kommunikation.

Auch wenn wir, Ihre Kapitän:innen, keine ausgewiesenen Kommunikationsexpert:innen sind und die Schnittstellenbereiche Marketing und Vertrieb nicht zu unseren absoluten Fachgebieten zählen, haben wir in den Jahren als Nachhaltigkeitsberater:innen viel gesehen und Erfahrungen in diesem Feld sammeln dürfen, sodass wir uns erlauben, diese weiterzureichen. Uns geht es primär um die Perspektiven der Strategie und der Haltung – erwarten Sie keine Kommunikationstechniken, die finden Sie in anderen Büchern.
Drei Aspekte sind aus unserer Sicht in der internen wie externen Kommunikation relevant zu ändern beziehungsweise zu verstärken: erstens mehr Transparenz über Dilemmata in der Entscheidungsfindung, zweitens mehr Ehrlichkeit im Umgang mit Kurskorrekturen (was gemeinhin als Revision von Fehlentscheidungen bezeichnet wird) und drittens mehr Mut – Mut zum Fragenstellen, Mut für vielleicht auf den ersten Blick unkonventionelle Aktivitäten und Mut zu einer zuhörenden, dialogischen Kommunikation. Mit der bewussten strategischen Entscheidung für diese drei Kommunikationsmerkmale – Transparenz, Ehrlichkeit und Mut – werden Sie unserer Meinung nach Ihren neuen Weg deutlich erfolgreicher begehen – vielleicht sogar mit Humor.«

Ist Ihnen schon wärmer am Lagerfeuer?

Konsequente Nachhaltigkeit und
[Kom]munikation idealerweise im Einklang

Grundsätzlich gesagt: Seine Klappe halten ist längst keine Option mehr, auch wenn der Volksmund sagt: »Reden ist Silber. Schweigen ist Gold.« Das ist aber Blech. Zumindest, wenn man sich dem Thema der Kommunikation im Transformationsprozess zuwendet. Da kann man nicht genug aufklären, verständlich machen, werben, diskutieren, sich den Mund fusselig reden. Wer den Pfad in den »safe and just space« einschlägt, ist gut beraten, die Belegschaft, die Investor:innen, Lieferant:innen und sonstige Stakeholder:innen auf die Reise mitzunehmen. Dazu braucht es Substanz in der Nachhaltigkeit sowie eine klare Kommunikation, die von Transparenz, Ehrlichkeit, Mut – und sogar von Humor geprägt sein darf. Auch, wenn es etwa um die Kommunikation von Produkten geht, über die niemand so recht sprechen mag. Kondome etwa. Oder Damenbinden. Wie beim Unternehmen *einhorn*. Und damit meinen wir nicht die Milliarden-Dollar-Einhörner. So weit ist das Unternehmen in Berlin noch nicht.

Das Unternehmen *einhorn* produziert seit 2015 nachhaltige Präservative und Periodenprodukte. Gegründet wurde es mithilfe einer Crowdfunding-Kampagne von Waldemar Zeiler und Philip Seifer. Von Beginn an mit absoluter Transparenz und Ehrlichkeit, geboren aus der tiefen Überzeugung: »Einfach zu behaupten, 100 Prozent fairstainable von Beginn an, wäre reines Greenwashing«, so Zeiler.[136] Diese Linie haben sie bis heute durchgehalten – und das mit viel Humor: Wer seinen und ihren Blick auf einen Nachhaltigkeitsreport werfen will, der unterhaltsam und gleichzeitig substanziell ist, dem und der seien die Fairstainability-Reports des Unternehmens ans Herz gelegt, die keine Frage offen lassen – vor allem aber auch den Weg des Unternehmens in jeden Bereich des ökosozialen Wirtschaftens nachzeichnen. Sogar die Verpackungen kommen in einem derart spaßbringenden Design daher, dass die meisten die Produkte einfach gerne in die Hände nehmen. Auch hier setzt *einhorn* auf Transparenz. Auf den Slip-Packungen etwa der *SlipFlip Hautschmeichel-Edition* – die übrigens mit »Viva la Vulva« beworben wird – ist auf einer Illustration nachzulesen, dass das Topsheet 31 Prozent des Produkts ausmacht, aus 100 Prozent zertifizierter Bio-Baumwolle besteht und dass die tansanischen Kleinbäuer:innen eine Abnahmegarantie für die Wolle haben und damit ein gesichertes Einkommen. Aber eben auch, dass das sogenannte Backsheet aus PP-Kunststoff besteht – mit dem Zusatz: »Da geht noch was: Wir forschen gerade an einer pflanzenbasierten Lösung.«[137]

Auf dem Blog des Unternehmens wird fleißig jede kleine und große Entscheidung kommuniziert – selbst dann, wenn man sich noch nicht einig über einen neuen Weg ist: Zuletzt hatte *einhorn* das Nachhaltigkeitslabel *B-Corp* verlassen, weil es nicht mehr zu den Bedürfnissen und den eigenen Ansprüchen passte, heißt es aus dem Unternehmen. Das Engagement und der New-Work-Ansatz hätten sich immer weiter ausgedehnt, zudem seien viele der *einhorn*-Ansätze zu unkonventionell und radikal, als dass sie durch die Kriterien der *B-Corp-Zertifizierung* ausreichend erfasst werden können. Auch die Ausrichtung am Shareholder Value, den Gewinnen für Investor:innen, sorgte für Bauchgrimmen. So erfährt man, dass intern gerade über eine Bilanzierung nach der *Gemeinwohlökonomie (GWÖ)* diskutiert wird oder man sich nicht gleich an der *Donut-Ökonomie* von Kate Raworth ausrichten sollte. Die ehrliche Kommunikation über Kurskorrekturen ist wichtig, schonungslose Transparenz über Dilemmata, um alle Stakeholder:innen mit auf die Reise der Nachhaltigkeit zu nehmen. Wer scheitert, dem wird verziehen, wenn er oder sie es offen zugeben.

Transparent, ehrlich, mutig – und dann auch noch humorvoll. Schon klar. Wir hören bereits die Konzernbosse stöhnen, dass Kommunikation in einem relativ überschaubaren Unternehmen viel einfacher ist als in einem Konzern mit Tausenden Mitarbeitenden und mit den Interessen von zig Stakeholder:innen im Nacken.

Natürlich: Je größer ein Unternehmen ist, desto herausfordernder die Aufgabe, schließlich reden wir hier über eine passgenaue, den Weg und das Ziel der Transformation adäquate Kommunikationsstrategie, die sich im Idealfall in eine übergeordnete Konzern-Kommunikation einbettet – wenn nicht sogar umgekehrt. Das Thema der Transformation sollte als roter Faden die Gesamtkommunikation durchziehen und ins Zentrum rücken. Die Königsdisziplin. Aber der Reihe nach.

Wir alle kennen das. Da stellt sich der oder die CEO eines Konzerns – eher digital – vor die Mannschaft und ruft einen konzernweiten »New Green Way« aus. Es werden Versprechungen gemacht, bis wann man bei den Emissionen das Netto-Null-Ziel erreicht haben will, es werden innovative Produkte angekündigt, die strikt nach ökologischen und sozialen Kriterien entwickelt werden sollen, dass man auf E-Mobility umsteigt und den Mitarbeitenden Räder zur Verfügung stellt, mit denen sie ganz nachhaltig von einem zum anderen Werkstor cruisen können. Wir wollen das nicht kleinreden, aber die Erfahrung ist meistens, dass großen Ankündigungen wenig bis nichts folgt. Das klassische Greenwashing, das wir während unserer Berater:innen-Tätigkeiten häufig erleben mussten. Dann landet irgendwann ein sogenannter Nachhaltigkeitsbericht auf den Schreibtischen der Mitarbeitenden oder im E-Mail-Postfach der entsprechende Link zum Download. Aber ganz ehrlich: Schaut sich den jemand an? Ein leitender CR-Mitarbeiter eines großen Konzerns hat uns einmal erzählt, dass die gedruckten Nachhaltigkeitsberichte sofort im Rollcontainer verschwinden. Auf Nimmer- und Nix-tun-Wiedersehen. Das war und ist nicht immer und überall so – und gerade viele der Menschen in den Nachhaltigkeitsabteilungen haben sich über Jahre hinweg mit großem und ehrlich motiviertem Einsatz für tatsächliche Veränderungen eingesetzt. Trotzdem: Die Nachhaltigkeitskennzahlen haben es bis heute selten zur gleichen Relevanz wie die Finanzkennzahlen gebracht. Selbst wenn der Hype um ESG in Investor:innengesprächen gerade anderes vermuten lässt. Wenn Nachhaltigkeit betrachtet und kommuniziert wird, dann nach wie vor oft eher als Add-on und selten als maßgeblicher (das ist das Wesentliche) Faktor der strategischen Entscheidungen im Unternehmen. Wahrer Impact ist auch heute selten ausschlaggebend.

Nachhaltigkeitsberichterstattung auf dem Weg zur Augenhöhe mit der Finanzberichterstattung

Aufgrund der regulatorischen Berichtspflichten ändert sich das gerade. Seit 2017 ist mit dem sogenannten *CSR-RUG (CSR-Richtlinie Umsetzungsgesetz)* eine erste Version der nationalen Regelung von EU-Vorgaben für die Nachhaltigkeitsberichterstattung von Unternehmen in Deutschland in Kraft. Darin ist vorgeschrieben, dass Unternehmen ab einer gewissen Größenordnung, und wenn sie kapitalmarktorientiert sind, ausgewählte Nachhaltigkeitsthemen wie Umwelt- und soziale Belange grundsätzlich kommunizieren müssen. Das hatte allerdings kaum Wirkung.[138] Ab 2024 wird dies nun klarer und vergleichbarer geregelt: Es müssen mehr Informationen veröffentlicht werden, die besser strukturiert und vergleichbarer sein sollen sowie strategische Pläne beinhalten, wie die Themen adressiert werden sollen. Besonders relevant: Die Nachhaltigkeitsinformationen müssen integriert in den regulären Jahresbericht veröffentlicht werden und erhalten dadurch eine höhere Relevanz – auch intern, weil dann klar ist, dass finanzielle und Nachhaltigkeitsinformationen gleichzeitig und in gleicher robuster Qualität am Start sein müssen.

Die Anforderungen sollen laut der *EU Corporate Sustainability Reporting Directive (CSRD)* eindeutiger und effektiver werden als bisher. Denn: »Heutzutage sind die Informationen über die Auswirkungen eines Unternehmens auf die Umwelt, die Menschenrechte und die Arbeitsethik lückenhaft, unzuverlässig und leicht zu missbrauchen«, so der parlamentarische Verhandlungsführer Pascal Durand aus der Fraktion *Renew Europe* gegenüber der Finanzplattform *Das Investment*. Und weiter: »Einige Unternehmen berichten nicht. Andere berichten über das, was sie wollen. Investoren, Verbraucher und Aktionäre sind ratlos. Von nun an wird eine saubere Menschenrechtsbilanz genauso wichtig sein wie eine saubere Bilanz.«[139] Das ist eine Ansage.

Einige Unternehmen berichten bereits heute gemäß *Deutschem Nachhaltigkeitskodex*, nach dem Standard der *Global Reporting Initiative (GRI)* oder haben sich mit anderen der mehr als zehn Berichtsansätze beschäftigt. Gerade bei größeren Unternehmen kann man bei fast allen mehr über den Status quo und die Fortschritte in den einzelnen Bereichen des Unternehmens hinsichtlich der Nachhaltigkeit erfahren. Ob es die planetaren Grenzen einhält, erfährt man aber meistens nicht. Oft sind es so viele Kennzahlen (bei *GRI* teils über 80), dass auch das eher verwirrt als zur Aufklärung beiträgt. Viele Unternehmen sind noch zögerlich, transparent über Hürden und negative Entwicklungen zu berichten.

Mutig – ehrlich – transparent

Andere schlagen eigene Wege ein. *BASF* zum Beispiel hat bei der Einführung seiner Sustainability-Portfolios nicht nur über Produkte mit Positivbeitrag gesprochen, sondern auch über Risiken und negative Effekte. Es wird klar kommuniziert, dass es einen Anteil von risikobehafteten Produkten im Portfolio gibt (Challenged), nicht nur, wie groß der Anteil von nachhaltigen Produkten mit Mehrwert für Umwelt und/oder Gesellschaft ist (Accelerator). Ein bemerkenswerter Schritt, der in der Nachhaltigkeitsszene viel beachtet wurde. Ein ehemaliger Manager erzählte uns von der Sorge vor der Reaktion – man habe jedoch erstaunlich gute Erfahrungen gemacht, auch bei Investor:innen. Offenheit hilft. Und Mut.

Mutig war auch *Unilever*. Die Firma, die global diverse sehr bekannte Marken des täglichen Bedarfs wie auch sehr bekannte Eissorten (ja, wir mögen Eis, und nicht nur *Ben&Jerry's* …) managt, hatte nach der Amtsübernahme von Paul Polman als CEO seine vierteljährliche Kapitalmarktkommunikation ausgesetzt, um sich dem Druck der Stakeholder:innen zu entziehen. Ein beachtlicher Schritt für ein Riesenunternehmen, sich dem Kurzfristigkeitsdruck der Gewinnmaximierung entziehen zu wollen, um langfristig erfolgreich zu wirtschaften. Doch so radikal blieb das nicht. Die Umsatzzahlen werden weiterhin quartalsmäßig berichtet – dafür die Gewinnzahlen bis heute nur alle sechs Monate. Also zumindest eine kleine Entzerrung des Margen- und Profitdrucks. Spannend ist, wie aus Einsicht Handlung entstand und dass der CEO die Verantwortung übernommen hat. Paul Polman hat den Konzern von 2009 bis

2019 geleitet und zumindest im vorherrschenden »Best-in-Class«-Denken auch sehr aktiv und erfolgreich in Richtung Nachhaltigkeit verändert. Mit der Finanzberichterstattung hat er sich ans Herzstück des börsennotierten Aktienmarkts herangetraut. Seine Überzeugung: »Es ist klar, dass die Kurzsichtigkeit der Aktionäre ausgedient hat. Wir müssen beginnen, eine Gewinndefinition zu verwenden, bei der Menschen, Gesellschaft und Umwelt gleichermaßen profitieren.«[140] Polman zeigt damit zumindest in Ansätzen: Es kann auch anders gehen. *Unilever* ist daran nicht kaputtgegangen. Und viele inspiriert der Schritt – auch heute noch.

Unilever traute sich auch im Marketing etwas. Die Pflegemarke *Dove* machte als erste große Marke aktiv mit Curvy Models Werbung. Das Statement für ein anderes Schönheitsideal war kraftvoll. Mutig – und im Konzern zunächst hart diskutiert. Doch erfolgreich. Es hatten nicht alle bei Unilever gedacht, dass eine derart öffentliche Resonanz und Berichterstattung erzeugt werden würde – im positiven Sinne.

Noch ein Beispiel für Mut und Transparenz in Kommunikation und Marketing ist *Patagonias* Kampagne: »Kauf diese Jacke nicht«. *Patagonia* ist ein Hersteller von Outdoorkleidung und -ausrüstung und wollte auf seine vier Prinzipien: »Reduce, Repair, Reuse and Recycle« (Reduziere, Repariere, Verwende wieder und Recycle) aufmerksam machen. Die Anti-Jacken-Anzeige – unter anderem prominent in der *New York Times* veröffentlicht – hielt neben dem Claim auch harte Fakten bereit. So erfuhr man, dass die Herstellung der auf der Anzeige abgebildeten Jacke 135 Liter Wasser erfordere, was dem Tagesbedarf von 45 Menschen entspreche. Beim Transport ins Lagerhaus entstünden zehn Kilogramm CO2 oder 24-mal das Eigengewicht der Jacke, zwei Drittel ihres Gewichts würden als Abfall anfallen.[141] *Patagonia* hat große Anstrengungen unternommen, um die Umweltwirkung seiner Produkte zu reduzieren wie auch deren Nutzungsdauer zu verlängern. Vor diesem Hintergrund wirkte die (selbst)kritische Anzeige glaubwürdig. *Patagonias* Beherztheit und Glaubwürdigkeit wurden auch finanziell belohnt: Es wurden mehr Textilien verkauft.

Begeisterung entfachen als bewusstes Ziel der Nachhaltigkeitskommunikation

Natürlich gibt es je nach Zielgruppe unterschiedlich relevante Kommunikationskanäle. Konsistenz und gute Vermittlung sind wichtig. Aber stopp! Wir wollen kein langes Proseminar darüber halten, was gute Kommunikation ausmacht, das können andere viel besser – nur so viel: Egal, in welche Zielgruppe Sie mit Ihrer Kommunikation über den Transformationspfad hineinrufen, Sie haben es immer – ach was?! – mit Menschen zu tun. Nichts begeistert Menschen mehr als gute Geschichten, ein gutes Narrativ, designt in einer guten Dramaturgie, die fesselt und die Sinne anspricht. Der Neurobiologe Gerald Hüther spricht hier von der »Gießkanne« der Begeisterung[142], die notwendig sei, denn nur wer freudig und lustvoll an Aufgaben oder insgesamt das Leben gehe, würde es selbstwirksam, mutig und zupackend bewältigen.

Wer also will, dass man ihm oder ihr zuhört, sollte gute Worte wählen. Das heißt je nach Zielgruppe den Mut aufbringen, Informationen zu vereinfachen und in plakative, allegorische Bilder ansprechend zu verpacken und unkompliziert zur Verfügung zu stellen. CEOs und Führungsmanager:innen sind dabei gefragt, die Komplexität des Themas auf den Punkt zu bringen. Man muss sich immer vor Augen halten, dass Unternehmenskommunikation mit einer Vielzahl und immer wirkmächtigeren anderen Medien um die Aufmerksamkeit der Rezipient:innen konkurriert. Wenn Mitarbeitende oder Kund:innen die Wahl zwischen einer Netflix-Serie und Nachhaltigkeits-News haben, muss man nicht lange nachdenken, was sie sich lieber anschauen würden. Uns ist wichtig: Wenn man es mit der konsequenten Nachhaltigkeit aufgesetzt hat, sind es gute Geschichten und/oder »Gamification«-Ansätze, die wir insbesondere der Nachhaltigkeit wünschen. Denn Begeisterung hilft besser, Dinge anders zu machen, als das pure Verständnis. Es geht nicht nur um »Awareness«, sondern darum, dass man Lust hat, die Dinge anders zu machen. Das funktioniert mit guter Kommunikation.

Unsere Co-Kapitänin hat deswegen vor vielen Jahren das Unternehmen *Schöne neue Welt delüx!* gegründet. Zusammen mit ihren Co-Gründer:innen, Designer:innen von der Design-Uni *ecosign*, hat sie kleine Accessoires entwickelt, die nachhaltige Verhaltensänderungen attraktiv gemacht haben. Einer der Leitsätze war »Der erhobene Zeigefinger bleibt im Keller«. Zum Beispiel war klar, dass Leitungswasser dem Flaschenwasser in vielen Aspekten überlegen ist – gesünder, billiger, weniger zu schleppen, viel, viel weniger CO2 als ein aus Frankreich angekarrtes Flaschenwasser.

Trotzdem ist das Flaschenwasser oft cooler. Darum hat das Team coole Labels für Leitungswasser entwickelt, die man sich in Form von Aufklebern auf seine Mitnehmflasche oder Karaffen kleben kann. Viele Kund:innen haben nicht nur verstanden, dass Leitungswasser gut ist – sondern hatten einfach mehr Spaß daran. Die positive emotionale Aufwertung des Nachhaltigeren, die Begeisterung und Freude daran, können große Motivation auslösen, und sogar eine größere, als die Dinge nur kognitiv zu verstehen.

Das dachte sich auch Stephan Engel. Der ehemalige CR-Manager bei der *OTTO*-Holding hatte im Unternehmen erlebt, wie das Thema der Digitalisierung in die Köpfe der Mitarbeitenden getragen werden sollte. Das wurde mit einer Video-Serie gemacht.

Stephan Engel hat diese Idee auf das Thema der Nachhaltigkeit angewandt und baut derzeit sein Start-up *Seed17.academy* auf. In seine Lernvideos, produziert mit einer der renommiertesten Filmproduktionsfirmen Europas, fließen die neuesten didaktischen Erkenntnisse zusammen mit Edutainment, Wissenstransfer und Zukunftsorientierung, ganz ohne Doomsday-Rhetorik. Verpackt in kleine Filmhappen von je zehn Minuten. So erklärt TV-Moderator Michel Abdollahi als Anchorman SDG, *EU-Green-Deal, EU-Taxonomie*, das *Lieferkettengesetz* und andere grundlegende Rahmenwerke der Nachhaltigkeit in unterhaltsamer Form. Als Verlängerung der Lernvideos soll es außerdem ein Online-Game geben, das das in den Filmen erworbene Wissen spielerisch vertieft und schließlich über Trainer:innen ganz real vor Ort in Innovationsprozessen zur

Anwendung bringt. Damit will Engel nicht nur eine gemeinsame Wissensbasis in den Unternehmen schaffen, sondern nach eigenen Worten ein Mindset mit Zukunftsoptimismus prägen.[143] Ein ambitioniertes Unterfangen. Aber ein guter Versuch. Was wir damit sagen wollen: Auch Storytelling erfährt eine Professionalisierung und bietet interessante Impulse für eigene Erzählformate.

Klar, bei Kommunikation denken wir oft nur an externe Kommunikation oder an die Positionierung des Unternehmens bei wichtigen Stakeholder:innen.

Aber auch nach innen ist gute Kommunikation maximal wichtig. Das bedeutet schließlich Veränderung. Die funktioniert nur, wenn alle oder zumindest eine kritische Masse richtig Bock haben, mitzumachen.

Was nach innen fataler ist als nach außen: wenn Kommuniziertes sich nicht in der gelebten Realität im Unternehmen wiederfindet. Dann kann zu viel Nachhaltigkeitskommunikation sogar kontraproduktiv werden: In einem großen Unternehmen, dessen Name hier nichts zur Sache tut, hatte sich der CEO lautstark und nachdrücklich für Nachhaltigkeit ausgesprochen. Doch leider ohne stringente Folgen im Konzern – für die tatsächlich relevanten Entscheidungen blieb die schöne neue Welt des CEO folgenlos. Es wurden keine Mechanismen implementiert, damit die Forderungen des Chefs umgesetzt werden konnten. Ein riesiges Versäumnis. Als wir schließlich eine Befragung unter Führungskräften vornahmen, stellten wir fest, dass die Lippenbekenntnisse des CEO zu Frustration, Zynismus, sogar bis hin zu Kündigungen geführt hatten. Ehrlichkeit ist auch in der internen Kommunikation wichtig. Gerade hier ist es noch wichtiger und zielführender, über Fehler und Dornen auf dem Weg zu sprechen.

Auch das Nicht-Perfekte kommunizieren

Egal, in welche Richtung kommuniziert wird, ob nach innen oder außen, die Nachhaltigkeitskriterien, ihre Bemühungen um sie, ihr Ringen um den besseren Weg, dürfen selbstbewusst als Teil des Erfolgs vorgetragen werden, sei es auf Investor:innen-Terminen, im Dialog mit den Medien oder auch mit den Mitarbeitenden. Auch wer auf dem Transformationspfad (noch) nicht alles perfekt macht, darf über sein Nicht-Perfektsein reden und damit sogar begeistern, siehe *einhorn* oder *BASF*. Oder das Unternehmen *Fairphone*, das ein gleichnamiges Mobiltelefon herstellt und allen großen Anbietern vormacht, dass es auch anders geht. Und noch längst nicht am Ziel seiner Bemühungen ist, weshalb es offen von »nachhaltigeren« Smartphones spricht und eben nicht von nachhaltigen Smartphones, von »faireren« Materialien und nicht von fairen Materialien. Weil es schlichtweg nicht stimmen würde. Aber: Trotzdem befindet sich das Unternehmen deutlich eher im Transformationskorridor hin zum »safe and just space« als seine Konkurrenten. Die Folge: Öffentlichkeit und Kund:innen schauen interessiert zu, wie *Fairphone* seine Produkte immer nachhaltiger macht. Man muss sich nur für diesen transparenten und ehrlichen Weg der Kommunikation strategisch entscheiden.

Ein gutes Stichwort. Wir setzen jetzt einmal einen Punkt und laden Sie ein, wieder mit uns an Bord zu gehen. Über Entscheidungen an sich und die Möglichkeiten, sie herbeizuführen, soll es auf unserer Überfahrt ins Atoll der operativen Entscheidungen gehen. Damit es nicht langweilig wird.

Hat da jemand gestöhnt?

Überfahrt zur operativen Inselgruppe: Wie entscheiden wir?

Alle zurück an Deck? Wir hoffen, dass Ihnen unsere Tour über das Atoll der strategischen Entscheidungen gefallen und Sie vielleicht sogar zum Nachdenken angeregt hat. Wir haben nun etwas Zeit, bevor wir die Inselgruppe der operativen Entscheidungen erreichen, und würden diese nutzen, Sie stärker mit einem speziellen Aspekt bekannt zu machen, der unserem Modell zugrunde liegt. Der Aspekt ist sehr alltäglich, gleichzeitig überaus komplex und wäre an sich ein eigenes Buch wert. Wir wollen diese Überfahrt nutzen, um Ihnen diesbezüglich einen Überblick zu geben. Und wenn es nur dazu dient, dass Sie – wie man heute sagt – awareness für dieses Thema entwickeln. Lassen Sie sich den Wind um die Nase wehen, öffnen Sie Augen und Ohren für unseren kleinen Exkurs. Es geht um Entscheidungen.

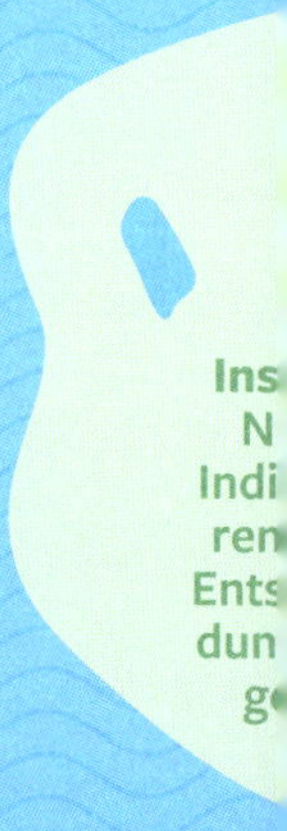

Das Leben ist voll davon. Jeden Tag aufs Neue. Von »Welche Hose ziehe ich an?« bis »Was esse ich in der Kantine?«. Alltagskram. Doch wir sollten uns bewusst machen, dass jede Entscheidung die Grundlage für ein Handeln bildet. In Unternehmen haben wir es ebenfalls mit einem Strom von Entscheidungen zu tun – auf allen Ebenen. Geht es um die grundsätzliche Neuausrichtung des Geschäftsmodells, steht ein Unternehmen vor einem weitreichenden normativen und strategischen Entschluss, der womöglich keinen Stein auf dem anderen belässt.

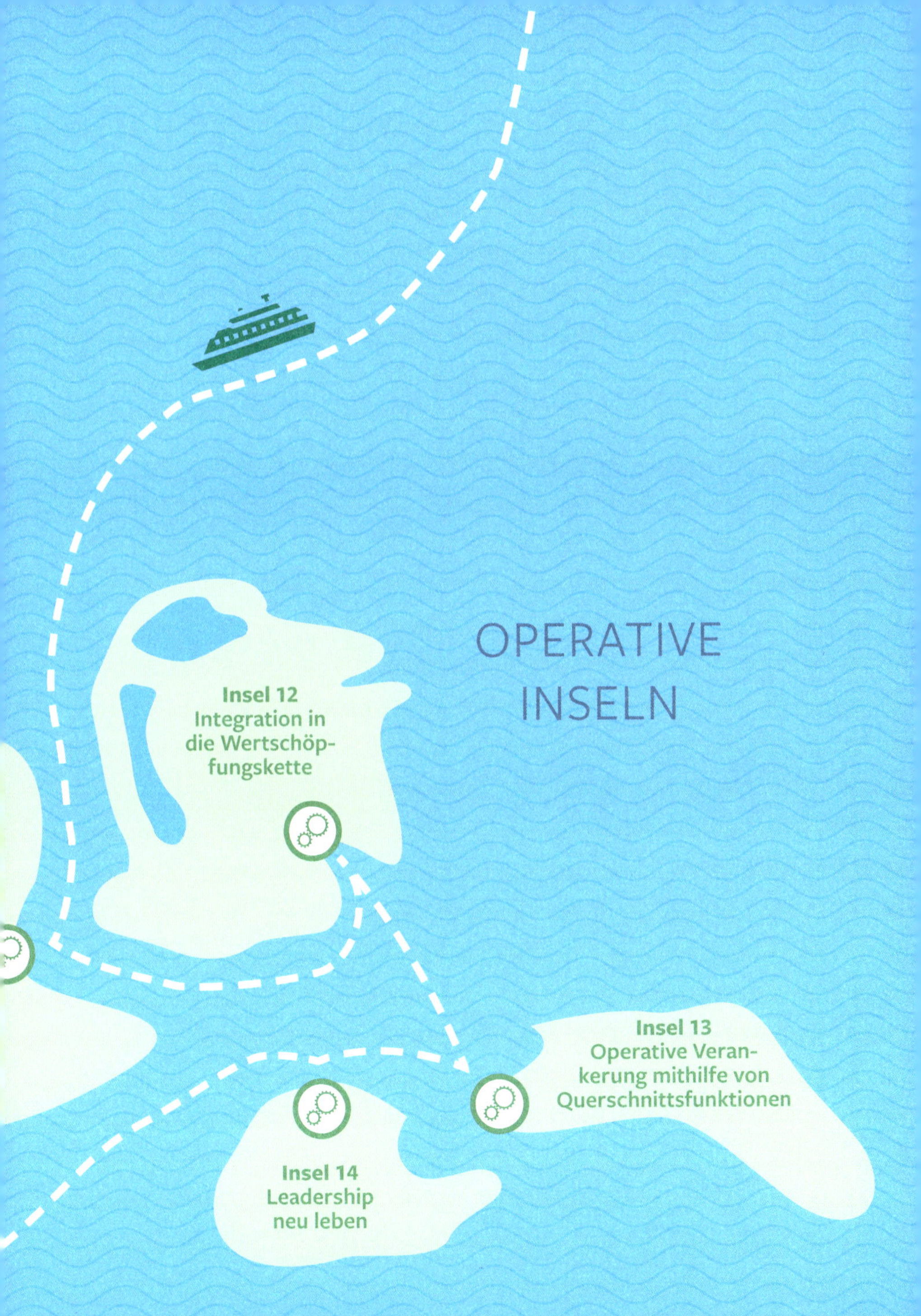
OPERATIVE INSELN
Insel 12
Integration in die Wertschöpfungskette
Insel 13
Operative Verankerung mithilfe von Querschnittsfunktionen
Insel 14
Leadership neu leben

ZENTRALE BEGRIFFE UND INHALTE

- **Entscheidungen**
- **Einzelentscheid**
- **Konsultativer Einzelentscheid**
- **Konsent**
- **Widerstandsabfrage**
- **Mehrheitsprinzip**
- **Konsens**

Das will gut überlegt sein, insbesondere von Eigentümer:innen und Führungskräften. Muss hingegen eine:r der Mitarbeitenden in der Produktentwicklung die Kabelführung einer neuen Kaffeemaschine entscheiden, kann das schnell auf Basis allgemein anerkannter Konstruktionsregeln erfolgen, ohne extra eine Arbeitsgruppe dafür einberufen zu müssen. Auf der operativen Ebene werden in Großkonzernen jeden Tag die meisten Für und Wider abgewogen, und natürlich auch in Bezug auf Nachhaltigkeit. Soll das Getreide fürs Brot in der Großbäckerei künftig biozertifiziert sein? Wie soll die Verpackung kleiner und damit ressourcenschonender werden? Wie können wir sicherstellen, dass wir den Frauen in unserem Unternehmen das Gleiche zahlen wie den Männern?

Egal auf welcher Ebene: Wer Entscheidungen fällt, sollte eine gute und abgestimmte Vorgehensweise haben, auf welche Weise sie herbeigeführt werden

Sprich: auf welchen Kriterien und Regeln sie beruhen. Denn viele Entscheidungen werden entweder Top-down getroffen oder verlaufen einigermaßen unstrukturiert. Jede:r, der etwas beizutragen hat, meldet sich zu Wort, Dauerredner:innen quatschen andere an die Wand, gewichtige Argumente fallen unter den Tisch, die Gespräche ziehen sich in die Länge, werden gar vertagt, ehe am Ende eine wie auch immer geartete Entscheidung steht. Das geht auch anders. Nur wie? Auf der einen Seite der Skala finden wir den Klassiker: Die Führungskraft entscheidet (eben Top-down) allein. Auf der anderen Seite des Spektrums finden wir so etwas wie Basisdemokratie.

Konsequent entscheiden

Hier ein kleiner, zugegebenermaßen holzschnittartiger Überblick über verschiedene konsequente Wege von Entscheidungsfindungen, geordnet nach der Anzahl der Personen, die eine Entscheidung treffen und mittragen müssen. Völlig wertfrei. Die Entscheidung über die Entscheidungsform muss schließlich jede:r selbst treffen. Und vor allem: Was der beste Weg zur Entscheidungsfindung ist, hängt ganz stark von der spezifischen Entscheidung ab, die getroffen werden soll.

Es ist im Alltag sehr hilfreich, sich nicht bei jeder Frage abstimmen zu müssen. Zum Beispiel kann ich selbst entscheiden, dass ich Stracciatella-Eis und nicht Pfirsich nehme. In Unternehmen dürften den alleinigen Einzelentscheid viele kennen: Eine Person hat aufgrund ihrer zugewiesenen Position die Autorität und Befugnis, Entscheidungen allein und/oder für das Team zu fällen. Diskussionen und das Einbeziehen der Teammitglieder – Fehlanzeige. Die Vorteile: Entscheidungen können von jetzt auf gleich gefällt und die Verantwortlichkeiten eindeutig einer Person zugeordnet werden. Die Nachteile: Wissen und Know-how der Gruppe bleiben ungenutzt. Entscheidet eine Führungskraft entgegen der Meinungsvielfalt der Mitarbeitenden, läuft sie sogar Gefahr, erheblichen Widerstand zu ernten, der zu einer geringeren Leistungsbereitschaft und Produktivität führen kann.

Unsere Einschätzung im Unternehmenskontext: Bei größeren Entscheidungen eher etwas für die Zack-Zack-Autoritären, für neuere Organisationen wahrscheinlich eher old school. Wer sein Team mag und einen Anspruch an kollegiale Arbeit hat, lässt lieber die Finger davon. Es sei denn, es geht um die wirklich kleinen Entscheidungen im Alltag. Klar ist aber auch: Über die Farbe des Post-its auf dem Whiteboard sollte man nicht lange diskutieren. Sondern einfach machen.

Der konsultative Einzelentscheid

Eine Person trifft allein die Entscheidung, ist aber verpflichtet, zuvor eine vereinbarte Anzahl von Expert:innen und/oder Betroffenen in den Prozess der Entscheidungsfindung einzubeziehen. Wichtig ist, den Prozess der Konsultation zu klären, also wer wie und wann einbezogen wird – und auf welche Art und Weise die Konsultation Einfluss auf die Entscheidung haben darf. Auch hier können schnell Entscheidungen getroffen werden, die aber im Gegensatz zum alleinigen Einzelentscheid unter Berücksichtigung vieler und/oder notwendiger Meinungen und Perspektiven einen höheren Grad an Solidität und Rückhalt erfahren. Angewendet haben wir Kapitän:innen das beide jeweils an diversen Stellen – es macht uns einfach mehr Spaß, Entscheidungen vorher mit mehr Köpfen durchdacht zu haben.

Unsere Einschätzung im Unternehmenskontext: Geeignet für alle, die die Hosen (oder Röcke) anbehalten und gleichzeitig Schwarmintelligenz einbeziehen wollen. Eine gute Übung auf dem Weg für noch mehr Partizipation. Aber auch empfehlenswert, wenn es schnell gehen muss.

Der Konsent (oder auch: Einwandabfrage)

Ja, Sie haben richtig gelesen: Konsens mit »t«. Das Prinzip stammt aus dem demokratischen Organisationsmodell der sogenannten Soziokratie, in dem ganze Gruppen über für sie relevante Themen entscheiden, wobei die Teilnehmenden sich nicht im Sinne eines Konsens einig sein müssen, aber ihr Einverständnis zu einer Lösung geben, auch wenn sie ihnen nicht richtig erscheint. Ganz praktisch funktioniert das wie folgt: Für die Entscheidung erarbeitet ein Gruppenmitglied einen Vorschlag und stellt ihn dem Team vor. Jedes Teammitglied hat eine Stimme und kann einen Kommentar dazu abgeben. Hat jemand schwerwiegende Gegenargumente und legt sein Veto ein, muss der Vorschlag vom Einwandgeber überarbeitet und neu vorgelegt werden. Das Veto löst also die Pflicht aus, sich um einen Lösungsvorschlag zu kümmern – eine gute Hürde, die den einen oder die andere noch einmal darüber nachdenken lässt, ob er oder sie wirklich widersprechen möchte. Dieser Prozess wiederholt sich, bis kein Veto mehr erfolgt und alle mit der Entscheidung gut leben können.[1]

Einwände, aber auch Zustimmungen mit Bedenken, werden beim Konsent als Beitrag für eine bessere Lösung verstanden und sind explizit Teil des Prozesses. Relevante Argumente und Bedenken werden notiert. So können sich Teilnehmer:innen mit strukturell weniger Macht gleichwertig einbringen. Eine Konsent-Entscheidung kann bei Bedenken vorläufig gefällt werden. Das Protokoll einer Sitzung kann zum Beispiel in die Wiedervorlage und im nächsten Meeting oder nach einer bestimmten Zeitspanne abermals auf den Tisch kommen, um zu überprüfen, ob die Bedenken sich verflüchtigt haben oder eingetreten sind oder ob es vielleicht sogar neue gibt. In den letzten beiden Fällen beginnt der Prozess in der Gruppe von Neuem. Im Ergebnis kann dieses Prinzip zeitaufwendig sein, erhöht aber die Akzeptanz und zwingt die Gruppe im Idealfall, sich intensiv und in der Tiefe mit einem Thema auseinanderzusetzen. Vor allem werden mögliche Risiken besser und schneller erkannt sowie gemonitort – und die Bedenken müssen nicht zu einer Ablehnung führen, sondern können Zeit erhalten, sich als begründet oder als unbegründet herauszustellen. Die Organisation *Reinventing Society – Zentrum für Realutopien*, die unsere Co-Kapitänin mitgegründet hat, verfährt häufig nach diesem Prinzip – und das sehr erfolgreich.

Unsere Einschätzung im Unternehmenskontext: Für alle, die in einem geordneten Verfahren um die beste Lösung ringen und eine hohe Akzeptanz im Team einholen wollen. Kann für Freund:innen von Schnelligkeit eine Herausforderung sein, kann aber bei Bedenkenträgern den Weg zu einer zumindest vorläufigen Einigung ermöglichen.

Wer laut aufstöhnt und den Konsent als wirklichkeitsfremd abtut, dem sei der Schnellkonsent ans Herz gelegt. Manchmal dulden schwerwiegende Entscheidungen keinen Aufschub, dann wird in der Gruppe ohne weitere Diskussion eine Vetoabfrage vorgenommen. Gibt es keinen Einwand, gilt der Vorschlag als angenommen und kann sofort umgesetzt werden. Legt jemand Widerspruch ein, muss er oder sie noch während der Sitzung einen Gegenvorschlag machen, über den abgestimmt wird. Hier kann man die Anzahl der Vetoschlaufen limitieren, um überhaupt zu einer Entscheidung zu kommen. Und man kann neben dem Veto einfach kurz die Bedenken aufnehmen und auf Wiedervorlage legen. Erprobt unter anderem auch in politischen Arbeitsgruppen und für sehr gut befunden.

Unsere Einschätzung im Unternehmenskontext: Für überschaubare und einfach zu erklärende Entscheidungen geeignet. Kann auch eingesetzt werden, wenn man sich im üblichen Konsent-Verfahren wund läuft. Ideal, um schnelle Entscheidungen zu treffen, bei denen manche Bauchschmerzen haben – denn diese werden trotzdem berücksichtigt.

Die Widerstandsabfrage (oder: systemisches Konsensuieren)

Das ist ein gutes Verfahren, wenn es verschiedene Lösungsvorschläge gibt. Die Gruppe trifft die Entscheidung, die den geringsten Widerstand erfährt. Zum Beispiel: Man vereinbart eine Widerstandsskala, etwa von 0 bis 10, wobei 0 »kein Widerstand« und 10 »maximaler Widerstand« bedeutet. Nun lässt man jeden Vorschlag nach diesem Prinzip bewerten, anonym oder offen – der, der am wenigsten Widerstandspunkte auf sich vereint, hat gewonnen und gilt als entschieden. Vorteil: Es kommt definitiv zu einer Entscheidung. Nachteil: Es könnte ein Vorschlag verabschiedet werden, der einen hohen Widerstand erfahren hat.

Um das zu vermeiden, könnte die Gruppe vorher eine Punktegrenze festlegen, über die der Siegervorschlag mindestens kommen muss. Gleichzeitig wird vereinbart, was passiert, wenn ein Vorschlag nicht umgesetzt wird und vorläufig alles beim Alten bleibt – oder man der Führungskraft die Entscheidung überträgt. Alternativ: Die Top-3- oder Top-5-Ergebnisgewinner fließen ins Konsent-Verfahren ein.

Unsere Einschätzung im Unternehmenskontext: Für alle, die es eilig haben und eine Team-Entscheidung treffen möchten. Insbesondere auf der operativen Entscheidungsebene ein probates Verfahren. Aber auch auf komplexen Ebenen, um Widerstände zu entdecken und etwa Optionen auszuschließen.

Das Mehrheitsprinzip

Der sicher einfachste Gruppenentscheid: Jeder hat eine Stimme, um einen Vorschlag oder mehrere Vorschläge mit Ja, Nein oder Enthaltung zu bewerten. Erhält ein Vorschlag keine Mehrheit, ist er abgelehnt. Stehen unterschiedliche Vorschläge auf der Agenda, gewinnt der mit den meisten Stimmen (es gibt auch noch Abwandlungen, aber das führt hier zu weit). Bekannt ist das Mehrheitsprinzip aus vielen unserer demokratischen Entscheidungen. Auch dieses Verfahren führt in der Regel zu einer schnellen und klaren Beschlussfassung. Allerdings kann es sein, dass enge Ergebnisse zu Gruppenbildung und damit zur Nichtakzeptanz bei einer großen Zahl von Teammitgliedern führt. Das Mehrheitsprinzip kennen wir außerdem aus Generalversammlungen von Kapitalgesellschaften.

Unsere Einschätzung im Unternehmenskontext: Für alle Liebhaber:innen der klassischen Demokratie und der fixen Entscheidungen. Geeignet eher für Entscheidungen mit ähnlicher Relevanz für alle Beteiligten, beispielsweise der Kantinenumbau, als für die Entscheidung über eine Produkteinführung.

Der Konsens

Kritiker sprechen despektierlich vom Friede-Freude-Eierkuchen-Kompromiss. Muss nicht sein: Wenn man dieses Prinzip ernst nimmt, führt es zu Entscheidungen, denen alle Mitglieder uneingeschränkt zustimmen können, es erzielt also die höchste Akzeptanz. Die Realität sieht jedoch oft anders aus: Der Entscheidungsprozess mit diversen Diskussionsschlaufen dauert so lange, dass man entweder zu gar keinem Entschluss kommt oder aber die Vorschläge derart geschleift werden, bis sie im kleinsten gemeinsamen Nenner münden. Das kennt man vor allem im Rahmen von Politikprozessen – nicht nur innerhalb von Parteien und Fraktionen, sondern auch in Regierungskoalitionen, vor allem aber aus Brüssel: Dort zwingt das Konsensprinzip, die Einstimmigkeit, den Rat der Europäischen Union dazu, wesentliche Entscheidungen aufzuweichen, weil sie von nur einer Regierung blockiert werden können.

Beispielhaft für einen erfolgreichen Konsens könnte die Trittleiter-Methode angewandt werden: Jedes Mitglied einer Gruppe arbeitet – getrennt von den anderen – einen Vorschlag für ein konkretes Problem aus. Nun diskutieren im ersten Schritt zwei Teammitglieder ihre Ansätze und führen sie nach Möglichkeit inhaltlich zusammen, ehe eine weitere Person dazukommt und seine oder ihre Idee präsentieren darf. Dann diskutieren die drei über diese und führen sie auf die nächste Konsensebene zusammen, bis alle Gruppenmitglieder und damit ihre Meinungen integriert sind. Die Freunde der Dialektik freuen sich.

Unsere Einschätzung im Unternehmenskontext: Wer vor Entscheidungen mit hoher Tragweite steht und die Diskussionen nicht ins Uferlose abgleiten lässt, kann vom Konsensentscheid profitieren. Er erfordert starke Nerven und manchmal viel Zeit. Mit der oben dargestellten Trittleiter-Methode kann das Erreichen von Einstimmigkeit strukturiert unterstützt werden. Für Werte-Entscheidungen kann so ein enormer Buy-in erzeugt werden.

So, nun lassen wir Sie noch ein wenig träumen. Am Horizont können Sie schon die Inselgruppe der operativen Entscheidungen sehen, auf denen es jetzt auf Unternehmen übertragen in deren Maschinenraum geht, also ins Alltagsgeschäft, in dem auf allen Ebenen und in allen Bereichen eine Entscheidung nach der anderen gefällt wird. Aber schauen Sie erst einmal aufs Wasser, bevor wir gleich tief in der Erde herumwühlen.

Die operativen Inseln: Machen, machen, machen

»In Wirklichkeit ist Strategie sehr einfach. Sie wählen eine allgemeine Richtung und setzen sie wie Hölle um.«[1]

Jack Welch, langjähriger CEO, *General Electric*

Nun geht es ans Eingemachte. Das soll keine Drohung, sondern ein Versprechen sein. Okay, das klingt ein wenig Furcht einflößend. Aber wie das mit dem Eingemachten so ist, kann es verdammt gut schmecken, seine Zubereitung Freude bereiten, man kann ausprobieren und verfeinern, neue Rezepte erfinden. Gesetzt den Fall, man beherrscht die Regeln des Einmachens. Und legt einfach mal los.

Machen Sie sich langsam bereit fürs Anlanden auf der ersten Insel unseres letzten großen Atolls, dem der operativen Entscheidungen. Unserem noch fehlenden Puzzleteil für eine gelingende Transformation. Was sind normative und strategische Neuausrichtungen wert, wenn sie nicht in operatives Handeln münden? Eben. Nicht viel. Alle drei Entscheidungsebenen müssen abgestimmt ineinandergreifen.

Die operative Verankerung ist für die meisten Unternehmen die größte Herausforderung

Weil es nicht nur nach Arbeit riecht, sondern leider auch ist. Doch essenziell, weil echte Veränderung genau diese letzte Übersetzungsleistung erfordert: ins Handeln kommen.

Das war das Credo von Jack Welch, dem ehemaligen CEO von *General Electric*. Eine Legende. Welch kam aus bescheidenen Verhältnissen, sein Vater war Eisenbahnschaffner, seine Mutter Hausfrau. 1935 kam er in einem kleinen Ort im Speckgürtel von Boston zur Welt, in Peabody, benannt nach dem Unternehmer und Investmentbanker George Peabody (1795–1869), dem größten Philanthropen seiner Zeit in den USA und Großbritannien. Doch Welch sollte dessen Namen noch einmal überstrahlen.

Der Chemieingenieur arbeitete ab 1960 in verschiedenen Positionen bei *General Electric*, ehe er 1981 an die Spitze des Unternehmens berufen wurde – und binnen 20 Jahren den Umsatz von 27 auf 130 Milliarden US-Dollar und damit den Mischwarenkonzern unter die 50 umsatzstärksten Unternehmen der Welt katapultierte. Seine recht einfache Geschäftspolitik: »Fix it, sell it or close it« – Reparieren, Verkaufen oder Schließen von Unternehmenssparten, die Verluste machten, bei gleichzeitigem Kauf von Zukunftstechnologien.[2] Ein Unternehmer der alten Schule. Ein harter Hund. Ein Mann aus dem letzten Jahrtausend, dem die Profitmaximierung des Shareholder Value über alles ging. Mit »Impact First« hatte er nicht viel am Hut.

Dafür wusste Welch um die Macht des Handelns. »In Wirklichkeit ist Strategie sehr einfach. Sie wählen eine allgemeine Richtung und setzen sie wie Hölle um.«[3] Wenn man sich von Welch etwas abgucken kann, ist es genau das. Er beherrschte die Übersetzung vom Strategischen ins Operative meisterhaft, da kann man sich die berühmte Scheibe abschneiden. Auch für unseren Transformationsprozess. Wir haben schließlich nie gesagt, dass alles am bisherigen Wirtschaften falsch ist. Die Marktwirtschaft setzt in ihrer grundlegenden Ausrichtung ungeheure Kräfte frei: Freiheit, Innovation, Freude am Ausprobieren, Umsetzen, Fortschritt. Wer Unternehmer:in ist, weiß, über was wir reden. Wenn wir auf unserer Reise Kritik üben, dann bezieht sich diese vor allem auf den Rahmen unseres Wirtschaftens, der derzeit nur ungenügend auf das Zielbild des »safe and just space« ausgerichtet ist. Wenn die Richtung aber stimmt, dann pflichten wir Welch zu 100 Prozent bei: »implement like hell« (so das englische Originalzitat). Machen, machen,

machen. Am besten maximal effektiv und effizient – also mit maximalem Impact und auf eine gute Art und Weise.

Wenn wir nicht ins Handeln kommen, ist nichts gewonnen.

Wir könnten sicher eine ganze Bibliothek über die normative Haltung und die strategische Ausrichtung vollschreiben und jahrelang darüber streiten. Oder auch über die Wissensgrundlagen – an der einen oder anderen Stelle könnte man sicher noch diese oder jene Studie machen, bevor ... Aber nein! Die Welt weiß genug, wir müssen nicht mehr warten. Ein Athlet, der den Iron Man absolvieren will, kann sich mental noch so gut vorbereiten, sich für seinen Wettkampf noch so viel Taktik zurechtlegen – wenn er oder sie nicht den ersten Schritt macht, kommt er nicht ins Ziel. Er muss zum Experten für jede Einzeldisziplin werden, er braucht Ausdauer, Härte gegen sich selbst, Durchhaltevermögen – ohne dabei die Freude und Leichtigkeit zu verlieren und die Fähigkeit, Niederlagen als Chancen zu erkennen und Erfolge zu feiern.

Wie bei Athlet:innen geht es auch im Unternehmen um jedes Detail. Jede alltägliche Entscheidung ist Teil des Räderwerks für Erfolg oder Misserfolg. Auf allen Ebenen: bei den Entscheidungen entlang der Wertschöpfungskette, in Einkauf oder Produktion, in den Querschnittsfunktionen wie Finanzen oder Personal.

Dort ist der Maschinenraum, dort müssen die normativen und strategischen Entscheidungen in operatives Handeln umgesetzt werden

Darum soll es auf der nächsten Inselgruppe gehen: Was bedeutet konsequent nachhaltiges Wirtschaften für die Unternehmensfunktionen und Mitarbeiter:innen im alltäglichen, operativen Entscheiden? Die Betonung liegt wie im gesamten Buch auf konsequent. Die Ausrichtung auf »Impact First« funktioniert nur, wenn man es entschlossen und konsequent durchzieht. Dafür braucht es neue Metriken und Entscheidungsregeln und -grundlagen, mit denen der Erfolg gemessen werden

7 ENTSCHEIDUNGSRELEVANZ AUF ALLEN EBENEN FÜR KONSEQUENT NACHHALTIGES UNTERNEHMERTUM

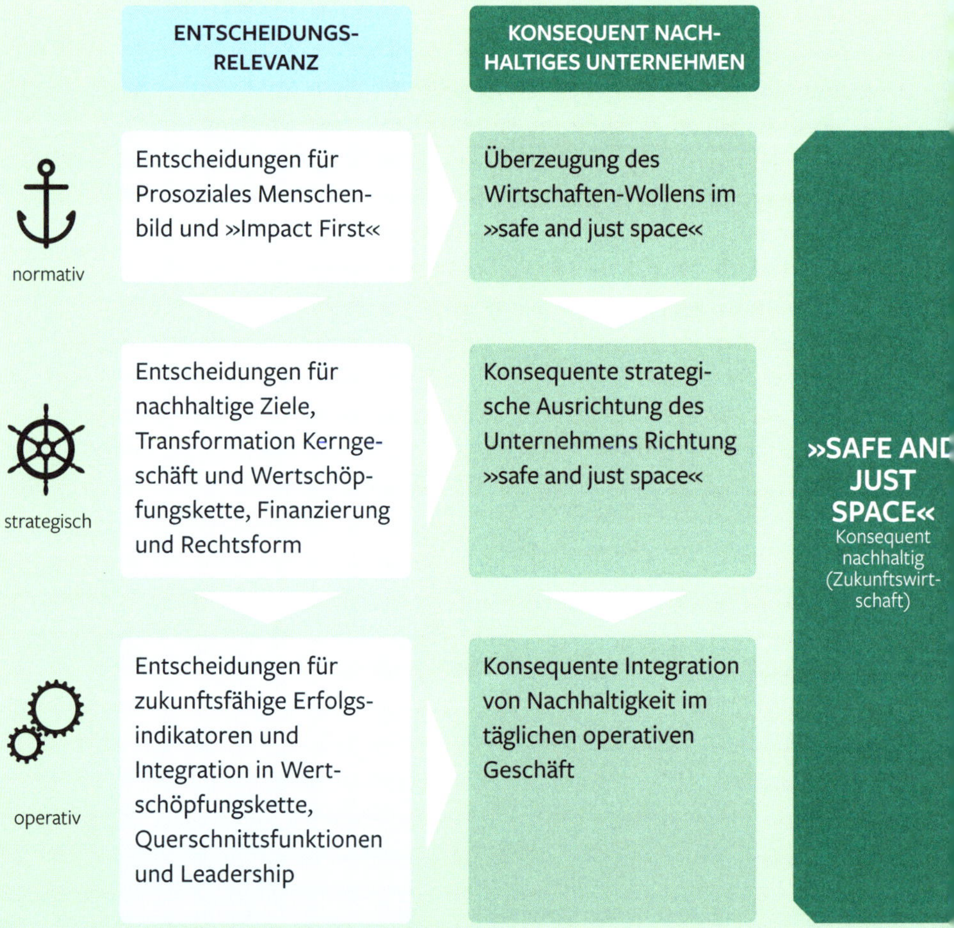

Quelle: Eigene Darstellung

kann – bis in die letzte Ecke des Unternehmens. Sogar und vor allem in der Führung, im Leadership. Deswegen besuchen wir abschließend auf der letzten operativen Insel das Trainingslager der Top-Führungsmann(frau)schaften aus Vorstand, Business Units und mittlerem Management. Denn auch und vor allem in der Führungskultur ist die Veränderung wichtig.

Einer der wesentlichen Unterschiede des konsequent nachhaltigen Wirtschaftens gegenüber klassischem CSR ist, dass Nachhaltigkeit tatsächliche Entscheidungsrelevanz auf allen Unternehmensebenen hat. Die Integration in normative und strategische Entscheidungen führt nur dann zu einem konsequent nachhaltigen Unternehmen, wenn sie auch ins alltägliche operative Geschäft integriert ist. Alles hängt logisch miteinander zusammen (siehe Abbildung 7).

Nun geht's los auf die erste operative Insel. Wie wollen wir uns auf der Insel der sogenannten Indikatoren umsehen? Zugegeben, eine Insel mit ein paar spitzen Felsen und dornigen Pflanzen. Aber in ihrer Gesamtheit auch faszinierend.

Kommen Sie, wir legen gerade an.

Insel 11: Neue Indikatoren und Entscheidungsregeln

ZENTRALE BEGRIFFE UND INHALTE

- **Sozial-ökologische Erfolgsmessung**
- **Key-Performance-Indikatoren (KPIs)**
- **Implementierungsschritte**

Passen Sie auf, wenn Sie über unsere erste operative Insel, die der neuen Indikatoren und Entscheidungsregeln, wandern. Schauen Sie genau hin! Hier liegt der Schlüssel zum Erfolg. Wie bei jenen Wissenschaftler:innen, die die neun planetaren Grenzen definiert haben. Lange gingen sie davon aus, dass wir uns beim Thema Süßwasser im sicheren Handlungsraum befinden. Bis sie genauer hinsahen und feststellten, dass wir den Bereich besser in zwei Teile splitten sollten: in das blaue und das grüne Wasser. Zum »blauen Wasser« gehört Wasser in Flüssen und Seen, das Grundwasser und jenes in Form von Eis in Gletschern und den Polkappen. Da befinden wir uns im, nun ja, grünen Bereich. Unterdessen hatte man lange dem Süßwasser in Pflanzen, im Boden und im Regen zu wenig Beachtung geschenkt. Diese planetare Grenze des »grünen Wassers« aus Regen, Bodenfeuchte und Verdunstung, das Pflanzen zur Verfügung steht, ist leider überschritten, das stellte ein internationales Team von Wissenschaftler:innen unter Leitung des *Stockholm Resilience Center* 2022 fest.[4]

Mit anderen Worten: Um abzuschätzen, ob wir uns noch im sicheren Handlungsraum für Grünwasser befinden, nutzten die Forscher:innen einen aussagekräftigeren Indikator, der Auskunft über Veränderungen in der Bodenfeuchtigkeit gibt, als bisher. Siehe da: Basierend auf dem passenderen Indikator haben wir den sicheren Handlungsraum (leider) bereits verlassen. Es ist ratsam, die Indikatoren, nach denen man sich ausrichtet, sehr genau zu betrachten und immer wieder auf den Prüfstand zu stellen, wenn man sie identifiziert und sie als Leitlinien nutzt. Ein differenzierterer Blick auf die Dinge lohnt sich. Wie in den meisten Bereichen des Lebens.

Wir brauchen Daten und Kennzahlen als essenzielle Grundlagen, um adäquate Entscheidungen zu treffen

»What get's measured, get's managed« – diesen treffenden Satz hat der Management-Guru Peter F. Drucker zwar nie gesagt, aber wohl die weniger einprägsame, jedoch nuanciertere Feststellung: »Wenn wir nicht festlegen, was wir messen wollen und was der Maßstab dieser Messung in einem bestimmten Bereich ist, wird dieser Bereich nicht sichtbar werden.«[5] Für Nachhaltigkeit heißt das, dass wir die Messung und den Maßstab für die Beurteilung der Nachhaltigkeitsleistung festlegen müssen, um diese Leistung sichtbar zu machen und berücksichtigen zu können.

Genau darum soll es auf dieser Insel gehen.

Nur wenn wir Nachhaltigkeit genauso professionell und konsequent messen wie das Finanzielle und in die Steuerungslogik von Unternehmen integrieren, können wir konsequent in Richtung »safe and just space« steuern.

Kennzahlensysteme sind unerlässlich, zumindest in größeren, komplexeren Organisationen. Ohne sie kommen wir in unserem Zielquadranten nicht aus. Los geht's!

Schauen wir zunächst darauf, wie Unternehmen seit vielen Jahrzehnten ganz klassisch im Sinne der Betriebswirtschaft Informationen und Daten nutzen. Beispiel: Balanced Scorecard, das Konzept zur Messung, Dokumentation und Steuerung von Unternehmen gemäß ihrer Ziele, Visionen und Strategien. Auch die Methode der Kosten-Nutzen-Analyse gehört dazu, bei der Kosten und Ertrag ganz simpel gegenübergestellt werden. Dabei sind viele Informationen transparent und zweifelsfrei verfügbar, etwa der vertraglich abgesicherte Leistungsbezug, die Kosten für Löhne und die vertraglich abgesicherte Leistungsabnahme. Alle diese Methoden sind primär finanzkennzahlenorientiert.

Doch aufgepasst: Bereits an dieser Stelle können sich viele Unsicherheiten einschleichen und die Berücksichtigung nichtfinanzieller, öko-sozialer Kennzahlen vorteilhaft machen. Ein Beispiel: Ein Anbieter könnte bei einem Unternehmen zwar das günstigste und auf Basis der Finanzinformationen attraktivste Angebot einreichen – doch wenn Liefertreue oder Qualität der Dienstleistung oder des Produkts nicht stimmen, hat das Unternehmen ein Problem.

Erwartungswerte und die Wahrnehmung der Relevanz nichtfinanzieller Werttreiber sind in der Betriebswirtschaftslehre mittlerweile nichts Neues mehr. Ein Beispiel: Wenn man sich die Kriterien zur Bewertung eines Unternehmenskaufs vor Augen führt, bei dem neben den reinen Finanzdaten auch Reputation, Werthaltigkeit von Patenten und Marken eine große Rolle spielen. Oder zumindest im Nachhinein hätten spielen sollen: Man denke nur an die Übernahme von *Monsanto* durch die *Bayer AG*. Die vorliegenden reinen Unternehmensdaten waren nur bedingt aussagekräftig. Bis heute schlägt sich der Chemiekonzern *Bayer* mit hohen Strafzahlungen herum. Offenbar hatte man bei der Übernahme des US-Konzerns im Juni 2018 unterschätzt, welche Klagewellen auf ihn zurollen würden. Mit spürbaren wirtschaftlichen Folgen.

Doch nicht nur der interne Blick auf finanzielle und nicht-finanzielle Leistungsdaten ist wichtig, sondern auch die externe Perspektive auf Unternehmen fordert Leistungsdaten zur relativen Beurteilung ein, beispielsweise bei der Erteilung einer Kaufempfehlung von Unternehmensanleihen. Zunächst sind das auch hier Finanzkennzahlen wie jene zum operativen Gewinn vor Steuern, die im Zusammenhang mit operativen Kennzahlen zum Absatz verkaufter Güter oder Produktionsmitteln Auskunft hinsichtlich der Effizienz der Leistungserstellung geben. Ähnlich den nicht-finanziellen Informationen über Lieferant:innen, wie Liefertreue und Einhaltung von Qualitätszusagen, hat sich in der externen Perspektive auf Unternehmen die Berücksichtigung nicht-finanzieller Aspekte mittlerweile etabliert. Das ist gut so.

Die Integration nicht-finanzieller Kennzahlen in die Erfolgsmessung wird auch aus regulatorischer Sicht verpflichtend.

Ganz einfach: Mit der zunehmenden Anerkennung von Nachhaltigkeit als zentrale Unternehmensausrichtung hat sich ein deutlich erweitertes Verständnis der Leistungsmessung und -beurteilung eingestellt. In kurzer Zeit hat sich eine Systematisierung der nicht-finanziellen Metriken entwickelt, wie es etwa bei dem Rahmenwerk der *Global Reporting Initiative (GRI)* gut zu beobachten war. Dass dieser Prozess bis heute noch nicht abgeschlossen ist, zeigen die Novellierung der *Non-Financial Reporting Directive (NFRD)* zur *Corporate Sustainability Reporting Directive (CSRD)* in Europa oder auch die Vorgaben der *EU-Taxonomie*.

Keine Angst: Wir wollen an dieser Stelle nicht in die einzelnen Rahmenwerke und regulatorischen Anforderungen eintauchen. Vielmehr ist eine von diesen Werken ausgehende Botschaft von zentraler Bedeutung: Unternehmen sind zunehmend externen Anforderungen zur Schaffung von Transparenz hinsichtlich ihrer Nachhaltigkeitsleistung ausgesetzt.

Wer sich für »Impact First« entscheidet, hat beachtliche Anforderungen an das nicht-finanzielle Berichtswesen, sowohl um die eigenen Ansprüche zu bedienen als auch die Anforderungen seitens der Kapitalmärkte sowie gesetzlicher Art (beispielsweise Berichtspflicht) zu erfüllen. Daraus ergibt sich die Notwendigkeit, die gesetzten Nachhaltigkeitsziele steuerungswirksam in die Entscheidungsprozesse zu integrieren. Für »Impact First«-Unternehmen gründet dieser Prozess in der eigenen, wirkungsorientierten Motivation. So lässt sich die angestrebte Nachhaltigkeitsleistung neben den klassischen betriebswirtschaftlichen Zielen, wie Kosten senken und Erlöse steigern, in gleicher Logik in alle relevanten Entscheidungsprozesse integrieren.

Eine hohe Kunst ist, Nachhaltigkeit sogar mit Humor umzusetzen und zu kommunizieren

Erinnern Sie sich noch an das Unternehmen *einhorn*? Das mit den Kondomen und Periodenprodukten? Dort hat man die Indikatoren spaßbringend und hochkreativ auf die Verpackungen gedruckt. Bei den Binden erfährt man etwa, dass sie zu 100 Prozent aus zertifizierter Bio-Baumwolle bestehen und der Bio-Kunststoff auf Maisbasis hergestellt wird. Doch nicht nur das: Bei der Kategorie Kalorienverbrauch – was bei Binden berechtigte Fragen aufwirft – darf man lesen, dass man etwa ein bis drei Kilokalorien verbraucht, wenn man sich über das sogenannte Flügelorakel amüsiert. Auf dem Klebeschutz, einem Papier mit einseitiger Silikonbeschichtung, finden sich sogenannte Prophezeiungen, die den Nutzer:innen den Tag versüßen sollen.[6] Aus einem tabubehafteten ein lebensfrohes, lustiges Produkt machen? Da kann man vor der zuständigen Kommunikationsagentur nur den Hut ziehen.

Zurück zum Thema. Für die konkrete Umsetzung der nachhaltigkeitsbezogenen Leistungserfassung und Entscheidungsintegration gibt es drei Voraussetzungen, die wir von den Strategieinseln bereits kennen:

- Standortbestimmung: um zu verstehen, welche Nachhaltigkeitsherausforderungen beziehungsweise -chancen wo stecken.
- Ziele setzen: um neben einer Langfristambition auch Übergangspfade und gegebenenfalls Zwischenziele zu bestimmen.
- Machbarkeit: um einen auch wirtschaftlich attraktiven und technologisch machbaren Übergangspfad zu ergründen.

Um zu erkennen, ob die Voraussetzungen erfüllt sind, eignen sich folgende Fragen für die drei Bereiche:

- Standortbestimmung: Besitzt das Unternehmen Klarheit über die wesentlichen nachhaltigkeitsbezogenen Chancen und Risiken aus eigener Sicht und aus jener der wichtigen Stakeholder:innen? Ist das eigene Leistungsniveau bezogen auf die identifizierten Nachhaltigkeitsthemen bekannt?
- Ziele setzen: Hat das Unternehmen zu allen wichtigen Nachhaltigkeitsthemen eine Langfristambition im Einklang mit der normativen Orientierung formuliert? Wurde diese mit konkretisierenden Zwischenzielen hinterlegt, die – soweit möglich – den Anforderungen relevanter Stakeholder:innen, inklusive Wissenschaft, an einen ambitionierten Übergangskorridor entsprechen? Sind diese Ziele »SMART« – also unter anderem messbar und nachvollziehbar?
- Machbarkeit: Hat das Unternehmen die ökonomischen Werttreiber untersucht, die durch das Erfüllen der Nachhaltigkeitsambitionen beeinflusst werden, und den aus Nachhaltigkeitssicht wünschenswerten Übergangspfad so ausgestaltet, dass dieser durch einen wirtschaftlich attraktiven Transformationsplan ergänzt ist? Ist die technologische Machbarkeit, inklusive erwarteter Innovationssprünge, berücksichtigt?

Puh. Wir sehen, wie die Köpfe rauchen. Zu Recht, denn das ist nicht einfach zu verstehen – oder gar umzusetzen. Also nehmen wir uns ein Beispiel, mit dem wir das Gesagte einmal konkret durchspielen.

Los geht's: Die Optimierung von Energie- und Wasserverbräuchen ist seit Jahrzehnten ein wichtiges Thema in Unternehmen. Die Messung und Berichterstattung von relevanten Umwelt- und Sozialdaten ist zumindest für börsennotierte Großunternehmen auch seit etlichen Jahren üblich und in Grundzügen auch verpflichtend. Greifen wir uns das Thema Wasser als Beispiel für die Einführung und Nutzung von steuerungswirksamen Indikatoren auf und erforschen dabei, ob die drei Voraussetzungen in der Ausgangslage gegeben sind. Dann schauen wir uns die Implementierung in sechs Schritten an. Kommen Sie mit.

Ausgangslage und strategische Voraussetzungen

Nehmen wir die fiktive *Fashion AG*, ein Unternehmen aus der Textilindustrie. Die *Fashion AG* lässt ihre Kleidung an verschiedenen internationalen Standorten produzieren und vertreibt sie weltweit. Wer sich in der Branche auskennt, weiß: In der Produktion werden sowohl bei der Rohstoffbereitstellung als auch während der Veredelung große Mengen Wasser benötigt. Weil unser Unternehmen international aufgestellt ist, haben wir es sowohl in den Rohstoffbezugsorten als auch in den Produktionsstandorten mit unterschiedlich problematischer Wasserversorgung und zum Teil akuter Wasserknappheit zu tun.

Aber: Die *Fashion AG* hat in der Vergangenheit schon einiges richtig gemacht. Die drei angesprochenen strategischen Voraussetzungen wurden bereits im Wesentlichen erfüllt.

Standortbestimmung: Im Rahmen des Strategieentwicklungsprozesses hat die Materialitätsanalyse ergeben, dass der Einsatz von Wasser insbesondere für die externen Stakeholder:innen ein wesentliches Thema ist. Da auch aus Managementsicht Wasser immer wichtiger wird, hat das Unternehmen konsequenterweise im Rahmen seiner Strategie das Thema zu einem von fünf prioritären Handlungsfeldern erklärt und eine entsprechende handlungsfeldspezifische Ambition formuliert. Check!

Ziele setzen: Die Langfristambition der *Fashion AG* lautet: »Wir wollen in den nächsten 15 Jahren in der Produktion wasserpositiv werden und den Wasserfußabdruck unserer eingesetzten Materialien um 80 Prozent verbessern.« Wasserpositiv heißt: Es soll mehr sauberes Wasser bereitgestellt werden, als verbraucht wird. Eine hohe Ambition, die über die typische Haltung der Schadensminimierung hinausgeht. Deren Erfüllung etwas Zeit braucht. Deshalb hat das

Unternehmen für die wasserpositive Produktion ein Zwischenziel definiert: An jedem Standort soll die Wasserentnahme in den nächsten sechs Jahren gegenüber dem aktuellen Status quo um mindestens 50 Prozent reduziert werden. Inwieweit dieses Ziel den Anforderungen je Standort gerecht wird, ist allerdings noch offen. Als Voraussetzung reicht es aber. Deshalb: Check!

Machbarkeit: Das Unternehmen hat die Ambition zunächst nur indikativ validiert, also an den Erfahrungen in seinem führenden Werk ausgerichtet, in dem bereits heute um 40 Prozent effizienter produziert wird als in einem Durchschnittswerk. Das ist zwar nicht der absolute Vergleichswert der Zielsetzung, aber zeigt: Technisch scheint das Ziel grundsätzlich erreichbar. Und auch die Wasserreduktion hinsichtlich des Rohmaterials sollte durch die Verbesserung der Produktionsbedingungen und vielleicht durch Materialwechsel sowie durch Einsatz von Recyclingmaterial grundsätzlich machbar sein. Check!

Da stehen wir nun, beziehungsweise unsere *Fashion AG*. Hohe Ziele, starke Verlautbarungen, feste Absichten. Aber wie funktioniert die konkrete Umsetzung? Um es nicht allzu kompliziert zu machen, schauen wir uns das einmal für die Produktion an.

Lassen Sie uns aber zunächst kurz an einem anderen Beispiel verdeutlichen, dass das Auflösen von unüberwindbaren Zielkonflikten eine unbedingte Mussvoraussetzung ist, bevor die zusätzlichen Anforderungen an die operative Ebene weitergegeben werden. Sonst kommt es zu Irritationen. Unser Co-Kapitän hat beispielsweise einmal für einen global agierenden Nahrungsmittelkonzern gearbeitet, der seine wesentliche Rohware – in diesem Fall Kaffeebohnen – über Handelsplattformen bezog. Dies sicherte zwar den jeweils günstigsten Preis, verhinderte aber jedwede Transparenz über die Anbaugebiete. Diesen Zielkonflikt musste das Unternehmen zunächst auf strategischer Ebene lösen. Man stelle sich vor, was passieren würde, wenn die vollständige Nachverfolgbarkeit als Muss-Anforderung einfach dem Einkauf aufgedrückt werden würde, ohne dass sich Produktpositionierung und Markenversprechen ändern würden. Der Kostenblock würde explodieren, das Unternehmen eventuell scheitern. Was kommt dann? Der Ausgangspunkt für die operative Vorgabe im Einkauf liegt woanders: Es müsste zunächst die Strategieabteilung gemeinsam mit Produktentwicklung, Einkaufs- und Marketingvertreter:innen herausarbeiten, wie die vollständige Nachverfolgbarkeit der Kaffeebohnen wirtschaftlich erfolgreich realisiert werden könnte. Etwa durch neue Produktlinien, eine Weiterentwicklung des Markenversprechens, neue Programme für Lieferantenentwicklung usw. Wie das umgesetzt werden kann, haben wir auf den Inseln zu neuen Geschäftsmodellen und Portfoliotransformation bereits kennengelernt.

Bevor Sie allerdings nun aufgeben, weil die Vorarbeiten nicht erfüllt sind, ein kurzer Zwischenruf: Sie können die operative Verankerung für ausgewählte Nachhaltigkeitsthemen auch angehen, ohne dass diese drei strategischen Vorarbeiten in Perfektion erledigt worden sind. Vielleicht haben Sie derzeit keine Kapazitäten, sie engagiert und vertiefend durchzuarbeiten. Das sollte aber keineswegs ein Grund dafür sein, nicht mit ausgewählten Themen bei der operativen Verankerung loszulegen und sukzessive die Voraussetzung nachzuliefern. Das Flugzeug, wie man so schön sagt, beim Fliegen bauen. Oder einfach: Machen, machen, machen.

Klappt das auch in der realen Welt?

Zugegeben, die *Fashion AG* haben wir uns ausgedacht. Aber zum Glück gibt es Unternehmen wie *Interface*, die seit Jahrzehnten an ihrer Nachhaltigkeitstransformation arbeiten. Über die anfänglichen Schwierigkeiten, wie sie diese überwunden haben und wie zu guter Letzt die Zusammenarbeit aus Entwicklung, Einkauf und Vertrieb die Nachhaltigkeitstransformation zum Erfolg geführt hat, erzählt uns Geanne van Arkel, die ehemalige Leiterin für Nachhaltige Entwicklung bei *Interface Europe*.

»Zu Anfang hat die Transformation in Richtung Impact-Unternehmen aus kommerzieller Sicht nicht so gut funktioniert. Aber der Gründer wollte es einfach. Später haben wir gesehen, dass es sich auch ökonomisch gelohnt hat. Was ich jedem empfehlen kann, ist, nach Hilfe zu fragen. Wir hatten interne und externe Unterstützung. Die externe Unterstützung hat uns mit der Mission geholfen. Das interne Team hat die operative Integration unterstützt.

Unser Ziel, eine restaurative und regenerative Organisation zu werden, hat unsere Vorstellungskraft und Kreativität beflügelt. So sind wir zu besseren Lösungen gekommen, auch aus geschäftlicher Sicht. Zum Beispiel haben wir herausgefunden, dass wir gebrauchte Fischernetze als Garnersatz nutzen konnten. Das war zunächst teurer als neue Materialien. Aber wir haben dies als Möglichkeit gesehen für Nachhaltigkeitsinnovation und für neue Designs. Letztlich war unser Sales-Team in der Lage, die neuen Teppiche aufgrund der Nachhaltigkeitsdifferenzierung besser zu verkaufen.«[7]

Und damit: Auf zum operativen Handeln. Keine Sorge, die *Fashion AG* steht gleich wieder auf der Bühne.

»Implement like hell«: Machen, machen, machen – in sechs Schritten

Wenn die Voraussetzungen hinreichend erfüllt sind, geht es in den folgenden Schritten zur operativen Verankerung:

1. **Entscheidungsbezug:** Verstehen, welche Entscheidungen in welchen Funktionen die größte Relevanz fürs Erreichen welcher der Nachhaltigkeitsziele haben.
2. **Indikatoren:** Festlegen, anhand welcher Indikatoren die Nachhaltigkeitsziele operationalisiert werden sollen.
3. **Zwischenziele:** Übersetzung und Konkretisierung der Ambition und eventueller Zwischenziele in Zielwerte je Funktion.
4. **Entscheidungsregeln:** Festlegung von Entscheidungsregeln, zum Beispiel binär ja/nein versus eine Gewichtung von Kriterien.
5. **Change Management und Trainings:** Unterstützung mit Schulungen und Begleitung der Veränderungsprozesse aus kultureller Sicht.

6. **Überprüfung:** Überprüfen und nachjustieren, sodass die Steuerungswirkung kontinuierlich verbessert wird sowie eine Roadmap für die Zukunft erstellt werden kann.

Vor allem die Schritte 2 und 3 erfolgen iterativ und zum Teil parallel, da Indikatoren und Zwischenziele ineinandergreifen und gut zusammenpassen müssen. Der Entscheidungsbezug (Schritt 1) wird dann durch die Entscheidungsregeln (Schritt 4) konkretisiert.

Kehren wir nun zu unserer *Fashion AG* zurück, um diese Schritte einmal grob zu illustrieren

1. Entscheidungsbezug

Am Anfang steht die Frage: Welche Entscheidungen in der Produktion haben die größte Wirkung auf das Erreichen der Ambition bezüglich der Wasserreduktion? Das berührt Bereiche wie die produktionsbezogene Forschung, den zukünftigen Maschinenpark und die operative Optimierung der Abläufe in den Werken. Nach dem Festlegen von Indikatoren und Zwischenzielen wird der Entscheidungsbezug durch die Festlegung der Entscheidungsregeln (siehe Schritt 4) konkretisiert.

2. Indikatoren

Das Festlegen von Indikatoren und Zwischenzielen erfolgt häufig parallel. Indikatoren sind wichtig, um Zwischenziele zu formulieren – Zwischenziele wiederum drücken sich in den identifizierten Indikatoren aus. Beides hilft, die langfristige Ambition zu erreichen.

Ein Indikatorensatz sollte das Zwischenziel umfänglich abdecken. Aber wenn möglich ohne zu hohe Komplexität. Von diesen sogenannten Performance-Indikatoren (PIs) sind nach unserer Einschätzung drei bis fünf pro Handlungsfeld vollkommen ausreichend. Aus diesem Indikatorensatz wählt man einen Schlüsselindikator aus (vielleicht auch zwei), die Key Performance Indicators (KPIs). So, die Kennzahlenprofis haben es bemerkt: Jetzt haben wir theoretisch hergeleitet, wo das

Kürzel KPI herkommt. Wäre super, wenn es so genutzt würde – wird es aber nicht. Die Praxis sieht anders aus: KPI wird für jedweden Indikator genutzt, also wie PI. PI wird eigentlich gar nicht genutzt. Für die entscheidenden Schlüsselindikatoren wird zum »Key« in KPI noch was anderes hinzugefügt, so etwas wie »Headline«. Dann sind das beispielsweise Headline-KPIs. Klingt doppelt gemoppelt? Ist es auch. Aber hat sich leider inzwischen eingebürgert.

Um Zielkonflikte zu vermeiden beziehungsweise zu verringern, empfehlen wir, für die priorisierten Handlungsfelder eine kleine Zahl von (wirklichen »key«) KPIs zu definieren.

Diese hierarchische Abstufung des Kennzahlensystems verringert bereits im Ansatz die Wahrscheinlichkeit von Zielkonflikten, die sich selbst in gut ausbalancierten Performance-Management-Systemen nicht vollends vermeiden lassen. Übertragen auf unser Fallbeispiel, könnte dies wie folgt aussehen:

Indikator 1 (W1): Wassereinsatz pro Tonne produzierter Textilien.

Indikator 2 (W2): Anteil des wiederaufbereiteten Wassers im Produktionsprozess.

Indikator 3 (W3): Verhältnis von R&D-Ausgaben für wassereffiziente beziehungsweise wasserfreie Produktionsverfahren zu sonstigen R&D-Ausgaben.

Während W3 die künftige Performance im Handlungsfeld Wasser beeinflusst, sind W1 und W2 als sogenannte resultierende Performance-Indikatoren von Maßnahmen zu verstehen, die in diesem Beispiel die Effizienz des Wassereinsatzes betreffen. W3 ist also ein vorausdeutender (sogenannter »leading«) Indikator, W1 und W2 sind auf der tatsächlichen Performance basierende, nachfolgende (sogenannte »lagging«) Indikatoren. Beide Kennzahlenarten haben ihre Berechtigung. Grundsätzlich sollte auf jeder Kennzahlenebene ein ausgewogener Mix aus vorausdeutenden und nachfolgenden Indikatoren etabliert werden, um eine optimale Steuerungswirkung zu erzielen.

Da das Unternehmen extern vor allem an seiner Wassereffizienz gemessen wird, bietet sich in diesem Fall die Nominierung von W1 als Schlüsselindikator an. Zusammen mit den Schlüsselindikatoren aus anderen Handlungsfeldern und ausgewählten Finanzkennzahlen ergeben die Schlüsselindikatoren auf oberster Ebene Aufschluss hinsichtlich der unternehmerischen Nachhaltigkeitsleistung.

3. Zwischenziele

Die funktionsspezifischen Zwischenziele sollen die langfristige Ambition operationalisieren und kurzfristig steuerungsrelevant machen. Die Langfristambition für unser Beispielunternehmen lautet: »Wir wollen in den nächsten 15 Jahren in der Produktion wasserpositiv werden.« Die *Fashion AG* hatte dazu bereits ein Zwischenziel definiert und vorgegeben, dass an jedem Standort die Wasserentnahme in den nächsten sechs Jahren gegenüber dem aktuellen Status quo um mindestens 50 Prozent reduziert werden sollte. Als zusätzliche Ergänzungen könnte das Unternehmen etwa Ziele zur Reinheit der Abwässer formulieren und konkretisieren, wie genau der langfristig angestrebte Positivbeitrag aussehen soll. Explizit könnte man sich fragen, wie der verbleibende Wasserverlust (das heißt der Unterschied zwischen Entnahme und Rückführung) nach einer Optimierung durch Restaurationsprojekte in Werksnähe ausgeglichen werden könnte.

Dabei muss das Zwischenziel der Entnahmereduktion weiter konkretisiert und um Zielwerte für die anderen Indikatoren ergänzt werden. Dafür müssen Basis und Zieljahr festgelegt werden. Für unsere drei Indikatoren könnte das beispielsweise so aussehen:

> Bei W1 wird ein Zielwert für das Jahr 2028 von 500 Litern Wasser pro Tonne Ware festgesetzt, was einer Reduktion um 50 Prozent gegenüber der Baseline im Jahr 2022 von 1000 Litern Wasser pro Tonne Ware entspricht.

Für W2 wird für 2028 eine Recyclingquote des internen Wasserkreislaufs von 95 Prozent angestrebt – gegenüber 67 Prozent in 2022.

Bei W3 peilt man für das Jahr 2028 einen Anteil von wasserspezifischen R&D-Aufwendungen von 20 Prozent an – gegenüber 11 Prozent im Ausgangsjahr 2022.

Neben dem Zwischenziel für 2030 ist als Nächstes der sogenannte Zielwertkorridor aufzuspannen, der wiederum weitere Zwischenetappen enthält. Der Zielwertkorridor ist – und jetzt freuen sich die Mathematiker:innen unter uns – wie eine Hüllkurve zu verstehen, innerhalb der sich der tatsächlich gemessene Wert befinden sollte. Wie sich der entwickelt, hängt von den getroffenen Entscheidungen ab. Diese sind wiederum das Ergebnis von Entscheidungsregeln. Der nächste Schritt.

Bevor wir aber zum nächsten Schritt vorrücken, noch ein Wort zu kontextbasiert.

Gute Indikatoren und Zwischenziele sind kontextbasiert. Das heißt, die gewählten Indikatoren und Zwischenziele müssen Belastbarkeitsgrenzwerte der jeweiligen ökologischen, sozialen und wirtschaftlichen Kontexte berücksichtigen. Für unser konkretes Beispiel könnte das heißen: Wenn W1 als Zielwert 500 Liter Wasser pro Tonne produzierter Ware festlegt, muss dieser Wert in jedem einzelnen Werk zur lokalen Wasserverfügbarkeit passen. Nicht nur im Zielzustand, sondern auch bezogen auf den Übergangskorridor von heute bis 2028. Erst wenn dies pro Standort gewährleistet ist, hat sich das Unternehmen kontextbasierte Wasserziele gesetzt. Dieser Kontextwert gibt an, wie viel Wasser in dem jeweiligen Gebiet maximal verbraucht werden kann, damit der Wasserhaushalt lokal intakt bleibt. Einige von Ihnen fühlen sich jetzt vielleicht an das Beispiel von Donella Meadows erinnert. Falls nein, schauen Sie doch gerne nochmals auf der Strategieinsel zum Ziele setzen vorbei.

4. Entscheidungsregeln

Die Entscheidungsregeln machen die identifizierten Indikatoren für konkrete Entscheidungen nutzbar, sodass die Zwischenziele erreichbar werden. Aber bevor wir dies an unserem Beispiel veranschaulichen, sei uns zunächst eine Kurzübersicht der grundsätzlichen Entscheidungsarten und der hierzu passenden Entscheidungsregeln erlaubt. Dabei gibt es für die Berücksichtigung von nachhaltigkeitsbezogenen Faktoren zwei grundsätzliche Varianten von Entscheidungsarten: eine binäre, also Ja/Nein-Antwort, und eine relative Mehrungs- oder Minderungsabsicht.

- Binäre Ja/Nein-Antworten beziehen sich häufig auf Nachhaltigkeitsaspekte, die man sicherstellen oder ausschließen möchte. Zum Beispiel Kinder- oder Zwangsarbeit, Menschenhandel, Korruption, den Einsatz verbotener Substanzen usw. Hier geht es nicht darum, dass in Lieferantengesprächen vereinbart wird, weniger Kinder- oder Zwangsarbeit einzusetzen oder den Einsatz toxischer und verbotener Substanzen schrittweise zu reduzieren. Es geht vielmehr darum, sicherzustellen, dass überhaupt keine Kinder- oder Zwangsarbeit eingesetzt wird und der Einsatz verbotener Substanzen, beispielsweise im Abwasser, mit Sicherheit ausgeschlossen werden kann. Für die konkrete Einzelentscheidung sind diese Faktoren recht einfach über eine Checkliste abzubilden, mithilfe derer die unerwünschten Einzelheiten ausgeschlossen und die erwünschten Kriterien sichergestellt werden können. Allerdings beginnt die entscheidende Arbeit erst bei der Überprüfung der Absichtserklärungen. Das ist ein eigenes Universum.
- Die relative Mehrungs- oder Minderungsabsicht einzelner Nachhaltigkeitsaspekte orientiert sich regelmäßig an den festgelegten Nachhaltigkeitsambitionen beziehungsweise den Zwischenzielen. Die beabsichtigte Reduktion der Wasserintensität pro Tonne Ware aus unserem Beispiel fällt in diese Entscheidungskategorie. Genauso wie eine CO_2-Reduktion von Transportleistungen oder eine angestrebte Erhöhung des Frauenanteils in Führungspositionen usw.
- Eine weitere Entscheidungskategorie ist die Suche nach dem Optimum über mehrere Faktoren hinweg. Eine häufige Anwendung ist die Lebenszyklusanalyse, bei der beispielsweise ein kalkulatorischer

Wert an Umweltpunkten verbessert werden soll, der sich aus einer Vielzahl von Kategorien – zum Teil auch mit gegenläufigen Effekten – speisen kann. So könnte ein neuer Rohstoff wie Bambus aus Asien mit Holz aus Skandinavien konkurrieren und durch das schnellere Wachstum eine bessere Flächeneffizienz, aber schlechtere Transportemissionen aufweisen. Die Übersetzung in einen kalkulatorischen Wert, in diesem Falle Umweltpunkte, erlaubt eine echte Vergleichbarkeit. Komplizierter und methodisch weniger ausgereift könnte beispielsweise eine Standortentscheidung vorbereitet werden, für die unterschiedliche Aspekte, wie Wasserverfügbarkeit, Menschenrechtssituation und ein möglicher Beitrag zur lokalen Wertschöpfung, in einer vergleichenden Analyse mit relevanter Gewichtung der Einflussfaktoren berücksichtigt werden könnten.

Wenn Sie nun vollends verwirrt sind, lassen Sie uns auch bei den Entscheidungsregeln ein konkretes Beispiel anschauen.

Nehmen wir das Zwischenziel W1 von 500 Litern Wasser pro Tonne Ware und die Wasserrecyclingquote von 95 Prozent. Dann haben wir zunächst eine Minderungsabsicht bezogen auf die Wassermenge und eine Mehrungsabsicht bezogen auf den Recyclingwert. Damit der Zielwert von 500 Litern in der Produktion der Zukunft durch R&D-Projekte erreicht wird, könnte Wasser mit einem Kostenfaktor belegt werden. Wenn in der Vergangenheit beispielsweise die Entwicklungsprojekte bezogen auf Investitionskosten und laufende Kosten optimiert wurden, aber Wasser bei der Kalkulation der laufenden Kosten als kostenlos angenommen wurde, dann könnte Wasser zukünftig ein Preis zugewiesen werden, sodass die laufenden Kosten nicht nur Energie- und Wartungskosten, die typischerweise berücksichtigt werden, sondern auch kalkulatorische Wasserkosten beinhalten.

Das könnte sich als vorausschauend erweisen, weil es durchaus naheliegt, dass Wasser in Richtung 2028 nicht wie bislang kostenlos vom Produktionsunternehmen genutzt werden kann. Zusätzlich könnte eine harte Mindesterwartung formuliert werden. Beispielsweise, dass für Produktionsanlagen mit Einbau ab 2024 nur noch Anlagen mit dem Zielwert unter 500 Liter genehmigt werden. Die Recyclingrate für Wasser könnte beispielsweise im laufenden Betrieb über ein zentrales Performance-Dashboard mit anderen Kontrollwerten überwacht werden. Hier könnte eine Bandbreite definiert werden, die jedes Jahr angehoben wird. Droht der Wert außerhalb der Bandbreite zu liegen, ist das operative Management aufgefordert, Verbesserungsmaßnahmen zu definieren. Im Ergebnis könnte dieser Wert zur Recyclingrate, wie Kostenvorgaben, Fehlerquoten und so weiter klassische Leistungsziele der Produktion, erhoben und überwacht werden.

5. Change Management und Trainings

Wenn sozialökologische Ziele bislang kaum eine Rolle gespielt haben, müssen nicht nur die Indikatoren und Entscheidungsregeln angepasst werden, sondern die beteiligten Mitarbeitenden benötigen Hilfestellung, um die Relevanz der Veränderung zu verstehen. Auf der Insel der Querschnittsfunktionen im Bereich Personal und auf der Leadership-Insel gehen wir auf diese Themen noch ausführlicher ein.

6. Überprüfung

Um besser steuern zu können, sollte in regelmäßigen Abständen die Wirksamkeit des Vorgehens überprüft werden. Was wir alle kennen: Wie das Ziel der Gewinnmaximierung entlang aller Unternehmensaktivitäten bestmöglich erreicht werden kann, wird seit Jahrzehnten in der Theorie erforscht und in der Praxis tagtäglich optimiert. Dagegen ist die gleichwertige oder sogar prioritäre Berücksichtigung von Nachhaltigkeitszielen echtes Neuland. Umso essenzieller ist, dass Unternehmen die Wirksamkeit der Berücksichtigung von Nachhaltigkeitsfaktoren bezogen auf die Erreichung der angestrebten Nachhaltigkeitsziele regelmäßig überprüfen. Wichtige Fragen hierbei sind:

- Sind wir auf einem guten Weg, die Zwischenziele zu erreichen?
- Sind die genutzten Indikatoren und Entscheidungsregeln verfügbar und hilfreich – oder gibt es bessere Alternativen?

- Ist die wirtschaftliche Machbarkeit gesichert, und gibt es ökonomisch beziehungsweise wirkungsseitig bessere Alternativen?

Deutet sich an, dass die Zwischenziele nicht erreicht werden können, sind die relevanten Entscheider:innen aufgefordert, zusätzliches Engagement zur Zielerreichung zu initiieren. Oder zumindest die Gründe für das Verfehlen der Ziele zu analysieren und Änderungen vorzuschlagen. Aber auch im Fall der deutlichen Übererfüllung eines gesetzten Zwischenziels kann es Handlungsbedarf geben – man kann das Ziel, vielleicht sogar auch die strategische Neuausrichtung der Handlungsfelder, nachjustieren. Routinemäßig sollte die Überprüfung klären, ob die genutzten Indikatoren und Entscheidungsregeln im operativen Alltag ausreichend verfügbar und hilfreich waren oder ob es mittlerweile besser geeignete Alternativen gibt.

Der sicherlich größte Zeitaufwand bei der Überprüfung – so ist unsere Erfahrung – entfällt auf die Machbarkeit und Optimierung des Maßnahmenmix. Die Machbarkeit der Zielerreichung wird entscheidend von den entsprechenden Maßnahmen bestimmt, die üblicherweise in einer Roadmap zusammengefasst werden – und einen unterschiedlichen Reifegrad haben. Das heißt: Es gibt Maßnahmen, die bereits beschlossen sind und kurz vor der Umsetzung stehen, aber auch welche, die eher vage klingen und deren Umsetzbarkeit aus verschiedenen Gründen fraglich erscheint.

Für alle gilt: Jede Maßnahme wird hinsichtlich ihres Strategiebeitrags (zu einem oder mehreren Handlungsfeldern) und weiteren Kriterien evaluiert, die zuvor definiert worden sind. Diese können eine Präferenz von OPEX- hin zu CAPEX-lastigen Maßnahmen[8] bedeuten, aber auch im Innovationsgrad, der technologischen Verfügbarkeit oder der Wirtschaftlichkeitsbetrachtung begründet sein. Über die Zeitachse verteilt, ergeben sich aus den Maßnahmen und ihrem gegebenenfalls gewichteten Strategiebeitrag Hinweise, welche Zwischenziele wann erreichbar scheinen. Wobei darauf zu achten ist, dass jene Zwischenziele eine Lücke (etwa 20 Prozent) aufweisen, bei denen zum derzeitigen Zeitpunkt nicht klar ist, mit welchen Maßnahmen das Ziel erfüllt werden soll. Somit ist ein gewisser Anspannungsgrad und Handlungsdruck durch das Performance-Management-System gewährleistet. Aus dieser Bottom-up-Entwicklung der Zwischenziele wird auch der Zielwert selbst auf seine Machbarkeit hinterfragt. Diese wechselseitige Verhandlung der Zielwerte und der Zwischenzielwerte durch die Top-down-Ambition und die Bottom-up-Plausibilisierung der Machbarkeit hat sich im Strategieentwicklungsprozess als probat erwiesen.

Alles klar? Hier kommt die Zusammenfassung

Wir haben nonchalant die klassische Erfolgsmessung auf Basis von Finanzdaten um die »Impact First«-Dimension der Wirkungsmessung ergänzt. Über die drei strategischen Vorarbeiten – Standortbestimmung, Ambitionsfestlegung und Machbarkeit – sind wir ins operative Tun entlang von sechs Schritten eingestiegen.

1. Entscheidungsbezug;
2. Indikatoren;
3. Zwischenziele;
4. Entscheidungsregeln;
5. Change Management und Trainings;
6. Überprüfung.

Falls es noch Fragen gibt, keine Sorge. Auf jeder der folgenden Inseln stehen weiterhin Expert:innen bereit, die vieles aus dem Effeff beherrschen und Unternehmer:innen auf ihrem Transformationspfad kompetent in allen Fragen und über alle Stationen hinweg begleiten können. Das nur als kleiner Werbeblock für die Nachhaltigkeitsberater:innen.

Damit wollen wir wieder zurück auf die Green Ferry und die nächste der operativen Inseln ansteuern, auf der es um die Integration von Nachhaltigkeitszielen in die Wertschöpfungskette geht.

Insel 12: Integration in die Wertschöpfungskette

ZENTRALE BEGRIFFE UND INHALTE

- **Integration in die Wertschöpfungskette**
- **Einkauf**
  - Hotspot-Analyse
  - Transparenz und Daten
  - Kostendruck
  - Materialalternativen
- **Produktion**
  - Operativer Betrieb
  - Langfristinvestitionen
  - Contracts for Difference
- **Vertrieb**
  - Greenwashing-Gefahr
  - Produktpässe
  - Product Environmental Footprint (PEF)

Kommen Sie gerne näher und nehmen Sie Platz. Wir haben auf dieser zweiten Insel des operativen Atolls als Verweilort ein schattiges Plätzchen unter Palmen vorbereitet, schließlich steigen derzeit die Temperaturen von Jahr zu Jahr global an, da sollte man jede Gelegenheit zum

Durchschnaufen nutzen. Was ist schöner als ein Ort unter Bäumen, unseren Sauerstoffproduzenten und CO2-Speichern? Wussten Sie, dass eine Fichte in 100 Jahren 0,7 Tonnen Kohlenstoff speichern kann, was 2,6 Tonnen CO2 entspricht? Bei der Buche sind es schon 0,95 Tonnen Kohlenstoff respektive 3,5 Tonnen Kohlendioxid.[9] Und an den tropischen Küsten erst: Dort speichern Mangroven sogar drei bis fünf Mal so viel CO2 wie die Bäume an Land.[10] Insgesamt sollen laut *Bundeswaldinventur* allein in Deutschland 1,17 Milliarden Tonnen Kohlenstoff in lebenden Bäumen und in Totholz gebunden sein, also über vier Milliarden Tonnen CO2.[11] Da kann man so einen Baum schon einmal aus lauter Dankbarkeit umarmen.

Schon die Jüngsten wissen: Ohne Bäume und Pflanzen gibt es kein Leben. Deshalb sollte man Bäume schützen und nicht jährlich rund 15 Milliarden der insgesamt geschätzten 3000 Milliarden umholzen und abfackeln.[12] Leider hat das mit dem Baumschutz in der Vergangenheit nicht so geklappt wie erwünscht. 2021 allerdings war ein bedeutendes Jahr im Kampf gegen die globale Entwaldung, zumindest, was die Ankündigungen anging: Regierungsvertreter:innen aus 100 Staaten, die zusammen 85 Prozent der globalen Waldfläche beherbergen, kündigten im Rahmen der globalen Klimakonferenz *COP26* in Glasgow an, dass sie Entwaldung und Landdegradierung bis 2030 aufhalten und umkehren würden. Das Finanzpaket umfasst 19,2 Milliarden US-Dollar. Doch das ist gar nicht so bedeutsam. Viel wichtiger ist, dass Brasilien, Russland und China mitmachen.[13] Da soll es auch den einen oder anderen Baum geben.

Außerdem hat die EU in Mitte 2022 konkretisierende Regeln für entwaldungsfreie Produkte angekündigt. Der *Rat der EU-Umweltminister:innen* verabschiedete eine gemeinsame Position zu einer Verordnung für entwaldungsfreie Lieferketten. Heißt konkret: Die neuen Regeln sollen verhindern, dass Holz, Kaffee, Kakao, Palmöl, Rindfleisch und Soja sowie daraus gewonnene Produkte auf den EU-Binnenmarkt kommen, falls für ihre Herstellung Wald geopfert worden ist.[14]

Gesagt sind solche Ambitionen schnell. In ein gemeinsames Papier gegossen, flankiert von internationalen Abstimmungsprozessen, ist schon schwieriger. Aber wie kann der Stopp oder die Umkehr der globalen Entwaldung in konkrete Entscheidungen ins Tagesgeschäft eines Unternehmens übersetzt werden? Entlang der verschiedenen Unternehmensfunktionen werden wir auf diese Frage zurückkommen. Neben Entwaldung, Wasser, CO_2 und anderen ökologischen Dimensionen werden wir uns die Integration von sozialen Zielen anschauen, von Diversity bis zur Sicherstellung fairer Arbeitsbedingungen entlang der Lieferkette.

Einkauf

Zentral entlang der Wertschöpfungskette eines Unternehmens ist erst einmal der Einkauf. Schließlich geht es dort regelmäßig um die Auswahl von Materialien, Zukaufteilen, Produkten, aber auch um Leistungen und Materialalternativen. Neben den bisherigen Entscheidungskriterien wie Qualität, Preis und Funktionalität müssen künftig auch Nachhaltigkeitsaspekte berücksichtigt werden. Mit dem Zielbild des »safe and just space« vor Augen, haben Einkäufer:innen idealerweise volle Transparenz über die Nachhaltigkeitswirkungen der Materialien, Produkte und Leistungen, die sie erwerben. Das Ziel ist: stets nur das zu kaufen, was keinen Schaden anrichtet und idealerweise auch einen positiven Beitrag leistet.

Dabei muss man das entsprechende Vorgehen differenzieren: Zum einen gibt es den Bereich von Produkten und Leistungen, die relativ einfach unter Berücksichtigung relevanter Nachhaltigkeitsfaktoren beschafft werden können. Zum anderen den Bereich von Produkten und Leistungen, bei denen die Berücksichtigung von relevanten Nachhaltigkeitsaspekten nur mit größeren Aufwänden möglich ist. Auf die größten Hürden – fehlende Transparenz, Kostendruck und mangelnde Materialverfügbarkeit – gehen wir noch ein.

Es ist kein Wunder, dass für den Einkauf die bereits auf der vorangegangenen Insel genannten strategischen Vorarbeiten für die operative Verankerung gültig sind. Ist die Ausgangslage im Rahmen einer Standortbestimmung geklärt? Wurden Langfristambitionen und Übergangspfade bestimmt? Wurde die Machbarkeit aus ökonomischer und technischer Sicht geklärt? Einfache Fragen, schwierige Antworten.

Denn die grundsätzliche Standortbestimmung muss häufig für den Einkauf konkretisiert werden, etwa durch eine sogenannte themenspezifische Hotspot-Analyse. Nehmen wir zum Beispiel Folgendes an: Bei der Standortbestimmung wurde festgestellt, dass CO_2-Emissionen die wichtigsten Nachhaltigkeitsrisiken in der Upstream-Lieferkette (das sind die vorgelagerten Glieder einer Lieferkette) sind. Dann könnte die konkretisierende Hotspot-Analyse für den Einkauf herausfinden, welche der gegenwärtig beschafften Materialien den höchsten CO_2-Fußabdruck hinterlassen und welche Lieferant:innen hierfür verantwortlich sind.

Schauen wir uns zum Beispiel eine:n Einkäufer:in eines OEMs (Original Equipment Manufacturer) in der Automobilindustrie an, der oder die für den Kauf von Produkten eines Zulieferunternehmens zuständig ist. Da wäre es hilfreich zu wissen, welche der zwei bis drei Lieferant:innen von CO_2-intensivsten Materialien wie Aluminium oder Stahl für welchen Anteil der Emissionen verantwortlich sind und welche Lieferant:innen von Batteriematerialien künftig für welchen Anteil verantwortlich sein werden. Ein anderes Beispiel: Bei einem Textilunternehmen wurden in der unternehmensweiten Standortbestimmung Wasserknappheit, Biodiversitätsverlust und unfaire Arbeitsbedingungen als Hauptprobleme identifiziert. Also wäre ein:e Einkäufer:in gut beraten, sich die Wasserbedarfe, Biodiversitätseffekte und gegebenenfalls zusätzliche Faktoren wie Pestizidbelastung verschiedener Baumwollarten beziehungsweise Stoffalternativen für die Rohmaterialauswahl anzuschauen. Gleichzeitig sollten die Arbeitsbedingungen der Näher:innen bei verschiedenen Zulieferern unter die Lupe genommen werden.

Klingt nach Arbeit. Aber nach sinnvoller Arbeit

Sobald die Standortbestimmung auch für den Einkauf eine akzeptierte Ausgangslage darstellt, kann gefragt werden, ob Ambition sowie Übergangspfade für den Einkauf hinreichend präzise sind, ehe im nächsten Schritt die ökonomische und technische Machbarkeit zu klären ist. Ist dies alles erledigt, geht es im weiteren Prozess an die Sicherstellung von Entscheidungsbezug, relevanten Indikatoren und Zwischenzielen sowie Entscheidungsregeln.

Der Entscheidungsbezug ist im Einkauf relativ einfach herzustellen. Jede Einkaufsentscheidung hat potenziell relevante Nachhaltigkeitswirkungen. Um es zu vereinfachen, können zunächst diejenigen Entscheidungen gemäß der Hotspot-Analyse herausgegriffen werden, die die größte Wirkung haben: Für unsere Beispiele von oben, Stahl, Aluminium und Batteriematerialien, für die OEM-Einkäufer:innen oder die Festlegung der Rohmaterialien und die Auswahl von Zulieferbetrieben im Einkauf des Textilunternehmens. Die OEM-Einkäufer:innen könnten als Indikator nun CO2 wählen und diesen mit einem kalkulatorischen Betrag von x Euro/Tonne hinterlegen – dann als Entscheidungsregel festlegen. Mit dem Ziel, dass der operative OEM-Einkauf bereit ist, bis zu diesem Betrag für CO2-ärmere Alternativen mehr zu bezahlen.

Das analoge Vorgehen hat sich bei OEMs bereits für die nichtmonetäre Zielsetzung der Gewichtsreduktion etabliert. Beispielsweise wird eine Zahlungsbereitschaft von y Euro/Kilogramm Gewichtsunterschied festgelegt, sodass zwischen Materialalternativen mit Gewichtsunterschieden nach einer einheitlichen Logik entschieden werden kann. Der Preis je Tonne CO2 – auch CO2-Vermeidungskosten genannt – ergibt sich aus dem Zwischenziel und den alternativen Möglichkeiten, dieses Zwischenziel zu erreichen.

So wird die gängige betriebswirtschaftliche Optimierung genutzt, um sozialökologische Ziele mit gleicher Konsequenz zu verfolgen.

Der operative Einkauf des Textilunternehmens könnte analog vorgehen, indem beispielsweise ein kalkulatorischer Wasserpreis je Liter Wasser, das für die Materialproduktion benötigt wird, festgelegt wird. So würde die Baumwolle von Produzenten mit schlechter Wassereffizienz teurer als die Baumwolle von Produzenten mit guter Wassereffizienz und Hanf, das substanziell je Kilogramm Stoff weniger Wasser braucht als Baumwolle, dadurch würde es nochmals günstiger.

Dies sind zunächst interne kalkulatorische Kosten, um die Vorteilhaftigkeit nach einheitlicher Logik in Geldeinheiten auszudrücken, die aber nicht zu Geldabfluss nach außen führen. Bei Biodiversitätseffekten wird es allerdings schwieriger, diese zu monetarisieren, schlichtweg, weil es bislang noch keine einheitliche Kennzahl zur vergleichenden Messung von Biodiversitätseffekten gibt. Doch wegducken gilt nicht: Natürlich gibt es auch hier erste erprobte Alternativen, und die Methodenentwicklung schreitet mit Hochdruck voran. Solange Monetarisierung und Operationalisierung je Einzelentscheidung schwierig sind, können alternativ einfach grundsätzliche Vorgaben gemacht werden. So hat das Unternehmen *Patagonia* grundsätzlich entschieden, nur noch Bio-Baumwolle einzusetzen, um unter anderem den Pestizideinsatz zu mindern. *Patagonia* experimentiert mit regenerativer Landwirtschaft und priorisiert den Einsatz von Recyclingmaterial und Rohstoffen mit besserem Umweltfußabdruck, wie etwa Hanf.[15] So ergibt sich eine Auswahlliste mit Materialalternativen, aus denen die Entwickler:innen und Einkäufer:innen auswählen können.

Hinsichtlich dieser Komplexität bitte nicht verzagen, denn bei manchen Einkaufsentscheidungen kann die Berücksichtigung von Nachhaltigkeitsaspekten sogar recht einfach sein.

Beispielsweise Reisebuchungen. Hier hat das Softwareunternehmen *SAP* einen CO2-Preis für Geschäftsflüge eingeführt. Aufgrund der höheren Kosten werden CO2-ärmere Alternativen, wie Bahnfahrten und virtuelle Meetings, attraktiver. Und nicht nur das: Die kalkulatorischen CO2-Kosten erzeugen bei *SAP* interne Umbuchungen. Mit den dadurch erzeugten Einnahmen durch den internen CO2-Preis, der auf die Reisebuchungen geschlagen wird, kann *SAP* die Maßnahmen zur CO2-Absenkung an anderer Stelle im Konzern finanzieren.[16] So hilft jeder Vielflieger beim Geschäftsumbau beziehungsweise finanziert zumindest Ausgleichsmaßnahmen.

Doch so einfach ist es nicht immer, in der Regel ist es komplexer. Die bereits erwähnten wichtigsten Hürden sind: mangelnde Transparenz und fehlende Daten zu Nachhaltigkeitswirkungen sowie Kostendruck, wenn die Vermeidung von Negativwirkungen im Zielkonflikt mit Kostenvorgaben steht, oder bei mangelnder Verfügbarkeit, weil bessere Alternativen einfach nicht in den gewünschten Mengen oder mit den erforderlichen Qualitätsmerkmalen verfügbar sind. Aber wir hätten dieses Buch natürlich nicht geschrieben, wenn wir nicht gemeinsam mit unseren Unternehmenspartner:innen an Lösungen für diese typischen Herausforderungen gearbeitet hätten.

Deswegen gibt es hier ein paar Impulse – exklusiv für Green Ferry-Reisende

Herausforderung Transparenz und Daten: Heute gibt es (noch) keine gesetzlich verankerte produkt- beziehungsweise materialspezifische Auskunftspflicht zu Nachhaltigkeitseffekten. Es ist Unternehmen und Stakeholder-Zusammenschlüssen selbst überlassen, Transparenzanforderungen und Standards zu formulieren. Doch es kristallisieren sich verschiedene Ansätze heraus – auch wenn sich der Bereich gerade dynamisch in viele Richtungen entwickelt. Wir sind optimistisch, dass in wenigen Jahren für die wichtigsten Anwendungen gute Lösungen verfügbar sein werden.

So möchten wir an dieser Stelle nur beispielhaft auf zwei Ansätze verweisen.

Den ersten finden wir beim Unternehmen *EcoVadis*, das ganzheitliche Ratings für Nachhaltigkeitsprozesse vorhält, etwa um die Nachhaltigkeitsleistung verschiedener Lieferanten zu bewerten. Mit über 90 000 begutachteten Unternehmen ist *EcoVadis* der größte Anbieter von Unternehmensbewertungen aus Nachhaltigkeitssicht und hilft Einkäufer:innen auf diese Art, einen ersten Eindruck zur Nachhaltigkeitsleistung verschiedener Lieferant:innen zu erhalten.[17] Als zweiten Ansatz möchten wir das *Pathfinder Framework* des *World Business Council for Sustainable Development (WBCSD)* empfehlen, das Unternehmen einen Rahmen vorschlägt, wie CO2-Daten entlang der Lieferkette kalkuliert und verfügbar gemacht werden können.[18]

Klar ist: Perspektivisch kann und sollte das Vorgehen zum Erheben und Teilen von CO_2-Daten auf weitere relevante Umweltfaktoren erweitert werden. Diese Informationen können zum Beispiel in einem digitalen Produktpass festgehalten und geteilt werden. Auf europäischer Ebene werden solche Pässe – als Erstes etwa für Traktionsbatterien für Elektroautos – ab 2026 gesetzlich verpflichtend. Informationen zu Umwelt- und Sozialstandards bei der Produktion können dann standardisiert entlang der Kette während des gesamten Produktlebenszyklus kommuniziert werden. Die mittelständische Unternehmensgruppe *ZINQ* mit Sitz im schönen Gelsenkirchen, die im Bereich Feuerverzinken von Stahl in fünf Ländern tätig ist, hat für sich bereits heute einen selbst definierten Produktpass entwickelt. Mithilfe des Passes fordert *ZINQ* ihre Lieferant:innen auf, Rohmaterialqualitäten und Produktionsprozesse offenzulegen, um den Einkäufer:innen die gewünschte Transparenz zu liefern. Damit verfügt das Unternehmen über genaue Daten, welche Klima- und andere ökologische Auswirkungen ihre Produkte haben.[19] Wie *ZINQ* diese Informationen später geschickt im Vertrieb nutzt, erzählen wir an entsprechender Stelle später.

Herausforderung Kostendruck: Automobilhersteller sind leider bekannt für den Kostendruck, den sie gegenüber ihren Zulieferunternehmen aufbauen. Da ist es aufgrund der Marktmacht für OEMs einfach, ihren eigenen Zielkonflikt zwischen Kosten- und CO_2-Senkung an ihre Zulieferer weiterzugeben. Schnell über die Mauer damit. So hat es beispielsweise die *Mercedes Benz Group*, ehemals *Daimler AG*, gemacht: Der Konzern verschickte an seine 2000 direkten Lieferanten einen Brief, in dem er seine Geschäftspartner:innen aufforderte, sich verbindlich zu den Klimazielen von *Mercedes* zu bekennen. Ansonsten drohe der Ausschluss.[20]

Kann man so machen. Würden wir allerdings nicht empfehlen

Diese Variante steht nicht im Einklang mit einem vertrauensvollen Umgang im Partner-Ökosystem. Der Co-Kapitän der Green Ferry hatte für einen anderen OEM gearbeitet und einen alternativen Ansatz erprobt: die partnerschaftliche Exploration von Win-win-win-Möglichkeiten.

Konkret hieß das Ziel: Im breiten Dialog sollten Ansätze gefunden werden, mithilfe derer sowohl CO_2 eingespart als auch ökonomische Vorteile für Lieferant:innen und den OEM ermöglicht würden. Klingt herausfordernd? War es auch. Dafür war eine gänzlich neue Herangehensweise erforderlich. Im Ergebnis konnten schließlich etliche Ansätze identifiziert werden, die auch für andere Industrien relevant sind: Beispielsweise die Bereitstellung von Finanzmitteln durch den OEM für die Investition in Energieeffizienzmaßnahmen, die beim Zulieferunternehmen sowohl Kosten als auch CO_2 reduzieren. Der Vorteil für den OEM: Die Kostenersparnis, die der Zulieferer andernfalls nicht verzeichnet hätte, kann so wiederum zum Großteil an den OEM weitergegeben werden. Ein schöner Bumerangeffekt.

Oder denken Sie nur an die Fülle von Know-how, auf das man an den vielen Stellen in einem Konzern zurückgreifen kann. In unserem Fall hatten die OEM-Expert:innen schon Dutzende eigener Anlagen auf Energieeffizienzpotenziale hin optimiert und konnten mit ihrem dabei erworbenen Wissen beim Zulieferunternehmen nach Optimierungspotenzial suchen. Eine andere Möglichkeit sind längere Abnahmezusagen, die es dem Zulieferunternehmen erlauben, in neue und ökologischere Produktionstechnologien zu investieren.

Was wichtig war und für viele Unternehmen gültig ist: In allen Situationen mussten sich OEM und Zulieferer offen austauschen und Informationen teilen, über die aktuelle Produktionstechnologie und über geplante Abnahmemengen. Für Uwe Lübbermann – Sie erinnern sich – wäre das selbstverständlich. Für die meisten OEMs käme das aber immer noch einer Revolution gleich.

Aber wir mögen Revolutionen. Zumindest die, die gut für den Planeten und seine Menschen sind.

Herausforderung Materialalternativen: Schauen wir auf Getränkekartons. In der traditionellen Variante sind sie ein Albtraum fürs Recycling. In ihnen sind Papier, Kunststoff und Aluminium verbaut – Stoffe, die kaum getrennt werden können. So landet der Getränkekarton meistens in der Müllverbrennungsanlage. Doch schon längst sind Lösungen am Horizont sichtbar: Die nächste Generation besteht womöglich schon aus Holzfasern, einem nachwachsenden Rohstoff – wie das bei der neuen Bierflasche von *Carlsberg* der Fall ist.

Aber leider ist der Holzeinschlag ökologisch problematisch: Selbst der zertifizierte Holzanbau beansprucht Flächen, und traditionelle Holzplantagen sind alles andere als eine Oase für Biodiversität. Selbst der naturnahe Holzanbau ist ökologisch niemals so wertvoll wie ein Naturwald. Recyclingfasern scheiden aufgrund der hohen Qualitätsanforderungen aber für die Getränkeverpackung aus. Was sind mögliche Alternativen? Alternativen, die die Materialeigenschaften von Frischfasern haben, aber einen deutlich besseren ökologischen Fußabdruck? Für einen Hersteller von Konsumgütern in einem anderen Segment hat eine:r der Green Ferry-Kapitän:innen genau diese Frage untersucht. Und tatsächlich Alternativen gefunden. Doch leider war die Lieferkette für diesen alternativen Rohstoff sehr unterentwickelt. Die Herausforderung: einfach machen und gemeinsam mit Lieferant:innen und weiteren Partner:innen eine neue Lieferkette aufbauen. Das gehört zwar nicht zum Kerngeschäft eines Unternehmens, ist aber ein möglicher Ansatz, wenn die aktuell verfügbaren Alternativen allesamt problematisch sind. Gemeinsam geht vieles besser.

Soweit ein paar Gedanken zum Einkauf. Darüber hinaus ist die Produktion von hoher Bedeutung, wenn wir über die Zukunftswirtschaft reden.

Produktion

Der nächste Wertschöpfungskettenschritt, den wir uns ansehen möchten, ist die Produktion. Wie muss der Anlagenpark vorausschauend auf die Anforderungen des Zielbilds gedacht und ausgerichtet werden? Die Betonung liegt hier auf vorausschauend, denn gerade in anlageintensiven Industrien haben Produktionsanlagen häufig eine technische Lebensdauer von über 20 Jahren. Eine lange Zeit. Keiner weiß heute genau, wie die Zukunftswirtschaft aussehen wird. Aber bezogen auf die Klimaneutralität der Wirtschaft hat sich der Gesetzgeber festgelegt und für Deutschland das Netto-Null-Ziel spätestens für 2045 vorgeschrieben. Es ist Zeit zum Handeln. Konkret: Bei Umrüstungen oder Neuanschaffungen von langlebigen Investitionsgütern muss so schnell wie möglich – im Idealfall sofort – mit Blick auf die vollständig klimaneutrale Wirtschaft geplant werden.

Wer heute seinen Anlagenpark plant, sollte sich nicht nur auf die Klimaneutralität der Wirtschaft fixieren, sondern parallel das Ziel des zirkulären Wirtschaftens verfolgen. Zum jetzigen Zeitpunkt ist dieses Thema zwar noch mit weniger harten Metriken hinterlegt, wird aber in den nächsten Jahren mit Sicherheit an Bedeutung gewinnen. Denn einerseits sind geschlossene Rohstoffkreisläufe ein wesentlicher Hebel in der Produktion, um die unternehmensweiten CO_2-Reduktionsziele zu erfüllen. Andererseits werden in Zukunft die Beschaffungsrisiken nicht kleiner, physische Rohstoffknappheit wird uns mehr als weniger Sorgen bereiten, und auch die Mehrkosten bei der Abfallbehandlung im klassischen Sinne der linearen Wirtschaft werden sich erhöhen.

Vorausblick lohnt sich. Auch wirtschaftlich

Um Nachhaltigkeitsaspekte in der Produktion mit Blick auf seine Anlagen zu berücksichtigen, lohnt sich die Differenzierung in Investitionsentscheidung und operativen Betrieb. In beiden Fällen kann die Komplexität der zu berücksichtigenden Nachhaltigkeitsfaktoren hoch oder niedrig sein – ebenso die Häufigkeit der zu treffenden Entscheidung. Auf beide Aspekte wollen wir kurz unsere Taschenlampe halten.

Komplexität: Die Berücksichtigung von Nachhaltigkeitseffekten kann relativ einfach strukturiert sein, wie beispielsweise die Integration einer CO_2-Kennzahl in Investitionsentscheidungen oder die Verbrauchsoptimierung in der Produktion. Oder leider sehr komplex. Man stelle sich nur vor, ein Industrieunternehmen steht vor einer Standortentscheidung für eine Produktion im Ausland. Da gibt es eine Menge unterschiedlicher Kriterien, die in die Priorisierungslogik als Grundlage für eine Entscheidung einfließen – nicht nur interne, sondern auch externe Daten. Zum Beispiel länderspezifische Risikofaktoren, gesetzliche Vorgaben, Infrastrukturen. All diese Kriterien in eine Gewichtungslogik zu überführen, ist keine leichte Aufgabe.

Häufigkeit: Hinsichtlich der Investitionsentscheidungen lohnt sich die grobe Unterscheidung in Großprojekte und Alltagsgeschäft. Für Großprojekte kann grundsätzlich eine projektspezifische Entscheidung vorbereitet werden. Aber diese Art von Projekten hat man nicht allzu häufig vor der Brust. Vielmehr fällen Unternehmen pro Jahr auch Dutzende und zum Teil Hunderte von kleineren Investitionsentscheidungen, die nicht alle im Gesprächskreis ausdiskutiert werden können. Spätestens dann lohnt sich die Einführung einer mindestens halbautomatischen Berücksichtigung von Nachhaltigkeitseffekten im Prozess der Entscheidungen. Vollends automatisiert sollte der Prozess spätestens im laufenden operativen Betrieb implementiert sein, denn im Alltagsgeschäft können bis zu 100 Optimierungsentscheidungen pro Tag anfallen. Automatisiert können diese dann auf der Basis von Echtzeitdaten gefällt werden.

Bevor wir uns dem nächsten Bereich zuwenden, möchten wir im folgenden Beispiel aufzeigen, wie aktuell unprofitable Langfristinvestitionen durch eine vertragliche Absicherung möglich werden können.

Beispiel Contracts for Difference: Für »Impact First«-Unternehmen steht die Minderung des CO2-Ausstoßes im Einklang mit wissenschaftsbasierten Klimazielen außer Frage. Gleichzeitig stehen sie in ihrer jeweiligen Branche in einem intensiven Wettbewerb – was die Sache komplizierter macht. Das gilt vor allem für Unternehmen, die mit anderen Konzernen im außereuropäischen Ausland um Marktmacht und Absatzmärkte konkurrieren. Was ist, wenn die gesetzlich verankerte CO2-Reduktion jenseits der EU-Grenzen weniger weit fortgeschritten ist? Was bedeutet es, wenn die zukünftige Bepreisung von CO2 weniger erwartbar ist? Keine Frage: Eine Investition in CO2-arme Technologien wäre vor dem Hintergrund des Zielbilds zwar richtig, könnte aber auch unprofitabel sein – und damit ein betriebswirtschaftlich hohes Risiko darstellen.

Doch es gibt Lösungen: Sogenannte Carbon Contracts for Difference (CCfDs) können Unternehmen unterstützen, in CO2-arme Technologien zu investieren, bei denen die Vermeidungskosten über den regulatorisch abgesicherten CO2-Preisen liegen. Insofern gehen Unternehmen so etwas wie eine Wette ein: Sie würden jetzt in CO2-arme Technologien investieren, die sich aktuell zwar noch nicht rechnen – aber vor dem Hintergrund steigender CO2-Preise/Tonne profitabel werden dürften. Das Schöne beim CCfD ist: Staatliche Unterstützungsangebote können diese Unsicherheit abfedern. Die konkrete Ausgestaltung ist aktuell in Erarbeitung. Im Sommer 2022 tüftelte die Bundesregierung noch an einem Förderprogramm für Klimaschutzverträge für Grundstoffindustrien mit besonders hohen Prozessemissionen (insbesondere Stahl, Zement, Kalk und Ammoniak). Nach dem Ansatz von Carbon Contracts for Difference sollen Risiken vermindert und Betriebskostendifferenzen zwischen herkömmlichen und klimafreundlichen Verfahren ausgeglichen werden.[21]

Vertrieb und Marketing

Schauen wir abschließend auf den dritten großen Bereich auf unserer operativen Insel der Wertschöpfungskette: Vertrieb und Marketing. Denn auch nachhaltige Produkte und Leistungen wollen beworben werden. Zudem kann dieser Bereich helfen, neue Märkte zu schaffen. Dazu ist es hilfreich, wenn Vertrieb und Marketing ihr Wissen in die Strategieprozesse zu Neugeschäftsentwicklung und Portfoliosteuerung einbringen, wie wir das auf den entsprechenden Strategieinseln erläutert haben.

Im operativen Tun benötigen Vertrieb und Marketing vor allem eine gute Faktengrundlage, um Informationen zur ökologischen und sozialen

Performance, entsprechend aufbereitet je Zielgruppe, kommunizieren zu können: in den Produktbeschreibungen, am Point of Sale im B2C-Kontext bis hin zu Präsentationen im B2B-Bereich. Der Einkauf, Sie erinnern sich, braucht die gleiche Transparenz zu den eingekauften Materialien. Die Herausforderung besteht darin, beide Informationen – jene zu den eingekauften Waren und Dienstleistungen und jene über die eigene Produktion oder allgemein Leistungserbringung – wahrheitsgetreu, belastbar und vor allem verständlich aufzubereiten. Das bringt die Köpfe zum Rauchen.

In der Kommunikation kann der Vertrieb zum Beispiel die bereits erwähnten Produktpässe nutzen, um B2B-Kund:innen transparent über die Nachhaltigkeit der eigenen Produkte aufzuklären. Wie das *ZINQ* es praktiziert, das in diesem Kontext ebenfalls bereits erwähnte Unternehmen aus Gelsenkirchen. *ZINQ* zeigt seinen Kund:innen präzise Daten – und darüber hinaus, welche ökologischen Vorteile ihre Zinkoberflächen haben, beispielsweise durch Einsatz von Recycling-Zink und Grünstrom in der Produktion. Die so dokumentierten Umweltvorteile und CO2-Ersparnisse, die *ZINQ* im Vergleich zu Marktstandards belegen kann, sind über den digitalen Produktpass nachvollziehbar und mit den jeweiligen Produkten verknüpft. Dort, wo Abnehmer eigene Nachhaltigkeits- und CO2-Reduktionsziele haben, hilft die bessere Umweltleistung von *ZINQs* Produkten, die Nachhaltigkeitsziele der Abnehmer, beispielsweise CO2-Reduktionsziele, zu erfüllen. So können die CO2-Ersparnisse gegenüber dem Marktstandard über digitale Produktpässe dokumentiert und schließlich monetarisiert werden.[22] Das ist schon großes Kino.

Leider haben wir es in diesem gesamten Bereich heute noch mit vagen und teils überzogenen Nachhaltigkeitsversprechungen, insbesondere von Marketingabteilungen, zu tun. Stichwort: Greenwashing. Leider nicht ganz zu Unrecht sehen sich bereits verschiedene Unternehmen mit entsprechenden Klagen konfrontiert. Das ist richtig so. Und kann zu einem erheblichen Reputationsschaden führen.

Wer sein Marketingversprechen nicht hinlänglich begründen kann, muss mit Reputationsverlust rechnen und seine Werbebotschaften umgehend einkassieren – und neu formulieren

So ging es beispielsweise zwei Bestattungsunternehmen aus England, die von der *Advertising Standards Authority* – so etwas wie dem *Deutschen Werberat* – aufgefordert wurden, ihre Werbung bestimmter Bestattungsprodukte als umweltfreundlich zu unterlassen. Der eine oder andere Käufer wird sich da sicher im Grabe umdrehen![23] Aber es trifft auch die Großen: Der Textilkonzern *H&M* musste nachhaltigkeitsbezogene Behauptungen auf beanstandeten Kleidungsstücken entfernen, nachdem eine Klage wegen Falschinformationen eingereicht worden war.[24] Noch ein Beispiel: *Aldi*. Der Handelskonzern hatte ausgewählte Milchsorten als klimaneutral angepriesen.[25] Doch eine Recherche der NGO *Foodwatch* und dem *ZDF* ergab, dass man mit dem Kauf dieser Milch ein zweifelhaftes Waldprojekt in Uruguay unterstützen würde, das mit Umweltschutz wenig zu tun habe.[26] Was erstaunt, weil der CO2-Ausgleich über *ClimatePartner* abgewickelt wurde. Daher wollen wir keine vorschnellen Schuldzuweisungen aussprechen, zumal die finale Klärung des Sachverhalts zuletzt noch ausstand.[27] Was aber klar ist: Die Tendenz, dass grüne Werbeversprechen kritisch hinterfragt werden, nehmen wie Klagen und negative Schlagzeilen zu.

Weil es für alles Regeln geben muss, arbeitet die EU derzeit an der *Substantiating Green Claims Initiative,* um die verschiedenen Formen des Greenwashings künftig zu vermeiden. Ziel ist, dass jede nachhaltigkeitsbezogene Werbebotschaft faktenbasiert abgesichert sein muss, wofür wiederum der Product Environmental Footprint (PEF) als Standard definiert wird. Demnach sind Produkte nur dann grün, wenn sie auf Basis der PEF-Analyse auch gegenüber dem Marktstandard tatsächlich besser sind. Allerdings ist auch PEF aktuell noch keine Wunderwaffe der Nachhaltigkeitstransparenz. Bei der Analyse steht vor allem CO2 im Fokus, die soziale Dimension bleibt außen vor. Dennoch kann eine PEF-Analyse den Unternehmen helfen, ihre Produkte auf Basis einer nachvollziehbaren – und noch verbesserungswürdigen – Methode zu vermarkten, ohne leichtfertig in die Greenwashing-Falle zu tappen.

Beide Co-Kapitän:innen hatten bereits vor etlichen Jahren die Möglichkeit, für den B2B-Vertrieb eines DAX-Unternehmens die sozialökologischen Vorteile eines Produktes zu errechnen und diese durch einen unabhängigen Prüfer zertifizieren zu lassen. Auf dieser Basis können die Vertriebsmitarbeitenden guten Gewissens mit belastbaren und geprüften Nachhaltigkeitsvorteilen werben.

Eine letzte, einfache Maßnahme sei am Ende noch erwähnt: Vertriebler:innen und Marketing-Mitarbeitende können im Sinne des Zielbilds des »safe and just space« natürlich auch die Kund:innen zu ökologischen und sozial gerechteren Entscheidungen motivieren, etwa durch finanziell attraktive und bequeme Reparatur- und Rückgabeoptionen.

Oder einfach, indem man in den Markt ruft: Wer unser Produkt kauft, steht auf der richtigen Seite der Geschichte.

Eine solche Aussage muss natürlich stimmen. Was in jedem Fall stimmt: Sie dürfen wieder Ihre Sachen packen und mitkommen. Als Nächstes steht die Insel der operativen Verankerung von Querschnittsfunktionen auf dem Programm. Da geht es um Themen wie Innovation, Personal, IT, Finanzen, Kommunikation – und natürlich Nachhaltigkeit. Kommen Sie also zurück an Bord, wir legen ab. Wir fahren etwas langsamer, Dass sie das Erlebte noch einmal Revue passieren lassen können.

Okay, wir geben zu, langsam ist unsere Fährfahrt wirklich harte Arbeit. Die sich am Ende lohnen wird. Vertrauen, Mut, Zuversicht!

Insel 13:
Operative Verankerung mithilfe von Querschnittsfunktionen

- **Matrixorganisation**
- **R&D und Innovation**
  - Co-kreative Innovationsarbeit
  - Anpassung der Qualitätstore (Quality Gates)
  - Faktische versus wahrgenommene Nachhaltigkeit
- **Personal**
  - Personalentwicklung und -management
  - Transformatives Potenzial
  - Fachexpertise, Methoden-, Sozial- und Selbstkompetenzen
  - Dilemma-Kompetenz
  - Ambiguitätstoleranz
  - Integration in Kompetenzmodelle, Führungskräftetrainings und Seminare
- **IT**
  - Befähigung für neue Geschäftsmodelle
  - Softwarelösungen für Entscheidungsoptimierung
  - Optimierung der IT-Infrastruktur

- **Finanzen, inkl. Investor Relations**
  - Professionelles Datenmanagement
  - Nachhaltigkeit im Jahresbericht
  - Investor:innen-Roadshows
- **Nachhaltigkeitsfunktion**
  - Typische Organisationsformen
  - Kernaufgaben des zentralen Teams
  - Zusammenarbeit mit anderen Funktionen
  - Rolle der Nachhaltigkeitsfunktion über Zeit

Da wären wir also. Auf der Insel der Matrix in unserem operativen Atoll. Damit meinen wir nicht den gleichnamigen Film mit US-Schauspieler Keanu Reeves, den Sie sicher alle kennen. Falls nicht: angucken! Das Werk der Regisseure Larry und Andy Wachowski eröffnet einen neuen Blick auf die Welt: Es könnte doch alles komplett anders sein, als wir es wahrnehmen. Ein nettes Gedankenexperiment – und einfach ein sensationell guter Film.

In der realen Welt der Unternehmen ist die Matrixorganisation ein Organisationsmodell, um mindestens zwei Gliederungsdimensionen gleichzeitig zu ermöglichen. Beispielsweise die Länder- oder Produktorganisation sowie die Querschnittsfunktionen wie R&D und Finanzen. Natürlich gehört die Nachhaltigkeitsfunktion zu den wichtigen Querschnittsfunktionen, die auf allen Ebenen, von normativ über strategisch bis operativ, die Transformation begleiten und ermöglichen. Als wichtige Dienstleister und Ermöglicher stellen die Querschnittsfunktionen ihr Wissen und ihre Dienste den marktorientierten Geschäftsbereichen der Länder- oder Produktorganisation als zentrale Einheiten zur Verfügung. Ergänzend kann dieses Wissen auch dezentral in einzelnen Ländern oder

Produktorganisationen aufgebaut werden. R&D und Finanzen könnten beispielsweise ausschließlich zentral verfügbar sein oder – vor allem bei größeren Unternehmen – gibt es wichtige Querschnittsfunktionen regelmäßig zusätzlich in den marktorientierten Geschäftsbereichen. Beispielsweise könnten die Vertriebsgesellschaften in China, den USA etc. eine eigene Finanzabteilung haben und die Business Units für Produkt A und Produkt B könnten jeweils eigene Finanz- und R&D-Teams haben.

Im Folgenden konzentrieren wir uns auf zentrale Aufgaben der Querschnittsfunktionen und lassen die verschiedenen Matrix-Spielarten außer Acht.

Wir haben fünf Querschnittsbereiche ausgewählt, bei denen unserer Ansicht nach über die strategischen Aspekte hinaus substanzielle Änderungen an den operativen Entscheidungsregeln und Arbeitsweisen stattfinden: R&D und Innovation, Personal, IT, Finanzen und Nachhaltigkeit. Investor Relations an der Schnittstelle zwischen Finanzen und Kommunikation behandeln wir im Rahmen der Finance-Funktion.

Lassen Sie uns einmal durch die verschiedenen Bereiche wandern. Also Trekkingschuhe an und los geht's. Wir beginnen mit einer der sicher spannendsten Querschnittsfunktionen im Unternehmen, wo Köpfe rauchen und kreative Geister am Werk sind: R&D und Innovation.

R&D und Innovation

Wo entsteht Neues im Unternehmen? Wo wird geforscht und entwickelt, um die Grundlage für neue Geschäftsmodelle und neue Produkte zu schaffen? Wo forscht man nach innovativen Materialalternativen? Der Bereich R&D (Research & Development) oder FuE (Forschung und Entwicklung) ist einer der wichtigsten in Unternehmen, weshalb viele Konzerne – je nach Branche – hohe Summen in diesen Sektor fließen lassen. Der *EU-Anzeiger für FuE-Investitionen der Industrie* analysiert jährlich die 2500 weltweit investitionsstärksten Unternehmen und weist für das Jahr

2020 eine Summe von 900 Milliarden Euro aus, das sind 90 Prozent der insgesamt weltweit privat getätigten R&D-Ausgaben. Insgesamt stiegen die Ausgaben in diesem Bereich um sechs Prozent gegenüber dem Vorjahr und zum elften Mal in Folge.[28]

Den konzeptionellen Rahmen für Geschäftsmodell- und Produktinnovation sowie die Suche nach Materialalternativen haben wir bereits auf Inseln im Strategie-Atoll beschrieben. Aber wie immer geschieht die konkrete Umsetzung im Tagesgeschäft.

Wie stellen Unternehmen sicher, dass der große strategische Wurf – zum Beispiel die Zusage zu naturpositiven oder entwaldungsfreien Produkten bis 2030 – bei den täglichen Entscheidungen in der Forschungs- und Innovationsabteilung ankommt?

Hierbei entspricht entwaldungsfrei der Zielsetzung. Naturpositiv reflektiert die Absicht, regenerativ zu wirken, indem beispielsweise degradierte Flächen durch extensiv genutzte Aufforstung mit Mischwald neben der Holzproduktion einen über dem Ist-Zustand liegenden ökologischen Beitrag leisten. Das auf der strategischen Insel über Produkt- und Serviceportfolio beschriebene Konzept gibt den strategischen Rahmen vor. Im täglichen Tun brauchen die Mitarbeitenden weitere Hilfestellung. Etwa, um die Umweltwirkung verschiedener Rohstoffalternativen miteinander vergleichen oder um Zielkonflikte auflösen zu können, weil der ökologisch bessere Rohstoff etwa noch nicht mit gleicher Verlässlichkeit und Qualität beschafft werden kann. Oder weil den langfristigen Kostenersparnissen bei alternativen Rohstoffen kurzfristige Investmentbedarfe gegenüberstehen. Hierfür brauchen die Mitarbeitenden neue Fähigkeiten, um Lebenszyklusanalysen (Life-cycle assessment, kurz LCA) richtig durchzuführen oder in Auftrag zu geben und die LCA-Ergebnisse sinnvoll auszuwerten. Wie so häufig helfen Zwischenberichte, um zu überprüfen, ob die geplanten Produktneuheiten das Produktportfolio im Zielkorridor in Richtung etwa der 2030-Ambition tragen oder ob R&D noch eine Schippe drauflegen sollte.

In unserer Arbeit haben wir erlebt, dass neue Ansätze vor allem in drei Bereichen einen Unterschied machen können: co-kreative Innovationsarbeit, Anpassung der sogenannten Qualitätstore und Differenzierung in faktische und wahrgenommene Nachhaltigkeit. Was wir damit meinen, wollen wir an Beispielen illustrieren.

Co-kreative Innovationsarbeit: Große Unternehmen konzentrieren sich häufig auf einen bestimmten Teilbereich der Wertschöpfung. Egal ob Automobilbau- oder Elektronikindustrie, die Markenhersteller nutzen für vorgelagerte Schritte in der Wertschöpfung häufig die Innovationskraft und Produktionsstärke ihrer Zulieferunternehmen. Durch strikte Vorgaben bleibt die Kontrolle aber vollständig bei den Großunternehmen. Uwe Lübbermann vom *Premium*-Kollektiv, der auf das vertrauensvolle, vertragsfreie Miteinander mit allen Partnern entlang der Lieferkette setzt, ist da eine Ausnahme.

Allerdings: Großunternehmen finden zunehmend einen Zwischenweg, der die klassischen Prozesse der detaillierten Spezifikationsvorgabe und kostenorientierten Vergabe im Kerngeschäft nicht gleich bedroht und gleichzeitig neue Experimentierräume für die Freisetzung von Innovationspotenzialen bei den Zulieferern und Wertschöpfungsketten-Partnern ermöglicht. Eine Variante sind sogenannte Innovation Challenges, zu denen Großunternehmen ihre aktuellen Zulieferer, aber auch neue Unternehmen und Start-ups einladen können.

Nehmen wir etwa den niederländischen Konzern *AkzoNobel*, ein globaler Player in den Bereichen Farbenherstellung und Spezialchemie. Das Unternehmen mit Sitz in Amsterdam hat die zehn Finalist:innen einer *Paint the Future Global Startup Challenge* zu dreitägigen Workshops mit Expert:innen aus der eigenen Entwicklung für die gemeinsame Exploration neuer Möglichkeiten eingeladen. Dabei wurden gute Erfahrungen gemacht. In der ersten Start-up-Challenge nahm das Unternehmen *Alucha* aus Arnheim teil – und konnte den Weltkonzern überzeugen, dass die Beschaffung von Kalziumkarbonat für Farben und Füller aus Papierresten möglich ist. Seitdem liefert das Unternehmen seine Produkte aus den Recyclingprozessen (Circular Calcium Carbonate – CCC) an *AkzoNobel* und ermöglicht dem Konzern, seinen ausgerufenen Zielen einer nachhaltigen Entwicklung näher zu kommen.[29]

Eine zusätzliche Alternative, die unserer Erfahrung nach gut funktionieren kann: Die Spezifikationen bei Ausschreibungen könnten bewusst weniger einengend vorgegeben werden. Stattdessen stellt man das angestrebte Ergebnis in den Vordergrund, wie beispielsweise die Verbesserung der Reparierbarkeit eines Produktes oder den Einsatz von Materialalternativen mit einem besseren Umweltfußabdruck. Die Angebote werden zwar weniger gut vergleichbar – dafür erhält man aber Vorschläge, auf die ein ausschreibendes Unternehmen vielleicht erst gar nicht gekommen wäre. Was zu einem echten Wickie-Moment führen kann (Sie wissen schon, der kleine Wikinger mit den genialen Ideen, wenn er sich mit dem Zeigefinger die Nase rieb).

Anpassung der Qualitätstore: Auf der Strategieinsel zu neuen Geschäftsmodellen haben wir bereits darauf hingewiesen, dass die SDGs oder die eigenen Nachhaltigkeitsziele als Inspiration für den Entwicklungsprozess und für die Priorisierung von Produkt- und Servicealternativen entlang des Entwicklungsprozesses dienen können. Auf der folgenden Insel zur Portfoliosteuerung haben wir überdies erläutert, wie die Neuorientierung systematisch in die Transformation des existierenden Produktportfolios übersetzt werden kann. Was muss auf der operativen Ebene passieren, damit die Änderungen am Entwicklungsprozess in der Praxis funktionieren?

Viele Unternehmen haben einen klar definierten Innovationsprozess mit Entwicklungsphasen, die durch Entscheidungspunkte voneinander abgegrenzt sind (Stage-Gate-Prozess). Bei jedem Entscheidungspunkt müssen gewisse Dokumente und Ergebnisse geliefert und Kriterien erfüllt werden, um eine Stufe weiter gehen zu können. Ein erster Schritt für die Integration von Nachhaltigkeit bei R&D kann sein, alle Aktivitäten des Prozesses anzuschauen und um Nachhaltigkeitsinterventionen zu ergänzen. Beispielsweise können im Design Thinking Toolkit die Methoden um Nachhaltigkeitskonzepte ergänzt, verpflichtende LCAs eingeführt oder die Metriken in den Entscheidungspunkten angepasst werden.

Indikatoren und Entscheidungsregeln dürften den Unternehmer:innen unter uns vertraut sein. Schauen wir uns noch einmal das bereits erwähnte Textilunternehmen an. Dort könnte der Wasserverbrauch oder auch eine einheitliche ökologische Kennziffer auf Basis von LCA-Analysen als Entscheidungsbasis für die Priorisierung von Produkt- oder Materialalternativen genutzt werden – neben den bisher verwendeten Entscheidungsdimensionen, wie etwa der erwarteten Profitabilität.

Uns ist klar, dass man immer wieder vor Zielkonflikten steht. Deshalb braucht es glasklare Entscheidungsregeln.

Entweder werden die sozialökologischen Indikatoren monetarisiert (zum Beispiel x EUR pro Liter Wasser oder y EUR je Umweltpunkt auf Basis der LCA-Analyse), oder Zielwerte und Korridore werden als Mussanforderungen festgesetzt – etwa die ausschließliche Verwendung von Material mit weniger als 1000 Liter Wasserfußabdruck je Tonne Material.

Das Familienunternehmen *WEPA* beispielsweise verfolgt die Vision, der nachhaltigste und agilste Partner für persönliche und professionelle Hygienelösungen zu sein und hat einen klaren Nachhaltigkeitsbeitrag als Muss-Anforderung im Investitionsprozess festgelegt. Herr Krengel, CEO der *Wepa Gruppe*, sagt hierzu: »Wenn wir Nachhaltigkeit bei der Erweiterung außer Acht lassen, verlieren wir das, was unser Unternehmen ausmacht. Wir prüfen daher, neben wirtschaftlichen Aspekten, alle unsere Investitionsvorhaben vor allem darauf, dass sie einen Beitrag zu unserer Nachhaltigkeitsstrategie leisten.«[30]

Neue Design-Guides können zum Beispiel für die Entwickler:innen interessant sein, in denen neue Materialien oder Beispiele für Reparierbarkeit dargestellt werden. Auch entsprechende Trainings für alle

Beteiligten, von Designer:innen bis hin zu Manager:innen, die die Priorisierungsentscheidungen fällen, könnten hilfreich sein. Zusätzlich helfen Anreize, wie beispielsweise Preise für das Team, das das nachhaltigste Neuprodukt entwickelt hat. Oder ganz profan: Warum nicht die variable Vergütung für die Entscheider:innen aus der Entwicklungsabteilung an das Erreichen konkreter Nachhaltigkeitsziele bei Produktinnovationen knüpfen?

Aus unserer Erfahrung lässt sich die Lehre ziehen: Dieser Weg greift tief in die Innovationsmechanik eines Unternehmens ein – und dauert deshalb in der Umsetzung sehr lange. In einem Beispiel aus unserer Beratungstätigkeit waren das tatsächlich sogar mehrere Jahre. Kein Wunder: Vom Prozessvorschlag, den Design-Guides und Schulungen bis zur tatsächlichen Veränderung in den Entscheidungsprozessen gibt es regelmäßig viel abzustimmen und zu lernen. Doch der Weg lohnt sich.

Differenzierung in faktische und wahrgenommene Nachhaltigkeit: Kommunikation kann eine Quelle von Irritationen und Missverständnissen sein. Vor allem, wenn faktenorientierte, technische Entwickler:innen auf bedürfnisorientierte Marketingexpert:innen treffen. Das ist kein Wunder: Die Sales- und Marketingexpert:innen müssen regelmäßig die Wünsche und Bedürfnisse ihrer Kund:innen im Blick haben. Das ist schließlich ihr Job. Bezogen auf die Nachhaltigkeitserwartungen der Öffentlichkeit ist festzustellen, dass Konsument:innen immer wieder Aspekte wichtig finden und Alternativen vorziehen, die aus faktischer Sicht eher unbedeutend und teilweise sogar schlechter sind. Beispiel gefällig? Dachten wir uns.

Schauen wir auf Papier. Nachhaltigkeitsbewusste Konsument:innen bevorzugen regelmäßig Papier statt Plastik. Klar: hier der nachwachsende Rohstoff, dort der ölbasierte Kunststoff. Wer diese Präferenz faktenorientiert überprüfen möchte, kann eine vergleichende Lebenszyklusanalyse durchführen. Dabei ist der Einsatzort entscheidend, da Plastikverpackung in Deutschland beispielsweise zu fast 100 Prozent in Sammelsystemen landet, aber in Ländern ohne funktionierende Abfallsysteme auch oft in der Natur.[31] Bezogen auf Länder mit funktionierenden Abfallsystemen wie in Deutschland kommen Expert:innen von *Alnatura* zu folgendem Schluss: »Papierverpackungen im Vergleich zu Kunststoffalternativen sind bei gleicher Reißfestigkeit bis zu doppelt so schwer, bieten einen geringen Produktschutz und vor allem benötigen sie für die Herstellung deutlich mehr Energie, Wasser und dazu Chemikalien.«[32]

Uff. Das muss man erst einmal schlucken

Insbesondere der geringere Produktschutz schlägt bei der faktischen Umweltbilanz richtig zu. Denn sobald nur ein geringer Teil der Ware unverkäuflich wird, schlägt dies voll auf die Negativbilanz der weniger schützenden Verpackungsalternative durch. Das Votum der Biologin Isabell Kuhl ist gemäß *Alnatura* eindeutig: »Derzeit sind für viele Produkte sogenannte Monokunststoffe die sinnvollste Alternative. Diese können gut recycelt werden, sie benötigen vergleichsweise wenig Energie und vereinen hervorragende Verpackungseigenschaften.«[33] Nun ja, wir wollen hier nicht die Werbetrommel für Plastik rühren. Besser heißt noch lange nicht, dass Plastikverpackungen der Weisheit letzter Ökoschluss sind. Zumal es nur an wenigen Orten dieser Welt ein funktionierendes Recyclingsystem gibt.

Unser Motto ist: Etwas weniger schlecht ist noch nicht gut genug

Nur weil Kunststoff heute zumindest in Ländern wie Deutschland mit vergleichsweise gutem Recycling- und Entsorgungssystem die weniger schlechte Alternative ist, darf die Suche nach wirklich guten regenerativen Materiallösungen nicht aufhören. Und gleichzeitig ist neben der Verbesserung des eingesetzten Materials die Priorität im Verpackungsbereich zu beachten: vermeiden, reduzieren, wiederverwenden und auf die Recyclingfähigkeit achten.

Das Papier-Plastik-Beispiel zeigt: Wahrgenommene und faktische Nachhaltigkeit können voneinander abweichen. Wir legen noch einen drauf:

Verbraucher:innen halten die Verpackung in der Regel für sehr wichtig, wenn sie die Nachhaltigkeitsleistung eines Produkts beurteilen. Faktische Auswertungen zeigen hingegen, dass die Verpackung im gesamten ökologischen Fußabdruck eines Produkts nur eine kleine Rolle spielt. Da gilt es abzuwägen: Setzt man auf mehr Informationen für die Konsument:innen, um ihre falsche Wahrnehmung von Umweltvorteilen der Materialien zu korrigieren? Das ist ein langer Weg. Es ist meistens einfacher, das Bauchgefühl der Konsument:innen zu befriedigen und weiter an der Verpackungs-Öko-Schraube zu drehen. Schlecht ist das nicht. Aber die faktisch wirklich wichtigen Aspekte, wie beispielsweise die Rohstoffauswahl, dürfen nicht ins Hintertreffen geraten.

Damit Marketing und Entwicklung produktiv zusammenarbeiten und sich neue Produkte sowohl hinsichtlich der faktischen als auch der wahrgenommenen Nachhaltigkeit vom Marktumfeld absetzen können, hat unser Co-Kapitän ein Unternehmen bei der systematischen Abwägung zwischen wahrgenommener und faktischer Nachhaltigkeit entlang der wesentlichen Produktelemente, vom Rohstoffeinsatz bis zur Verpackung, unterstützt.

Um die faktische Nachhaltigkeitsleistung zu berücksichtigen und zu verbessern, brauchen Entwickler:innen neue Indikatoren, die die Umweltwirkung vergleichbar darstellen, etwa über Umweltpunkte auf Basis von Lebenszyklusanalysen. Die wahrgenommene Nachhaltigkeit ist schwieriger zu operationalisieren. Im erwähnten Beispiel haben wir Onlinekommentare von Konsument:innen zu Produktalternativen systematisierend ausgewertet und in eine indikative Gewichtung hinsichtlich der Produktelemente und Alternativen überführt. Nicht unerwartet bewerten Konsument:innen die direkt sichtbaren und wahrnehmbaren Produktmerkmale höher, als dies faktisch berechtigt wäre, insbesondere Verpackung und Nutzung. Weniger sichtbare Merkmale, wie beispielsweise die Rohstoffalternativen, sind faktisch wichtiger als in der Wahrnehmung.

Für die systematische Berücksichtigung von Nachhaltigkeitseffekten in der Entwicklung benötigen Unternehmen neue Entscheidungsregeln.

Vereinfachende Festlegungen können bei der Operationalisierung spürbar helfen. Beispielsweise, indem man zertifizierte Materialien aus nachvollziehbaren Quellen ohne Entwaldungsrisiko einsetzt, LCA-Daten für Zweifelsfälle nutzt und Entscheidungsregeln wie die Monetarisierung von Umweltpunkten für den Umgang mit Zielkonflikten bestimmt.

Doch nun genug davon. Lassen wir den R&D-Bereich hinter uns und wandern zum nächsten Stand, in dem es um die Menschen und ihre Fähigkeiten im Sinne der Zielerreichung geht. Ein weites Feld. Wie so vieles.

Personal

Der Mensch ist ein lustiger Vogel. Er schafft immer wieder erstaunlich Neues – sogar ein Wirtschaftskonstrukt, das ihn teleologisch als Rädchen im System mit Humankapital umschreibt. Schüttelt es Sie bei dem Begriff auch? Der arbeitende Mensch reduziert zur rein ökonomisch planbaren Größe, die alle seine anderen wunderbaren Fähigkeiten und Eigenschaften auszuschließen scheint? Andere Gänsehautbegriffe sind Human Resources, Humanvermögen oder Humanpotenzial. Wer denkt, dass diese Bezeichnungen Wörter der Neuzeit sind, ein Ergebnis des kalten Finanzkapitalismus, liegt falsch. Es war der US-amerikanische Arbeitsmarkttheoretiker John Commons, der den Begriff »Human Resources« einführte – und das schon 1893.[34]

Unbestritten ist: Der Personalbereich – oder eben HR für Human Resources – ist ein Herzstück eines jeden Unternehmens. In der Managementliteratur spricht man neuerdings von Intellektuellem Kapital und meint damit drei Bereiche: Human-, Struktur- (Wert von Prozessen und Technologien) und Beziehungskapital (Wert des Beziehungsgeflechts) – und misst dabei dem Humankapital, dem Menschen, die bedeutendste Rolle als Ermöglicher und Basis der übrigen beiden Werteaspekte zu.[35]

Wie auch immer man die Bedeutung des Menschen für Unternehmen betrachten oder definieren möchte, ohne ihn dürfte es schwierig werden, den Transformationsprozess einzuleiten, zu durchlaufen und erfolgreich zu meistern. Der Mensch steht im Mittelpunkt.

Der Personalbereich ist im Hinblick auf sein transformatives Potenzial bisher oft unterschätzt geblieben

Die meisten unter uns waren oder sind sicher Angestellte in einem Unternehmen. Für manche von uns treten die Personaler:innen nur beim Unterschreiben des Vertrags in Erscheinung. Manchmal gibt es digitale Trainingseinheiten und Schulungen. Genau das sind wesentliche Aspekte der beiden Kernfunktionen des Personalbereichs. Erstens das Personalmanagement mit allen korrekten Abläufen von Recruiting über Vertragsangelegenheiten und Gehaltsmanagement bis hin zum Ende des Anstellungsverhältnisses. Zweitens die Personalentwicklung mit Schulungen und Seminaren zur Kompetenzentwicklung und ihren Kriterien für Beförderungen oder Jobwechsel im Unternehmen.

Eigentlich liegt es auf der Hand: Gerade die Personalentwicklung hätte einen riesigen Hebel, Nachhaltigkeit ins alltägliche Tun des Unternehmens zu integrieren. Bislang bleibt es in vielen Unternehmen aber nur bei diesem »hätte« – Konjunktiv zwei, Konjunktiv »irrealis«.

Wir Kapitän:innen haben in unseren Beratungstätigkeiten immer wieder auf die Transformationswirkung hingewiesen, sogar Studien zur besseren Verankerung von Nachhaltigkeit mithilfe von HR erstellt und versucht, an die Personalabteilung zu adressieren – doch ohne Erfolg. Warum? Unsere These: Erst wenn es einem Unternehmen wirklich ernst ist, wird der Konjunktiv zum Indikativ. Erst dann ist man bereit, Kompetenzmodelle und Bewertungen der Performance anhand von Nachhaltigkeitskriterien auszurichten sowie Geld für Schulungskonzepte und breit angelegte Qualifizierung auszugeben.

Wir sind fest überzeugt: Wer seinen Kurs in Richtung »Impact First« einschlägt, wird in der Personalabteilung eine wunderbare Umsetzungsgehilfin finden. Die Vorteile liegen auf der Hand: Diese Komplizin hat direkten Zugang zu allen Mitarbeitenden und kann ihnen helfen, die neuen strategischen Ziele durch die richtigen Kompetenzen Realität werden zu lassen. Also weg vom »irrealis« zum »realis«, indem die Ressource Personalabteilung mit allen ihren Möglichkeiten im Sinne der Transformation genutzt wird.

…, Sie da hinten? Was gibt's?

Für alle noch einmal: Was sind das für Kompetenzen, die die Mitarbeitenden können und die über die Personalabteilung vermittelt werden sollen? Die neuen Fähigkeiten finden sich in drei wesentlichen Bereichen:

- **Fachexpertise:** Zum Konzept der planetaren Grenzen, der *EU-Taxonomie*, zum Lieferkettensorgfaltspflichtengesetz etc.
- **Methodenkompetenzen:** Finanzielle Bewertung nichtfinanzieller Effekte, Lebenszyklusanalysen, Dilemma-Management etc.
- **Sozial- und Selbstkompetenzen:** Ambiguitätstoleranz, Souveränität bei Unsicherheit, Umgang mit unbewussten Vorurteilen, Fehlerkultur, Freude am »Out of the box«-Denken etc.

Die benötigte Fachexpertise variiert je nach Funktion im Unternehmen. Ein CEO muss vor allem ein Grundverständnis haben und in Bezug auf die großen strategischen Linien tief involviert sein. Beispielsweise, wenn es um Klimarisiken und daraus resultierende geostrategische Folgen sowie um die Berücksichtigung von anderen planetaren Grenzen, wie etwa der Biodiversität, geht. Ein:e Einkäufer:in wird sich vertiefend mit Audittools und Fragebögen für Lieferant:innen sowie mit besonderen Materialanforderungen etwa in Bezug auf Recyclingverpackungen auskennen müssen. Jemand im Bereich Finance muss neben der Kennzahlenerhebung die neuesten Entwicklungen bezüglich ESG-Anforderungen durch Investor:innen und die neueste Sustainable-Finance-Regulierung kennen und antizipieren können. Spezialwissen ist gefragt. In allen Abteilungen.

Methodenkompetenzen sind teilweise Kompetenzen ausschließlich für mehr Nachhaltigkeit, teilweise Methoden, die auch insgesamt für die Bewältigung von Komplexität notwendig sind. Durchaus nachhaltigkeitsspezifisch ist beispielsweise der Umgang mit sozialökologischen Indikatoren, der Monetarisierung von nicht finanziellen Kennzahlen oder der Erstellung von LCAs. Das werden zwar nicht alle im Unternehmen beherrschen müssen. Die, die sich aber vertieft auskennen müssen, brauchen geeignete Schulungen und Trainingsmöglichkeiten.

Nicht nur für die Nachhaltigkeit relevant ist eine Methodenkompetenz, die wir hervorheben möchten: die Dilemma-Kompetenz

Dass die unterschiedlichen Dimensionen der Nachhaltigkeit sehr komplex und vielschichtig sind und Unternehmen daher vor der großen Herausforderung stehen, diese miteinander zu integrieren, davon ist Stefan Schaltegger, Institutsleiter des *Centre for Sustainability Management* der Fakultät Nachhaltigkeit an der Universität Lüneburg und einer der Pioniere der praxisnahen Nachhaltigkeitsausbildung auf universitärem Niveau, überzeugt.[36] Die klassischen Dilemmata kennen wir alle, etwa bezüglich Kurz- versus Langfristbetrachtungen, dem richtigen Maß an Transparenz oder dem Ausgleichen unterschiedlicher Interessen – als Middle Manager beispielsweise zwischen Chef:in und Teammitgliedern. Als würde das nicht genug Kopfzerbrechen bereiten, kommt im Nachhaltigkeitszeitalter ein echter Brocken hinzu: das Abwägen zwischen ökologischen und sozialen Aspekten bei gleichzeitigem Profitabilitätswunsch. Hier gibt es manchmal die berühmten Win-win (oder manchmal sogar noch ein drittes win)-Lösungen, die gleichzeitig auf alle Ziele einzahlen. Aber häufig ergeben sich auch Tradeoffs, ein sozialer oder ökologischer Vorteil verursacht höhere Kosten bei unklarem Profitabilitätsbeitrag. Oder ein sozialer Vorteil verursacht höhere ökologische Belastungen. Da kann man schon einen Augenblick innehalten. Was braucht es, damit jemand in allen diesen Dilemmata – und manchmal sind es ja gar Trilemmata – nicht schreiend über den Firmenflur läuft und bei der Personalabteilung um psychischen Beistand bettelt?

DILEMMA-KOMPETENZ

8

Quelle: Eigene Darstellung

Da muss man schon ein:e gute:r Dilemma-Manager:in sein. Dilemma-Situationen führen je nach Ausprägung von individueller Dilemma-Kompetenz und organisationaler Dilemma-Kultur zu unterschiedlichen Ergebnissen (siehe Abbildung 8). Wie gehen Sie beispielsweise damit um, wenn der neue, gesündere Süßstoff, der den Zucker ersetzen soll und damit positiv auf Ernährung wirkt, im Anbau aber viel wasserintensiver ist und damit negative ökologische Wirkung hat?

Es bedarf einer Fähigkeit, die klar und nüchtern die unterschiedlichen Interessen und Werte abzuwägen weiß und dann Entscheidungen im Bewusstsein der Tradeoffs treffen kann. Eine konstruktive Dilemma-Kultur im Unternehmen ist unerlässlich. Wichtig ist die Erkenntnis: Es wird in den weitaus meisten Fällen nicht die eine perfekte Entscheidung geben – aber hoffentlich eine gute, die Grundlage für einen im Sinne der Nachhaltigkeit richtigen neuen Weg ist.

Keine Entscheidung zu treffen, ist auch keine Lösung. So bliebe alles nur beim Alten.

Ausgeprägte Sozial- und Selbstkompetenzen stehen seit längerer Zeit bei Unternehmen hoch im Kurs, spätestens, seitdem wir in der Ära von New Work und Homeoffice angekommen sind. Selbstverständlich sind diese Kompetenzen auch auf dem Weg in den »safe and just space« relevant, allerdings in einem bedeutenderen Maße als im klassischen »Profit First«-Unternehmen. Es kann ziemlich herausfordernd sein, wenn man sein Wissen aus dem BWL-Studium oder aus der kaufmännischen Lehre nicht mehr zu 100 Prozent umsetzen, sondern sich die nützlichen Aspekte für den Transformationsprozess herauspicken und insgesamt die Dinge anders machen soll.

Wir haben Nachsicht mit allen, die das als anstrengend oder verwirrend empfinden. Aber es kann auch aufregend sein, neu zu denken, in Teilen anders zu handeln, sich auszurichten auf ein neues Zielbild. Diese Freude am Lernen und an der Erkundung von Neuem ist eine weitere wichtige Sozial- und Selbstkompetenz. Zusätzlich braucht es Offenheit und Motivation, um sich neue Fähigkeiten anzueignen. Nicht jeder will gleich auf die Reise in etwas Neues aufbrechen und mit wehenden Fahnen Terra incognita erobern. Es geht hier unter anderem darum, Mut zu machen, um Freude auf das Unbekannte zu vermitteln, und um das Experimentieren. Dass dabei etwas in die Hose gehen kann – geschenkt. Auch hier geht es darum, die Fähigkeit im Umgang mit Fehlern neu zu lernen. Warum nicht in einen ehrlichen Dialog mit Kolleg:innen treten, wenn man tief in einem Dilemma-Entscheidungsprozess steckt und weder ein noch aus weiß? Reden hilft. Nicht nur im Sinne eines guten Ergebnisses, sondern auch hinsichtlich der Arbeitskultur im Sinne von Freude an der Mitsprache, daran, gehört und wertgeschätzt zu werden. Wer sagt, dass er in einer Sackgasse steckt, und um Unterstützung bittet, erntet meistens große Hilfsbereitschaft – und Anerkennung für seine Offenheit und seinen Mut.

> **Womit wir im Rahmen der Selbstkompetenzen bei einer weiteren Fähigkeit angelangt sind, die es hervorzuheben lohnt: die Ambiguitätstoleranz**

Die Psychoanalytikerin und Psychologin Else Frenkel-Brunswick (1908–1958) hat diesen Begriff als Erste 1949 geprägt. Sie forschte damals zu Merkmalen autoritärer Persönlichkeiten und nahm Kinder und ihr Verhalten unter die wissenschaftliche Lupe. Dabei stellte sie fest, »dass manche Individuen eher befähigt sind, positive und negative Eigenschaften ihrer Eltern zu sehen und Gefühle von Liebe und Hass gegenüber ein und derselben Person ohne allzu große Angst oder Konflikte zu akzeptieren, während andere das Bild der Eltern entweder als ganz und gar gut oder schlecht dramatisierten«.[37]

Es geht allgemein darum, mehrdeutige Situationen und widersprüchliche Handlungsweisen ertragen zu können – und vor lauter Verzweiflung nicht gleich den Kopf in den Sand zu stecken. Eine wichtige Fähigkeit, wenn wir über Dilemma-Entscheidungen und die damit verbundenen Tradeoffs reden. Da kann man schon einmal resigniert den Kopf auf die Schreibtischplatte sinken lassen. Dass es dazu nicht kommt, dafür ist die Ambiguitätstoleranz zur Stelle. Sie hilft dabei, auszuhalten, dass die Welt und auch meine Entscheidungsgrundlagen komplex sind. Mit ausgeprägter Ambiguitätstoleranz könnte diese Sichtweise sogar in Freude münden. Ein tiefes Verständnis für die Vielschichtigkeit der Welt und das Wissen über meine individuelle Beschränktheit kann frei machen und zu einer Art neugierigem Beginner's Mindset führen, das sich übers Ausprobieren und vermeintliche Scheitern freuen kann. Mit den Ambiguitäten umzugehen, dass es kein Schwarz oder Weiß gibt, bedarf wirklich neuer Fähigkeiten des Aushaltenkönnens.

Müssen jetzt alle alles können? Nein, es gibt Unterschiede in der Ausprägung der benötigten Kompetenzbereiche – sowohl bezogen auf Fachexpertise, Methodenkompetenz und Sozial- und Selbstkompetenz.

Wer »nur« zuarbeitet, braucht weniger Dilemma-Kompetenz. Wer entscheidungsbefugt ist, braucht genau diese Kompetenz entsprechend stärker. Wer den strategischen Einkauf übernimmt, muss Scope 3-Klimaziele verstehen, wer Personalmanagement macht, sollte Nachhaltigkeit in eine Stellenausschreibung schreiben können, aber wer den HR-Bereich leitet, sollte die Ausführungen in diesem Inselbereich zu Personal auswendig können. Genau diese Unterschiede sind zu berücksichtigen, wenn Beförderungen oder Jobwechsel in eine neue Abteilung anstehen.

Wir haben es bislang selten erlebt, dass sich Personalbereiche vorausschauend mit der Frage beschäftigen, welche neuen Fähigkeiten für die Ermöglichung der Nachhaltigkeitstransformation in welchen Unternehmensbereichen benötigt würden. Aber wir halten es für sinnvoll und würden es uns wünschen. Sind die Bedarfe identifiziert, können sie über Personaleinstellungen von außen ins Unternehmen geholt oder über Qualifizierung intern aufgebaut werden. Der Personalbereich kann bei all dem helfen, etwa zuvor definierte Fähigkeiten im Rahmen des Recruiting-Prozesses abzufragen und einzufordern.

Bei der Personalentwicklung möchten wir drei Instrumente zur Inspiration in Ihre Köpfe pflanzen

Erstens: Nachhaltigkeit in die Kompetenzmodelle aufnehmen. Ein DAX-Konzern führte einen nachhaltigkeitsbezogenen Produktportfolioansatz ein, in dem Nachhaltigkeit als eine der acht Kernkompetenzen verankert wurde. Bei jedem Mitarbeitergespräch wurde im Hinblick auf diese Kompetenz nachgefragt: Was genau brauchst du in deiner Funktion? Wie gut bist du da schon? Brauchst du weitere Unterstützung? So konnte Nachhaltigkeit in der Formulierung der Zielsetzung der Entwicklung für das folgende Jahr direkt einbezogen werden. Es ist überfällig, dass der Umgang mit den Top-3-Risiken der Weltwirtschaft (wir erinnern uns: Klima, extreme Wetterereignisse, Biodiversität) endlich auch Einzug in die essenzielle Kompetenzentwicklung und die Beförderungskriterien in Unternehmen hält.

Zweitens: Richtig gute Führungskräfteseminare machen. Ein global agierendes Unternehmen hat »Impact First«-Leadership-Seminars durchgeführt. Dabei durften sich die Top-Führungskräfte ein soziales oder ökologisches Problem herauspicken und für dessen Lösung ein Geschäftsmodell entwickeln. Manche der Geschäftsideen, die sich rund um Wasserknappheit oder Armutsbekämpfung drehten, hoben richtig ab – und ließen in den Köpfen der Manager:innen die Erkenntnis reifen: Ja, da schau her, Nachhaltigkeit hat etwas mit unserem Kerngeschäft zu tun – und selbst wenn man den Impact voranstellt, kann man unternehmerisch erfolgreich sein. Wir bekamen auch aus der internen Evaluation der Trainingswirkung positive Rückmeldung. Im Sinne der »Impact-First«-Ausrichtung unbezahlbar.

Drittens: Dilemma-Management-Trainings und -kultur etablieren. Gemeinsam mit der *GLS Bank* hatte unsere Co-Kapitänin solche Trainings speziell für Nachhaltigkeitsbanken entwickelt, insbesondere für die Neuankömmlinge in den Bankhäusern, aber auch für die bereits erfahrenen Mitarbeitenden. Denn die grünen Banken kämpfen immer wieder in ihrem Alltagsgeschäft mit Widersprüchlichkeiten. Ein Beispiel: Auf der Ausschlussliste der zu finanzierenden Branchen findet sich etwa das Kriterium Rauschmittel. So weit, so klar. Was aber passiert, wenn ein Unternehmen im Öko-Weinhandel einen Kredit sucht? Das Unternehmen mit seiner ökologischen Ausrichtung leistet einen Positivbeitrag im Sinne der Transformation – leider ist Alkohol ein Rauschmittel. Was tun? Die Antwort auf diese Frage lassen wir ein wenig über Ihren Köpfen schweben. Wichtig ist: Es gibt verschiedene Herangehensweisen und Methoden für den Umgang mit Dilemmata, derer sich Unternehmen bedienen können. Dafür braucht es Experimentierräume, Austauschmöglichkeiten und konkrete Trainings. Und dann den Mut, eine Entscheidung zu fällen. Eben für oder gegen den Kredit – um im Beispiel zu bleiben.

Wir haben uns an dieser Station der Insel bewusst für den Schwerpunkt der Personalentwicklung entschieden, weil er ein großer und noch unterschätzter potenzieller Hebel für die Gesamttransformation des Unternehmens ist.

Aber wir wollen nicht unerwähnt lassen, dass der Personalbereich auch mit vielen kleinen Stellhebeln einen Beitrag leisten kann, auch im Personalmanagement. Da zum Beispiel beim CO2-Fußabdruck des Unternehmens. So könnte man bei den Reiseabrechnungen ausweisen, wie viel CO2 jemand mit seiner Dienstreise in die Luft geblasen hat. Es ließe sich zusätzlich eine Art unternehmensweiter Wettbewerb initiieren, nach dem Motto: Wer am klimafreundlichsten reist, bekommt als Preis ein Fahrrad geschenkt. Zusätzlich könnte der Personalbereich eine wichtige Rolle beim Aufbau eines Netzwerks an Nachhaltigkeitsbotschafter:innenn spielen, einen Ideenwettbewerb initiieren oder lokale Umwelt- und Sozialaktionen unterstützen. Häufig sind HR-Abteilungen auch für die Umsetzung der Leitprinzipien für Wirtschaft und Menschenrechte mitverantwortlich. Diese Prinzipien verlangen, dass Auswirkungen der eigenen Geschäftstätigkeit auf Menschenrechte systematisch identifiziert und negative Folgen verhindert, abgemildert und bei Bedarf wiedergutgemacht werden. Dazu gehören HR-Themen wie Diskriminierung, Diversität, Meinungsfreiheit, Recht auf Weiterbildung, faire Bezahlung und vieles mehr. Der entsprechende Nachweis der Einhaltung der Sorgfaltspflicht wie Beschwerdemechanismus etc. darf auch nicht fehlen.

Ein weiterer Aspekt ist das Thema Employer Branding an der Schnittstelle zu Kommunikation und Strategie. Fürs Recruiting von neuen Mitarbeitenden wird die Arbeitgebermarke vor dem Hintergrund des Fachkräfte- und insgesamt Personalmangels in Zukunft immer wichtiger. Weil sich zusätzlich die Erwartungshaltung der Bewerber:innen hinsichtlich eines verantwortungsbewussten Unternehmens verändert, bewegt sich die Arbeitgebermarke zunehmend in Richtung der Nachhaltigkeit. Das gelingt aber nur, solange das Unternehmen die normativen und strategischen Weichen gestellt hat und damit authentisch über sich und seine öko-sozialen Ambitionen kommunizieren kann.

Begleiten Sie uns kurz auf diesen schmalen Küstenstreifen der Insel, wo in die Welt hinausposaunt wird, wie es ist, beim Unternehmen – nennen wir es *GuteBude GmbH* – zu arbeiten.

Da flattern bunte Banner im Wind und künden davon, wie stark es zum Klimaschutz oder einer besseren Welt beitragen will. Da liegen Flyer und Broschüren aus, auf der Website und in den Social-Media-Kanälen flimmern Impact-Filme. Die Personaler:innen der *GuteBude GmbH* haben ihre E-Bikes mitgebracht. Man legt sich mächtig ins Zeug, neue Mitarbeitende zu gewinnen. Über alle Branchen hinweg. Sogar Handwerksunternehmen werben mittlerweile mit dem Thema der Nachhaltigkeit. Vollkommen zu Recht, denn vieles in ihrer infrastrukturellen Arbeit besteht darin, unsere physische Infrastruktur so umzubauen, dass weniger CO_2 ausgestoßen wird, bessere Materialien verwendet werden oder wir gut gerüstet sind für das, was da unweigerlich an Klimaveränderung auf uns zurollt.

Alle wollen und brauchen neue, vor allem qualifizierte Mitarbeitende. Der Kampf ums Personal ist in vollem Gange. Viele Unternehmen schieben ins Recruiting-Schaufenster, was sie von den Mitkonkurrenten unterscheidet, was ihr USP im Wettbewerb ist. Keine Frage: Deutschland ist derzeit ein Arbeitnehmermarkt, auf dem sich die Bewerber:innen ihre Arbeitgeber mehr und mehr aussuchen können. Dieser Trend wird sich eher verschärfen.

Nur mal so nebenbei: Unsere Co-Kapitänin war kürzlich mit der Bahn unterwegs und wurde von einer Führungskraft gefragt, ob sie Ingenieurin sei. Nein? Schade! Denn sonst hätte er ihr sofort ein Jobangebot unterbreiten können. Merke: Mit der Bahn fahren ist nicht nur eine ökologisch sinnvolle Art der Fortbewegung, sondern kann auch eine Rakete für die eigene Karriere sein.

Vielleicht sollte die Bahn nachdenken, eigene Waggons fürs Recruiting bereitzustellen?

Egal, über welchen Kanal man neue Mitarbeitende sucht: Stellen Unternehmen ihre Transformationsbemühungen heraus, ist es elementar, glaubwürdig zu sein sowie den Weg nachvollziehbar und transparent zu gehen. Die Recruiting-Verantwortlichen vieler Unternehmen beschreiten ihn bereits und stellen die Vorzüge ihrer Firma in Sachen Nachhaltigkeit heraus. Immer mehr Unternehmen schieben auch das Thema Vereinbarkeit von Familie und Beruf ganz weit nach vorne ins Recruiting-Schaufenster. Wenn allerdings das Unternehmen nicht glaubwürdig in Richtung »safe and just space« unterwegs ist, führt das bei neuen Angestellten schnell zu Frustration – und sie sind wieder weg.

Der Markt hält noch andere Stellen bereit. Den Trend, dass immer mehr Menschen verantwortungsbewusst arbeiten wollen, hat der ehemalige *Unilever*-CEO Paul Polman auf den Punkt gebracht: »Viele Unternehmen enttäuschen die Bürger dieser Welt, indem sie die Arbeitslöhne manipulieren, Pferdefleisch statt Rindfleisch auf den Markt bringen oder denken, es sei völlig akzeptabel, ein T-Shirt in einer einstürzenden Fabrik produzieren zu lassen. Immer mehr Menschen wollen nicht mehr für diese Unternehmen arbeiten, und die Verbraucher wollen nicht mehr bei ihnen einkaufen.«[38]

So, nun lassen Sie sich noch ein wenig den Wind an diesem hübschen Küstenstreifen der Neueinstellungen (welche Doppeldeutigkeit!) um Ihre Nase wehen. Wir hoffen, dass wir Ihre Sinne für die Bedeutung des Personalbereichs für den Transformationsprozess sensibilisieren können. Denn er führt in der Wahrnehmung seines transformativen Potenzials immer noch ein Nischendasein.

Wer nach seiner Rückkehr von der Green Ferry in seiner HR-Abteilung anruft, um einen Termin für ein Impulsgespräch zu vereinbaren – am besten mit diesem Buch unterm Arm –, kann sich nachher mit einem Öko-Wein zu Hause hinsetzen und sich sicher sein, dass wir ihm oder ihr applaudierend zuprosten.

Hier geht es am nächsten Stand mit der Bedeutung der Informationstechnologie für den Transformationsprozess weiter. Kommen Sie gerne mit.

IT

Wenden wir uns von den Menschen, den Maschinen mit den Bits und Byts zu. Denn natürlich kann die Informationstechnologie ebenso helfen, die »Impact First«-Orientierung im Unternehmen umzusetzen. Wir sehen vor allem in diesen drei Bereichen einen wertvollen Beitrag:

- Befähigung für neue Geschäftsmodelle;
- Bereitstellung von nachhaltigkeitsbezogenen Softwarelösungen und (Echtzeit-)Daten für die Entscheidungsoptimierung und
- Effizienzsteigerung und Optimierung der IT-Infrastruktur und Softwarelösungen.

Doch bevor wir näher darauf eingehen, ist wichtig festzuhalten, dass IT-Abteilungen heute vor allem für zwei Aspekte verantwortlich sind: einmal für die reibungslose Sicherstellung des laufenden Geschäftsbetriebs mit Blick auf die genutzten IT- und Softwarelösungen und zweitens für ihre gleichzeitige Rolle als Innovator und Ermöglicher einer Testumgebung für neue Lösungen.

Ein mitunter schwieriger Spagat. Der IT-Beratungs- und Marktforschungskonzern *Gartner* mit Sitz in Connecticut/USA nennt diese Doppelrolle die »bi-modale IT«, andere Expert:innen sagen dazu »IT der zwei Geschwindigkeiten« oder – für die Fachterminus-Gemeinde – »Ambidextrie«. Den zweiten Modus beschreibt *Gartner* wie folgt: »Modus 2 ist explorativ und experimentierend, um neue Probleme zu lösen, und für Bereiche der Ungewissheit optimiert.

Diese Initiativen beginnen oft mit einer Hypothese, die während eines Prozesses mit kurzen Iterationen getestet und angepasst wird, wobei möglicherweise ein Minimum Viable Product (MVP)-Ansatz übernommen wird.«[39] Das heißt: Werden beide Rollen gut gespielt, kann der IT-Bereich ein wichtiger Ermöglicher der Digitalisierung sein und auch die »Impact First«-Orientierung kraftvoll unterstützen.

Aber schauen wir uns das in Bezug auf die drei IT-Beiträge für Impact First einmal genauer an

Die Befähigung für neue Geschäftsmodelle: Sie benötigt zunächst den zweiten Modus, verstanden als explorative Erkundung neuer Möglichkeiten, für eine schnelle Iteration und Verfeinerung von Testversionen früher Produkt- oder Serviceideen. Wir haben aus den verschiedenen Perspektiven bereits auf diesen Prozess geschaut, sodass wir hier nur die Querverweise aufführen möchten:

- Auf der Insel zu neuen Geschäftsmodellen haben wir aus strategischer Sicht die Entwicklung von Neugeschäft beleuchtet.
- Im Bereich R&D Innovation auf der vorigen Insel haben wir uns die operative Umsetzung von Innovationsanstrengungen angesehen.

- Auf der Überfahrt zu der Bekräftigungsinsel, auf der wir der Frage »Wie hilft Technologie?« nachgehen haben, werden wir die transformative Möglichkeit von digitalen Lösungen betrachtet.

Die IT-Abteilung ist über all diese Perspektiven und Ebenen hinweg als Ermöglicher wichtig. Dies im Zeitalter der Digitalisierung immer mitzudenken, dürfte nicht schwer sein.

Die Bereitstellung von nachhaltigkeitsbezogenen Softwarelösungen und (Echtzeit-)Daten für die Entscheidungsoptimierung: Falls Ihnen auf der Insel der neuen Indikatoren ganz schwindelig geworden ist, kann Ihnen die IT-Abteilung einen Teil Ihrer Verwirrung und Sorgen abnehmen. Schließlich gehören hier so verrückte Themen wie Sensorik, Vernetzung/Konnektivität und Analysekompetenz zum Tagesgeschäft – und genau diese Fähigkeiten brauchen Sie, um die benötigten Nachhaltigkeitsdaten zur Verfügung gestellt zu bekommen. Typische Ziele, die Nachhaltigkeits-Software erfüllen soll, beinhalten:

- Überwachung von nachhaltigkeitsrelevanten Ist-Daten: Betriebsdaten zu Energie, Wasser, Abfällen, aber auch externe Daten wie Wetterdaten, länderspezifische Risikofaktoren etc.
- Analyse, Optimierung und zugängliche Aufbereitung dieser Ist-Daten, etwa über Performance-Dashboards, KPI-Reports etc.
- Planung von Nachhaltigkeitsmaßnahmen sowie Umsetzungshilfe: Unterstützung beim Setzen von Umweltzielen, zum Beispiel Wasser- und Klimazielen, aber auch sozialen Zielen wie fairen Löhnen entlang der Lieferkette.
- Unterstützung von internen und externen Berichten zur Nachhaltigkeitsleistung inkl. Nachweis für die Erfüllung regulatorischer Anforderungen.
- Integration und Schnittstellen zu weiteren Systemen, beispielsweise ERP, EHS etc.

Eine lange Liste. Leider ist in Ihrem Green Ferry-Ticket die Unterstützung bei der Auswahl der richtigen Software aus Platz- und Zeitgründen nicht enthalten. Aber wir möchten einige Perspektiven und Beispiele – auch aus unserer eigenen Beratungserfahrung – aufzeigen, um einen Einblick zu geben.

Das kennen wir alle: In Unternehmen wird zur Optimierung der Profitmaximierung weitgehend mit etablierten Zahlen aus der betriebswirtschaftlichen Logik gearbeitet. Das war in der Vergangenheit anerkannt und normal – richtig war es nie. Wer als »Impact First«-Unternehmen sozialökologische Kriterien in seine strategischen Ausrichtungs- und ihnen folgend Umsetzungsentscheidungen einfließen lassen will, sollte die dazu passende Datenbasis auf dem Schreibtisch liegen haben.

Wie ein großer Industriekonzern etwa. Das deutsche Urgestein mit seinen über 100 000 Mitarbeitenden ist in fast allen Ländern der Erde aktiv. Bei einem derart aktiven Mischkonzern kann man sich gut vorstellen, dass es jedes Mal eine Herkulesaufgabe ist, die Fakten zusammenzutragen, um zum Beispiel eine einigermaßen fundierte Geschäftsentscheidung fällen zu können: Verkauft man Anlagen an ein Staatsunternehmen eines Landes mit zweifelhaftem Ruf? Liefert man Komponenten in einen Sektor, der möglicherweise mit Zwangsarbeit in Zusammenhang steht? Für diese Art von Geschäftsentscheidungen braucht es einen Katalog von Kriterien, die wieder priorisiert und gewichtet werden müssen. Da möchte man nicht im Rechercheteam sitzen.

Also entwickelte das Unternehmen ein digitales Tool, das die unstrukturierten Risikoinformationen in der Datenwelt sammeln, aufbereiten und ausspucken kann, hinterlegt mit einer künstlichen Intelligenz, die immer mehr lernt. Dafür integriert das Tool Informationen der Anbieter *ESGbook, RepRisk, Landmark* und *Maplecroft* und verbindet sie mit unternehmensinternen Daten. Heißt erstens: Eine Menge Menschen ersparen sich eine Menge Arbeit, Stress und Nerven. Zweitens:

Eine Entscheidung kann deutlich schneller und profunder gefällt werden. Drittens: Man kann einer KI auch sagen, was sie »denken« soll.

Ein solches Programm schreibt sich bislang nicht von selbst, sondern ist immer nur das Produkt unseres Denkens und Wollens – also Ergebnis unserer Überzeugungen und schließlich Grundlage unseres Handelns. Mit diesem Verständnis kann KI das perfekte Tool sein, um Entscheidungen vorzubereiten.

Im Textilbereich wiederum gibt es die ersten Softwarelösungen, die für die Kund:innen bestimmen können, wie schwer der CO2-Rucksack der neuen Jeans, die ich gerade kaufe, ist. Die Realität ist derzeit vielfach folgendermaßen: Unternehmen kaufen entweder bereits fertig produzierte Jeans und packen nur ihre Marke darauf, oder sie lassen die Hose bis zu einem gewissen Punkt der Lieferkette selber produzieren. Egal wie: In beiden Fällen wissen Unternehmen am Ende der Kette meistens nicht mehr, auf welchen Feldern die Baumwolle gewachsen ist, wie hoch dort der Pestizideinsatz war oder ob die Region unter Wasserstress leidet, es nur unbedeutende Umweltauflagen gibt, die nicht einmal durchgesetzt werden, welche Chemie in der Hose hängt und ob die Arbeitsbedingungen fair waren. Sie merken: Die Liste ließe sich endlos fortsetzen. Die Softwarelösungen der Zukunft werden uns das sagen können. Wenn die Kund:innen ein solches Tool noch vor dem Kauf eines Produkts nutzen könnten, werden Unternehmen sicher eher früher als später entsprechend umsteuern.

Noch ein letztes diesbezügliches Beispiel: Das Schweizer Unternehmen *enersis climate intelligence* setzt sein Know-how für den Klimaschutz ein. Unter der Marke *ansvar* hilft es Kommunen und ganzen Regionen, klimaneutral zu werden – unter kräftiger Mithilfe von Daten. Einfach gesagt: Das Tool erstellt den digitalen Zwilling einer ganzen Stadt und erhebt alle klimarelevanten Daten, zeigt den Stand der erneuerbaren Energien in der Stadt, identifiziert Dachflächen für Photovoltaik- und Solarthermieanlagen und untersucht die öffentliche Beleuchtung. Computersimulationen zeigen anschließend, wie sich die Energiewende unter bestimmten Annahmen entwickeln könnte. So kann man die richtigen

Entscheidungen treffen, einen Klimaplan ausarbeiten und konkret loslegen, um bis 2030 emissionsfrei zu sein. Das ist der Anspruch der noch jungen Marke.

Die Optimierung der IT-Infrastruktur: Bei aller Lobhudelei und Freude über die neuen technischen Möglichkeiten für die Nachhaltigkeit – es gibt auch Schattenseiten, die wir nicht ignorieren wollen. Zum einen: Elektroschrott ist der global am schnellsten wachsende Abfallstrom. Jährlich fallen laut einem UN-Report weltweit 50 Millionen Tonnen an, von denen nur 20 Prozent geordnet wiederverwertet werden.[40] Dabei ist Elektroschrott nicht nur aufgrund der Menge ein Problem, sondern auch aufgrund der toxischen Inhaltsstoffe und mangelhaften Entsorgungs- und Recyclingpraxis. Zum anderen: Die Energieverbräuche durch Datenzentren, Übertragungsnetze und Endgeräte steigen seit Jahren stark an. Allein in Deutschland liegt der Verbrauch bei 13 Terrawattstunden im Jahr, das ist mehr als fünfmal so viel Energie, wie die Stadt München verbraucht. Wäre das Internet ein Land, läge es beim globalen anteiligen CO2-Ausstoß mit 2,8 Prozent auf Platz sechs – China ist mit einem Anteil von 30,7 Prozent klarer Spitzenreiter, Deutschland kommt in diesem Ranking mit 1,9 Prozent auf Rang acht.[41]

Man sollte sich deshalb verstärkt mit der Optimierung der IT-Infrastruktur beschäftigen: sei es mit der Reduktion der Ressourcenintensität, mit der Verbesserung der Nachnutzung beziehungsweise des Recyclings und mit der Reduktion der Energieintensität.

Einer der Co-Kapitäne war an der Beratung eines global tätigen Dienstleistungsunternehmens beteiligt, das jedes Jahr Unmengen an Laptops einkaufte. Ganz klassisch, nach klaren Leistungs- und Kostenvorgaben. Der Einkauf war nach einfachen Kostenzielen ausgerichtet und stellte keine »Total Cost of Ownership«-Berechnung an. Es wurden also die tatsächlichen Entsorgungskosten wie auch potenzielle Erlöse aus einer Nachnutzung ignoriert. Als man diese beiden Faktoren mit in die Perspektive einbezog und auf dieser Basis neue Lieferverträge aushandelte, stellte sich allerdings heraus, dass der Kauf von teureren Laptops in Kombination mit einem Rücknahmevertrag durch den Lieferanten vorteilhafter war. Der Lieferant konnte die Laptops nochmals aufbereiten und erneut verkaufen. Das Dienstleistungsunternehmen selbst konnte die Laptops länger nutzen, erhielt eine kleine Abschlusszahlung – und musste für die Entsorgung nicht aufkommen. Ein erster Schritt, der einfach umzusetzen war.

Finanzen und Investor Relations

Eine weitere Querschnittsfunktion in Unternehmen ist verantwortlich für den Schmierstoff, der alles am Laufen hält. Auch der Bereich Finanzen/Investor Relations (IR) bleibt indes nicht außen vor, wenn wir über Nachhaltigkeit reden. Im Gegenteil: Er spielt eine immer zentralere Rolle – und das zu Recht. Nicht nur, weil die Kapitalmärkte immer häufiger ESG-Daten einfordern, sondern schlichtweg, weil der Bereich ein guter Hebel ist, ein Unternehmen in eine gewünschte Richtung zu lenken. In unserem Fall: in Richtung »safe and just space«.

Im Finanzbereich wird der – bisher rein finanzielle – Erfolg des Unternehmens errechnet, werden Umsatz- und Gewinngrößen ausgegeben, findet die Buchhaltung, Kostenerfassung, Dateninterpretation und alles statt, was sich in der Bilanz als Herzstück des unternehmerischen Erfolgs wiederfindet. Hier kommt die Pointe: Wenn Erfolg in Zukunft ökologisch-soziale Werte beinhaltet, dann sollten diese folgerichtigerweise mit der gleichen Akribie erhoben werden und in das Finanz- und Erfolgsmanagement integriert sein.

Es geht um das professionelle Management der Nachhaltigkeitsdaten, also deren Erhebung, Auswertung und Zurverfügungstellung.

Früher – und noch heute ist das teilweise so – haben Nachhaltigkeitsabteilungen in mühsamer Fleißarbeit öko-soziale Kennzahlen wie CO2-Ausstoß oder Arbeitsunfälle bei den unterschiedlichen Geschäftseinheiten zusammengeklaubt und in Excel-Dateien eingetragen. Klingt nach Zahlenfuchserei. War und ist es auch. Dabei sprechen wir noch nicht einmal über internationale Konzerne und die Notwendigkeit, die entsprechenden Daten aus den Standorten überall auf der Welt zusammenzukratzen. Arme Zahlenfüchse, da kann man schon mal aus der Puste kommen. Aber das muss ja gar nicht sein.

Denn das geht auch einfacher. Immer mehr Unternehmen gehen dazu über, Nachhaltigkeitsdaten von der Finanzabteilung erheben zu lassen, wie wir später noch am Beispiel *E.ON* sehen werden. Auch in der Automatisierung von Datenerhebung ist die Finanzabteilung kompetent. Die so erhobenen Daten sind einerseits für die interne Nutzung und Steuerung relevant, andererseits auch für die externe Berichterstattung. Bei der internen Nutzung von Nachhaltigkeitsdaten geht es zum Beispiel um die fallspezifische Beschaffung und Berücksichtigung von Nachhaltigkeitsfaktoren bei Großentscheidungen, etwa bei einer M&A-Transaktion. Aber die hat man ja nicht jeden Tag auf dem Tisch. So ist darüber hinaus das Bereitstellen entsprechender Daten auch für Routineprozesse, wie zum Beispiel die Fortschrittskontrolle des Nachhaltigkeitsportfolios, relevant.

Die Macht der Integration von Nachhaltigkeitsdaten mit dem Bereich Finanzen kann kaum überschätzt werden. Der Vorstand eines Großkonzerns, der schon länger breit angelegt und stringent Nachhaltigkeitsdaten erhebt und nutzt, erzählte uns einmal, dass die Berücksichtigung von Nachhaltigkeitswerten bereits einmal die Investitionsentscheidung für den Bau eines neuen Fertigungsstandorts geändert habe. Man entschied sich damals für ein anderes Land, weil die Datenerhebung entsprechende

Fakten ausspuckte und man sich langfristig einen nachhaltigeren Mehrwert am alternativen Standort versprach. Auf Basis gut verfügbarer Nachhaltigkeitsdaten wie CO2, Wasserqualität und Arbeitsbedingungen, die auf der gleichen Seite sichtbar waren wie die engeren Finanzkennzahlen.

Bei der externen Nutzung der Daten geht es – je nach Unternehmensgröße – zunächst um die gesetzlich geforderte Berichtspflicht zu Nachhaltigkeit sowie um die freiwillige Information an relevante Anspruchsgruppen. Eine sehr wichtige Rolle spielt im Schritt der Zurverfügungstellung der Daten bei börsennotierten Unternehmen das Investor-Relations-Team an der Schnittstelle zwischen Kommunikationsabteilung und CFO. Je mehr ESG-Daten von Investoren eingefordert werden, desto relevanter ist deren zügige und belastbare Aufbereitung.

Wir wollen zwei ausschlaggebende wiederkehrende, bisher im Wesentlichen auf das Finanzielle bezogene Kommunikationsakte ansehen, denen viele eine hohe Bedeutung beimessen. Hier wird heute über den Erfolg oder Misserfolg eines börsennotierten Unternehmens gerichtet: im Jahresbericht und auf den Investoren-Roadshows

Im Jahresbericht werden auf Basis der neuen Gesetzgebung zur Berichterstattung (der *Corporate Sustainability Reporting Directive (CSRD)* – Sie erinnern sich?) künftig mehr Nachhaltigkeitsaspekte als bisher enthalten sein. So weit der formale Akt.

Der Jahresbericht eröffnet die Möglichkeiten, Schwerpunkte der Nachhaltigkeit in die Öffentlichkeit und ins eigene Unternehmen zu kommunizieren, Erfolgsstorys publik zu machen, den Prozess im Transformationskorridor darzulegen und Milestones bis zum Erreichen des Zielbilds zu beschreiben. Ein wichtiger Teil der Arbeit besteht, gemeinsam mit dem Vorstandsteam, in der konzeptionellen Vorarbeit. Sollte ein Vorstand zu einem bestimmten Thema etwas sagen? Das will überlegt sein, denn es würde ein klares Statement des Unternehmens für das

Setzen eines Schwerpunkts bedeuten. Hier ermutigen wir Sie, vielleicht noch einmal einen Ausflug auf die strategische Insel der Kommunikation zu machen.

Unsere klare Empfehlung: Trauen Sie sich, mutig und ehrlich zu sein.

Bei den Aktionär:innenversammlungen und Investoren-Roadshows sowie aufbereiteten Präsentationen sollten Nachhaltigkeitskennzahlen nicht nur – wie oft gesehen – auf einer Folie mit grünen Blättern oder irgendeiner anderen plakativen Nachhaltigkeitsoptik und nicht erst auf einer der hinteren Seiten der Investoren-Präsentation versteckt werden. Im Gegenteil. Wer die Weiche auf »Impact First« stellt und damit eine sehr wichtige Entscheidung für die Neuausrichtung seines Unternehmens fällt, sollte diese selbstbewusst und gleich zu Anfang offensiv nach vorne stellen und von hier aus alles Weitere ableiten.

Sie ahnen es: Um all die Anforderungen gewährleisten zu können, ist eine erstklassige Software vonnöten, die in die Finanzsoftware integrierbar sein sollte. Es gibt tatsächlich Berater:innen, die ausschließlich bei der Auswahl der richtigen und passenden Nachhaltigkeits-Software helfen – von kleinen spezialisierten Tools bis hin zu großen, dafür aber nicht ganz so spezialisierten Angeboten. Wichtig ist einzig: Der Trend geht weg von den händischen Lösungen, die viel zu lange dauern und ungemein nerven, hin zu Ansätzen, die mit so wenigen Klicks wie möglich die relevanten Daten zeigen und nachvollziehbar machen.

Ja, Nachhaltigkeit darf auch einfach sein.

Einmal mehr stellen wir fest: Nachhaltigkeit ist Teamwork. Auch im Finanzbereich ist ersichtlich, dass ohne die Einbettung in das Gesamtunternehmen nichts läuft – und hier gerade an den Schnittstellen zu Business Units, Geografien, Kommunikation und IT. Es geht ums Ganze. Wie so häufig.

Sagten wir ums Ganze? Gutes Stichwort. Denn um die Berücksichtigung des Gesamtbildes ging es schon immer und geht es an der nächsten besonderen und letzten Station auf dieser Insel.

Nachhaltigkeitsfunktion

Als letzte Querschnittsfunktion wollen wir über die Nachhaltigkeitsfunktion sprechen. Wer sich verwundert die Augen reibt und sich fragt, warum wir diesen naheliegenden Bereich für einen ganzheitlichen öko-sozialen Transformationsprozess als letzte Station auf dieser Insel besuchen, den können wir beruhigen. Das haben wir bewusst entschieden. Die bislang beschriebenen Funktionen können Nachhaltigkeit im operativen Tun direkt berücksichtigen, ohne ständig auf die Nachhaltigkeitsabteilung zu schauen. Diese hat in einem »Impact First«-Unternehmen und in all jenen, die sich auf den Weg machen, eine neue, andere Rolle als heute. Im Folgenden möchten wir Ihnen die bisherige und zukünftige organisationale Perspektive für das Implementieren von Nachhaltigkeit aufzeigen.

Aber fangen wir von vorne an. In der Vergangenheit wurde der Nachhaltigkeitsabteilung nicht selten das ganze Päckchen der Verantwortung auf ihre schmalen Schultern gepackt. Viele Unternehmen haben diesen Bereich als additives Reservoir für jene öko-sozialen Themen aufgebaut, die sonst nirgendwo anders eingebunden werden konnten. Andere haben ihre Angestellten in der Abteilung die Nachhaltigkeitsberichte verfassen lassen – was wir nicht geringschätzen wollen, was aber nur ein kleiner Teilbereich der Nachhaltigkeitsleistung eines Unternehmens ist. Nur in den wenigsten Unternehmen waren die Mitarbeitenden aus der Abteilung gefragte, interne Impulsgeber, die etwas im Sinne der Nachhaltigkeit bewirken konnten.

Und an dieser Stelle – so viel Zeit muss sein – einmal ein Knallertusch für die vielen Nachhaltigkeitsmanager:innen, die sich um echte Transformation bemüht haben. Man müsste ihnen ein Denkmal setzen.

Denn nicht wenige von ihnen berichten von mühsamer Kleinst- und Überzeugungsarbeit, von Widerständen und mangelnder Akzeptanz, kaum Sichtbarkeit und Durchschlagskraft. Nachhaltigkeit und mit ihr seine Verfechter:innen mussten immer um die Relevanz im Unternehmen kämpfen.

Bei einem »Impact First«-Unternehmen sieht das anders aus. Unsere Erfahrung lehrt, dass selbst klassische Großkonzerne »Impact First«-Bestandteile in der Ausgestaltung ihrer Nachhaltigkeitsabteilung aufweisen können, obwohl man sie wahrlich nicht gänzlich als Superhelden der öko-sozialen Transformation bezeichnen könnte. Aber sind wir nicht alle irgendwie ein bisschen hybrid?

Schauen wir auf die Organisationsform. Als Querschnittsfunktion steht Nachhaltigkeit vor der ewig wiederkehrenden Frage, ob und in welchem Maße die entsprechenden Aufgaben zentral gebündelt oder dezentral in die Business Units und andere Funktionen integriert sein sollten. In unserer Beratungstätigkeit haben wir drei typische Ausprägungen erlebt:

1. **Zentral:** Wesentliche Nachhaltigkeitsentscheidungen werden in der Unternehmenszentrale (Headquarter) ausgearbeitet, entschieden und in die Geschäftseinheiten und Funktionen ausgerollt.
2. **Dezentral:** Jede Geschäftseinheit und Funktion benennt für sich Verantwortlichkeiten für Nachhaltigkeit und legt nachhaltigkeitsbezogene Schwerpunkte, Ziele und Vorgehensweisen dezentral fest.
3. **Integriert:** Jede:r im Unternehmen ist für Nachhaltigkeitsentscheidungen verantwortlich. Nachhaltigkeitsbezogene Entscheidungen sind in jede Rolle und in die bereits bestehenden Unternehmensstrukturen integriert.

Weil das Leben – auch in diesem Fall – bunt ist, können diese Archetypen in Mischformen auftauchen, was in der Praxis regelmäßig der Fall ist. Beispielsweise könnte ein eher kleines zentrales Team grobe Leitlinien erarbeiten, die dezentralen Teams – seien es Personen in Business Units, in Funktionen oder bei international agierenden Unternehmen Verantwortliche in den jeweiligen Ländern – kümmern sich um deren Ausdifferenzierung und Umsetzung. Sogar die Aspekte »dezentral« und »integriert« können in einzelnen Bereichen fließend sein.

Holen wir einmal die Lupe heraus. Mit einer rein dezentralen Ausprägung meinen wir, dass beispielsweise die Einkaufsfunktion in der Einkaufsabteilung Nachhaltigkeitsexpert:innen beschäftigt, die für die entsprechenden öko-sozialen Themen in der Unit verantwortlich sind. Etwa für das Lieferanten-Audit. In der Finanzabteilung könnten dieser Logik folgend klar benannte Nachhaltigkeitsprofis für die ESG-Berichterstattung verantwortlich sein. Dagegen würde die Integration der Nachhaltigkeitskompetenz in der Einkaufs- oder Finanz-Unit bedeuten, dass alle Einkäufer:innen respektive alle Finanzexpert:innen Nachhaltigkeitsthemen als Teilaspekte ihrer originären Aufgaben berücksichtigen.

Zum Glück gibt es kein Richtig oder Falsch, aber auch keine Standardlösung. Jedes Unternehmen muss, abhängig von Größe, Geschäftsfokus und sogar Kultur, die individuell passende Lösung für sich finden. Grundsätzlich lassen sich entlang des Reifegrads von Unternehmen folgende Beobachtungen festhalten, die wir als Impuls hier darlegen wollen.

Für Anfänger:innen: Unternehmen, die mit Nachhaltigkeitsaktivitäten beginnen, benennen regelmäßig eine zentrale Verantwortlichkeit für das Thema und bauen ergänzend – je nach Unternehmensgröße – häufig ein zentrales Team auf.
Für Fortgeschrittene: Mit zunehmendem Reifegrad wandert die Nachhaltigkeitskompetenz näher an die Kerngeschäftseinheiten und in die übrigen Funktionen.

Für Profis: Vor allem bei hohem Reifegrad der Nachhaltigkeitsleistung – wo die Zukunftsmusik spielt – können drei Modelle sinnvoll nebeneinander existieren. Die beispielhafte Umsetzung könnte folgendermaßen aussehen:

1. **Zentral:** Ein schlankes, zentrales Team kümmert sich um strategierelevante Nachhaltigkeitsaspekte sowie um Tätigkeiten, die von einer zentralen Bündelung profitieren. Wie beispielsweise das Organisieren und Pflegen der Stakeholder-Dialoge und das Ermöglichen von Sichtbarkeit in Fachforen. Darüber hinaus fungiert das Team als Speerspitze für neue Nachhaltigkeitsthemen, für die noch keine operative Kompetenz vorliegt – etwa, wenn es um wissenschaftsbasierte Biodiversitätsziele für die Lieferkette geht.

Ob das auch konkreter geht? Sicher doch

- **Strategieformulierung und -beiträge:** Damit meinen wir beispielsweise die Vorbereitung und Festlegung von quantitativen und qualitativen Nachhaltigkeitszielen, die Vorbereitung strategischer Entscheidungen durch Erstellung von nachhaltigkeitsbezogenen Analysen.
- **Externes Stakeholder-Engagement:** Das Team ist regelmäßiger Dialogpartner für externe Stakeholder:innen wie NGOs, Hauptansprechpartner für eventuelle Nachhaltigkeitsbeiräte mit externen Fachvertreter:innen. Es vertritt das Unternehmen auf Fachtagungen und Fachforen etc. Hierzu kann das Organisieren von Experten-Boards gehören, also hochrangig besetzten Gremien, die das Unternehmen und idealerweise den Vorstand ein- bis zweimal im Jahr zu Nachhaltigkeitsthemen beraten. Natürlich ad hoc, wenn dringende Entscheidungen gefällt werden müssen (hierauf gehen wir auch auf der Leadership-Insel ein). Oder wenn die Hütte brennt.
- **Internes Stakeholder-Engagement:** Dazu gehört beispielsweise die Moderation von internen, bereichs- oder funktionsübergreifenden Entscheidungsprozessen, die fachliche Vorbereitung von internen Entscheidungsgremien zu Nachhaltigkeitsthemen etc.

2. **Integriert**: In einer zweiten komplementären Form sind die operativen Nachhaltigkeitsaufgaben in die relevanten Geschäftsbereiche und Unternehmensfunktionen integriert. Dazu ein Beispiel: Die Nachhaltigkeitsleistung der Lieferant:innen wird in einem integrierten Prozess von den klassischen und entsprechend nachhaltigkeitsgeschulten Einkäufer:innen mitbewertet, und die Nachhaltigkeits-KPIs werden von den kundigen Mitarbeiter:innen der Controllingabteilung im gleichen Abfrageprozess eingesammelt.
3. **Dezentral**: Zusätzlich zum Kernteam und zu den in Nachhaltigkeitsfragen geschulten Fachleuten kann es dezentrale Nachhaltigkeitsexpert:innen in relevanten Funktionen und Geschäftbereichen geben, die für ausgewählte weitere Aufgaben verantwortlich sind. Das ist beispielsweise ein:e Expert:in für nachhaltigkeitsbezogene Lieferanten-Audits in der Einkaufsabteilung oder ein:e Expert:in für öko-soziale Lebenszyklusanalysen im Bereich Entwicklung.

Wir können und wollen hier nicht alle Aufgaben der Nachhaltigkeitsfunktion in Organisationsformen pressen, aber drei Themenbereiche wollen wir kurz beschreiben, für die die Verantwortung und Zusammenarbeit vom zentralen Nachhaltigkeitsteam und inhaltlich zuständiger Funktion noch festgelegt werden muss. Wir haben diese Themen in den vorangegangenen Inselbereichen zwar besprochen, aber nicht aus der Perspektive der Nachhaltigkeit als Querschnittsfunktion. Deswegen hier aus einer neuen Blickrichtung noch einmal als Anregung.

- **Nachhaltigkeitsdaten/-controlling:** Mit dem berühmten Bonmot »what get's measured, get's managed« hatten wir auf die Relevanz von Nachhaltigkeitsdaten hingewiesen. Das Messen von Nachhaltigkeitsdaten umfasst das Erheben, ihre Aufbereitung und Bereitstellung. Dabei geht es um das Schaffen von interner Transparenz, um Daten als Entscheidungsunterstützung und als Inputs fürs externe Berichtswesen. Nachhaltigkeitsteam, IT und Finanzen müssen sich abstimmen.
- **Nachhaltigkeitskommunikation:** Neben der für Großunternehmen bereits erwähnten regulatorisch geforderten Berichtspflicht zur Nachhaltigkeitsleistung gehören auch all jene Publikationen dazu, die

nachhaltigkeitsbezogene Informationen beinhalten. Die Palette reicht von Imagebroschüren für die externe Kommunikation bis hin zu Materialien für eine Investoren-Roadshow. Da wäre es keine schlechte Idee, diese Aufgaben im Zusammenspiel der Bereiche Nachhaltigkeitsteam, Investor Relations beziehungsweise Unternehmenskommunikation anzugehen.

- **Nachhaltigkeitstrainings/-befähigung:** Die Befähigung für die Nachhaltigkeitstransformation ist ein weites Feld, das koordinierend die HR-Abteilung übernehmen könnte (aber vielfach noch nicht tut) und die regelmäßig davon profitiert, dass das Nachhaltigkeitsteam sein Wissen zu den benötigten Nachhaltigkeitskompetenzen beisteuert.

Die bereits in den früheren Inselbereichen beschriebenen Themen, etwa zu Entwicklung, Einkauf, Produktion und Vertrieb, haben sich auf die operative Verankerung der Nachhaltigkeitsaspekte in den relevanten Funktionen fokussiert. Doch ein zentrales Team kann die Expert:innen in ihrer Nachhaltigkeitsarbeit unterstützen, ihnen Arbeit abnehmen, als Sparringspartner dienen, als Impulsgeber:in oder als rahmengebende Instanz. Vielleicht sogar wie ein zentrales öko-soziales Gewissen des Unternehmens agieren.

Aber lassen wir die nicht einfache Frage nach der zentralen oder dezentralen Organisationsform für die Nachhaltigkeitsaufgaben einmal ruhen, sonst kommen wir ja nie zu einem Ende. Sinnen wir lieber darüber nach, in welchem Vorstandsbereich die Nachhaltigkeit aufgehängt sein sollte. Ginge es nach Lehrbuch, wäre das Thema im CEO-Scope verankert und würde als Teil der Strategieabteilung operativ geführt. Allerdings haben die Co-Kapitän:innen in einer gemeinsamen Benchmarking-Studie festgestellt, dass grundsätzlich jeder Vorstandsbereich – von Finanzen bis HR – Nachhaltigkeit effektiv verantworten kann. Wichtiger als die Verortung war die sichtbare Verantwortlichkeit auf Vorstandsebene, verbunden mit einem klaren, persönlichen Commitment des/der relevanten Vorständ:in für die nachhaltige Ausrichtung des jeweiligen Unternehmens.

In jedem Fall obliegt den Vorständ:innen das Thema Nachhaltigkeit im Unternehmen. Wie sich das in Bezug auf das zentrale Nachhaltigkeitsteam und dessen Bedeutung für den CEO verändern kann, zeigt das spannende Beispiel vom Energieversorger *E.ON*, erläutert von David Radermacher, Vice President Sustainability: »Das zentrale Nachhaltigkeitsteam von *E.ON* war Teil des Bereiches Health, Safety & Environment. In dieser Konstellation war das Nachhaltigkeitsteam auch für zahlreiche operative Tätigkeiten verantwortlich, von der Beschaffung von Nachhaltigkeitsdaten bis zur Erstellung des Nachhaltigkeitsberichts. Seit 2022 ist das Team nun Teil des Bereichs Strategy, Sustainability & Innovation. Im Zuge der Umstrukturierung wurden einige Nachhaltigkeitsaktivitäten in das CFO-Ressort verlagert. Die Berichterstattung, Bilanzierung und Offenlegung von ESG-Daten im gesamten Konzern, die ein wesentlicher Bestandteil der externen Berichterstattung von *E.ON* sind, sowie das ESG-Risikomanagement wurden an Accounting, Investor Relations und das Risk Management übergeben.«[42]

Der Fokus des Sustainability-Teams liegt nun auf allen strategierelevanten Themen, wie der Festlegung von ESG-Zielen, der Bewertung von strategischen Entscheidungen, der Definition von ökologischen und sozialen Mindeststandards sowie dem Stakeholder-Management. In dieser Funktion agiert das Team als Thinktank und Sparringspartner für den CEO.

Das *E.ON*-Beispiel bestätigt eine Beobachtung, die wir seit einiger Zeit machen: Vormalige Kernaufgaben werden aus dem zentralen Nachhaltigkeitsteam in andere Funktionen und Bereiche für die operative Umsetzung übergeben, damit sich die Abteilung – befreit vom Operativen – strategischen Fragen widmen und als eine Art Internal Consulting Unit fungieren kann. Das zentrale Team bündelt die Fachexpertise und hilft beispielsweise den Business Units im Unternehmen, die Nachhaltigkeitsthemen zu verstehen und umzusetzen. In den vergangenen Jahren ist dieses interne Stakeholder-Engagement der Nachhaltigkeitsfunktion immer bedeutender geworden. Zunehmend verabschieden sich Konzerne von einer eigenen Strategie für Nachhaltigkeit, integrieren vielmehr ihre Umsetzung in die Geschäftsstrategie.

Welchen Weg »Impact First«-Unternehmen und jene, die gerade erst beginnen oder auf dem Weg dorthin sind, auch einschlagen: Beim organisationalen Aufsetzen der Nachhaltigkeit darf man gerne einen Augenblick verweilen.

Wer auch nach hartnäckigem Nachdenken und vielen Diskussionen noch zu keinem Ergebnis gekommen ist und weiteres Sparring braucht, ruft uns einfach an. Ernsthaft! Code-Wort: Call for Co-Creation

Damit wollen wir die letzte Station auf der Insel der Querschnittsfunktionen verlassen und langsam zurück zur Green Ferry gehen. Eine Destination haben wir noch für Sie. Die Insel des Leadership. Auf der ein CEO tatsächlich eingesteht, dass er sich dafür schämt, einen Haufen Geld zu verdienen.

Wer das gesagt hat? Ab aufs Schiff mit Ihnen. Wir fahren jetzt dahin.

Insel 14: Leadership neu leben

ZENTRALE BEGRIFFE UND INHALTE

- Führung
- Commitment und Glaubwürdigkeit
- CEO und Vorstand
- Mittleres Management
- Vergütungsanreize für Nachhaltigkeit
- Diversität

Haaaaaaaalt! Nicht gleich losstürmen da vorne. Auf der abschließenden Insel in unserem operativen Atoll geht es zwar um Leadership, aber Sie müssen nicht gleich alle rennen. Wir sind nicht auf der Flucht. Sondern bei der Betrachtung eines überaus interessanten Themas. Zügeln Sie sich einen Moment, bevor wir ein paar Stationen abklappern. Auf dem Weg zur ersten bitten wir Sie, den Blick ganz unaufgeregt zur Seite zu werfen. Sehen Sie die Damen und Herren, die in ihrer schicken Sportkleidung ihre Übungen machen? Ein Führungskräfteseminar – hier wird auf Erfolg getrimmt. Und weil es um Erfolg geht, erhalten Führungskräfte für gewöhnlich ganz besondere Trainingseinheiten. Führung ist wichtig, war sie schon immer und wird sie auch in Zukunft sein. Nur eben anders in Zeiten von Kollaboration, neuen Entscheidungsmechanismen und veränderten Organisationsmodellen.

Führung ist ein zweischneidiges Schwert

Zu viel Hierarchie und Führungskult basiert auf schlechten Erfahrungen. Doch ganz ohne Führung geht es auch nicht, insbesondere in komplexen Organisationen wie Großkonzernen oder einem Staat, wenn es um die Steuerung der Rahmenbedingungen für unsere Gesellschaft geht. Da braucht es zumindest klare Regeln, wer was wann wie zu sagen hat. Das heißt aber nicht, dass gute Führung nur in einer Top-down-Entscheidungshierarchie funktionieren kann. Spätestens der New-Work-Experte Frederic Laloux, ein ehemaliger *McKinsey*-Berater, hat das in seinem Standardwerk *Reinventing Organisations* hinlänglich beschrieben. Für ihn ist »dieses alte Denken aus der Puste geraten«, so sagte er es einmal dem *Spiegel*.[43]

Aber wie dann? Die vielerorts erprobten flachen Hierarchien werden zu einer Art neuem Paradigma, ähnlich den Großraumbüros und offenen Arbeitswelten. Schon gibt es die ersten Tendenzen, dass jene Großraumbüros wieder in kleine Parzellen zerlegt werden. Weil sie nicht überall funktioniert haben. Sie sind nicht jedermanns Sache. Die Wahrheit liegt wie so häufig irgendwo in der Mitte. Auch beim Thema Führung.

Die Realität sieht so aus: Es gibt zweifelsohne Macht, Zeichnungsbefugnisse und Vorstände, die mehr entscheiden dürfen als andere. Und Unternehmen, in denen alle mitsprechen dürfen. Was aber nicht immer in jeder Größe und in jedem Reifegrad eines Unternehmens funktioniert. *Ecosia*-CEO Christian Kroll hat sich zum Beispiel gegen das Modell der Genossenschaft entschieden, weil die kollektiv zu treffenden Entscheidungen die Schnelligkeit und Agilität seines Start-ups behindern könnten. Er hat, wie Sie sich vielleicht noch erinnern, auf die Exit-Option verzichtet und *Ecosia* zu einem Unternehmen in Verantwortungseigentum gemacht – gleichzeitig aber die hierarchisch-schnelle Entscheidungsfindung zumindest als Option für einige Aspekte beibehalten.[44] Die klassisch großen Unternehmen funktionieren ohnehin nach wie vor hierarchisch, auch wenn sie das mit der Du-Kultur und einer Anti-Krawatten-Policy zu kaschieren versuchen. Aber: Diese ökonomischen Tanker sind entscheidend auf dem Weg in Richtung »safe and just space«.

Wir können sie nicht einfach aufs Trockene laufen lassen. Also schauen wir uns ein paar wichtige Aspekte von Leadership genauer an. Es kann nicht schaden.

Die Relevanz des Vorstands.

Genießt ein Thema Top-Priorität, sollte es Top-Führungsaufgabe sein. Einige Chefs und Chefinnen haben das begriffen, etwa der *HypoVereinsbank*-CEO Michael Diederich, der in 2022 auch zum Mitglied des *Sustainable-Finance-Beirats der Bundesregierung* ernannt worden ist: »Ähnlich wie bei der Digitalisierung ist das nicht etwas, was man einfach in die Organisation delegieren kann. Das muss vom Führungsteam und den Ebenen darunter ernsthaft gelebt werden. Das Thema der Nachhaltigkeit ist keine Abteilung irgendwo im Unternehmen, sondern muss ob der zentralen Bedeutung direkt beim Vorstandssprecher verankert sein.«[45]

Wollen vor Müssen – die Commitments des Vorstands

Mit der Einsicht ist es leider nicht getan – der Vorstand muss es auch wollen. Das ist der entscheidende Unterschied. Es ist ziemlich einfach, beim alljährlichen Weltwirtschaftsforum im schweizerischen Davos die Megarelevanz des Klimawandels episch lang auszuführen und eine Absichtserklärung nach der anderen ins Publikum und die Kameras zu feuern. Es ist jedoch eine andere Herausforderung, das Einhalten der planetaren Grenzen im Unternehmen im daily business ernst zu nehmen und stringent umzusetzen. Als zunehmend unsanfte Schubser dienen derzeit die Dynamiken auf den Kapitalmärkten, die das Thema ESG auf die Agenden der CFO setzen. Das hilft der grundsätzlichen Überzeugung und intrinsischen Motivation.

Manchmal wird der Startschuss für die Veränderung einfach mal am Küchentisch gegeben. Auch wenn das für uns als Strategie-Fans nur schwer zu ertragen ist, so geraten die Dinge ganz simpel manchmal durch Menschen, Gespräche und Ereignisse im Umfeld in Bewegung. Eine Nachhaltigkeitsmanagerin und ihr Team, die wir Kapitän:innen lange kennen, hatten in einem bedeutenden Unternehmen viele Jahre lang darauf gedrängt, den Vorstand auf ambitionierte Nachhaltigkeitsziele einzuschwören. Doch leider passierte es häufig, dass mühsam ausgearbeitete Nachhaltigkeitsstrategien von einer zur nächsten Vorstandssitzung weitergereicht wurden, da immer kurzfristig Themen auf der aktuellen Agenda landeten, die kostenrelevant und vermeintlich wichtiger waren. Selbst wenn der Vorstand einmal über ambitionierte Ziele und Maßnahmen beratschlagte, die wirklich etwas im Unternehmen verändert und nur wenig Budget erfordert hätten, wurden selten entsprechende Beschlüsse gefasst.

Bis *Fridays for Future (FFF)* kam. Die Bewegung spülte ihre Forderungen von zig Podien in vielen Städten auf die Straßen bis an den Küchentisch des CEO, dessen Kinder zu den *FFF*-Demonstrant:innen gehörten und ihn fragten, was er eigentlich mit seiner Arbeit für ihre Zukunft bewirken würde. Zu seiner Ehrenrettung vermuten wir einmal ganz großzügig, dass diese Frage der berühmte letzte Funke war, den der CEO noch brauchte. Auf der nächsten Vorstandssitzung passierte Erstaunliches: Die Nachhaltigkeitsmanagerin kam nach Jahren unzähliger Vetos mit dem vorsichtigen Ziel um die Ecke, man möge beschließen, das Unternehmen bis 2030 auf 100 Prozent erneuerbare Energien umzustellen. Einen früheren Zeitpunkt wagte sie nicht aufs Tapet zu legen – aus Furcht vor einer Komplettabsage. Und Sie ahnen, was passierte: Der CEO wurde vehement und beschied, 2030 sei viel zu spät. Also wurde das Ziel auf 2021 gesetzt und sogar per Umsetzungsplan beschlossen.

Wenn ein Vorstand seine Meinung ändert und danach handelt, ist vieles möglich

Neben einer emotionalen Verbindung zum Thema sind auch Nachhaltigkeitswissen und substanzielle Einschätzungen zur entsprechenden Performance des Unternehmens wichtig. Daher empfehlen wir, sich nicht nur auf seine Kinder zu verlassen, sondern sich auch von Expert:innen beraten zu lassen. Viele größere Unternehmen haben beispielsweise Nachhaltigkeitsboards mit externen Fachleuten aus diversen Bereichen, etwa aus der Klimaforschung und aus NGOs, die in regelmäßiger Frequenz Feedback und Inspiration liefern. Diese Treffen nicht nur als nett mit anschließendem Buffet zu betrachten, sondern sie als wichtigen Impuls für die Geschäftsausrichtung zu nutzen und Handlungen daraus abzuleiten, ist elementar. Danach kann man gemeinsam in die Stulle beißen. Also jede:r in eine eigene. Belohnung darf sein. Womit wir beim Thema Vergütung wären.

Vergütung kann bewegen

Wie Vision und Entscheidungsverantwortung in Einklang gebracht werden können, haben wir bereits bei Paul Polman, dem ehemaligen CEO von *Unilever*, beobachten können, der die heilige Quartalsberichterstattung verändert hat. Da wundert es nicht, dass er auch einen interessanten Gedanken zur Bezahlung hat: »Leute auf meiner Ebene sollten nicht vom Gehalt motiviert werden. Wenn Sie mich doppelt bezahlen, werde ich nicht doppelt so viel arbeiten, weil ich wahrscheinlich bereits meine verfügbare Zeit maximiere. Würde es die Art und Weise ändern, wie ich Dinge tue? Nein. Also, ja, ich habe Glück, und ich schäme mich für die Menge an Geld, die ich verdiene.«[46]

Lassen Sie uns über Anreize sprechen. Denn sicher verspüren nicht alle diese Scham wie Polman. Manche, die noch nicht komplett im »Wollen« angekommen sind, kann man vielleicht anders zur Veränderung bewegen.

Wenn man jahrzehntelang auf Umsatzzahlen als die zu erreichenden Ziele geeicht wurde, braucht ein vermeintlich weiches Thema wie Nachhaltigkeit ebenfalls harte KPIs bei der Festlegung der Vorstandsvergütung. »Und damit das nicht nur ein nettes Bei- und Schmuckwerk ist, muss das Führungsteam auch mit ambitionierten Zielen darauf verpflichtet werden, wie bei anderen Unternehmenszielen auch. Mit einem wirklich harten KPI, der für die variable Vergütung auch wirklich entscheidend ist. Das ist eine Grundvoraussetzung für eine erfolgreiche Umsetzung. Das Top-Management muss es vorleben, damit die Organisation sich nicht nur dem Gedanken verschreibt, sondern auch wirklich so handelt.«, sagt uns Michael Diederich, CEO der *HypoVereinsbank*.[47]

Solange es variable Vergütungsmodelle gibt, die finanzielle Anreize fürs Handeln setzen sollen, ist es zwingend notwendig, dass sich »Impact First« auch in diesen Modellen wiederfindet.[48] Da stimmen wir zu. Bei immer mehr Großunternehmen hängen im Vorstand immerhin 20 Prozent der variablen Vergütung von Nachhaltigkeits-KPIs ab. Dabei ist die Effektivität wichtig. Michael Diederich, Mitglied des Group Executive Committee der *Unicredit* und zugleich Vorstandssprecher der *HypoVereinsbank*, sagt es so: »Das fing mal mit fünf Prozent an und war nur qualitativ begründet – auf so etwas darf man sich gar nicht einlassen. Die Ziele müssen ambitioniert und der monetäre Aspekt wirklich relevant sein.«[49]

Unicredit ist nur eines von mehreren Beispielen. Immer mehr Unternehmen gehen in diese Richtung, auch wenn die Schritte zumindest bis vor kurzem noch sehr zaghaft waren und wenig darüber gesprochen wurde, wie ein von unserer Co-Kapitän:in 2018 durchgeführtes Benchmarking ergab. Allerdings: Der Konzern *BASF* hatte bei der Einführung seines Nachhaltigkeitsportfolios schon vor etwa zehn Jahren bei den relevanten Vorstandsbereichen entsprechende Ziele verankert. Auch bei anderen Unternehmen gibt es Modelle wie Nachhaltigkeits-Multiplikatoren oder Vergleichbares, die versuchen, Nachhaltigkeit in die Anreizstrukturen zu integrieren – aus unserer Sicht ein in den entsprechend organisierten Unternehmen nicht zu unterschätzendes Element der Transformation.

Dabei müssen die KPIs klug gewählt sein: Quantitativ und Impact-orientiert – damit man hier nicht den gleichen Fehler macht wie bei den bisherigen »Best-in-Class«-Ansätzen, die nur zu einer relativen Verbesserung im Wettbewerb, nicht aber zu einer tatsächlichen Entwicklung in Richtung »safe and just space« geführt haben. Die Impact-Orientierung ergibt sich aus den für das Unternehmen wichtigsten Themen, sei es der mögliche Beitrag zum Klimaschutz, zur Ressourcenschonung und/oder zur fairen Behandlung aller Beteiligten entlang der Lieferkette.

Der Beitrag zum Klimaschutz lässt sich recht einfach über die absolute CO2-Reduktion pro Business Unit oder Funktionen wie Einkauf und Produktion abbilden. Für andere Wirkungsbereiche ist ein genauerer Blick auf das jeweilige Geschäft nötig, um – zum Beispiel – den bestmöglichen, quantitativen KPI für faire Entlohnung entlang der Lieferkette zu definieren. Für Querschnittsfunktionen wie Personal, wo der direkte Impact weniger klar ist als in einer produzierenden Geschäftseinheit, ist es durchaus legitim, andere Zielerreichungen festzulegen, etwa anhand von Trainingsquoten.

Die mächtige Lehmschicht: das mittlere Management

Bei aller Bedeutung des Vorstands für den Transformationsprozess ist klar: Entscheidungen aus der Chefetage sind zwar wichtig – reichen aber nicht aus. Jede:r, der sich mit Transformationsprozessen in Unternehmen auseinandersetzt, weiß: Der entscheidende Hebel liegt in der Lehmschicht, dem mittleren Management. Nur gemeinsam mit den Führungskräften dort kommt der Stein des Nachhaltigkeitsanstoßes im Unternehmen ins Rollen. Nur dann wird auch umgesetzt. Michael Diederich sagt es so: »Neben den finanziellen Anreizen muss der Vorstand das Führungsteam zur Umsetzung auffordern und auch immer wieder ermuntern. Da ist es wichtig zu sagen: ›Freunde, zu dem Weg, den wir vor uns haben, gehört Compliance und auch immer Nachhaltigkeit. Ich habe mich dazu verpflichtet, macht das auch bei euch zum Thema.‹«[50]

Eine klare Ansage ist wichtig, denn sie kann zu Verständnis und Überzeugung führen. Matthias Grabe, Leiter Region Nord/Ost Engineering & Consulting bei der *Deutschen Bahn* und ehemaliger Chief Technical Officer der *Hamburg Port Authority*, fasst zusammen, wie es aus seiner langjährigen Erfahrung geht – und wie nicht: »Sie müssen Ihre mittlere Führungsebene entweder begeistern oder wenigstens überzeugen, damit es wirklich umgesetzt wird. Wenn Ihre Führungsleute etwas nur akzeptieren oder tolerieren, dann wird das nichts mit dem Change. Von Widerstand spreche ich da noch gar nicht.«[51]

Die Kunst besteht darin, in einen aktiven Bereich zu kommen, in dem die mittlere Führungskraft aus sich heraus handelt und nicht fortdauernd zum Nachhaltigkeitsrichtungswechsel aufgefordert werden muss. Ist jemand erst einmal überzeugt oder gar begeistert, reißt er oder sie wiederum sein oder ihr Team mit. Darauf kommt es an.

Wir halten fest: Klar und hart verzielen ist wichtig. Vor allem in Unternehmen, die sonst entlang von Zielvorgaben und Leistungsmetriken geführt werden. Hinzu kommt: diejenigen erkennen und stärken, die schon begeistert oder überzeugt sind – und vor allem dort Überzeugungsarbeit leisten, wo noch ein eher passives oder zweifelndes Schulterzucken über die Transformationsambitionen auf der Tagesordnung steht. Das dürften nicht wenige sein. Die Mehrzahl der Führungskräfte im mittleren Management in deutschen Unternehmen hat die Bedeutung und Dringlichkeit des Themas zwar verstanden, aber es braucht eine gewisse Zeit, bis jemand zum überzeugten Change Agent mutiert. Auf dem Weg dahin müssen Widerstände erkannt und möglichst entkräftet werden, damit sie nicht zum alles aufhaltenden Sand im Getriebe auf dem Weg in den »safe and just space« werden. Die Widerstände in positive, mitreißende Energie umzuwandeln, ist großes Führungskino.

Unsere Einschätzung: Das mittlere Management im alltäglichen Tun in puncto Nachhaltigkeit zu unterstützen, ist die größte offene Aufgabenstellung in Unternehmen. Für die großen börsennotierten Konzerne gilt in jedem Fall: In einem Benchmarking zum Reifegrad der DAX30-Unternehmen (bevor sie zu DAX40 wurden), das unsere Co-Kapitänin bei ihrem Ex-Arbeitgeber durchgeführt hat, zeigte dieser Aspekt die wenigsten Ergebnisse. Kaum ein Unternehmen trainiert seine Führungskräfte und sein Middle Management demnach strukturiert zum Thema Nachhaltigkeit, führt Dilemma-Trainings durch oder schafft Räume für entsprechenden Wissensaustausch und zum Experimentieren. Die Ergebnisse lagen nahezu bei null. Wenn die Entscheidungen auf der Top-

Ebene allerdings ambitionierter werden, kann sich das ändern. Aber darauf sollten wir nicht warten, sondern allen Unternehmer:innen zurufen:

Lieben Sie Ihr mittleres Management! Unterstützen Sie es, geben Sie Ihren Führungsteams ausreichend Raum und Autorisierung, die neuen strategisch-opera- ven Implikationen aus der »Impact-First«-Entscheidung umsetzen zu können.

Dann kommt der Transformationsprozess in Gang und erreicht schließlich das ganze Unternehmen.

»Eine Organisation lebt von Beispielen!«

Wenn dann die Welle der Begeisterung vom mittleren Management in alle Bereiche eines Unternehmens flutet – wir dürfen ja mal einen Augenblick träumen –, sind wir beim Thema Wertschätzung angelangt. Für neue Gedanken, Veränderungswünsche und kreative Ideen. Nichts frustriert mehr, als wenn Arbeitnehmende sich nicht einbringen können, sobald der »wind of change« weht. *HypoVereinsbank*-CEO Michael Diederich sagte dazu einmal: »Das Führungsteam muss es zulassen, dass Ideen auch von ganz unten aus der Organisation nach oben gespült werden. Da gilt für große Ideen, aber auch für ganz kleine Ideen. Ja, wir haben nun feste Nachhaltigkeits-Ziele für unser Kerngeschäft; wir haben ein Tool entwickelt, mit dem wir unseren Firmenkunden helfen, ihr Verbesserungspotenzial anzugehen – aber wir haben zum Beispiel auch nur noch Porzellanbecher und keine Plastikbecher mehr im Unternehmen. Je sichtbarer man es macht, desto besser ist es für die Idee. Und dann merken alle: ›Aha, das hat der nicht nur einmal so gesagt, sondern das wird auch so gemacht.‹ Eine Organisation lebt auch von Beispielen.«[52] Viele Unternehmen arbeiten zum Generieren neuer Vorhaben und für eine höhere Motivation mit Ideenwettbewerben. Das ist ein guter Schritt.

Wichtig ist an dieser Stelle auch die interne Kommunikation, in der sich durch einen nachhaltigen Richtungswechsel andere Schwerpunkte ergeben. Im Fokus liegt hier der regelmäßige Brief, meistens in Form eines Newsletters an die Belegschaft. Diese Grüße aus dem Vorstand sind von hoher Relevanz, auch weil sie unter den Mitarbeitenden diskutiert werden. Sie können genutzt werden, um nicht nur einfach Nachrichten aus der Welt des jeweiligen Unternehmens an Mann und Frau zu bringen, sondern sind ein gutes Tool, um Kernbotschaften der Nachhaltigkeit zu transportieren.

Welche Erwartungen werden geweckt, wenn ein:e CEO das Netto-Null-Ziel im Newsletter kommuniziert? Wie wird über Erfolg kommuniziert? In Zukunft ja nicht nur in Umsatzzahlen oder in earnings per share (EPS) wie bei den internationalen Aktienunternehmen, sondern auch in Impact. In Bäumen wie auf der Suchmaschinen-Seite *Ecosia*? Zudem: Wozu wird die Belegschaft aufgerufen? Zu Vertrauen, Experimentierfreude und Kollaboration? Es geht nicht nur darum, das mittlere Management zu motivieren, sondern im Endeffekt um alle im Unternehmen. Da ist Offenheit auch im Umgang damit, was der Wandel für den Vorstand bedeutet, eine mutige Entscheidung.

Hendrik Backerra, ehemals für Organisationsentwicklung als Berater bei *McKinsey* tätig und jetzt selbstständiger Führungskräfte-Coach, bekräftigt: »Natürlich müssen alle, nicht nur das Führungsteam, offen sein für den Kulturwandel, das heißt – die ›planetaren Grenzen einhalten‹ –, nicht nur wirklich wollen, sondern auch leben. Bei aller Begeisterung der Vorstandsmitglieder auf Konferenzen und weiteren Kanälen wie beispielsweise *Linkedin* gilt es, die Transformation für das Unternehmen im Inneren transparent zu kommunizieren, zu führen und alle in ihrem Menschsein mitzunehmen. Die Herzen der Mitarbeitenden können mit sachlichen Botschaften und Finanzdaten nicht gewonnen werden, aber mit Offenheit, gerade auch mit den eigenen Unsicherheiten, mit der eigenen Betroffenheit, etwa über die ökologischen Krisen. So schwer es fällt, sich den eigenen Ängsten und Schmerzen zu stellen, erst dann kann ein Umgang gefunden werden, Krisen konstruktiv anzugehen und zu lösen.«[53]

Das Wichtigste an dieser Stelle: Glaubwürdigkeit – also wieder einmal der Dreiklang aus Transparenz, Ehrlichkeit und Mut. Mitarbeitende verdienen diesen respektvollen Umgang, damit sie wissen, was passiert. Sie müssen außerdem erfahren, was ihre Ideen bewirken, aber auch, warum diese möglicherweise noch nicht umgesetzt werden. Manchmal braucht es auch viel Mut – Mut zu vielleicht erst einmal etwas Verrücktem. Wie zum Beispiel *einhorn* mit seinen lustigen Periodenprodukten oder wie in der *dove*-Kampagne die Curvy Models, die zu einem Umdenken über das Schönheitsideal beigetragen haben.

Bewiesen: s gibt nicht nur Männer!

Womit wir bei der letzten Station auf der Leadership-Insel wären. Wenn Sie sich einmal die Führungsteams in den meisten Unternehmen ansehen, sehen Sie vor allem Führungs»Mann«schaften. Weiße Männer. Als gäbe es weder Frauen noch andere Geschlechter, noch andere Hautfarben auf diesem Planeten. Keine Sorge: Wir wollen hier jetzt nicht die Geschlechterfrage diskutieren, dafür bräuchte es ein eigenes Buch, das Thema ist einfach zu groß und verdient einen eigenen Raum.

Was nachgewiesen und für uns der entscheidende Punkt ist: Je diverser Teams aufgestellt sind, desto erfolgreicher sind sie.

Weil Führungsteams und Unternehmen, die sich in Richtung des »safe and just space« aufmachen, unbedingt erfolgreich sein sollten, sagen wir es frank und frei: Wir sind mindestens genau aus diesem Grund dafür, dass sich die Anteile von Frauen und Männern in Führungspositionen angleichen und Führungsteams insgesamt diverser werden. Aber ganz ehrlich: Auch normativ und orientiert an SDG Nummer 5 (Geschlechtergleichheit) rufen wir es laut und deutlich einmal über die gesamte Insel: Da geht mehr, und da sollte noch mehr gehen!

So, nun ist es raus. Tat gut.

Damit wären wir am Ende unserer Reise übers Atoll der operativen Entscheidungen. Ja, sogar am Ende unserer Fahrt zu den drei großen Atollen. Lassen Sie uns auf die letzte Etappe gehen, die uns zur Insel der Bekräftigung und Veränderung führt. Ehe wir zurück zum Terminal tuckern. Die Zeit bis zur nächsten Insel wollen wir nutzen, um in die Zukunft aufzubrechen. Ein wenig Science-Fiction. Klingt spannend?

Dann ab mit Ihnen auf die Green Ferry. Und gut anschnallen.

Überfahrt zur Bekräftigungsinsel: Wie hilft Technologie?

Und jetzt Tempo! Gut festhalten, bitte! Wir wollen auf dem Weg zur Bekräftigungsinsel die Geschwindigkeit unserer Ferry dem Thema anpassen, das noch wie Science-Fiction klingen mag. Denn wir wollen einen kleinen Blick auf die Technologien werfen, die als Helfer für neue Geschäftsmodelle den Weg in eine gelebte Nachhaltigkeit ebnen können.

Also, festhalten und volle Kraft voraus. Stellen Sie sich vor, wir würden unsere Reisegeschwindigkeit von 25 Knoten pro Stunde – das entspricht rund 46 km/h – jede Minute verdoppeln. In nicht einmal sechs Minuten wären wir bei 1200 km/h angelangt und hätten damit die Schallmauer durchbrochen. Für Lichtgeschwindigkeit, also exakt 1 079 252 820 km/h, bräuchten wir nicht einmal 25 Minuten. Bämm! Diese Art von unvorstellbarer Beschleunigung entfaltet exponentielles Wachstum.

Und lädt zu weiteren lustigen Gedankenspielen ein. In wie vielen Schritten würden Sie beispielsweise bei Ihrer Arbeit ankommen oder an Ihrem nächsten Reiseziel, wenn sich die Schrittlänge mit jedem Schritt verdoppeln würde? Die nächste Reise von Berlin nach München könnten Sie beispielsweise in weniger als 20 Verdopplungsschritten erledigen. Zu Beginn noch gemächlich – aus dem ersten 1-Meter-Schritt wird ein 2-Meter-Schritt, dann ein 4-, darauf ein 8-Meter-Schritt und so fort –, ist man beim 19. Schritt bereits bei einem 262-Kilometer-Schritt und damit bei derselben Gesamtlänge wie kumuliert alle 18 Schritte zuvor. Damit hätten Sie mit dem 19. Schritt die Luftliniendistanz von

Terminal

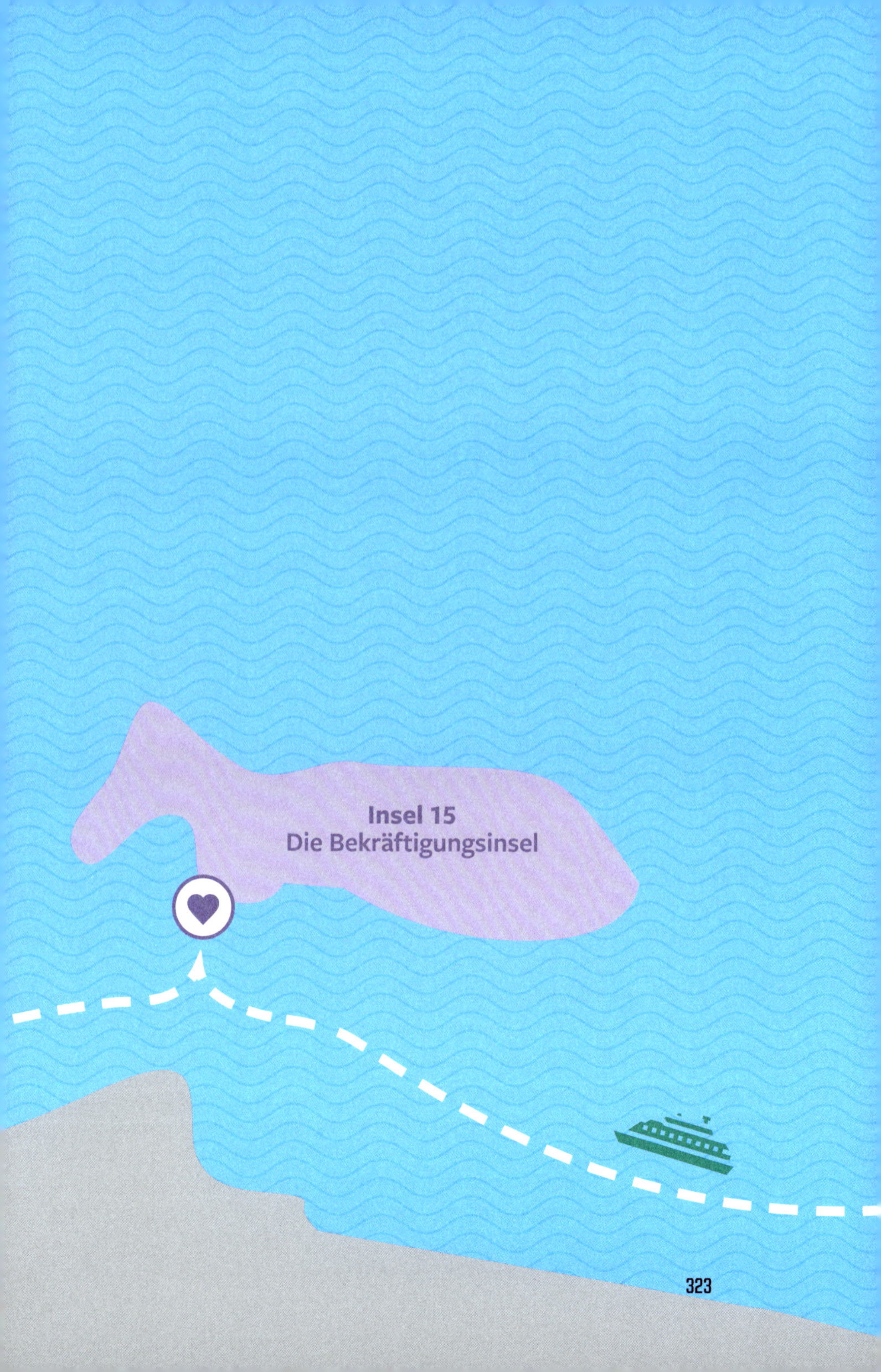
Insel 15
Die Bekräftigungsinsel

ZENTRALE BEGRIFFE UND INHALTE

- Exponentielle Entwicklung
- Kostendegression
- Positivbeitrag zu SDGs
- Beispiele Vertical Farming und Energieversorgung
- Systemische Perspektive auf Disruption

Berlin nach München bereits abgelaufen. Sechs Schritte weiter, und Sie haben fast die ganze Erde umrundet.

Exponentielles Wachstum ist faszinierend. Für die Wirtschaft ist es ein Kerntreiber, man denke nur an die verblüffende Wachstumsgeschwindigkeit digitaler Technologien. Wenn mit explodierendem Tempo gleichzeitig die Kosten fallen, sind bahnbrechende Anwendungen in wenigen Jahren möglich. Beispiele gefällig?

Reisen wir gedanklich zurück ins vergangene Jahrhundert

Ein junger Ingenieur namens Gordon Moore aus San Francisco veröffentlicht am 19. April 1965 in der Zeitschrift *Electronics* einen Fachartikel, in dem er die These aufstellt, dass sich die Anzahl von Transistoren auf einem integrierten Schaltkreis alle zwei Jahren verdoppeln würde. Vereinfacht ausgedrückt für die Laien unter uns: Die Leistung eines Computers sollte sich alle zwei Jahre verdoppeln. Was die Fachwelt damals als Science-Fiction abtat. Doch Moore sollte recht behalten. Bis heute ist diese Schätzung erstaunlich korrekt, weswegen man seinem Urheber zu Ehren von Moore's Law spricht. Für den Ingenieur lohnte sich die Weitsicht: 1968 gründete er mit zwei Freunden das Unternehmen *Intel*, heute der weltgrößte Halbleiterproduzent. Moore hält heute 2,8 Prozent der Anteile und ist damit zweitgrößter Aktionär, sein Vermögen schätzt Forbes auf 9,5 Milliarden US-Dollar.[1]

Zusätzlich zur Verdoppelung der Leistungsfähigkeit konnten die Kosten alle zwei Jahre nahezu halbiert werden. Heißt konkret: Nach zwei Jahren bekam man die doppelte Leistung zum halben Preis. Das ist knapp 60 Jahre her. Wenn Sie sich noch mal unser Schritte-Beispiel in Erinnerung rufen, können Sie sich ungefähr vorstellen, was das bedeutet. Die *Experts-Exchange,* die Community für Technologie-Expert:innen, schätzt, dass die Computerleistung in den vergangenen 60 Jahren billionfach gewachsen ist. Denken Sie nur an die erste *Apple Watch,* die seit 2015 auf dem Markt ist – was den technologischen Fortschritt angeht, eine Ewigkeit her – und so viel Rechnerleistung wie zwei *iPhones 4* hatte, die 2010 das Licht der Technikwelt erblickt hatten. Das Smartphone wiederum wies so viel Rechnerleistung wie der schnellste Supercomputer aus dem Jahr 1985 auf. Das war wiederum mehr Rechenleistung, als für die Mondlandung zur Verfügung gestanden hatte.[2]

In die Zukunft projiziert bedeutet das, dass wir die heutigen Supercomputer, die komplexe Wettermodelle berechnen, medizinische Diagnosen erstellen und Marktbewegungen simulieren, bald in der Tasche, am Handgelenk oder wo auch immer bei uns tragen werden. Wir sprechen dabei noch nicht von den künftigen Möglichkeiten der künstlichen Intelligenz (KI), wenn unsere Computer immer mehr selbst zu »denken« und lernen beginnen. Die ersten kleinen Beispiele nutzen wir bereits. Siri oder Alexa verstehen bereits die Fragen, die Sie ihnen stellen. Die ersten selbstfahrenden Autos könnten in naher Zukunft über unsere Straßen rollen. Und Journalisten und Autoren zittern ihrerseits vor einer Software namens GPT-3, die Artikel verfassen kann. Bei einem Test konnten 50 Prozent der Probanden die Texte von Mensch oder Maschine nicht mehr unterscheiden.[3]

Laut Expert:innen verdoppelt sich derzeit die Rechenleistung für künstliche Intelligenz alle drei bis vier Monate – das ist 50- bis 60-mal schneller, als das Moore'sche Gesetz besagt. Die Rechenleistung in diesem Sektor hat sich zwischen 2012 und 2018 um das 300 000-Fache erhöht. Laut Moore hätte es nur eine achtfache Steigerung geben können.[4] All das geht einher mit einer unfassbar schnellen Kostendegression: Kostete es Anfang 2017 noch 10 000 US-Dollar, eine Milliarde Bilder auf den neuesten Computern zu verarbeiten und zu klassifizieren, waren es Ende 2019 nur noch drei US-Cent.[5] Man mag und kann sich heute kaum vorstellen, was 2030 bereits alles möglich sein wird.

Was bedeutet das für die Nachhaltigkeitstransformation?

Sinkende Kosten für Sensorik und verbesserte Analyseleistungen ermöglichen eine radikale Transparenz und Effizienz. Nicht nur inkrementelle Effizienzsteigerung, sondern komplett neue Performance-Level. Physikalische, biologische und digitale Technologien sind die drei großen Felder, auf denen die Zukunft im Rahmen der planetaren Grenzen und für ein gutes Leben aller Menschen gedeihen kann. Anspruch muss sein, die Veränderungsgeschwindigkeit durch exponentielle Verbesserung als Faktorlogik, das heißt die x-fache statt inkrementelle Verbesserung als entscheidende Größe, im Unternehmen zu implementieren.

Was dann passiert, lässt sich exemplarisch an der Erfindung des Smartphones ablesen. Es ist einfach ein Paradebeispiel: Lange Zeit waren elektronische Geräte wie Fernseher, Radio, Musikanlage, Telefon, Fotoapparat, Filmkamera und auch der Computer solitäre, voneinander getrennte Geräte, an denen – siehe Auto, wir kommen noch darauf – herumgefummelt wurde, um sie stets ein wenig besser zu machen. Natürlich, ein CD-Player war cooler als ein Kassettenrekorder. Das Smartphone hat uns dann in eine neue Dimension katapultiert und alles in sich vereint. Heute schauen wir auf dem Display fern, hören jede Art von Radiosender und Musik, fotografieren und filmen uns dumm und dusselig, spielen darauf, lassen uns den Weg weisen, arbeiten sogar damit. Ach ja, telefonieren geht auch. Und Post digital verschicken. Und Zeitungen lesen. Ein Zauberding. Digitale und physikalische Technologie haben zusammen einen Quantensprung erreicht: Als *Apple* sein erstes *iPhone* auf den Markt brachte, schrieben wir das Jahr 2007. Es hat unsere Welt in atemberaubender Geschwindigkeit radikal verändert. Nicht nur in der industriellen Welt, sondern überall. Seit 1993 haben 70 Prozent der Menschen in Subsahara-Afrika Zugang zu einem digitalen Mobilfunknetz erhalten – den Zugriff auf ein Stromnetz haben seit 1880 nur 17 Prozent bekommen.[6] Die Disruptionsgeschwindigkeit digitaler Lösungen und die damit verbundenen Chancen, für zum Beispiel bislang benachteiligte Menschen, sind enorm.

Insgesamt auch für die SDGs. Glauben Sie nicht? Dann lassen Sie uns gerne noch einmal Birgit Klesper zuhören, ehemals Senior Vice President Group Corporate Responsibility bei der *Deutschen Telekom*.

»Die Digitalisierung als Enabler ist zur Erreichung der UN-Nachhaltigkeitsziele ein ganz wichtiges Thema. Digitalanwendungen in der Medizin können wiederum zu einer Entlastung im Gesundheitswesen und zur Verbesserung der Gesundheit in der Bevölkerung führen. Das ist Social Impact. Oder wenn wir unseren eigenen Footprint in Relation setzen zu dem, was durch die Anwendungen unserer Produkte und Dienstleistungen bei unseren Kund:innen an CO2 eingespart wird, dann übertreffen die positiven CO2-Effekte unsere eigenen Emissionen mittlerweile mit einem Faktor von rund 5 zu 1. Das ist eine wichtige Botschaft für die Akzeptanz der Digitalisierung. Nach innen ist auch das Thema Corporate Digital Responsibility von hoher Bedeutung, vor allem in ethischer Hinsicht. Man kann im digitalen Raum vieles machen, was wir alle nicht sehen wollen: Einschränkung der Meinungsfreiheit, Hate Speech, Fake News. Da sind wir als Unternehmen gefragt, ganz klare Positionen zu beziehen, etwa zum Thema Menschenrechte und Digitalisierung, also Diskriminierungsfreiheit, Freedom of Speech, dem Recht auf Zugang für alle und gegen Hass im Netz. Wir müssen sehen: Technologie ist per se nicht schlecht, aber Technologie kann schlecht angewendet werden. Dagegen kämpfen wir.«[7]

Auf der Positivseite können digitale Lösungen nicht nur zu ausgewählten SDGs beitragen, sondern zu allen SDGs, wie unsere Kapitän:innen in einer gemeinsamen Studie herausarbeiten konnten. Zusätzlich fanden sie heraus, dass digitale Lösungen eine 23-mal schnellere Diffusionsrate haben als traditionelle Ansätze. In einer weiteren Untersuchung konnten die Kapitän:innen nachweisen, dass der verbesserte Zugang zu digitalen Leistungen tatsächlich mit positiven Ergebnissen in der realen Welt verknüpft ist. Beispielsweise war ein um fünf Prozent verbesserter Zugang zu digitalen Lösungen verbunden mit einer um 7,4 Prozent reduzierten Müttersterblichkeit und einer erhöhten Überlebensrate von Neugeborenen.[8] Ein anderes Beispiel für eine x-fache Verbesserung ist Vertical Farming. Damit meinen wir nicht nur die Bepflanzung von Gebäuden zur natürlichen Dämmung, sondern den Anbau von Nutzpflanzen nicht mehr in die Breite auf viel Fläche, sondern in die Höhe auf kleiner Fläche.

Klingt wieder nach Raumschiff Enterprise? Dann reisen Sie nach New Jersey.

Das Headquarter von *AeroFarms* ist ein 75 Jahre altes ehemaliges Stahlwerk in Newark, in dem pro Jahr auf mehreren Etagen bis zu eine Million Kilogramm Blattgemüse angebaut wird, das ganzjährig geerntet wird. Mit 70 000 Quadratmetern ist es die größte vertikale Indoor-Farm der Welt.[9] Mithilfe digitaler und biologischer Technologien haben es die Regal-Landwirte geschafft, die Produktivität pro Quadratmeter 390-mal im Gegensatz zur herkömmlichen Landwirtschaft zu steigern und dabei gleichzeitig 95 Prozent weniger Wasser einzusetzen – alles natürlich ohne Pestizide und Herbizide.[10] Die Idee ist, Pflanzenhochregale vor allem in Metropolen zu bauen. So werden auch die Transportwege zu den Kund:innen kürzer, und das spart CO2. Der Landwirt als Data Scientist, der mithilfe künstlicher Intelligenz und den Möglichkeiten des Internet of Things jede Pflanze zu einem Datenpunkt werden lässt, um sie individuell optimal gedeihen zu lassen. Klingt alles irre unromantisch – aber gleichzeitig faszinierend. Vielleicht gehört der Abschied von Vorstellungen und Bildern in unseren Köpfen dazu, um den Weg in den »safe and just space« beschreiten zu können. Das Potenzial ist enorm.

Fazit: 390-fach höhere Flächenproduktivität, 20-fache Reduktion der Wasserbedarfe und vollständige Vermeidung von Pestiziden beim Anbau von Nahrungsmitteln.

Ein komplett neuer Blick ermöglicht auch komplett neue Lösungen mit dramatischen Verbesserungen. Der Verkehrssektor ist ein weiteres Beispiel dafür, dass inkrementelle Verbesserungen in einem bestehenden System auch nach Jahrzehnten harter Arbeit nur wenig Früchte tragen. Die so klein sind, dass die Fortschritte an einer Stelle durch Mehrbedarfe an anderer Stelle schnell wieder aufgefressen werden. Seitdem das erste Fahrzeug mit Verbrennungsmotor, der *Patent-Motorwagen Nummer 1* des deutschen Erfinders Carl Benz, 1886 auf die Straße rollte, hat sich nicht mehr viel verändert: eine Kiste mit einer Handvoll Sitzen auf Rädern, die Menschen einigermaßen schnell von A nach B bringt.

Die Ingenieur:innen haben über die Jahre eine Reihe von Verbesserungen vorgenommen, sodass aus den alten Kisten heute rollende Wohnzimmer geworden sind. Zwar wurden Pkw-Leistungen mit jeder neuen Modellgeneration zehn bis 15 Prozent effizienter, aber weil sie zugleich auch immer schneller und schwerer wurden, fraßen diese Faktoren den Gewinn gleich wieder auf. Ein Beispiel: Ein *VW Käfer* aus dem Jahr 1955 wog 739 Kilogramm und konnte mit seinen niedlichen 30 PS bis auf 110 km/h beschleunigen. Der Spritverbrauch lag bei 7,5 Liter auf 100 Kilometer. 50 Jahre später brachte sein Ururenkel, der *VW Beetle*, 1200 Kilogramm auf die Waage und konnte mit seinen 75 PS mit bis zu 160 km/h über die Autobahn knattern. Dessen Spritverbrauch: 7,11 Liter auf 100 Kilometer. Höheres Gewicht und höhere Motorenleistung hebelten die gestiegene Effizienz fast vollständig aus. Die sogenannten Rebound-Effekte beschränken sich längst nicht nur aufs Auto.[11] Hinzu kommt: Auch in der sogenannten Well-to-Wheel-Betrachtung (vom Bohrloch zum Rad) steht man beim Auto noch immer auf der Bremse. Dabei wird entlang der Wirkungskette die Fortbewegung von der Gewinnung und Bereitstellung der Antriebsenergie bis zur Umwandlung in kinetische Energie untersucht. Nur rund ein Prozent der verfügbaren Energie landet noch im Vortrieb, 86 Prozent des Sprits erreichen energetisch übersetzt nie die Räder.[12]

Was für eine Verschwendung der eingesetzten Ressourcen, damit der Wagen rollt. Und wer noch mit einbezieht, dass er durchschnittlich mehr als 23 Stunden auf dem Parkplatz oder im Stau steht[13] und damit Autowerte in Höhe von sieben Billionen Euro jederzeit ungenutzt bleiben[14] sowie durchschnittlich nur ein bis zwei Personen in einem Wagen durch die Gegend rollen, der darf nicht nur das Konzept Auto infrage stellen, sondern das System der bisherigen Mobilität insgesamt. Mit Sharing-Angeboten in Kombination mit öffentlichem Nahverkehr lässt sich, zumindest im städtischen Raum, Mobilität komplett neu erfinden. Ermöglicht wird dies wiederum durch Technologie, an dieser Stelle ist es oft die digitale.

Die systemische Sicht auf etablierte Strukturen ergibt nicht nur ökologischen und sozialen Sinn, sondern auch wirtschaftlichen

Bessere Technologien, disruptive Innovationen, effizientere Systeme erschließen nicht nur neue Märkte, sie können sogar die Kosten für das identische Endprodukt senken, siehe Photovoltaik.

Es war 1954, als die *Bell Laboratories,* die altehrwürdige und neunfach mit dem Nobelpreis geehrte ehemalige Forschungsabteilung der US-amerikanischen Telefongesellschaft *AT&T,* die erste funktionierende Solarzelle auf Basis von Silizium vorstellte. Als vier Jahre später der Satellit *Vanguard1* mit einem Photovoltaikmodul ins All abhob und im All gut funktionierte, war für viele das Potenzial der Umwandlung von Licht in Energie mit diesem Nutzen erschöpft. Als jedoch im April 1986 der Reaktor in Block vier des Kernkraftwerks Tschernobyl im Norden der heutigen Ukraine explodierte, markierte das eine Zeitenwende in der Energieversorgung – und man begann nachzudenken, wie man die gefährliche Kernenergie abschalten könnte. So starteten insbesondere in den USA, Japan und Deutschland Forschungen. Es wurde die Frage gestellt, wie die zivile Nutzung der Photovoltaik funktionieren könnte, obwohl sie lange Zeit als ineffektiv und sogar teuerste Form der Energieherstellung galt. Viele Unternehmen ließen lieber ihre Finger davon.

Bis der Mann mit der Fliege kam. Heinz Riesenhuber diente mehr als zehn Jahre als Bundesminister für Forschung und Technologie unter Kanzler Helmut Kohl. Als Diplom-Chemiker und Doktor der Naturwissenschaften hatte er ein Herz für die Umwelt, wenngleich man es nicht so häufig entdecken durfte. Gemeinsam mit seinem Ministerium legte er im September 1990 das *1000-Dächer-Photovoltaik-Programm* auf, in dessen Folge bis 1996 knapp 2000 Anlagen auf die Dächer von Ein- und Zweifamilienhäuser geschraubt wurden. Eine Anlage mit 2,2 kW Standardleitung kostete inklusive Montage damals umgerechnet rund 30 000 Euro, wovon 70 Prozent Bund und Länder übernahmen. Die Stromgestehungskosten lagen bei 90 Cent/kWh – es bedurfte also 90 Cent, um eine Kilowattstunde Sonnenenergie in elektrischen Strom umzuwandeln, die unseren Fernseher zum Beispiel heute 20 Stunden im Stand-by-Betrieb laufen lässt.[15] Bei Gestehungskosten damals von umgerechnet rund 3,6 Cent/kWh bei Braun- und Steinkohlekraftwerken war das System Solar nicht wirklich wettbewerbsfähig.[16]

Das hat sich radikal geändert. Im Jahr 2014 prognostizierte die *Internationale Energieagentur IEA*, dass der durchschnittliche Solarpreis 2050 bei 0,04 US-Dollar/kWh liegen würde.[17]

Tatsächlich dauerte die prognostizierte Kostendegression nur sieben statt 35 Jahre[18]

Mithilfe der neuesten Geräte ist die Energiegewinnung durch Solar und Wind mittlerweile die günstigste Form in jenen Ländern, die 70 Prozent des weltweiten BIP ausmachen. Laut Prognosen wird das am Ende unseres Jahrzehnts überall auf der Welt der Fall sein.

Heißt: Wir haben nicht nur Kostenparität zwischen den Anlagenneubauten, bezogen auf den gesamten Lebenszyklus, bei den erneuerbaren und konventionellen Energieträgern, sondern auch im operativen Betrieb. Selbst wenn ein Kohlekraftwerk abbezahlt ist, ist es mittlerweile im Betrieb teurer als der Neubau einer nachhaltigen Energieanlage. Die Investitionen in erneuerbare Energien sind durch Lernkurven und Skaleneffekte immer günstiger geworden, sodass sich die Kostenschere zwischen sauberer und klimaschädlicher Energie nicht nur geschlossen hat, sondern wieder auseinandergeht – nur diesmal zugunsten von Wind und Solar. Wie sind wir zu diesem Punkt gekommen? Durch Investitionen – auch von staatlicher Seite – sowie durch Gesetze.

So ist es heute kein Wunder, dass durch die voranschreitende Kostendegression der Bau von Photovoltaik-Anlagen weltweit boomt. In China, Indien oder den Arabischen Emiraten entstehen reihenweise Solarparks der Superlative: Im Norden Indiens wurde erst 2020 der 14 000 Hektar große Solarpark *Bhadla* fertiggestellt, dessen Kapazität bei 2245 Megawatt liegt. In China wurde im selben Jahr im Nordosten des tibetischen Hochlandes ein Solarpark mit 2200 Megawatt ans Netz genommen. Und auch sie werden bald in den Schatten gestellt: Das Unternehmen *Sun Cable* plant ab 2023 mit dem Bau von *Australia-Asean Power Link (AAPL)* den größten Solarpark der Welt mit 10 000 Megawatt und der weltweit größten Batterie (Kapazität: 30 GWh). Der Strom soll ab 2026 aus dem Northern Territory via Darwin im Nordosten von Down Under und dann mittels eines 3750 Kilometer langen Unterwasserkabels bis nach Singapur fließen. Wenn er schon auf dem Weg dorthin ist, wird er gleich auch die attraktiven Märkte rechts und links des Kabels mitversorgen. Ein Gigant. Kosten: umgerechnet 22,6 Milliarden US-Dollar.[19] Und damit etwa so teuer wie der Bau von zwei Kohlekraftwerken mit gleicher Leistung. Der feine Unterschied: Man bekommt im Gegensatz zur Kohle die Ressource Sonne vollkommen umsonst. *Die Sonne schickt uns keine Rechnung*, wie der schöne Buchtitel von Journalist Franz Alt lautete. Stromtrassen und Speicher sind natürlich zusätzlich zu kalkulieren. Bei den Stromtrassen ist keine substanzielle Kostendegression zu erwarten, bei der Speichertechnologie oder auch Wasserstoff-Elektrolyseuren schon. Auch hier erleben wir gerade eine Kostendegression, die eine ähnliche Kurve wie die für Photovoltaik nehmen könnte und wiederum neue Dynamiken auslösen würde. Wenn sie und weitere dazu dienen, unser Energiesystem weiter zu dekarbonisieren, sind wir auf einem guten Weg in den »safe and just space«.

Keine Frage: Technologieentwicklung ist ein wesentlicher Treiber für Disruption

Wobei wir Technologie, wie schon angesprochen, in drei großen Dimensionen teilen. Die eine ist die biologische Kategorie: Das sind Technologien, um auf der Grundlage biologischer Systeme und mit lebenden Organismen (oder Derivaten davon) Produkte und Verfahren für bestimmte Verwendungen herzustellen. Eine zweite ist die physikalische Kategorie, also Technologien, die auf grundlegenden Eigenschaften von Materialien, Energie, Kräften und deren Wechselwirkungen basieren. Und die digitale Kategorie mit Technologien auf der Basis von Computer-, Elektronik- und Kommunikationswissenschaften, die das zunehmende Informationsvolumen und die Vernetzung physischer Ressourcen nutzen.

Alle drei Bereiche haben Potenzial, um uns in den »safe and just space« zu bringen. Denn eines ist klar: Die bloße Fortsetzung des Business-as-usual-Modus wie bisher wird nicht ausreichen, um eine hohe Lebensqualität für alle Menschen im Rahmen der planetaren Grenzen zu ermöglichen. Nicht einmal entsprechende Schritte auf einem Verbesserungspfad reichen aus. Um eine echte Systemveränderung bewirken zu können, sind große Schritte, große Ideen und eine Menge Tatkraft nötig.

Wer immer auf dem Bestehenden aufsetzt und sich das System nicht gleichsam aus der Vogelperspektive ansieht, bleibt gefangen in nur inkrementellen Effizienzsteigerungen.

Das bringt uns nicht weiter. Wir brauchen x-fache Verbesserungen, um den Entwicklungspfad in den »safe and just space« zu erreichen. Dabei kann Technologie als Ermöglicher eine große Hilfe sein. Nur muss man sie als solche auch identifizieren und in seine strategischen Entscheidungen als einen zentralen Punkt mit einbeziehen. Nicht umsonst stecken Großkonzerne viele Milliarden Euro in den F&E-Bereich. Das kann sicher nicht jeder. Aber es wäre schon viel gewonnen, wenn Unternehmer:innen sich der Bedeutung von systemischen Veränderungsinnovationen bewusst wären und im Rahmen ihrer Möglichkeiten handeln würden.

Physikalische, biologische und digitale Technologien sind die drei großen Felder, auf denen die Zukunft im Rahmen der planetaren Grenzen und für ein gutes Leben aller Menschen gedeihen kann

Insel 15:
Die Bekräftigungsinsel

ZENTRALE BEGRIFFE UND INHALTE

- **Persönliche Ziele**
- **Game Accepter, Game Denier und Game Changer**
- **Veränderungs-Trimm-dich-Pfad**
- **Wert von Beharrlichkeit**
- **Ermutigungscafé**

So, nun nehmen wir ein wenig das Tempo heraus und tuckern ganz gemütlich, dem nun kommenden Thema angemessen, auf die Bekräftigungsinsel zu und legen dort an. Einatmen, ausatmen, lächeln. Die ZEN-Buddhist:innen schwören darauf, sich ganz auf den Atem zu konzentrieren, um den Körper zu entspannen und den Geist zu beruhigen. Wir nehmen nur die Gefühle und Gedanken wahr, beobachten sie freundlich, vielleicht mit einem Lächeln – und lassen sie wie Wolken an uns vorbeigleiten. Aber nicht einschlafen! Sondern mitkommen.

Die Atmung ist neben Reflexen und der Verdauung ein automatisch ablaufender Vorgang. Das Areal, das dafür verantwortlich zeichnet, ist der Hirnstamm, evolutionär betrachtet der älteste Teil des Gehirns. Von dem Sozialpsycholog:innen sagen, dass er uns mehr beeinflusst als die

Großhirnrinde, die fürs logische und bewusste Denken zuständig ist. Neben den Automatismen hält der Hirnstamm noch ein besonderes Fleckchen bereit, das für eine bestimmte Neigung verantwortlich ist: das Bedürfnis nach Anschluss. Die Zugehörigkeit zu einer Gruppe. Der Mensch ist ein Herdentier. Und kann nichts dafür.

Für Transformationsprozesse kann man sich diese Tatsache nutzbar machen. Oder zumindest sich im Klaren darüber sein, was bereits der Anfang für Veränderung sein kann. Welche Macht der Drang nach Zugehörigkeit zu einer Gruppe hat, bewies Solomon Elliot Asch im Jahr 1951. Der polnisch-amerikanische Pionier der Sozialpsychologie führte das sogenannte Konformitätsexperiment durch. Die Versuchsanordnung war ganz einfach: Stellen Sie sich einen Konferenztisch vor, an dem etliche Personen sitzen. Alle sind eingeweiht in den Versuch, außer der Proband, der fälschlicherweise annimmt, dass er einer unter vielen ist. Auf dem Tisch liegen zwei Karten: Auf der einen Karte ist eine gerade Linie gezogen, auf der anderen sind es drei weitere, unterschiedlich lange Striche: ein kürzerer, einer so lang wie die Linie auf der Einzelkarte und ein längerer. Die Versuchsleiter:innen baten die Menschen am Tisch, zu sagen, welche der drei Linien genauso lang ist wie die Linie auf der einzelnen Karte. Die Trojaner unter ihnen behaupteten, dass die kürzere Linie die richtige sei. Sie, liebe Leser:innen, ahnen schon, was passierte: Bei einem Drittel der Durchgänge schlossen sich die Proband:innen diesem offensichtlich falschen Urteil an.[1] Man wollte dazugehören. In Nachfolgeexperimenten stellte man fest, dass, je größer die Gruppe war, desto eher die Proband:innen von ihrer eigentlich richtigen Einschätzung abrückten. War aber nur einer in der Gruppe, auch ein Trojaner, der vor dem Probanden doch die richtige Linie benannte, waren die Versuchspersonen viel eher bereit, ihrer eigenen richtigen Wahrnehmung zu trauen. Wenn eine Einzelperson die Wahrheit ausspricht, kann das einen großen Unterschied machen.

Warum wir das hier einmal vorgestellt haben? Ganz einfach: Es braucht offenbar eine Menge Mut und Kraft, sich für das Richtige zu entscheiden, standhaft zu bleiben und die Dinge beim Namen zu nennen.

Es ist allzu menschlich, sich dem Gruppenzwang zu beugen und sich wider besseres Wissen von einer Mehrheit um sich herum vom Falschen überzeugen zu lassen. Transformation bedeutet, nicht den einfachen Weg zu gehen. Der Sozialpsychologe Harald Welzer hat dazu ein Buch geschrieben: *Selbst Denken – Eine Anleitung zum Widerstand*[2], in dem er zum widerständigen Leben aufruft, damit der persönliche wie gesellschaftliche Aufbruch in die Transformation gelingen möge.

Wie bewältigen wir persönlich den Weg ins Zielbild? Wie gelingt es uns, anders zu handeln?

Wie beim Iron Man in Hawaii wird es einfacher, wenn es Unterstützung gibt. Anfeuerungsrufe, Wasser- und Verpflegungsstationen, Kilometerangaben und Richtungspfeile auf der Straße. Die Veränderung im einzelnen Unternehmen gelingt leichter, wenn Hilfe von außen kommt, also Veränderung auf drei Ebenen erfolgt, die Hand in Hand gehen: auf der politisch-gesellschaftlichen Ebene, die wir auf der Überfahrt der systemischen Rahmenbedingungen kennengelernt haben und die es im Kontext erleichtert oder erschwert. Auf der Ebene der Wirtschaftsunternehmen, um die es in diesem Buch hauptsächlich geht. Und auf der persönlich-individuellen Ebene, die hier auf dieser Insel das Thema sein wird.

Die persönliche Ebene ist die Quelle jeglicher Veränderung. Auch für die Transformationen im politisch-gesellschaftlichen und im unternehmerischen Bereich bedarf es der Menschen. Ein neues Gesetz oder eine andere Zielsetzung im Unternehmen fallen nicht einfach vom Himmel, sondern stammen aus den Hirnen und dem Tun von Menschen. Von Menschen, die persönlich etwas für richtig halten und ihren Überzeugungen folgen, die sie auch gegen Widerstände durchsetzen wollen. Schlichtweg, weil sie überzeugt sind, dass sich etwas ändern muss.

Unser Alltag ist eine Aneinanderreihung von Entscheidungen, die – und das darf man sich gerne bewusst machen – etwas bewirken. In den meisten Fällen sind diese Auswirkungen nicht der Rede wert, aber es gibt die anderen großen Weggabelungen, die wirklich wichtig und leider manchmal von Widerständen begleitet sind. Bei allem Input in diesem Buch, bei allen Ideen und Methoden zwischen zwei Deckeln, sollten wir nie vergessen: Entscheidungen für Veränderungen passieren nur, wenn mindestens ein Individuum einen Schritt in die entsprechende Richtung tut. Vielleicht war dieser erste Schritt für Sie der Kauf des Green Ferry-Buches und seine Lektüre. Dann haben wir einen Teil unserer kleinen Mission schon erfüllt.

Unsere Erfahrung hat uns gelehrt: Sind Sie von einem neuen Weg im Sinne der Transformation selbst nicht überzeugt, schlagen Sie diesen selbst nicht ein, gehen Sie ihn nicht selbst konsequent und gegen alle Widerstände, werden Ihnen die Mitarbeitenden im Unternehmen nicht folgen.

Noch schlimmer: Frustration, Gegenwehr und Zynismus wabern über die Flure, vergiften die Atmosphäre und ersticken die Kultur des Wandels im Keim, sollte Ankündigungen zu mehr Nachhaltigkeit nicht echte Handlung folgen. Machen Sie Mut! Sich selbst und anderen. Als kleine Motivationsspritze haben wir Ihnen auf der Bekräftigungsinsel drei Stationen aufgebaut. In der ersten geht es um den individuellen Erfolg, in der zweiten wartet ein Veränderungs-Trimm-dich-Pfad auf Sie, ehe wir uns alle im Ermutigungscafé eine Stärkung gönnen. Seien Sie stets gewahr: Sie stehen im Zentrum. Sie sind Mutter und Vater des Erfolgs für Veränderung. Nehmen Sie diese Rolle an. Sie werden sehen: Es macht Spaß, an einer anderen, besseren, Welt mitzubauen.

Station 1: Was will ich?

Keine Angst, treten Sie ruhig näher. Warten Sie vielleicht noch einen Augenblick, bevor Sie den Raum betreten. Wir haben ihn ein wenig gedimmt, und Ihre Augen brauchen vielleicht ein paar Sekunden, bis Sie sich zurechtfinden und auf einer der bequemen Liegen ausstrecken können. Packen Sie sich das Kissen hinter den Kopf, decken Sie sich mit der Decke zu, und wer mag, kann auch eine der Schlafbrillen aufsetzen. Einfach atmen. Wir möchten, dass Sie den inneren Kosmos betreten. Wer jetzt mit den Augen rollt oder wem das zu esoterisch klingt, dem sagen wir: Machen Sie die Augen zu und halten Sie die Klappe. Es lohnt sich.

Machen wir für den Anfang eine kleine Reise zurück. Nein, nicht zurück auf all die schönen Inseln, die Sie mit uns bereist haben, sondern auf eine Ihrer Lebensinseln – auf die des gelingenden Daseins. Von der hat jede:r seine eigenen Vorstellungen. Wie definiere ich individuellen Erfolg? Wann kann ich sagen: Ich habe es geschafft? Wann stellt sich dieses satte, tiefe, zufriedene, gurrende Gefühl ein, bei dem keine Wünsche mehr offenbleiben? Wann schaut man in den Spiegel und nuschelt zwischen Zahnpasta und Katzenwäsche: Alter, gut gemacht, mehr geht nicht!

Woran messen Sie Erfolg? An Faktoren wie Position und Gehalt? An Applaus und Rampenlicht? An Maßanzügen und Schampus? »Mein Haus, mein Auto, meine Jacht«? Kann sein. Wagen Sie ein kleines Selbstexperiment und sagen Sie sich zum Spaß, dass Erfolg für Sie heißt: »Meine Freunde, meine Freizeit, meine gute Laune.« Sehen Sie Bilder in sich aufsteigen? Was machen die mit Ihnen? Was spüren Sie? Wohin zieht es Sie? Welches Gefühl durchströmt Sie? Wärme? Wenn Sie sogar Gänsehaut bekommen, dann sollten Sie Ihren Gefühlen vertrauen: Wer eine Gänsehaut bekommt, dem oder der geht etwas unter die Haut. Der oder die ist tief berührt.

Wer weiterhin sagt: »Mein Haus, mein Auto, meine Jacht«, dem sagen wir: Okay. Vielleicht ist es für Sie tatsächlich so. Wer sich die Impulse aus »Prosozial statt asozial« vor das innere Auge holt, wird wie viele, die am Ende ihres Lebens auf das, worauf es ankam, zurückblicken, Erfolg wahrscheinlich als Erfüllung von inneren und zwischenmenschlichen Bedürfnissen für ein gelingendes Leben sehen. Analog wie bei »Impact First« statt »Profit First« muss ja gar nicht sein, dass das Ergebnis der inneren Erkundungsreise das totale Desinteresse an einem schönen Haus oder einem schönen Segelboot ist. Aber eventuell mögen sich die Prioritäten umkehren. Dass die Erfüllung von Lebensträumen, das Pflegen von Beziehungen und Freundschaften, berufliches Sinngefühl erste Priorität besitzen, um dann – innerhalb dieses Rahmens – auch finanziellen Erfolg zu suchen und schicke Dinge zu haben, wenn man will.

Wer den Mut aufbringt, Erfolg abweichend vom Wirtschaftsnarrativ des Homo oeconomicus maximus zu definieren, steht an der Schwelle von Veränderung. Der und die folgt einem anderen Pfad, seinem oder ihrem individuellen Transformationspfad.

Ausgelöst wird diese Veränderung meistens durch zwei Motive: Krise oder Begeisterung. Oder durch beides, hintereinander. Wie bei einem gemeinsamen Freund von uns, einem Journalisten, der uns beim Schreiben dieses Buches geholfen hat. Er arbeitete Ende der Nullerjahre in einer Agen-tur, die Publikationen für Unternehmen kreierte. Broschüren, die kein Mensch brauchte. Er fühlte sich als Handlanger und schleppte sich durch die Tage im Büro. Seine Arbeit war sinnentleert. Schließlich konsultierte er einen Coach, der ihn zu einer Konferenz in Berlin schickte, auf der Hunderte Menschen zusammengekommen waren, um über Social Entrepreneurship zu reden – einer Unternehmensgattung, die er bislang nicht kannte. Von dem Spirit dort, der Aufbruchstimmung, dem Veränderungswillen für eine bessere Welt mit unternehmerischen Mitteln war er derart angetan, dass er mehr darüber in Erfahrung bringen wollte, und so durchsuchte er die Magazinwelt nach entsprechender Lektüre. Vergeblich. Also reifte in ihm der Entschluss, kurzerhand selbst eine Publikation zu gründen. Im März 2010 erblickte das Nachhaltigkeitsmagazin *enorm* das Licht der Medienwelt. Bis heute ist er, zwar nicht mehr bei dem Magazin, aber diesem Bereich treu geblieben, mit viel mehr Zufriedenheit und viel weniger Geld als zuvor. Aber glücklich. Er war seinem Innersten gefolgt. So konnte er die Ideen, Konzepte und das Wissen der Kapitän:innen mit seinem Schreibstil bereichern. Darüber freuen wir als Kapitän:innen uns sehr – und Sie hoffentlich auch. Denn für Sie, und dass Sie Freude beim Lesen haben, ist dieses Buch, diese Reise gemacht.

Wer kennt diese Erweckungserlebnisse nicht?

Prasselt das Wasser aus der »Gießkanne« der Begeisterung (Gerald Hüther)[3] auf eine:n hinab, gibt es bis ins hohe Alter die Möglichkeiten, die festgefahrenen Autobahnen im Gehirn zu verlassen und neue zu bauen. Krise und Begeisterung können Katalysatoren der Veränderung sein.

Sie erinnern sich: Unsere Co-Kapitänin hat 2009 das Unternehmen *Schöne neue Welt delüx!* gegründet, weil sie damals der festen Überzeugung war, dass, eine andere, nachhaltige Beschreibung der Zukunft als attraktivere, begeisternde Alternative anzubieten, andere Menschen begeistern und mitreißen würde. Tief aus dem Kern ihrer Überzeugung heraus, dass man das macht, was man wirklich will. Ist Nachhaltigkeit etwas, auf das man richtig Lust hat, sind auch die kleinsten Umformatierungen, die geringsten Verhaltensänderungen möglich. Dann durchfließen sie auch sämtliche Bereiche des Lebens. Es kann spannend sein und Freude bereiten, sein Leben auf Nachhaltigkeit umzustellen, man entdeckt immer wieder neue Herausforderungen (und natürlich Widersprüche), an denen man wie in einem Sustain-Life-Contest mit Freude arbeiten kann. Wenn es nur ist, dass man sich durchringt, öfter auf Leitungswasser umzusteigen, um den Durst zu löschen. Klingt banal, hat aber einen ungeheuren Impact: Es verursacht bis zu 1000-mal weniger CO2, kostet fast nichts, man muss nichts schleppen und lässt das teure französische Wasser einfach im Regal. Und wenn Designer:innen dann auch noch ein cooles Label für das Produkt *Kraneberger* entwickeln, wie es unsere Co-Kapitänin mit ihren Gründungspartner:innen gemacht hat, ist die langweilige Flüssigkeit aus dem Wasserhahn plötzlich ein hippes Produkt. Nachhaltigkeit kann Spaß bereiten. Ernsthaft!

Unsere ganze Reise auf der Green Ferry ist ein Trip ins Land der Veränderungen. In jene, wie Unternehmen funktionieren und wie Menschen darin agieren. Davor muss man keine Angst haben. Wir widerstehen jetzt dem Drang, aus Hermann Hesses Stufen-Gedicht die Zeile »Und jedem Anfang wohnt ein Zauber inne« zu rezitieren. Oder uns alle an eine neue Liebe zu erinnern, die uns in eine wohlige und energiereiche Umlaufbahn katapultiert hat. Das sollten wir bedenken, wenn wir über den Menschen als Gewohnheitstier nachdenken, das vor Veränderungen zurückschreckt. Es gibt unzählige Beispiele dafür, dass wir uns dann und wann in ein Veränderungstier verwandeln, das zu Erstaunlichem fähig ist und mit leichter Hand einen neuen Kurs einschlägt. Weil es ihn oder sie mit Macht dorthin zieht.

Mit Veränderungen gehen auch neue Haltungen und Denkweisen Hand in Hand. Meistens nicht von heute auf morgen, sondern über einen längeren Zeitraum. Nichts fasziniert uns mehr als das Neue, man denke nur an die Einführung der Smartphones, die unseren Alltag revolutionierten. Oder es sind Krisen, die uns zu einem Umsteuern zwingen. Siehe das Überschreiten der planetaren Grenzen, das Wahrnehmen der Kipppunkte, angesichts derer die Frage erlaubt sein darf: Warum handelt die Menschheit nicht entsprechend anders?

Schon klar. Veränderung ist kein Ponyhof.

Und Veränderung ist nicht immer positiv besetzt. Wer von der »Großen Transformation« spricht, von der in der Nachhaltigkeitsblase so viel, wie etwa bei Uwe Schneidewind oder Maja Göpel, die Rede ist – und die ohne Zweifel nötig ist –, dem und der muss auch klar sein: Die meisten Menschen scheuen Veränderung im großen Stil. Sie macht Angst, Angst vor Verlust, Verlust vom Lebensstandard, von Bewährtem, vom schönen

Leben, das doch so wunderbar vor sich hin plätschert. Wobei es oft gar nicht so wunderbar ist, aber der Mensch hat lieber das unangenehme Bekannte als das Angenehme, aber Unbekannte – ein ganz typischer Zug, wie man aus Therapeut:innenkreisen hört.

Da erfordert es eine Portion Mut, sich neu auszurichten, wenn alle anderen in die gleiche Richtung streben.

Es ist die Angst vor dem Anderssein, sich lächerlich zu machen, als Trottel dazustehen, aus einer Gruppe ausgeschlossen zu werden. Welchen Mut muss unser Entdecker Ferdinand Magellan gehabt haben, allen Unkenrufen und abfälligen Bemerkungen zum Trotz aufzubrechen, um den Blick auf die Welt für immer zu verändern? Vielleicht stehen wir heute wieder genau dort: Es geht um nichts Geringeres als um ein neues Bild von der Welt.

Das Schöne ist: Es gibt diese Menschen bereits, die in die Terra incognita aufgebrochen sind, man nennt sie »Game Changer« oder auch Possibilisten[4]. Im Gegensatz zu den sogenannten »Game Acceptern« und »Game Deniern«, wie Anna Reisch von *Reinventing Society* sie mit Bezug zum Metamodernismus des Autorenkollektivs Hanzi Freinacht[5] kategorisiert. Ihre simple These: Es gibt noch zu viele dieser Game Accepter und Game Denier und zu wenige von den Game Changern, bis sich die Dinge nachhaltig verändern. Vielleicht hören wir ihr einen Augenblick zu, was sie genau darunter versteht.

»Game Accepter sind Menschen, die vom klassischen Setup profitieren und wissen, dass es vielen anderen Menschen mit dem Status quo nicht gut geht. Weil sie aber auf der anderen Seite stehen und dort Vorteile genießen, bleiben sie bequem und betreiben eine Art von Besitzstandswahrung mit allen Mitteln, die dafür notwendig sind.

Dann gibt es die Game Denier, die in der Regel sehr eng verhakt mit den Game Acceptern sind. Game Denying ist eine Tendenz, die Menschen oft haben, die sehr verletzt oder nicht Teil des etablierten Mainstreams sind. Sie stehen nicht auf der Profitseite des Lebens und fühlen Scham, weil sie abseits stehen und erkennen, dass sie eigentlich keine außerhalb des Zufalls liegende Begründung dafür haben. Ihre Haltung ist oft geprägt von: Das darf alles nicht so sein, wie es ist, deshalb wollen wir jetzt die Gegenwelt etablieren. Die Game Denier sind oft jene, die sehr lautstark und sehr moralisch überlegen argumentieren, es geht ihnen um die richtige Sicht auf die Welt und auch darum, in ihrer Verletzung gesehen zu werden.

Das Schlimme an dieser Konstellation ist, dass Game Denier und Game Accepter versuchen, sich irgendwie zu treffen, aber unfassbar aneinander vorbeireden und nicht über das eigentliche Problem sprechen. Daraus resultieren Scheinkonflikte, wie wir es über Social Media Wars wie bei *Twitter* erleben, wo sich beide Seiten sicher unfassbar aneinander aufreiben.

Man geht davon aus, dass es etwa knapp 20 Prozent Game Denier und knapp 80 Prozent Game Accepter in der Gesellschaft gibt. Der kleine Rest sind die Game Changer. Wobei man sagen muss, dass die Game Denier am lautesten sind und dass sie die öffentliche Meinung vor sich hertreiben. Interessanterweise werden sie dadurch nun selbst Teil des ›Mainstreams‹, weil sie die Meinungshoheit erfolgreich beanspruchen. Am Status quo ändert sich dadurch nur leider wenig bis nichts, da die tiefere Ursachenebene nicht berührt wird. Es ist ein Spiel um Macht.

Game Change bedeutet, die Spielregeln unserer Gesellschaft zu verstehen, zu hinterfragen, ob wir diese Regeln weiter aufrechterhalten möchten oder ob wir neue brauchen. Es geht nicht um Schuld, sondern um gute Lösungen, die für alle Beteiligten funktionieren. Kernkompetenzen von Game Changern sind sowohl Kreativität, Empathiefähigkeit wie auch die Bereitschaft, die Motive und Lebensrealitäten anderer Menschen wirklich verstehen zu wollen, ohne sie zu verurteilen. Letztlich eint sie der felsenfeste Glauben an das Gute im Menschen, das aber eben auch die passenden Rahmenbedingungen braucht, um sich zeigen zu können.«[6]

Ob die Zahlen genau so stimmen, sei dahingestellt, aber die Tendenz finden wir spannend. Die meisten Menschen in der westlichen Welt sind eher Game Accepter. Gibt es etwa nicht weniger Armut als noch vor Jahrzehnten auf der Welt? Und Frieden herrschte doch zumindest bis zum Angriffskrieg auf die Ukraine auch in historischem Ausmaß? Das stimmt. Aber das ist nur ein Teil des Gesamtbildes. Die Game Denier, die Pessimist:innen unter uns, malen die Welt in düstersten Farben und greifen in die größten Schubladen der Doomsday-Rhetorik. Sie haben leider auch teilweise recht! Es ist furchtbar, dass es uns möglicherweise nicht gelingen wird, die Erderwärmung auf 1,5 Grad zu begrenzen. Richtig schlimm. Aber: Auch das ist nur ein Teil des Gesamtbildes.

Die Game Changer oder Possibilisten sind die, die den Crack ins System des sich Gegeneinander-Aufreibens bringen können

Sie sind – noch – eine verschwindend kleine Gruppe und stehen in gewisser Weise verwundert neben den anderen beiden. Sie betrachten die Welt nüchterner, weniger aus ihren persönlichen Empfindungen und aus der Haltung von Verlustangst heraus, sondern betrachten sie so, wie sie ist: Manches ist gut, manches ist schlecht – also lasst uns mehr von dem tun, was die Lage besser macht. Lasst uns den kühlen Kopf bewahren, uns die Dinge genau ansehen, unsere Schlüsse daraus ziehen und versuchen, unsere Lebenszeit zu nutzen, die Dinge mit ruhiger Hand gut zu machen – für uns selbst und für die Welt. Von Kalibern dieses Schlags brauchen wir mehr.

Von Menschen wie Uwe Schneidewind zum Beispiel, Oberbürgermeister von Wuppertal und ehemals Präsident des *Wuppertal Instituts für Klima, Energie und Umwelt*. Der Wirtschaftswissenschaftler, der zu den 100 einflussreichsten Ökonomen Deutschlands gezählt wird, ist aus unserer Sicht ganz klar einer dieser Game Changer. Warum er keinen großen Wind macht. Vielmehr macht er es einfach. Aus einer Haltung der Demut heraus. Auch ihm wollen wir kurz zuhören.

»Wenn man die großen Linien der Welt betrachtet, muss man Demut aufbringen. Individuell können wir viel wollen, doch wir befinden uns in einem solch gewaltigen gesamtgesellschaftlichen Weltgefüge mit komplexen Prozessen, in dem sich niemand Allmacht anmaßen kann. Wir haben das Geschenk, uns jeden Tag für das Bessere einsetzen zu können und zu erkennen, was in uns als Menschheit steckt. Dieses humanistische Potenzial gilt es zu entfalten – was für ein Privileg, 24 Stunden am Tag daran arbeiten zu dürfen, jeder an seiner Stelle. Ich bin dankbar, dass ich an dieser Stelle wirken kann, wo ich mich jeden Tag aufs Neue mit Einsatz einbringen kann. Dafür ist es wichtig, die Bedingungen für Möglichkeiten des Neuen zu erhöhen, es braucht Orte, in denen experimentiert und Neues ausprobiert wird, wir müssen Optionenräume schaffen. So entstehen Technologie, Innovation, Beschleunigung. Jedes Land muss ein Experimentierraum für neue Mobilitäts- und Klimapolitik werden, jede Stadt ein Raum für lebenswerte und verkehrsärmere Orte. Dafür brauchen wir diese Kraft in allen Bereichen, in der Wirtschaft, in der Politik, in der Kultur.«[7]

Wir wollen mehr. Mehr Game Changer, mehr Schneidewinds, mehr Experimentierräume, mehr positive Energie des Wandels. Dafür braucht es Kraft. Also raus mit Ihnen aus den Liegen und ab auf den Trimm-dich-Pfad der Veränderung.

Station 2: Auf dem Veränderungs-Trimm-dich-Pfad

Wer kennt das nicht? Der Schweinehund ist unser größter Gegner, wenn wir joggen gehen, eine neue Sprache lernen oder endlich den Keller aufräumen wollen. Das alte Mistvieh liegt träge und knurrend auf uns, sodass es eines ungeheuren Kraftakts bedarf, vom Sofa aufzustehen und ins Handeln zu kommen. Ist aber alternativlos, um mit den Worten der Altkanzlerin zu sprechen. Apropos alternativlos. Hey, Sie dahinten, nicht trödeln. Es ist schon richtig, wir wollen mit Ihnen einen kleinen Trimm-dich-Pfad meistern, da drüben im Wald geht es los. Also: Machen Sie sich ein wenig locker, Dehnübungen in Kopf, Gemüt und Körper inklusive.

Übung 1: Hier gibt's was auf Augen und Ohren

Treten Sie ein in unsere kleine Hütte der Inspirationen. Es gibt eine Fülle von Büchern und Videos, Podcasts und Magazinen, die Ihre Motivation hoch und den Schweinehund klein halten. Stöbern Sie ein wenig herum, Sie werden eine Menge finden. Unsere Buchempfehlungen (mit Haupttitel) als Einstiegslektüre:

- Rutger Bregman: *Im Grunde gut.*
- Ugo Bardi, Carlos Alvarez Pereira (Eds.): *Limits and Beyond: 50 years on from The Limits to Growth, what did we learn and what's next?*
- Maja Göpel: *Unsere Welt neu denken.*
- Frederic Laloux: *Reinventing Organizations.*
- Kate Raworth: *Die Donut-Ökonomie.*
- Bronnie Ware: *5 Dinge, die Sterbende am meisten bereuen.*
- Alexandra Wulf: *Alexander von Humboldt und die Erfindung der Natur.*

Natürlich hätten es viele weitere Bücher auf diese Liste verdient. Aber diese kleine Auswahl halten wir für einen guten Start. Bregman beschreibt die Experimente und wissenschaftliche Fundierung hinter der ersten normativen Insel, prosozial statt asozial. Der Herausgeberband von Bardi und Pereira trägt aktuelle Stimmen zum 50-jährigen Jubiläum des Weltbestsellers *Die Grenzen des Wachstums* zusammen und beleuchtet unser heutiges Verständnis für die planetaren Grenzen. Göpels Buch *Unsere Welt neu denken* beschreibt vorwiegend auf systemischer Ebene, wie die Nachhaltigkeitstransformation gelingen kann – in komprimierter Form. Mit *Donut-Ökonomie* beschreibt Raworth, wie wir die SDGs und die planetaren Grenzen als Ausgangspunkt für zukunftsfähiges Wirtschaften nutzen können. Der in diesem Buch oft zitierte Begriff des »safe and just space« ist daraus entlehnt. Laloux hat in *Reinventing Organizations* eindrücklich beschrieben, wie eine neue, prosoziale Haltung in anderen Organisationsformen gelebt werden kann. Auf der Reise durch die Inselatolle konnten wir nicht immer zwischen der Umsetzung in traditionell, Top-down und nach KPIs geführten Unternehmen und den integral-evolutionären Organisationen, die Laloux beschreibt, differenzieren. Deshalb empfehlen wir Laloux' Buch zum eigenen Weiterdenken. Für die großen Fragen nach dem Sinn des eigenen Lebens empfehlen wir Bronnie Ware, die in ihrem Buch die nachdenklichen Rückblicke ihrer Patienten eingefangen hat. Alexandra Wulf ist mit ihrer Humboldt-Biografie eine wundervolle Geschichte der wissenschaftsbasierten Liebe zur Natur geglückt – Einblicke in historisch andere Glaubenssätze und Erlebnisse eines Welterkunders erhält man noch dazu.

Übung 2: Visualisierungsworkshop

Weiter geht's. Setzen Sie sich bitte auf einen der Baumstümpfe an einem der runden Holztische, dort finden Sie große DIN-A3-Blätter, bunte Stifte und Magazine voller Fotos und Texte. Nehmen Sie alles, was Sie brauchen. Natürlich können Sie sich Blätter, Zweige und Moos aus dem Wald holen. Die Aufgabe ist simpel: Reflektieren Sie einen Augenblick, wohin Sie möchten. Was bedeutet Erfolg für Sie? Was zeichnet für Sie ein gelingendes Leben aus? Wann würden Sie sagen, Sie sind ein glücklicher Mensch? Was brauchen Sie dafür? Und ganz konkret – wo wollen Sie in einem oder drei oder fünf Jahren stehen? Basteln Sie davon eine Collage – ein sogenanntes Vision Board.

Basteln Sie sich ein Zukunftsbild von sich selbst oder einem Bereich von sich – wie Beruf, Liebe oder Privatleben. Gehen Sie einen Augenblick in sich und lassen Sie sich überraschen, welche Bilder in Ihnen dazu aufsteigen. Schneiden Sie Fotos aus Magazinen aus, die Ihnen gefallen und Ihre Vision abbilden. Kleben Sie sie auf. Malen und schreiben Sie was dazu. Und hängen Sie es sich zu Hause auf. Sie können es sich immer wieder anschauen und einschätzen, ob es noch passt oder nicht. Passiert nichts? Dann gehen Sie zurück in unsere kleine Bibliothek in Station 1 oder erkunden nochmals die normative Inselgruppe.

Übung 3: Vereinbaren Sie etwas mit sich selbst

Hier entlang! Das kennen Sie. Flipcharts und Whiteboards. In der Beratung und in der Politik zwei unserer liebsten Arbeitsgeräte, die auch für Sie jetzt hierbei nützlich sind. Wenn Sie auf den Pfad der Veränderung einschwenken wollen, könnte es nicht schaden, sich ein, zwei, drei Dinge konkret vorzunehmen und das zu notieren. Kaum etwas hat mehr Verbindlichkeit als das selbst geschriebene Wort.

Also halten Sie fest, was Sie verändern möchten. Große Dinge, kleine Dinge, es gibt kein Richtig oder Verkehrt. Selbstverständlich können Sie das auch in Ihrem Notizbuch verewigen, wenn Sie das lieber mögen als ein großes Board. Die To-do-Liste darf immer wieder angesehen und verändert werden. Am besten ist es, regelmäßige Check-ins mit sich selbst zu vereinbaren und auch wahrzunehmen. Wir wissen, wovon wir sprechen – bei Vereinbarungen mit sich selbst ist die Disziplin manchmal weniger gut als mit anderen. Aber das bewusst anzugehen, wird wärmstens empfohlen für Game Changer oder solche, die es werden wollen.

Übung 4: Ruhe jetzt!

So, hier auf der Lichtung der Ruhe ist der Name Programm. Kraftschöpfen geht nur über Innehalten, Schweigen, Betrachten, Fühlen. Lauschen Sie in sich hinein und nehmen Sie sich wahr. Wie Sie das machen, bleibt Ihnen überlassen: Machen Sie eine ausgedehnte Wanderung, einen Yogakurs, legen Sie sich zur Meditation auf die Matte oder setzen Sie sich in die Astgabel eines Baums. Da hat jeder seine Vorlieben. Es gibt sogar Menschen, die schwören aufs Joggen als beste Meditation. Oder Abwaschen. Oder Unkraut zupfen. Egal, was Sie machen: Nehmen Sie sich Zeit für sich. Wertschätzen Sie sich und Ihre Gesundheit. Merken Sie schon, wie sich Ihre Batterie auflädt?

Übung 5: Rottet euch zusammen!

Nach der Portion Einsamkeit wollen wir das glatte Gegenteil machen: Holen Sie sich Menschen in Ihr Umfeld, die positiv sind, die echte Game

Changer sind, die inspirierend sind und einen frischen Blick auf die Welt haben, die Humor haben und Empathie mitbringen, die über einen Open Mind verfügen und Lust auf Veränderung haben. Diese Menschen gibt es bestimmt auch in Ihrem Leben. Sie können mit ihnen Workshops machen oder sie einfach auf einen Kaffee oder zum Essen treffen. Mit ihnen um den See spazieren und einen Ausflug machen. Man kann mit ihnen einen Film sehen oder gemeinsam ein Buch lesen mit anschließendem Austausch. Man kann sich auch mal eine Runde auskotzen darüber, dass Veränderung manchmal anstrengend ist. Je nachdem, wo Sie wohnen, bieten sich unterschiedliche lokale Organisationen an. Von *Club of Rome*-Salons über Lokalgruppen für Gemeinwohlökonomie bis hin zu politischen Parteien oder NGOs. Falls Sie keine passende Gruppe in Ihrer Nähe finden, warten vielleicht Gleichgesinnte nur darauf, dass Sie die Initiative ergreifen. Wie wäre es beispielsweise mit dem ersten Green Ferry Hub direkt vor Ihrer Haustür? Mit anderen Worten: Suchen Sie sich Verbündete. Initiieren Sie den Austausch mit Menschen, die Interesse an Ihrem Weg haben und vielleicht in eine ähnliche Richtung wie Sie selbst streben. Gemeinsam ist besser als einsam.

Das ist ein gutes Stichwort für unsere letzte Station auf unserer Bekräftigungsinsel. Es warten schon Kekse auf Sie (und Eis, Sie wissen ja ...)!

Station 3: Willkommen im Ermutigungscafé!

Uff. Wir hoffen sehr, dass Sie den Trimm-dich-Pfad ohne innere und äußere Blessuren hinter sich gebracht haben. Als Belohnung laden wir Sie in unser Ermutigungscafé ein. Bestellen Sie sich gerne einen Kaffee, eine Bio-Limo oder ein Leitungswasser. Bier? Klar, geht auch. Nach all der Bewegung haben Sie sich das verdient. Vielleicht ist noch eins in der schicken Fibre Bottle da?

Wir haben es gerade erwähnt: Es kann helfen, mit Verbündeten zu sprechen, immer wieder mit ihnen zusammenzukommen, sich über Erfolge, aber auch Fehlschläge und Schwierigkeiten auszutauschen. Wichtig ist, dass man ehrlich ist, sich selbst gegenüber und auch den anderen. Und ob Sie es glauben oder nicht: Es gibt sogar eine junge Bewegung, die Fehler regelrecht zelebriert. Man denke nur an die *Fuckup Nights*, ein Eventformat.

Machen Sie sich und anderen Mut, den Weg der Veränderung zu gehen. Erinnern Sie sich an das Konformitätsexperiment und die Tatsache, dass nur ein Mensch unter den Versammelten am Tisch die richtige Linie benennen muss, um den Probanden zu ermuntern, seinen Sinnen zu trauen? Es braucht jene, die die Dinge benennen. Vielleicht unterstützen Sie künftig sogar selbst eine Führungskraft oder eine:n Vorstandskolleg:in, wenn sie das in Ihren Augen Richtige und Wichtige sagt – gegen den Mainstream. Auch Leader brauchen Unterstützung. Allein ist es nicht leicht, für den richtigen Weg zu kämpfen.

Wenn Sie einen neuen Weg gehen, bleiben Sie dran.

Beharrlichkeit ist laut Wissenschaftler:innen das wichtigste Element für Erfolg – nicht etwa Talent.[8] Es gibt Game Changer, die ihre Energie für diese Beharrlichkeit aus dem Gegenwind ziehen. Je mehr, desto besser. Der ehemalige Nationaltorhüter Oliver Kahn ist so jemand. Man erzählt sich: Je mehr Pfiffe im Stadion in seine Richtung ertönten, desto motivierter war er. Desto besser hielt er. Leider. Für seine Gegner.

Oder, um in unserem Nachhaltigkeits-Stadion zu bleiben, wie die bekannte Wirtschaftswissenschaftlerin Claudia Kemfert uns sagte: »Bei mir persönlich ist es so: Ich komme aus dem Nordwesten Deutschlands, da gibt es naturgemäß viel Wind. Wind ist Energie. Auch Gegenwind ist Energie. Auch für mich persönlich. Gegenwind treibt mich eher an, es bewegt sich etwas nach vorne. Um dies auszuhalten, benötigt man in der Tat eine gewisse Standfestigkeit und Bereitschaft, auch mal gegen den Wind zu agieren, denn: Der Wind kann sich drehen, und mit Rückenwind kommt man dann umso schneller voran.«[9]

So, und nun nehmen Sie sich gerne noch ein paar Energiebällchen mit auf die Green Ferry. Wer mag, dem legen wir auch unsere Armbändchen mit solchen Sprüchlein ans Herz. Wir haben lange darüber diskutiert, ob das eine Umdrehung zu viel ist. Aber als wir einen Karl Valentin zugeschriebenen Spruch darauf entdeckt haben, mussten wir einfach ein paar mitnehmen und für Sie auslegen. Wir finden, er hat recht und ist ein toller Reminder in hektischen Zeiten:

»Heute habe ich eine Verabredung mit mir selbst. Mal sehen, ob jemand zu Hause ist.« Karl Valentin

Dürfen wir Ihnen noch ein paar weitere Sprüche mit auf den Weg geben, die man sich so erzählt?

»Eigentlich bin ich ganz anders; nur komme ich so selten dazu.«[10] Ödön von Horvath

»Achte auf deine Gedanken, denn sie werden Worte. Achte auf deine Worte, denn sie werden Handlungen. Achte auf deine Handlungen, denn sie werden Gewohnheiten. Achte auf deine Gewohnheiten, denn sie werden dein Charakter. Achte auf deinen Charakter, denn er wird dein Schicksal.«[11] Jüdischer Talmund

»Nur wer innehält, erhält von innen Halt. «[12] Laotse

»Zwischen Reiz und Reaktion liegt ein Raum. In diesem Raum liegt unsere Macht zur Wahl unserer Reaktion. In unserer Reaktion liegen unsere Entwicklung und unsere Freiheit.«[13] Viktor Frankl

»Gedanken sind harmlos, es sei denn, wir glauben sie.«[14] Byron Katie

Zurück zum Terminal

Liebe Reisende auf der Green Ferry, willkommen zurück an Deck. Nun sind wir auf dem Weg zurück zu unserem Ausgangspunkt, zum Terminal. Wir hoffen sehr, dass Ihnen unsere Reise zu den normativen, strategischen und operativen Inselgruppen gefallen hat. Um ehrlich zu sein, würden wir uns sehr darüber freuen, wenn Sie etwas für die Zukunft mitgenommen haben: Impulse, Inspiration, Motivation, Ansätze, neue Gedanken. Vielleicht sogar den festen Willen, etwas zu verändern. In Ihrem Unternehmen, in Ihrem Umfeld, in Ihrem individuellen Verhalten.

Seien Sie gerne ambitioniert und bleiben Sie entspannt. Veränderungen brauchen Zeit. Kleine, wie vom Auto aufs Rad umzusteigen, vielleicht weniger, größere, wie ein anderes Wirtschaften, sicher mehr. Aber sie gelingen, wenn man dranbleibt. Denken Sie nur an die Abschaffung der Sklaverei. Was für ein Marathon! Über Jahrhunderte wurden nach Schätzungen bis zu zwölf Millionen Menschen wie Vieh mit Schiffen vom afrikanischen auf den amerikanischen Kontinent verfrachtet, wo sie für ihre Herr:innen bis zum Umfallen sieben Tage die Woche von früh bis spät schuften mussten. Menschenrechte? Die gab es nur für die, denen sie dienten.

Erst in der Mitte des 18. Jahrhunderts änderte sich etwas. Wissenschaftler:innen sind sich heute uneins, welche Gründe dafür eine Rolle spielten. War es die Überzeugung von Wirtschaftsgigant Adam Smith, dass freie Arbeit produktiver als Sklavenarbeit sei? Oder der miserable Zustand der ausgelaugten Böden auf den Baumwollplantagen, was das Geschäft weniger profitabel machte? Hat man die menschenverachtende Barbarei aus ökonomischen, aus For-Profit-Gründen abgeschafft?[1] Vielleicht. Wahrscheinlicher ist, dass sich aus einem Pietismus heraus die Überzeugung breit in der Gesellschaft durchgesetzt hat, dass alle Menschen Kinder Gottes seien. Eine normative Entscheidung. Wir sprachen darüber.

Aber es dauert immer, bis der Mensch von »Ja, das ist wirklich schlimm, aber was habe ich damit zu tun?« zur Tat schreitet. Im Fall des Menschenhandels waren es ein Dutzend Pioniere rund um Thomas Clarkson und Granville Sharp, die mit anderen gläubigen Quäkern am 22. Mai 1787 in der Druckerei von James Phillips in London saßen und die *Society for Effecting the Abolition of Slavery* (Gesellschaft zur Abschaffung der Sklaverei) gründeten. Und einen ziemlichen Wirbel veranstalteten. Heute würde man sagen: Sie starteten eine fette Kampagne. Örtliche Komitees organisierten einen Konsumboykott gegen Zucker aus der Karibik – und 300 000 Menschen folgten ihm. Sie klebten Poster, sammelten Unterschriften, verkauften Buttons, auf denen ein kniender schwarzer Sklave mit dem Satz abgebildet war: »Bin ich nicht ein Mensch und ein Bruder?« Kurz: Die sogenannten Abolitionisten mobilisierten das Volk.[2]

Die Welle erreichte schließlich das Parlament. Der Abgeordnete William Wilberforce beantragte 1789 erstmals die Abschaffung des britischen Sklavenhandels im Parlament – unter dem Gelächter seiner Amtskollegen. Doch der Mann aus Hull ließ nicht locker. Jahr für Jahr (außer 1800 und 1803) brachte er die Gesetzesvorlage erneut ein, bis schließlich am 24. Februar 1807 der *Slave Trade Act* nach zehnstündiger Debatte mit großer Mehrheit beschlossen wurde und einen Monat später, am 23. März 1807, in Kraft trat. Aber das war nur ein erster parlamentarischer Akt. Ganze 26 Jahre später erst wurde der *Slavery Abolition Act* verabschiedet, nach dem alle Sklav:innen im britischen Kolonialreich für frei erklärt wurden. Staaten wie Frankreich folgten 1848, die USA nach dem Ende des Sezessionskriegs 1865, Portugal 1869, Brasilien 1888.[3]

Es dauerte mehr als 100 Jahre von der festen Überzeugung »Sklaverei? Ja, klar!« bis zur Überzeugung »Sklaverei? Geht's noch?«.

Aber das sollte uns nicht entmutigen

Im Gegenteil. Es sollte uns anspornen. Natürlich hoffen wir, dass wir die Transformation in Richtung Zukunftswirtschaft einen Tick schneller hinbekommen. Mal schauen, was unser Gast dazu sagt. Neben Ihnen liegt eine dieser verrückten neuen 3D-Brillen, die wir Sie bitten möchten aufzusetzen. Denn dort treffen Sie den Gast aus der Zukunft. Also da drin. In der Brille. Verrückte Welt! Viel Spaß.

»Guten Tag, liebe Gäste auf der Green Ferry. Sie kennen mich nicht, aber Sie können mich gerne Lucie nennen. Wer ich bin und wie ich heiße, ist eigentlich gar nicht relevant. Vielmehr mein Alter: Ich bin 47 Jahre alt. Und wir schreiben das Jahr 2050.

Ich muss mich erst mal wieder einfinden. Wir schreiben Anfang der 2020er-Jahre, richtig? Ah ja – damals war ich bei der *Fridays for Future*-Bewegung. Oha, da steigen Erinnerungen auf. Eine tolle und wichtige Zeit. Klimawandel und Nachhaltigkeit waren irgendwie gar nicht mehr auf dem Zettel gewesen – aber dann sind wir auf die Straße gegangen, und es war plötzlich in aller Munde. Zumindest vorübergehend. Aber wir waren frustriert, Dürresommer auf Dürresommer, und trotzdem passierte nichts in der Politik. Coronapandemie, Krieg in der Ukraine, der Fokus der Öffentlichkeit veränderte sich. Immer mehr Rekordtemperaturen, immer mehr Waldbrände, Orkane, Überschwemmungen wechselten sich ab. Sie in Deutschland waren 2021 selbst betroffen, als dieser kleine Fluss – wie hieß er gleich? –, die Ahr über die Ufer trat und 133 Menschenleben forderte. Die Betroffenheit war groß. Wurde aber durch andere globale Ereignisse fortgespült. Die Folgen des Klimawandels flossen währenddessen munter weiter.

Es war offensichtlich: Die Ressourcen der Erde gingen immer weiter zur Neige, Flüsse und Meere erstickten an unseren Abfällen, die Menschenrechte wurden mit Füßen getreten, Millionen Menschen machten sich auf den Weg, weil ihre Regionen unbewohnbar wurden, weil Autokrat:innen die Freiheit beschnitten, weil die lokalen Wirtschaften und globalen Lieferketten wegen des Klimawandels und zunehmender staatlicher Auseinandersetzungen zusammenbrachen. Gleichzeitig war das irgendwie egal. Es war schmerzhaft. Aber es galt:

Den Planeten schrotten? Ja, klar!
Wirtschaften ausschließlich nach »Profit First«-Kriterien? Auch klar!
Das BIP als alleiniger Gradmesser für Erfolg? Eh klar!

Wirkt aus heutiger Sicht völlig weltfremd. Was für eine Erleichterung, dass mir das jetzt so weit weg vorkommt. Aber das waren damals die vorherrschenden Glaubenssätze. Verrückt, wenn ich heute darüber nachdenke. Aber egal. Wie gut, dass wir in den besagten 2020er-Jahren langsam, aber sicher die Kurve gekriegt haben. Jede Transformation braucht ihre Zeit. Quod erat demonstrandum.

Wenn ich mich heute mit jungen Menschen unterhalte, schütteln sie mit dem Kopf. Oma erzählt vom Krieg.

Den Planeten schrotten? Wie dämlich war das denn!
Wirtschaften ausschließlich nach »Profit First«-Kriterien? Lächerlich!
Das BIP als alleiniger Gradmesser für Erfolg? Absurd.

Für Sie ist das jetzt bestimmt seltsam. Aber – und ich habe Ihre Reise ein bisschen beobachtet – Sie haben hier viel Gutes erfahren dürfen. Eine neue, bessere Zeit. Sie haben Pionier:innen einer Zukunftswirtschaft kennenlernen dürfen, für Sie sicher ein bisschen seltsam, aber für uns heute völlig normal. Unternehmer wie Uwe Lübbermann, der ganz ohne Verträge arbeitet, auf Vertrauen, Transparenz und Fairness setzt – und damit gesund durch die Pandemiejahre gesegelt ist. Sie haben den Unternehmer Christian Kroll kennenlernen dürfen, der für »Impact First«-Entscheidungen brennt und wirtschaftlich damit erfolgreich ist. Sie durften im strategischen Inselatoll die Bedeutung von Standortbestimmung und Zielen betrachten und erfahren, wie kluge Innovationen Neues in die Welt tragen, wie die Transformation von Existierendem sie besser macht, welche Rolle ein gutes Netzwerk von Partner:innen für ein gemeinsames Wachstum spielt, wie Entscheidungen in Fragen von Finanzierung und Eigentum mit der Ausrichtung eines Unternehmens zusammenhängen und wie wichtig gute Kommunikation für die Nachhaltigkeitstransformation ist.

Und Sie haben auf den operativen Inseln lernen dürfen, wie die neue Haltung und Ausrichtung Tag für Tag ins Leben kommen.

Aus meiner heutigen Perspektive darf ich sagen: Hatten Sie ein Glück, die Reise mit der Green Ferry machen zu dürfen. Denn mit diesem Rüstzeug sind Sie Pionier:innen einer neuen Zeit. Aus heutiger Sicht können wir uns nicht mehr vorstellen, dass die alte Welt so lange unhinterfragt vor sich hin vegetieren konnte, dem Untergang entgegentaumelnd. Der Mensch als egozentrischer Geldmaximierer? Unternehmen, die fürs Einlösen ihrer Renditeversprechen Zwangsarbeit in der Lieferkette und die Zerstörung lebenswichtiger Ökosystems in Kauf nehmen? Ach, das waren verrückte Zeiten!

Keine Frage, wenn ich mich zurückerinnere: Der Übergang ins neue Handeln mit Ausrichtung auf den ›safe and just space‹ war schwierig, im Einklang sein mit dem prosozialen Menschenbild und die Orientierung am »Impact First« im Alltag herausfordernd. Aber Sie alle werden es schaffen, glauben Sie mir. Sie haben als Unternehmer:innen auch keine Wahl, denn die politischen Gesetze werden zunehmend ambitionierter werden. Wenn wir alle auf den Transformationspfad einbiegen, wird das Morgen schön.

Also. Kommen Sie gut durch die Strömungen der Zeit. Und jetzt muss ich zurück ins Parlament, wir feiern heute das 25-jährige Bestehen des *For-Profit-Only Abolition Act*. Wir sehen uns.«

So, liebe Gäste. Nehmen Sie gerne die Brille ab. Dort drüben sehen Sie bereits unser Terminal, an dem wir gleich anlegen werden.

Erkennen Sie es wieder? Ja, sieht noch genauso aus. Aber vielleicht hat sich Ihre Sicht auf die Dinge etwas verändert? Nur noch ein – versprochen – allerletzter Impuls von uns. Sie haben uns kennenlernen können und wissen, dass wir Systematiken richtig gut finden. Der englische Philosoph und Buchautor Kwame Appiah hat für den Transformationsprozess fünf Stufen ausfindig gemacht. Von Unverständnis bis Unverständnis. Allerdings mit 180-Grad-Drehung dazwischen. Zunächst besteht Unverständnis, dass die vorherrschende Praxis – wie beispielsweise Sklavenhandel oder Profitmaximierung auf Kosten von Umwelt- und Sozialstandards – überhaupt ein Problem darstellt. Dann besteht Unverständnis, dass man jemals so handeln konnte. Dazwischen liegt das Anerkennen des Problems, der Bezug zur eigenen Person und die Entscheidung zum Handeln. Wir haben uns erlaubt, eine weitere Stufe einzufügen beziehungsweise explizit sichtbar zu machen: die gesetzliche Verankerung der neuen Normen (siehe Abbildung).

Appiah sieht hinter jeglichem Transformationsprozess moralische Veränderungen als Auslöser und Katalysator. Denn Haltungen und ein Verständnis von Richtig oder Falsch sind einem steten Wandel unterworfen, allzumal, wenn es um gesellschaftliche Realitäten und Veränderungen geht. Manches geht schnell, manches dauert seine Zeit. Siehe die Einführung des demokratischen Frauenwahlrechts, das in Deutschland erst seit 100 Jahren gilt. Siehe die Ächtung des Duellierens. Siehe die Praxis des Füßebindens in China, die vom 10. bis ins 20. Jahrhundert erhalten blieb und Millionen junger Mädchen traumatisierte, wenn man ihnen aufgrund eines falschen Schönheitsideals die Füße brach. Es dauerte 1000 Jahre, bis das endlich aufhörte.[5]

So viel Zeit haben wir nicht. Wir müssen, und zumindest wir Kapitän:innen und viele andere wollen auch, schneller über die Stufen der Transformation laufen. Dafür braucht es Sie. Jede und jeden von Ihnen. Mutige Pionier:innen haben schon immer der Welt einen anderen Twist geben können, gemeinsam mit Veränderungen der systemischen Rahmenbedingungen. Sich ändernde Normen schlagen sich irgendwann in der Gesetzgebung nieder, eine absolut notwendige Bedingung für die Nachhaltigkeitstransformation, oft sogar Auslöser für Innovation.

Wir erlauben uns, die Stufe fünf in das Modell von Appiah einzufügen. Manchmal steht ein Gesetz vor der Welle einer gesellschaftlichen Veränderung und dementsprechenden Handeln – insofern sind die Stufen vier und fünf je nach Veränderung austauschbar oder stehen nebeneinander. Schneiden Sie sich das Modell gerne aus und hängen Sie es sich neben Ihren Schreibtisch. Als Erinnerung, dass auch unmöglich scheinende Transformationen möglich sind. Und jede:r von uns das Potenzial hat, einen neuen Kurs einzuschlagen.

PHASEN MORALISCH-ETHISCHER TRANSFORMATIONEN 9

Illustrative Transformationsprozesse:

- Einführung des demokratischen Frauenwahlrechts
- Ende des Duellierens
- Ende des Füßebindens in China
- (...)

Quelle: Eigene Darstellung, weiterentwickelt auf Basis von Schneidewind et al (2018) und Appiah (2010)

So, wir legen nun an. Und sind damit am Ende unserer Reise. Oder stehen wir am Anfang?

Danksagung

Haben Sie sich gefragt, wie eine Ex-Beraterin und Politikerin und ein Berater und Gründer so unterhaltsam schreiben können? Zu Recht! Wir hatten die Weisheit, den Journalisten und Kommunikationsberater Thomas Friemel zu bitten, uns beim Schreiben zu helfen. Damit Sie nicht nur Freude an den Inhalten, sondern auch am Lesen haben! Thomas, wir danken Dir sehr für die großartige Zusammenarbeit und die vielen wunderbaren erzählerischen Ideen!

Wir danken außerdem allen Interviewpartner:innen, die uns großzügig mit ihrer Zeit unterstützt haben und deren Erfahrungen, Einsichten und Begeisterung dieses Buch bereichern.

Darüber hinaus danken wir Laura Echternacht, Axel Franck, Caterina Kausch und Birgit Klesper für Durchsicht und Anregungen. Auch unseren Teams möchten wir danken, die uns so wunderbar den Rücken freigehalten haben.

Unseren Partner:innen gebührt ein besonderer Dank! Wir lieben euch.

Für das Buch geführte Interviews

Arkel, van Geanne	Ehemalige Leiterin für Nachhaltige Entwicklung, Interface Europe
Backerra, Hendrik	Ehemals Berater für Organisationsentwicklung, McKinsey; selbstständiger Führungskräfte-Coach
Banning, Dr. Thomas	Ehemaliger CEO, naturstrom AG
Berninger, Matthias	Executive Vice President Public Affairs, Science, Sustainability & HSE, Bayer AG
Billman, Erin	Geschäftsführerin, Science-Based Target Network
Cavazzini, Anna	MdEP; Vorsitzende des Binnenmarkt-ausschusses, Europäisches Parlament
Diederich, Dr. Michael	CEO, HypoVereinsbank; Head of Germany und Mitglied des Group Executive Committee, UniCredit; Mitglied des Sustainable-Finance-Beirats der Bundesregierung
Fioramonti, Lorenzo	Hochschullehrer und ehemaliger Bildungsminister Italiens (2019)
Grabe, Matthias	Leiter Region Nord/Ost Engineering & Consulting, Deutsche Bahn; ehemaliger Chief Technical Officer, Hamburg Port Authority
Hensen, Achim	Co-Gründer, Purpose Stiftung
Jorberg, Thomas	Vorstandssprecher, GLS Bank
Kemfert, Prof. Dr. Claudia	Abteilungsleiterin Energie, Verkehr und Umwelt, Deutsches Institut für Wirtschaftsforschung (DIW); Professorin, Leuphana Universität Lüneburg; Buchautorin
Klesper, Birgit	Ehemalige Senior Vice President, Group Corporate Responsibility, Deutsche Telekom AG; seit 2022 Senior Advisor Sustainability, Better Earth Advisory GmbH

Knodel, Patrick	Co-Gründer und Stiftungsvorstand, knodel foundation, und Co-Gründer, Pandion Innovation GmbH
Kollewijn, Florian	Co-Gründer, Chancen eG
Krengel, Andreas	Mitglied des Vorstands, WEPA Gruppe
Krengel, Martin	CEO, WEPA Gruppe
Kroll, Christian	Gründer und Geschäftsführer, Ecosia GmbH
Lübbermann, Uwe	Gründer und CEO, Premium Cola
Potocnik, Janez	Co-Vorsitzender des »International Resource Panel« und ehemaliges Mitglied der Europäischen Kommission
Radermacher, David	Vice President Sustainability und Climate, E.ON
Reisch, Anna	Vorständin, Netzwerk Plurale Ökonomik e. V.; Co-Gründerin, Reinventing Society – Zentrum für Realutopien
Schad, Christian	Co-Gründer, Planet A Ventures
Schneidewind, Prof. Dr. Uwe	Oberbürgermeister von Wuppertal; ehemaliger Präsident, Wuppertal Institut für Klima, Energie und Umwelt
Sigmund, Christian	Gründer, Wildplastic
Stanley, Vincent	Director of Philosophy, Patagonia
Steuernagel, Armin	Co-Gründer, Purpose Gruppe (Purpose Stiftung, Purpose Evergreen Capital GmbH&Co.KGaA, Purpose Ventures e.G); Geschäftsführender Vorstand, Stiftung Verantwortungseigentum

Anmerkungen

Willkommen im Terminal

1 Gute Zitate: Zitate von Anatole France [online], https://gutezitate.com/zitat/166884 [abgerufen am 08.09.2022]
2 Hüther, Gerald: Computer spielen verändert die Hirnstruktur. In: Süddeutsche Zeitung [online], https://www.sueddeutsche.de/digital/forscher-warnt-computer-spielen-veraendert-die-hirnstruktur-1.616192 [abgerufen am 08.09.2022]

Alle einsteigen!

1 Davide Scialpi: Paul Polman's quotes about Success and Leadership [online], https://www.linkedin.com/pulse/paul-polmans-quotes-success-leadership-ceo-unilever-scialpi-m-b-a- [abgerufen am 06.09.2022] (eigene Übersetzung aus dem Englischen)
2 The Guardian: Unilever's Paul Polman challenging the corporate status quo [online], https://www.theguardian.com/sustainable-business/paul-polman-unilever-sustainable-living-plan [abgerufen am 06.09.2022] (eigene Übersetzung aus dem Englischen)
3 Der Spiegel: Interview mit Dennis Meadows, Für eine globale Mobilmachung ist es zu spät [online], https://www.spiegel.de/wissenschaft/natur/grenzen-des-wachstums-interview-mit-dennis-meadows-a-870238.html [abgerufen am 06.09.2022]
4 Kate Raworth: Why Growth Is Not Enough [online], https://www.kateraworth.com/2014/03/25/why-growth-is-not-enough/ [abgerufen am 08.09.2022] (eigene Übersetzung aus dem Englischen)]
5 Rockström, Johan: Nachhaltigkeit muss der Weg zu wirtschaftlichem Erfolg werden [online], www.daimler.com/nachhaltigkeit/naegel-mit-klugen-koepfen/johan-rockstroem.html [abgerufen am 05.09.2022]
6 Göpel, Maja: »Scientists for Future« zu den Protesten für mehr Klimaschutz am 12. März 2019. In: Bundespressekonferenz [online], https://www.youtube.com/watch?v=OAoPkVfeToo [abgerufen am 08.09.2022])
7 Ebd.
8 Beck, Katharina; Buddemeier, Philipp: Gesprächsprotokoll mit Uwe Lübbermann, 30.01.2021
9 Bregman, Rutger: Humankind: A Hopeful History. New York City 2020 (eigene Übersetzung aus dem Englischen)
10 Beck, Katharina, Buddemeier, Philipp: Gesprächsprotokoll mit Dr. Thomas Banning, 13.01.2021, [online]
11 Beck, Katharina; Buddemeier, Philipp: Gesprächsprotokoll mit Thomas Jorberg, 22.01.2021 [online]]
12 Beck, Katharina; Buddemeier, Philipp: Gesprächsprotokoll mit Christian Kroll, 21.01.2021 [online]
13 Beck, Katharina; Buddemeier, Philipp: Gesprächsprotokoll mit Christian Sigmund, 21.01.2021 [online]
14 KMU = etablierte Abkürzung für kleinere und mittlere Unternehmen
15 Aussage u. a. getroffen im Rahmen von Veranstaltungen der European School of Management and Technology (ESMT), freigegeben zur Verwendung im Buch am 06.09.2022
16 Beck, Katharina: Gesprächsprotokoll mit Michael Diederich, 28.07.2022 [online]
17 Meadows, Donella: Indicators and Information Systems for Sustainable Development. Hartland Four Corners 1998 (eigene Übersetzung aus dem Englischen).
18 Baue, Bill: #SustyGoals 2: A Dialogue with Allen White of GISR, the Godfather of Sustainability Context (Part 2). In: Sustainable Brands [online], https://sustainablebrands.com/read/new-metrics/sustygoals-2-a-dialogue-with-allen-white-of-gisr-the-godfather-of-sustainability-context-part-2 [abgerufen am 08.09.2022] (eigene Übersetzung aus dem Englischen)
19 Beck, Katharina; Buddemeier, Philipp: Gesprächsprotokoll mit Anna Reisch im Netzwerk Plurale Ökonomik e. V., 12.01.2021 [online]
20 Beck, Katharina; Buddemeier, Philipp: Gesprächsprotokoll mit Dr. Uwe Schneidewind, 17.02.2021 [online]
21 Kohtes, Paul J.: Sie wartet schon vor deiner Tür: Das Weisheitsbuch von Atem bis Zen. Bielefeld 2015

Überfahrt zur normativen Inselgruppe: Welche Glaubenssätze leiten uns?

1 Zitiert nach: Laloux, Frederic: Reinventing Organizations, o. O. 2014. (eigene Übersetzung aus dem Englischen)
2 Vgl. Planet Wissen: Eratosthenes – Genie der Antike. [online] https://www.planet-wissen.de/gesellschaft/ordnungssysteme/kartografie_das_gesicht_der_erde/pwieeratosthenesgeniederantike100.html [abgerufen am 08.09.2022]
3 Vgl. Deutsche Welle: Vor 500 Jahren: Magellans Reise um die Welt [online], https://www.dw.com/de/vor-500-jahren-magellans-reise-um-die-welt/a-49898819 [abgerufen am 08.09.2022]; Wikipedia: Ferdinand Magellan [online], https://de.wikipedia.org/wiki/Ferdinand_Magellan [abgerufen am 08.09.2022]
4 Vgl. Focus: Späte Anerkennung – Vor 20 Jahren rehabilitierte Rom Galileo Galilei [online], https://www.focus.de/wissen/mensch/naturwissenschaften/vor-20-jahren-rehabilitierte-rom-galileo-galilei-spaete-anerkennung_id_2293732.html [abgerufen am 08.09.2022]]
5 Samuelson, Paul A.; Nordhaus, William D.: Volkswirtschaftslehre. Wien 1988, S. 5.
6 Deutscher Bundestag: 20.05.2022, Krisengewinne von Energiekonzernen: Rede von Katharina Beck, MdB [online], https://www.bundestag.de/mediathek?videoid=7536820#url=L21lZGlhdGhla292ZXJsYXk/dmlkZW9pZD03NTM2ODIw&mod=mediathek [abgerufen am 08.09.2022]
7 Ebd.
8 Vgl. Smith, Adam: The Wealth of Nations. Chicago 1977
9 Wikipedia: Nelson Mandela [online], https://en.wikipedia.org/wiki/Nelson_Mandela [08.09.2022] (eigene Übersetzung aus dem Englischen)
10 Vgl. Friedman, Milton: A Friedman doctrine – The Social Responsibility Of Business Is to Increase Its Profits. In: The New York Times [online], https://www.nytimes.com/1970/09/13/archives/a-friedman-doctrine-the-social-responsibility-of-business-is-to.html [abgerufen am 08.09.2022]
11 Ebd.
12 Global Footprint Network: Earth Overshoot Day 2021 [online], https://www.overshootday.org/newsroom/press-release-june-2021-german/ [abgerufen am 06.09.2022]

Die normativen Inseln: Wollen statt müssen

1 Vgl. Solan, Matthew: The secret to happiness? Here's some advice from the longest-running study on happiness. In: Harvard Health Blog [online], https://www.health.harvard.edu/blog/the-secret-to-happiness-heres-some-advice-from-the-longest-running-study-on-happiness-2017100512543 [abgerufen am 08.09.2022]
2 Ware, Bronnie: 5 Dinge, die Sterbende am meisten bereuen. München 2015
3 Beck, Katharina; Buddemeier, Philipp: Gesprächsprotokoll mit Anna Reisch im Netzwerk Plurale Ökonomik e. V., 12.01.2021 [online]
4 Beck, Katharina, Buddemeier, Philipp: Gesprächsprotokoll mit Dr. Claudia Kemfert, 20.01.2021 [online]
5 Nagels, Philipp: So viel Geld brauchst du, um maximal glücklich zu sein. In: WELT [online], https://www.welt.de/kmpkt/article173559241/Glueck-So-viel-Geld-brauchst-du-um-maximal-gluecklich-zu-sein.html [abgerufen am 06.09.2022]
6 Eigenes Beispiel in Anlehnung an: Boyce, Chris; Dunn, Peter: Study says money only makes you happy if it makes you richer than your neighbors [online], https://warwick.ac.uk/newsandevents/pressreleases/study_says_money/ [abgerufen am 06.09.2022]
7 Bundesministerium des Innern und für Heimat: Die Bedeutung von Ehrenamt und bürgerschaftlichem Engagement [online], https://www.bmi.bund.de/DE/themen/heimat-integration/buergerschaftliches-engagement/bedeutung-engagement/engagement-artikel.html [abgerufen am 07.09.2022]
8 Vgl. Bregman, Rutger: Im Grunde gut: Eine neue Geschichte der Menschheit. Hamburg 2020
9 Vgl. Stanford Libraries: Stanford Prison Experiment [online], https://exhibits.stanford.edu/spe [abgerufen am 07.09.2022]
10 Vgl. Bregman, Rutger: Im Grunde gut: Eine neue Geschichte der Menschheit. Hamburg 2020.
11 Ebd.
12 Studien dazu beispielsweise nachlesbar in: Pink, Dan: Drive: Was Sie wirklich motiviert. Salzburg 2020
13 Beck, Katharina; Buddemeier, Philipp: Gesprächsprotokoll mit Uwe Lübbermann, 30.01.2021
14 Ebd.
15 Beck, Katharina, Buddemeier, Philipp: Gesprächsprotokoll mit Dr. Thomas Banning, 13.01.2021, [online]
16 Den Gedanken, auch mit dem Begriff Nocebo verknüpft, hat unserer Wahrnehmung nach als Erster Rutger Bregman in seinem Buch Im Grunde Gut verschriftlicht in die Welt gebracht
17 Vgl. Doughnut Economics Action Lab: About Doughnut Economics [online], https://doughnuteconomics.org/about-doughnut-economics#what-is-the-doughnut [abgerufen am 07.09.2022]
18 Carlowitz, Hans Carl von: Sylvicultura Oeconomica, Oder Haußwirthliche Nachricht und Naturmäßige Anweisung Zur Wilden Baum-Zucht. Leipzig 1713
19 Global Footprint Network: Earth Overshoot Day 2021 [online], https://www.overshootday.org/newsroom/press-release-june-2021-german/ [abgerufen am 06.09.2022]
20 Lapp, Jennifer: Die 10 beliebtesten Suchmaschinen der Welt. In: HubSpot [online], https://blog.hubspot.de/marketing/top-suchmaschinen [abgerufen am 07.09.2022]

21 Ecosia: Finanzberichte [online], https://de.blog.ecosia.org/ecosia-finanzberichte-baumplanzbelege/ [abgerufen am 07.09.2022]
22 Ecosia: Startseite [online], https://www.ecosia.org [abgerufen am 07.09.2022]
23 Beck, Katharina; Buddemeier, Philipp: Gesprächsprotokoll mit Christian Kroll, 21.01.2021 [online]
24 Grameen Bank: Jahresbericht 2020, S. 71 [online], https://grameenbank.org/wp-content/uploads/bsk-pdf-manager/Annual_Report_2020-1_41.pdf [abgerufen am 07.09.2022]
25 Lemonaid: Über uns [online], https://lemon-aid.de/uber-uns/ [abgerufen am 07.09.2022]
26 Ebd.
27 Beck, Katharina; Buddemeier, Philipp: Gesprächsprotokoll mit Vincent Stanley, 09.02.2021 [online], (eigene Übersetzung aus dem Englischen).
28 Carlowitz, Hans Carl von: Sylvicultura Oeconomica, Oder Haußwirthliche Nachricht und Naturmäßige Anweisung Zur Wilden Baum-Zucht. Leipzig 1713
29 Meadows, Dennis L. (et. al.) Die Grenzen des Wachstums 1972, Übersetzung von Hans-Dieter Heck. Stuttgart 1987
30 Meadows, Dennis: Interview mit Dennis Meadows – Für eine globale Mobilmachung ist es zu spät. In: DER SPIEGEL [online], https://www.spiegel.de/wissenschaft/natur/grenzen-des-wachstums-interview-mit-dennis-meadows-a-870238.html [abgerufen am 06.09.2022]
31 Helmholtz Klima Initiative: Planetare Grenzen: Der Reichtum der Biosphäre [online], https://helmholtz-klima.de/planetare-grenzen-bio-sphaere-diversitaet-vielfalt [abgerufen am 07.09.2022]
32 Stockholm Resilience Center: Towards a green water planetary boundary [online], https://www.stockholmresilience.org/publications/publications/2021-05-31-towards-a-green-water-planetary-boundary.html [abgerufen am 08.09.2022]
33 Vgl. Krieger, Anja: Süßwasser als planetare Grenze: Das blaue und das grüne Wasser [online], https://helmholtz-klima.de/planetare-grenzen-wasser [abgerufen am 08.09.2022]
34 Climate Action Tracker: Net Zero Target Evaluations [online], https://climateactiontracker.org/global/cat-net-zero-target-evaluations/ [abgerufen am 07.09.2022]
35 Europäische Kommission: A Green New Deal [online], https://ec.europa.eu/info/strategy/priorities-2019-2024/european-green-deal_en [abgerufen am 07.09.2022]
36 Climate Action Tracker: Temperatures [online], https://climateactiontracker.org/global/temperatures/ [ab-gerufen am 07.09.2022]
37 Vgl. United Nations: Sustainable Development Goals [online], https://sdgs.un.org/goals [abgerufen am 07.09.2022]
38 Vgl. Doughnut Economics Action Lab: About Doughnut Economics [online], https://doughnuteconomics.org/about-doughnut-economics#what-is-the-doughnut [abgerufen am 07.09.2022]
39 Rockström, Johan: Nachhaltigkeit muss der Weg zu wirtschaftlichem Erfolg werden [online], www.daimler.com/nachhaltigkeit/naegel-mit-klugen-koepfen/johan-rockstroem.html [abgerufen am 05.09.2022]
40 naturstrom: Zahlen und Fakten [online], https://www.naturstrom.de/ueber-uns/naturstrom-ag/zahlen-und-fakten [07.09.2022]
41 naturstrom: Geschäftsbericht 2021 [online], https://www.naturstrom.de/Ueber_Uns/Investoren/Geschaeftsberichte/naturstrom_uber_uns_investoren_hv_geschaeftsbericht_2021.pdf [abgerufen am 07.09.2022]
42 Beck, Katharina; Buddemeier, Philipp: Gesprächsprotokoll mit Dr. Thomas Banning, 13.01.2021 [online]
43 Beck, Katharina; Buddemeier, Philipp: Gesprächsprotokoll mit Christian Kroll, 21.01.2021 [online]
44 Vgl. Wikipedia: Gewaltenteilung [online], https://de.wikipedia.org/wiki/Gewaltenteilung [abgerufen am 08.09.2022]
45 Dare, Dominique; Klindworth, Joachim; Müller, Dr. Sebastian; Stringham, Hannah: Capturing the Climate Factor: Linking Temperature Alignment and Financial Performance [online], https://www.right-basedonscience.de/reports/capturing-the-climate-factor-2020/ [abgerufen am 02.09.2022]
46 Clark, Gordon; Feiner, Andreas; Viehs, Michael: From the stockholder to the stakeholder. How sustainability can drive financial outperformance [online], https://arabesque.com/research/From_the_stockholder_to_the_stakeholder_web.pdf [abgerufen am 02.09.2022]
47 Ebd.

Überfahrt zur strategischen Inselgruppe: Welche Rolle spielen die systemischen Rahmenbedingungen?

1 Beck, Katharina; Buddemeier, Philipp: Gesprächsprotokoll mit Lorenzo Fioramonti, 13.01.2021 [online]; Vgl. Wellbeing Economy: About us. [online], https://wellbeingeconomy.org/about [abgerufen am 10.09.2022]
2 Daten zu finden in: Europäische Union: Die Ökonomie des Wohlergehens: mehr als das BIP. [online], https://www.consilium.europa.eu/de/infographics/economy-wellbeing/ [abgerufen am 02.09.2022]
3 Vgl. Göpel, Maja: Unsere Welt neu denken. Berlin 2020
4 Beck, Katharina; Buddemeier, Philipp: Gesprächsprotokoll mit Lorenzo Fioramonti, 13.01.2021 [online]
5 Global Footprint Network: Pressemitteilung, Earth Overshoot Day 2021, 04.06.2021. [online], https://www.overshootday.org/newsroom/press-release-june-2021-german/ [abgerufen am 06.09.2022]
6 Kirsch, Anja; Sondergeld, Virginia; Wrohlich, Katharina: Managerinnen-Barometer 2022. In: DIW Wochenbericht 03/2022. [online], https://www.diw.de/documents/publikationen/73/diw_01.c.833632.de/22-3.pdf [abgerufen am 08.09.2022]
7 Vgl. Bundesministerium für Familien, Senioren, Frauen und Jugend: Zweites Führungspositionen-Gesetz – FüPoG II. [online], https://www.bmfsfj.de/bmfsfj/service/gesetze/zweites-fuehrungspositionengesetz-fuepog-2-164226 [abgerufen am 08.09.2022]
8 Beck, Katharina; Buddemeier, Philipp: Gesprächsprotokoll mit Janez Potocnik, 09.02.2021 [online] (eigene Übersetzung aus dem Englischen)
9 Umweltbundesamt: Pressemitteilung vom 28.10.2021: Umweltschädliche Subventionen: fast die Hälfte für Straßen- und Flugverkehr. [online], https://www.umweltbundesamt.de/presse/pressemitteilungen/umweltschaedliche-subventionen-fast-die-haelfte [abgerufen am 10.09.2022]
10 Beck, Katharina; Buddemeier, Philipp: Gesprächsprotokoll mit Anna Cavazzini, 29.01.2021 [online]
11 Beck, Katharina; Buddemeier, Philipp: Gesprächsprotokoll mit Janez Potocnik, 09.02.2021 [online] (eigene Übersetzung aus dem Englischen)
12 Vgl. Bundesministerium für Wirtschaft und Klimaschutz: Pressemitteilung vom 26.01.2022 zum Jahreswirtschaftsbericht 2022. [online], https://www.bmwk.de/Redaktion/DE/Pressemitteilungen/2022/01/20220126-habeck-deutsche-wirtschaft-weiter-robust.html [abgerufen am 08.09.2022]
13 Beck, Katharina; Buddemeier, Philipp: Gesprächsprotokoll mit Janez Potocnik, 09.02.2021 [online] (eigene Übersetzung aus dem Englischen)
14 Vgl. Die Bundesregierung: Koalitionsvertrag zwischen SPD, Bündnis 90/Die Grünen und FDP – Mehr Fortschritt Wagen, S. 170 f. [online], https://www.bundesregierung.de/resource/blob/974430/1990812/04221173eef9a6720059cc353d759a2b/2021-12-10-koav2021-data.pdf?download=1 [abgerufen am 08.09.2022]
15 Vgl. auch Beck, Katharina: Veränderung positiv gestalten – Nachhaltige Finanzpolitik in der Zeitenwende. In: Handelsblatt Journal, 07.09.2022
16 Value Balancing Alliance: About us [online], https://www.value-balancing.com/en/about-us.html [abgerufen am 09.09.2022]
17 Lay-Kumar, J.; Heck, A.; Walkiewicz, J.; Hiß, C.: Sustainable Performance Accounting – Positionspapier zur Wissenschaftskonferenz. [online] https://www.regionalwert-ag.de/wp-content/uploads/2022/03/Positionspapier-Sustainable-Performance-Accounting_Regionalwert-AG-Freiburg-2022.pdf [abgerufen am 10.09.2022]

Die strategischen Inseln: Den Kurs bestimmen

1 Vgl. Lehmann, Gustav Adolf: Perikles. Staatsmann und Stratege im klassischen Athen. München 2008
2 Wikipedia: Strategos. [online], https://de.wikipedia.org/wiki/Strategos [abgerufen am 10.09.2022]
3 Wikipedia: Strategie. [online], https://de.wikipedia.org/wiki/Strategie_(Wirtschaft) [abgerufen am 06.09.2022]
4 Vgl. Ørsted: Unsere Geschichte. [online], https://orsted.de/ueber-uns/geschichte [abgerufen am 08.09.2022]
5 Ørsted: Pressemitteilung vom 02.02.2022 zum Geschäftsbericht 2021. [online], https://orsted.de/presse-media/news/2022/02/orsted-geschaeftsbericht-2021 [abgerufen am 08.09.2022]
6 Vgl. Ørsted: Unsere Geschichte. [online], https://orsted.de/ueber-uns/geschichte [abgerufen am 08.09.2022]
7 Vgl. Ørsted: Nachhaltigkeit [online], https://orsted.de/nachhaltigkeit [abgerufen am 08.09.2022]
8 Ørsted: About us. [online,], https://orsted.com/en/about-us [abgerufen am 10.09.2022] (eigene Übersetzung aus dem Englischen)
9 Umweltbundesamt: Energiebedingte Emissionen. [online], https://www.umweltbundesamt.de/daten/energie/energiebedingte-emissionen#quotenergiebedingte-emissionenquot [abgerufen am 08.09.2022]
10 Microsoft Transform: Ørsted builds a greener world with offshore wind power and digital technology. [online], https://news.microsoft.com/transform/videos/orsted-greener-world-offshore-wind-digital-technology/ [abgerufen am 10.09.2022] (eigene Übersetzung aus dem Englischen)
11 Vgl. Ørsted: Unsere Geschichte. [online], https://orsted.de/ueber-uns/geschichte [abgerufen am 08.09.2022]
12 Umweltbundesamt: IPCC-Bericht: Klimawandel verläuft schneller und folgenschwerer. [online], https://www.umweltbundesamt.de/themen/ipcc-bericht-klimawandel-verlaeuft-schneller [abgerufen am 08.09.2022]; Wie u .a. das Umweltbundesamt (UBA) verwenden wir in diesem Buch CO2 als »Bezugsgas« (UBA), mit dem auch die anderen Treibhausgase wie z. B. Methan als Äquivalent gemessen werden.
13 Rockström, Johan: Experten in Sorge – Wie Kipppunkte das Erdklima bedrohen. In: ZDF. [online], https://www.zdf.de/nachrichten/politik/klimakrise-kipppunkt-100.html [abgerufen am 08.09.2022]
14 Vgl. UN: Sustainable Development Goals. [online], https://SDGs.un.org/goals [abgerufen am 07.09.2022]
15 UNICEF: Wassertag 2022 – 10 Fakten über Wasser. [online], https://www.unicef.de/informieren/aktuelles/blog/-/weltwassertag-2022-zehn-fakten-ueber-wasser/275338 [abgerufen am 06.09.2022]
16 Stand 2018; The Worldbank: Access to electricity. [online], https://data.worldbank.org/indicator/EG.ELC.ACCS.ZS?end=2018&most_recent_value_desc=false&start=1990&type=shaded&view=chart [abgerufen am 08.09.2022]

17 Vgl. Monnier, L. et al.: Small-scale fisheries in a warming ocean: exploring adaptation to climate change. In: WWF Germany. [online], https://www.wwf.de/fileadmin/fm-wwf/Publikationen-PDF/WWF-FishForward-Studie-2020-DE.pdf [abgerufen am 08.09.2022]
18 Vgl. International Labor Organization Berlin: ILO Kernarbeitsnormen. [online], https://www.ilo.org/berlin/arbeits-und-standards/kernarbeitsnormen/lang--de/index.htm [abgerufen am 10.09.2022]
19 Roland Bosch GmbH: Sustainability report 2021. [online], https://assets.bosch.com/media/global/sustainability/reporting_and_data/2021/bosch-sustainability-report-2021.pdf [abgerufen am 08.09.2022]
20 Vgl. Lemonaid: Über Uns. [online], https://lemon-aid.de/uber-uns/ [abgerufen am 10.09.2022]
21 Vgl. Wikipedia: Konfuzius. [online], https://de.wikipedia.org/wiki/Konfuzius [abgerufen am 09.09.2022]; China-Wiki: Falsche Konfuzius-Sprüche – was der chinesische Meister alles nicht gesagt hat. [online], https://china-wiki.de/falsche-konfuzius-sprueche-was-der-chinesische-meister-alles-nicht-gesagt-hat/ [abgerufen am 09.09.2022]
22 Carbon Disclosure Project (CDP), United Nations Global Compact (UNGC), World Resources Institute (WRI) und World Wide Fund for Nature (WWF); vgl. Science-based Targets initiative: Our Partners. [online], https://sciencebasedtargets.org/about-us/partners [abgerufen am 08.09.2022]
23 Stand: September 2022; Quelle: Science Based Targets initiative: Companies taking action. [online], https://sciencebasedtargets.org/companies-taking-action [abgerufen am 06.09.2022]
24 WWF: Pressemitteilung: SBTi Launches World-First Net-Zero Corporate Standard, 27.10.21. [online], https://wwf.panda.org/wwf_news/?4113966/SBTi-net-zero [abgerufen am 02.09.2022] (eigene Übersetzung aus dem Englischen)
25 Science-based Targets initiative: Progress dashboard. [online], https://sciencebasedtargets.org/reports/sbti-progress-report-2021/progress-data-dashboard#datadashboard [abgerufen am 08.09.2022]
26 Eigene Analyse auf Basis von Science-based Targets initiative: Progress dashboard. [online], https://sciencebasedtargets.org/reports/sbti-progress-report-2021/progress-data-dashboard#datadashboard [abgerufen am 08.09.2022]
27 Bayer AG: This Is How We Protect the Climate. [online], https://www.bayer.com/en/sustainability/climate-protection [abgerufen am 08.09.2022]
28 Science Based Target Network: About Us. [online], https://sciencebasedtargetsnetwork.org/about-us/ [abgerufen am 08.09.2022]
29 Beck, Katharina; Buddemeier, Philipp: Gesprächsprotokoll mit Erin Billman, 11.02.2021 [online]
30 Vgl. Smith, Brad: Microsoft will be carbon negative by 2030. In: Microsoft Blog. [online], https://blogs.microsoft.com/blog/2020/01/16/microsoft-will-be-carbon-negative-by-2030/ [abgerufen am 08.09.2022]
31 REWE Group: Leitlinie für Existenzsichernde Löhne und Einkommen. [online], https://www.rewe-group.com/de/presse-und-medien/publikationen/leitlinien/leitlinie-fuer-existenzsichernde-loehne-und-einkommen/ [abgerufen am 08.09.2022]
32 Unilever: Pressemitteilung vom 21.01.2021: Wie wir zum Aufbau einer gerechteren und inklusiven Gesellschaft beitragen. [online], https://www.unilever.de/news/2021/how-we-will-help-build-a-more-equitable-and-inclusive-society/ [abgerufen am 08.09.2022]
33 In Anlehnung an: Wikiquote: Laotse. [online], https://de.wikiquote.org/wiki/Laotse [abgerufen am 08.09.2022
34 Vgl. Ben & Jerry's: Unsere Geschichte. [online], https://www.benjerry.de/die-story [abgerufen am 08.09.2022]
35 Hamilton, Martha: Unilever to Buy Ben & Jerry's. In: The Washington Post. [online], https://www.washingtonpost.com/business/unilever-to-buy-ben-and-jerrys/2018/09/24/90a52f84-c020-11e8-be77-516336a26305_story.html [abgerufen am 08.09.2022]
36 Vgl. Enorm, Nr. 4/2010, Hamburg 2010
37 Beck, Katharina; Buddemeier, Philipp: Gesprächsprotokoll mit Andreas Krengel, 09.02.2021 [online]
38 Vgl. Wikipedia: Streetscooter. [online], https://de.wikipedia.org/wiki/Streetscooter [abgerufen am 08.09.2022]
39 Econsence/Accenture Strategy; Beck, Katharina; Buddemeier, Philipp: #CompaniesforChange – How Companies can Improve their Impact on the Sustainable Development Goals (SDGs) and Harness the Power of Digitalization, 2017. [online], https://econsense.de/wp-content/uploads/2018/06/econsense_Companies-for-Change_Handbook_2017_3MB.pdf [abgerufen am 11.09.2022]
40 Sciurti, Domenico: Odin-Automotive heißt jetzt B-ON. [online], https://www.electrive.net/2022/05/20/odin-automotive-heisst-jetzt-b-on/#:~:text=Odin%20Automotive%20hat%20nach%20der,Reihe%20von%20neuen%20Dienstleistungen%20an [abgerufen am 06.09.2022]
41 Patel, Neil: 90% Of Startups Fail: Here's What You Need To Know About The 10%. In: Forbes. [online], https://www.forbes.com/sites/neilpatel/2015/01/16/90-of-startups-will-fail-heres-what-you-need-to-know-about-the-10/?sh=7b482e286679 [abgerufen am 10.09.2022]
42 Ely, Henry: Von Privatisierung bis Nachhaltigkeit: E.ON – eine Konzerngeschichte. [online], https://www.finanzen.net/nachricht/aktien/energieriese-im-fokus-von-privatisierung-bis-nachhaltigkeit-e-on-eine-konzerngeschichte-9637983 [abgerufen am 06.09.2022]
43 E.ON SE: On course for net zero. [online], https://www.eon.com/content/dam/eon/eon-com/eon-com-assets/documents/sustainability/en/climate-related-disclosures/EON_2022_On_course_for_net_zero.pdf [abgerufen am 10.09.2022]
44 Vgl. Sagmeister, Stefan: Eon ändert Vorstandsvergütung. In: Energie & Management. [online], https://www.energie-und-management.de/nachrichten/detail/eon-aendert-vorstandsverguetung-142878 [abgerufen am 08.09.2022]
45 Johann Heinrich von Thünen-Institut: Nachhaltige Fischernährung. [online], https://www.thuenen.de/de/fachinstitute/fischereioekologie/arbeitsbereiche/aquakultur/nachhaltige-fischernaehrung?p=4&S=Jahr&cHash=cb895d1d71f58eb07a47ea55277b1c11 [abgerufen am 06.09.2022]
46 Aquakulturinfo: Futterverwertung. [online], https://www.aquakulturinfo.de/futterverwertung [abgerufen am 06.09.2022]
47 Biomar: Über Biomar. [online], https://www.biomar.com/de/germany/uber-biomar/ [abgerufen am 06.09.2022]
48 Econsence/Accenture Strategy; Beck, Katharina; Buddemeier, Philipp: #CompaniesforChange – How Companies can Improve their Impact on the Sustainable Development Goals (SDGs) and Harness the Power of Digitalization, 2017. [online], https://econsense.de/wp-content/uploads/2018/06/econsense_Companies-for-Change_Handbook_2017_3MB.pdf [abgerufen am 11.09.2022]
49 Vgl. BASF SE: Analyse des Beitrags unserer Produkte zu den Nachhaltigkeitsbedürfnissen der Wertschöpfungsketten unserer Kunden. [online], https://www.basf.com/global/de/who-we-are/sustainability/we-drive-sustainable-solutions/sustainable-solution-steering.html [abgerufen am 06.09.2022]
50 Vgl. BASF SE: Beispiele für Accelerator-Lösungen. [online], https://www.basf.com/global/de/who-we-are/sustainability/we-drive-sustainable-solutions/sustainable-solution-steering/examples.html [abgerufen am 08.09.2022]
51 Beck,Katharina; Philipp Buddemeier; Feicht,Magdalena; Kroschewski, Julia: How companies can improve their impact on the Sustainable Development Goals (SDGs) and harness the Power of digitalization. S. 46, Berlin 2017
52 Vgl. Deutsche Telekom AG: Dynamic Workplace – Virtual Workplace Solution Creating Sustainable Value. [online], www.t-systems.comwhitepaper 147286dl-wp-dwp-sustainability.pdf [abgerufen 2016]
53 Beck, Katharina; Buddemeier, Philipp: Gesprächsprotokoll mit Birgit Klesper, 04.03.3021 [online]
54 Ebd.
55 Deutsche Telekom AG: Corporate Responsibility Bericht 2021 – Kreislaufwirtschafts- und Klimastrategie. [online], https://www.cr-bericht.telekom.com/2021/steuerung-fakten/umwelt/kreislaufwirtschafts-klimastrategie#atn-16434-16359 [abgerufen am 10.09.2022]
56 Beck, Katharina; Buddemeier, Philipp: Gesprächsprotokoll mit Matthias Berninger, 29.03.2021 [online]
57 Bayer AG: Nachhaltigkeit und Effizienz vorantreiben: Sind Sie bereit für die Landwirtschaft von morgen?. [online], https://www.bayer.com/de/investoren/landwirtschaft-megatrends [abgerufen am 06.09.2022]
58 Beck, Katharina; Buddemeier, Philipp: Gesprächsprotokoll mit Matthias Berninger, 29.03.2021 [online]
59 Vgl. Bundeszentrale für politische Bildung: Vor fünf Jahren: Textilfabrik Rana Plaza in Bangladesch eingestürzt. [online], https://www.bpb.de/kurz-knapp/hintergrund-aktuell/268127/vor-fuenf-jahren-textilfabrik-rana-plaza-in-bangladesch-eingestuerzt/ [abgerufen am 08.09.2022]
60 Gassman, Michael: Der Wahnsinn, wenn Sie in München Flens trinken. In: WELT. [online], https://www.welt.de/wirtschaft/article126732784/Der-Wahnsinn-wenn-Sie-in-Muenchen-Flens-trinken.html / [abgerufen am 06.09.2022]
61 NOx = Sammelbegriff für die Stickoxide Stickstoffmonoxid (NO) und Stickstoffdioxid (NO2); Quelle vgl. Wikipedia: Stickoxide. [online], https://de.wikipedia.org/wiki/Stickoxide#NOx_in_der_Feuerung [abgerufen am 11.09.2022]
62 Umweltbundesamt: Glas- und Mineralfaserindustrie. [online], https://www.umweltbundesamt.de/themen/wirtschaft-konsum/industriebranchen/mineralindustrie/glas-mineralfaserindustrie [abgerufen am 06.09.2022]
63 Umweltbundesamt: Mehrwegflaschen [online], https://www.umweltbundesamt.de/umwelttipps-fuer-den-alltag/essen-trinken/mehrwegflaschen#hintergrund [abgerufen am 11.09.2022]
64 Deutsche Umwelthilfe: Das Mehrwegsystem in Deutschland – Kreislaufwirtschaft in der Praxis. [online], https://www.duh.de/fileadmin/user_upload/download/Projektinformation/Kreislaufwirtschaft/Mehrweg/181129_Hintergrundpapier_Mehrwegsystem-Deutschland_final.pdf [abgerufen am 11.09.2022]
65 Vgl. Devlin, Clare: Mehrwegflaschen sind schlechter als ihr Ruf. In: WirtschaftsWoche. [online], https://www.wiwo.de/technologie/umwelt/schlechte-oekobilanz-mehrwegflaschen-sind-schlechter-als-ihr-ruf/9457752.html [abgerufen am 06.09.2022]
66 Vgl. Welt Der Wunder: Wie umweltschädlich sind Bierflaschen? [online], https://www.weltderwunder.de/wie-umweltschadlich-sind-bierflaschen/ [abgerufen am 06.09.2022]
67 Carlsberg: Annual Report 2021. [online], https://www.carlsberggroup.com/media/48855/carlsberg-goup-annual-report-2021.pdf [abgerufen am 08.09.2022]
68 Vgl. Carlsberg: Together Towards ZERO & Beyond. [online], https://www.carlsberggroup.com/sustainability/our-esg-programme/ [abgerufen am 08.09.2022]
69 Vgl. Carlsberg Pressemitteilung vom 11.08.2022: Ein Grüner Schritt in die richtige Richtung. [online], https://www.carlsbergdeutschland.de/newsroom/ein-gruner-schritt-in-die-zukunft/ [abgerufen am 07.09.2022]

70 Getraenke-News: Carlsberg entwickelt Papier-Bierflasche. [online], https://getraenke-news.de/carlsberg-entwickelt-papier-bierflasche/ [abgerufen am 06.09.2022]
71 Vgl. Earthsight: FSC hall of shame: The ethical wood label's long line of scandals. [online], https://www.earthsight.org.uk/news/blog-fsc-hall-of-shame-the-ethical-wood-label-long-list-of-scandals [abgerufen am 11.09.2022]
72 Vgl. Greenpeace International: Destruction: Certified. [online], https://www.greenpeace.org/static/planet4-international-stateless/2021/04/b1e486be-greenpeace-international-report-destruction-certified_finaloptimised.pdf [abgerufen am 11.09.2022]
73 OECD: OECD erwartet bis 2060 nahezu Verdreifachung der Kunststoffabfälle weltweit. [online], https://www.oecd.org/berlin/presse/oecd-erwartet-bis-2060-nahezu-verdreifachung-der-kunststoffabfaelle-weltweit.htm [abgerufen am 06.09.2022]
74 Gould, Hannah: From oil use to ocean pollution: five facts about the plastics industry. In: The Guardian. [online], https://www.theguardian.com/sustainable-business/2016/jan/20/from-oil-use-to-ocean-pollution-five-facts-about-the-plastics-industry [abgerufen am 06.09.2022]
75 Heinrich-Böll-Stiftung in Zusammenarbeit mit dem BUND: Plastikatlas Daten und Fakten über eine Welt voller Kunststoff. 2. Auflage, S.29, Deutschland 2019
76 NABU – Naturschutzbund Deutschland e.V.: Plastikmüll und seine Folgen. [online] https://www.nabu.de/natur-und-landschaft/meere/muellkippe-meer/muellkippemeer.html [abgerufen am 06.09.2022]
77 Ellen MacArthur Foundation: The New Plastics Economy – Rethinking the Future of Plastics & Catalysing Action, S.32. [online], https://ellenmacarthurfoundation.org/the-new-plastics-economy-rethinking-the-future-of-plastics-and-catalysing [abgerufen am 06.09.2022]
78 Beck, Katharina; Buddemeier, Philipp: Gesprächsprotokoll mit Christian Sigmund, 21.01.2021 [online]
79 Ebd.
80 Mehr zum Thema Purpose-Unternehmen bzw. Verantwortungseigentum erfahren Sie auf Insel 9
81 Beck, Katharina; Buddemeier, Philipp: Gesprächsprotokoll mit Christian Sigmund, 21.01.2021 [online]
82 Vgl. OEF2: Der Geldmacher – Das Experiment des Michael Unterguggenberger. [online], https://www.youtube.com/watch?v=93KxNe6wHXs [abgerufen am 07.09.2022]
83 So wird die Geschichte des Freigelds von Wörgl und seines damaligen Bürgermeisters Unterguggenberger vielfach, unter anderem im Titel eines österreichischen Films aus dem Jahr 2018 genannt. Vgl. Wikipedia: Das Wunder von Wörgl. [online], https://de.wikipedia.org/wiki/Das_Wunder_von_W%C3%B6rgl [abgerufen am 11.09.2022]
84 Vgl. Onken, Werner: Das Wunder von Wörgl. [online], https://www.inwo.de/das-wunder-von-woergl/ [abgerufen am 02.09.2022]
85 Ebd.
86 Vgl. OEF2: Der Geldmacher – Das Experiment des Michael Unterguggenberger. [online], https://www.youtube.com/watch?v=93KxNe6wHXs [abgerufen am 07.09.2022]
87 FNG: Marktbericht 2022. [online], https://www.forum-ng.org/de/markt/fng-marktbericht [abgerufen am 06.09.2022]
88 Bundesverband Investment und Asset Management: Pressemitteilung vom 20.05.2021: Fondsbranche mit bestem Jahresstart seit 2015. [online], https://www.bvi.de/fileadmin/user_upload/Presse/2021_05_20_Fondsbranche_mit_bestem_Jahresstart_seit_2015_Internet.pdf [abgerufen am 08.09.2022]
89 Aussage u.a. getroffen im Rahmen von Veranstaltungen der European School of Management and Technology (ESMT), freigegeben zur Verwendung im Buch am 06.09.2022
90 Louche, Céline; Arenas, Daniel; van Cranenburgh, Katinka: From Preaching to Investing: Attitudes of Religious Organisations Towards Responsible Investment. [online], https://link.springer.com/article/10.1007/s10551-011-1155-8 [abgerufen am 06.09.2022]
91 Stiftung Warentest: Wie gut beraten Banken? [online], https://www.test.de/Nachhaltige-Geldanlage-Wie-gut-beraten-Banken-5860620-0/ [abgerufen am 06.09.2022]
92 Koch, Hannes: Geld ist ein soziales Gestaltungsmittel. [online], https://www.freitag.de/autoren/der-freitag/geld-ist-ein-soziales-gestaltungsmittel [abgerufen am 06.09.2022]
93 Global Alliance for Banking on Values: Our Members. [online], https://www.gabv.org/ [abgerufen am 07.09.2022]
94 GLS Bank: Zahlen und Fakten. [online], https://www.gls.de/privatkunden/gls-bank/zahlen-fakten/ [abgerufen am 07.09.2022]
95 Beck, Katharina; Buddemeier, Philipp: Gesprächsprotokoll mit Thomas Jorberg, 22.01.2021 [online]
96 Wagner, Jan: GLS Bank verzeichnet 2020 starkes Wachstum bei nachhaltigen Fonds. In: Finanzbusiness. [online], https://finanzbusiness.de/nachrichten/banken/article12702129.ece [abgerufen am 06.09.2022]
97 Beck, Katharina; Buddemeier, Philipp: Gesprächsprotokoll mit Thomas Jorberg, 22.01.2021 [online]
98 Grzanna, Marcel: Liebling der Ökoanleger. In: Süddeutsche Zeitung. [online], https://www.sueddeutsche.de/wirtschaft/portraet-liebling-der-oekoanleger-1.4987593 [abgerufen am 06.09.2022]
99 VC = Venture Capitalist (jemand, der oder die Risikokapital in Start-ups investiert)
100 Beck, Katharina; Buddemeier, Philipp: Gesprächsprotokoll mit Christian Schad, Patrick Knodel und Achim Hensen, 08.02.2021 [online]
101 Ebd.
102 Schulte, Jan: Start-up statt Stiftung. [online], https://knodelfoundation.org/wp-content/uploads/2020/11/FINVIA_Magazin-Start-up_statt_Stiftung.pdf [abgerufen am 02.09.2022]
103 Louche, Céline; Arenas, Daniel; van Cranenburgh, Katinka: From Preaching to Investing: Attitudes of Religious Organisations Towards Responsible Investment. [online], https://link.springer.com/article/10.1007/s10551-011-1155-8 [abgerufen am 06.09.2022]
104 Ebd.
105 Vgl. Chancen e.G.: Der umgekehrte Generationenvertrag. [online], https://chancen-eg.de/ugv [abgerufen am 08.09.2022]
106 Beck, Katharina; Buddemeier, Philipp: Gesprächsprotokoll mit Florian Kollewijn, 29.03.2021 [online]
107 Ebd.
108 European Commission: EU taxonomy for sustainable activities. [online], https://finance.ec.europa.eu/sustainable-finance/tools-and-standards/eu-taxonomy-sustainable-activities_en [abgerufen am 10.09.2022]
109 Jorberg, Thomas: GLS Standpunkt: EU-Taxonomie – setzen 6! [online], https://www.gls.de/privatkunden/gls-bank/aktuelles/neuigkeiten/gls-standpunkt-eu-taxonomie-setzen-6/ [abgerufen am 06.09.2022]
110 Belletti, B.; Garcia de Leaniz, C.; Jones, J et al.: More than one million barriers fragment Europe's rivers. In: Nature, 588, 436–441 (2020). [online], https://www.nature.com/articles/s41586-020-3005-2#citeas [abgerufen am 09.09.2022]
111 Steuernagel, Armin: Transforming ownership to create a better economy. [online], https://www.youtube.com/watch?v=Z2Uy_ODDiZo [abgerufen am 06.09.2022]
112 Beck, Katharina; Buddemeier, Philipp: Gesprächsprotokoll mit Armin Steuernagel, 12.02.2021 [online]
113 Steuernagel, Armin: Transforming ownership to create a better economy. [online], https://www.youtube.com/watch?v=Z2Uy_ODDiZo [abgerufen am 06.09.2022]
114 Vgl. Die Bundesregierung: Koalitionsvertrag zwischen SPD, Bündnis 90/Die Grünen und FDP – Mehr Fortschritt Wagen, S. 30 [online], https://www.bundesregierung.de/resource/blob/974430/1990812/04221173eef9a6720059cc353d759a2b/2021-12-10-koav2021-data.pdf?download=1 [abgerufen am 08.09.2022]
115 Statistisches Bundesamt: Rechtliche Einheiten, Beschäftigte und Umsatz nach Wirtschaftsabschnitten. [online], https://www.destatis.de/DE/Themen/Branchen-Unternehmen/Unternehmen/Unternehmensregister/Tabellen/unternehmen-beschaeftigte-umsatz-wz08.html [abgerufen am 06.09.2022]
116 Beck, Katharina; Buddemeier, Philipp: Gesprächsprotokoll mit Christian Kroll, 21.01.2021 [online]
117 Statistisches Bundesamt: Umsatzsteuerstatistik (Voranmeldungen). [online], https://www.destatis.de/DE/Themen/Staat/Steuern/Umsatzsteuer/Tabellen/voranmeldungen-rechtsformen.html [abgerufen am 11.09.2022]
118 Statistisches Bundesamt: Rechtliche Einheiten nach zusammengefassten Rechtsformen. [online], https://www.destatis.de/DE/Themen/Branchen-Unternehmen/Unternehmen/Unternehmensregister/Tabellen/unternehmen-rechtsformen-wz08.html%3Bjsessionid=43B2537343A39AA65EEB8DF6086F50EF.live722#fussnote-1-129992- [abgerufen am 06.09.2022]
119 Eigene Berechnungen auf Basis von: Statistisches Bundesamt: Unternehmensregister. [online] https://www.destatis.de/DE/Themen/Branchen-Unternehmen/Unternehmen/Unternehmensregister/_inhalt.html;jsessionid=4B7719204ADA61DBD135E014509D958D.live731 [abgerufen am 06.09.2022]
120 Stand 06.09.2022, 11:00 Uhr; Quelle: Ariva: DAX 40 Index. [online], https://www.ariva.de/dax-index/marktkapitalisierung [abgerufen am 06.09.22]
121 Vgl. Stiftung Verantwortungseigentum: VERANTWORTUNGSEIGENTUM – Zur Resonanz von Familienunternehmen auf eine spezifische Option für die Nachfolgeregelung. [online], https://www.neue-rechtsform.de/allensbach-studie-1/ [abgerufen am 07.09.2022]
122 Ebd.
123 Vgl. Carl Zeiss AG: Zeiss im Überblick. [online], https://www.zeiss.de/corporate/ueber-zeiss.html#ueberblick [abgerufen am 09.09.2022]
124 Steuernagel, Armin: Transforming ownership to create a better economy. In: TEDxZurich. [online], https://www.ted.com/talks/armin_steuernagel_transforming_ownership_to_create_a_better_economy/transcript [abgerufen am 10.09.2022] (eigene Übersetzung aus dem Englischen)
125 Mit MINT fasst man die Fächer Mathematik, Informatik, Naturwissenschaften und Technik zusammen.
126 Vgl. Carl-Zeiss-Stiftung: Die Stiftung. [online], https://www.carl-zeiss-stiftung.de/stiftung [abgerufen am 09.09.2022]
127 Beck, Katharina; Buddemeier, Philipp: Gesprächsprotokoll mit Armin Steuernagel, 12.02.2021 [online]
128 Wer es genauer wissen möchte: Die Ideen für die Ausgestaltung eines Unternehmens in Verantwortungseigentum und viele Fragen werden u.a. auf der Website der Stiftung Verantwortungseigentum erläutert: [online], https://stiftung-verantwortungseigentum.de/verantwortungseigentum [abgerufen am 11.09.2022]